Rohrleitungen in neuzeitlichen Wärmekraftanlagen

Planung, Berechnung und Ausführung

Von

Dr.-Ing. Otto Schöne und Obering. Erich Schwenk

em. o. Professor a. d. Technischen Universität Berlin   Berlin

Mit 192 Abbildungen und 40 Tabellen
im Text und in einer Tasche

Springer-Verlag

Berlin/Göttingen/Heidelberg

1961

ISBN-13: 978-3-642-92826-0   e-ISBN-13: 978-3-642-92825-3
DOI: 10.1007/978-3-642-92825-3

Vorwort

Dieses aus der Praxis entstandene, für die Praxis bestimmte Buch soll Ingenieuren ein Leitfaden für die Lösung der Aufgaben sein, die im Bereich der Planung und der Ausführung von Rohrnetzen in Wärmekraftanlagen liegen. Die Abschnitte vermitteln leicht verständlich alle Kenntnisse für die richtige Bemessung und betriebssichere Herstellung von Rohrleitungen für alle Drücke und Temperaturen, die beim Transport von Wasser und Dampf auftreten. Durch Hinweise auf die einschlägige Literatur ist die Möglichkeit zu einem alle Teilgebiete umfassenden Studium von Einzelfragen gegeben, um so die Grundlagen und Erfahrungen kennenzulernen, über die bekannte Wissenschaftler, Kraftwerksplaner und Kraftwerksbetreiber berichten. Das Buch enthält alle Gleichungen für den rechnerischen Nachweis der Stabilität und der wirtschaftlichen Bemessung der Rohrnetze. Die Entwicklung der Gleichungen ist bewußt auf jene beschränkt, deren Anwendung von Bedeutung ist. So erschien es z.B. zweckmäßig, der Entwicklung von Gleichungen besondere Aufmerksamkeit zu schenken, die sich auf folgende Vorstellung stützt:

Bei der Erwärmung eines Rohrsystems tritt in dessen Schwerpunkt eine Mittelkraft auf, die die Rohrwand längs der Rohrstraße mehr oder weniger zusätzlich zu den Beanspruchungen durch den Innendruck im Rohr belastet. Nach der in diesem Buch angewandten Methode wird, im Gegensatz zu einer anderen [46], von dem wahren Linienschwerpunkt des Rohrsystems ausgegangen. Sie erlaubt die bildliche Darstellung der Wirksamkeit einer in räumlichen Rohrsystemen durch Dehnung der Rohrschenkel bei ihrer Erwärmung gedanklich entstehenden Mittelkraft.

Diese Mittelkraft beansprucht zusätzlich nicht nur die Rohrwand, sondern auch die Rundschweißnähte, Flanschverbindungen, Armaturen und die sonstigen Einbauten im Rohrsystem.

Da auch den Gleichungen für die Berechnung von Flanschverbindungen zur Vermeidung von Schraubenbrüchen eine große Bedeutung zukommt, wurde ihre Anwendung durch ein Beispiel erläutert. Die Anleitung nach DIN 2505 (Feste Flanschen) und DIN 2506 (Lose Flanschen) ist nicht mehr zeitgemäß. Die in Neubearbeitung befindlichen alten DIN-Blätter bedürfen einer gründlichen Überholung, wobei das neue DIN-Blatt 2448 „Nahtlose Stahlrohre, Abmessungen nach ISO" die Basis bildet. Das DIN-Blatt 2448, Ausgabe Januar 1940, das auszugsweise in Tab. 3.I wiedergegeben ist, wurde geändert und enthält jetzt in Übereinstimmung mit der Internationalen Normen-Organisation „International Organization for Standardization (ISO)", z.T. abweichende Rohraußendurchmesser und andere Normalwanddicken sowie eine andere Staffelung der Wanddicken für starkwandige Rohre, wie in Tab. 6.I aufgeführt. Auch das DIN-Blatt 2458 hat gegenüber der Ausgabe Dezember 1952 eine Änderung der Abmessungen nach ISO erfahren, wie aus Tab. 6.V ersichtlich, die bei der Bestellung von „Geschweißten Stahlrohren" zu beachten ist.

Die Umwandlung von Einheiten für Kraft, Druck, Energie, kalorische Größen und dynamische Viskosität (siehe BWK-Arbeitsblatt 71, VDI-Verlag 1959) ist bewußt unterblieben. Es würde zu Irrtümern führen, wenn z.B. die Kraft abwechselnd in kg oder in kp (Kilopond) in die Gleichungen eingesetzt wird, je nachdem wie die Dimension gegeben ist. Schließlich enthalten die im Buchhandel erschienenen wärmewirtschaftlichen Tafeln und die älteren Normenblätter noch die alten Dimensionen. In diesem Buch wird deshalb durchweg das Kraftkilogramm verwendet und mit „kg" bezeichnet.

Es genügt, alle Berechnungen mit dem Rechenschieber durchzuführen und die Ergebnisse nach der sicheren Seite hin aufzurunden. Spezialrechenschieber, Kurvenblätter und Zahlentafeln, wie sie von den Lieferfirmen zu Werbezwecken herausgegeben werden, dienen der Kontrolle. Überschlägig ermittelte Werte ersetzen nicht eine ordnungsgemäß durchgeführte Berechnung.

Wegen der Arbeitsteilung zur serienmäßigen Herstellung von Rohren, Flanschen, Armaturen usw. haben die hierfür in Betracht kommenden Herstellerfirmen eigene Druckschriften mit Angabe der Abmessungen, der zur Verwendung kommenden Werkstoffe und der Daten über ihre Festigkeitseigenschaften sowie der Leistung im Durchgang von Armaturen mit den bisher üblichen Bezeichnungen herausgegeben. Bei Bezugnahme auf diese Druckschriften erschien es ausreichend, nur die Verwendung der Fabrikate auf ihre Funktion und auf ihre Prüfung auf Sicherheit hin, zu behandeln.

Berlin, im Mai 1961

Otto Schöne · Erich Schwenk

Inhaltsverzeichnis

1. Das Rohrleitungsnetz in neuzeitlichen Wärmekraftanlagen

Die Fernsteuerung der Dampferzeuger und Dampfverbraucher großer Wärmekraftwerke beim An- und Abfahren der Anlage von der Warte aus erstreckt sich auch auf die Fernbetätigung bestimmter Absperrschieber zur Umschaltung von Rohrstrecken in dem meist sehr ausgedehnten Rohrnetz.

Rohrleitungen bewerkstelligen den Transport von Wasser, Dampf, Luft, Gase, Öl, Säuren, Kohle, Asche und anderen Stoffen, die mit verschiedenen Drücken bei unterschiedlichen Temperaturen in bestimmten Mengen den Dampferzeugern und Dampfverbrauchern, bzw. deren vor- oder nachgeschalteten Aggregaten zugeleitet oder von ihnen abgeleitet werden.

Die Dampferzeuger der Großkraftwerke bestehen fast nur aus Röhren. Der Anteil der Röhrenhersteller am Kraftwerkbau ist deshalb beachtlich. Ihr Anteil erhöht sich weiter, wenn eine ältere Kraftwerkanlage mit einer neuzeitlichen Vorschaltanlage zu kuppeln ist.

In der Vorschaltanlage wird ein höheres Wärmegefälle erzeugt und genutzt. Die Kessel der älteren Anlage bilden dann gewöhnlich die Reserve bei Ausfall von Einheiten der Neuanlage. Die Turbinen der älteren Anlage erhalten Anzapf- bzw. Abdampf aus der Vorschaltanlage mit ihrem früheren Druck und ihrer früheren Temperatur als Ersatz für den Frischdampf der stilliegenden Kessel. Mitunter wird auch Heißdampf aus der Neuanlage, reduziert und gekühlt, an die älteren Turbinen abgegeben.

In Wärmekraftanlagen treten erfahrungsgemäß unverhofft Störungen verschiedener Art auf. Ihre Beseitigung duldet meistens keinen Aufschub. Handelt es sich um Schäden am Rohrnetz, so sind die Vorgänge in auszubessernden oder umzulegenden Rohrstrecken zu beachten, damit Änderungen nicht etwa zu noch ärgeren Störungen oder sogar zum Stillstand der Anlage führen.

Das Betätigen der Armaturen im Rohrnetz bedingt, ihren Aufbau und ihre Wirkungsweise zu kennen. Armaturen dienen vielen Zwecken. Sie müssen gepflegt werden. Empfehlenswert ist die Lagerhaltung von Ersatzteilen zur Instandsetzung beschädigter Armaturen. Zu hohe Anschaffungen für die Lagerhaltung belasten das Betriebskonto u. U. merklich. Die Auswahl von Ersatzteilen ist deshalb sorgfältig zu treffen.

Das Rohrnetz hat seinen Anteil an der Wirtschaftlichkeit einer Wärmekraftanlage. Sein hoher Kostenanteil kann aus Gründen der Sicherheit meistens nicht niedriger gehalten werden, denn ein Stillstand der Anlage ist eine teuere Angelegenheit. Um wirtschaftlich und sicher bauen zu können und um billig zu wirtschaften, sollten Kraftwerkplaner und Betriebsleiter zu einem zusätzlichen Studium über den Aufbau des Rohrleitungsnetzes angehalten werden. Den Lieferfirmen stehen zwar gut ausgebildete Spezialisten zur Verfügung, aber manchmal ergibt der Betrieb einer Wärmekraftanlage Störungen, die das Betriebspersonal, der Eile wegen, selbst auszubessern gezwungen ist.

2. Die Planung der Rohrleitungen mit Hilfe des Wärmeschaltbildes

Zwischen Dampferzeugern und Dampfverbrauchern ist Dampf der Wärmeträger, dem Wärme für die Stromerzeugung oder für Heizzwecke entzogen wird, wobei der Dampf kondensiert und zu Wasser wird. Nach dem vom Kraftwerkplaner [*1, 2, 3*] aufzustellenden Wärmeschaltbild (Abb. 2.01) wird angestrebt in einem stetigen Kreislauf, bei bestmöglicher Ausnutzung des Brennstoffes, ein möglichst hohes Wärmegefälle in der Turbine in Geschwindigkeit und damit in Energie zu verwandeln.

Der Transport von Dampf und Wasser im Rohrnetz benötigt zunächst zur Überwindung der Rohrreibung, zur Beschleunigung, zum Anheben in Steige-

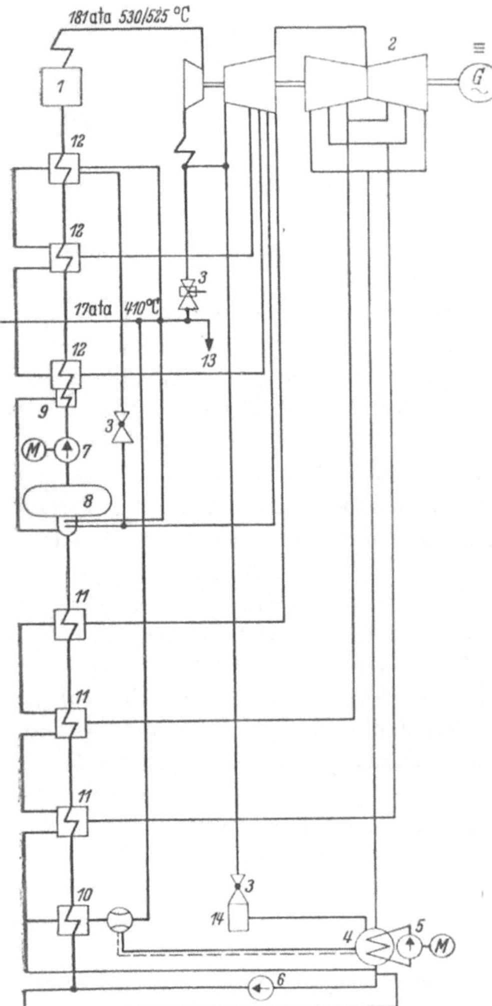

Abb. 2.01 Wärmeschaltbild (nach SSW für Fortuna III).
1 Dampferzeuger; *2* Turbosatz; *3* Reduzierventil; *4* Kondensator; *5* Kühlwasserpumpe; *6* Kondensatpumpe; *7* Kesselspeisepumpe; *8* Speisewasserbehälter mit Entgaser; *9* Kondensatkühler; *10* Dampfstrahlkondensator; *11* Niederdruck-Vorwärmer; *12* Hochdruck-Vorwärmer; *13* Fabrikationsdampfschiene; *14* Dampfkühler

Legende zu Abb. 2.02

1 Dampferzeuger; *2* Turbosatz für 150 MW mit drei Gehäusen (Hochdruck-, Mitteldruck-, und Niederdruckteil) und wasserstoffgekühlten Generator; *3* Reduzierventil; *4* Kondensator; *5* Kühlwasserpumpe; *6* Kondensatpumpe; *7* Kesselspeisepumpe; *8* Speisewasserbehälter mit Entgaser; *9* Kondensatkühler; *10* Dampfstrahlkondensator; *11* Niederdruck-Vorwärmer; *12* Hochdruck-Vorwärmer; *13* Fabrikationsdampfschiene; *14* Dampfkühler; *15* Anfahrentspanner; *16* Kühlturm; *3.11* Heißdampfleitung; *3.121* MD-Leitung (kalte Schiene); *3.123* MD-Leitung (heiße Schiene); *3.131* Entnahme aus der Hochdruckstufe der Turbine für die dritte Hochdruck-Vorwärmstufe; *3.132* Entnahme aus der Mitteldruckstufe der Turbine für die zweite Hochdruck-Vorwärmstufe; *3.133* Entnahme aus der Mitteldruckstufe der Turbine für die erste Hochdruck-Vorwärmstufe; *3.134* Entnahme aus der Mitteldruckstufe der Turbine für Speisewasserentgasung; *3.135* Entnahme aus der Mitteldruckstufe der Turbine zum Niederdruck-Vorwärmer; *3.136* Entnahme aus der Niederdruckstufe der Turbine zum zweiten Vakuum-Vorwärmer; *3.137* Entnahme aus der Niederdruckstufe der Turbine zum ersten Vakuum-Vorwärmer; *3.14* Restdampfentnahme aus der Niederdruckstufe der Turbine zum Kondensator und von dort als Kondensat (Wasser–Luft-Gemisch) über Kondensatpumpe, Dampfstrahler (Treibdampf 17 ata), Vakuum-Vorwärmer, Niederdruck-Vorwärmer, Brüdenkondensator und Entgaser in den Speisewasserbehälter; *3.15* Zulaufleitung vom Speisewasserbehälter zu den Kesselspeisepumpen; *3.16* Speisewasserdruckleitungen; *3.17* Kühlwasserleitungen; *EW* Entwässerung; *EL* Entlüftung; *M* Motorantrieb

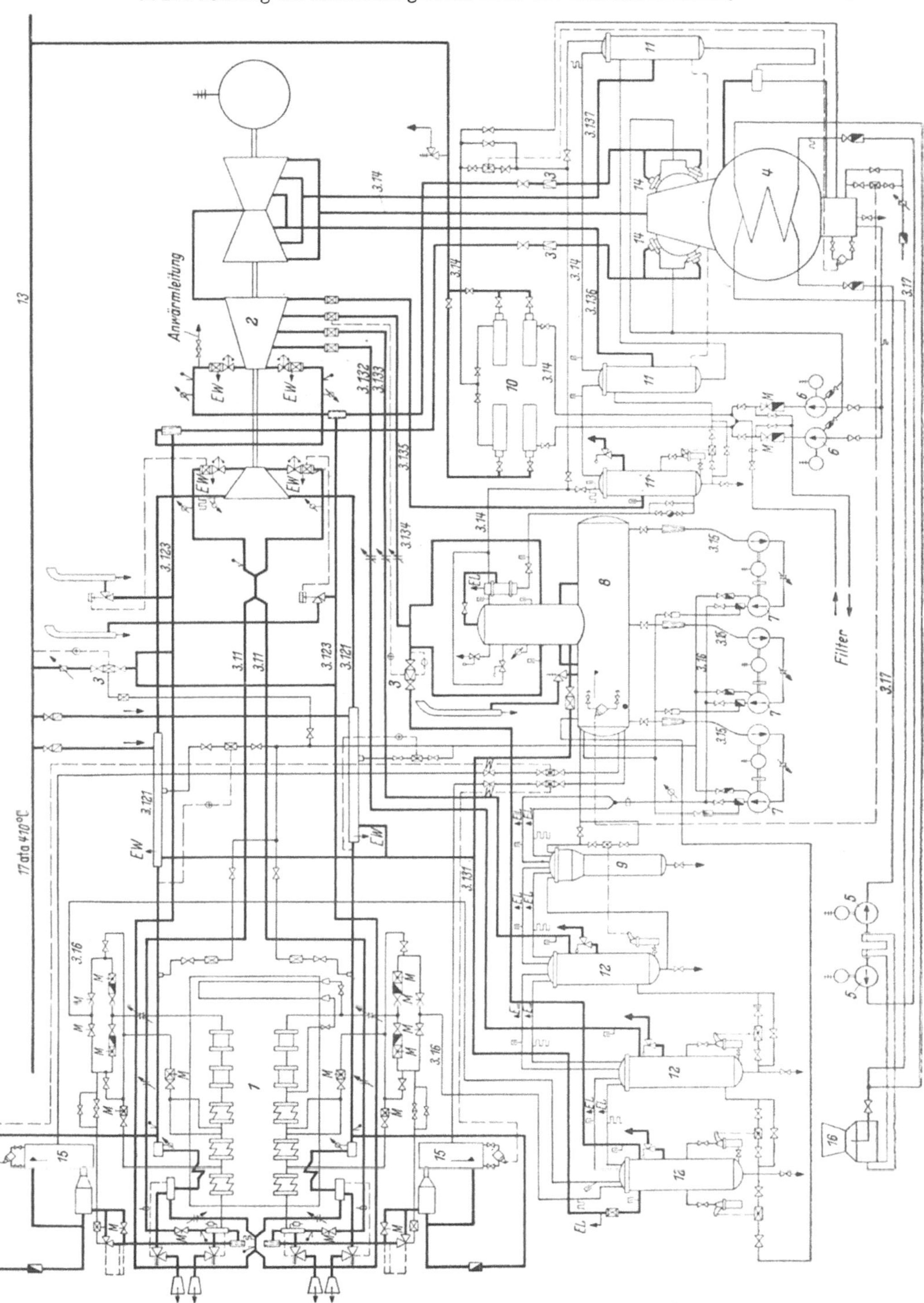

Abb. 2.02 Rohrleitungsschaltplan [1]

---

[1] Nach Abb. 2.01 aufgestellt von SSW für Fortuna III. (Planung, Berechnung und Herstellung der Rohrleitungen durch Mannesmann-Rohrleitungsbau, Düsseldorf.)

leitungen, und zur Deckung der Wärmeverluste einen Teil der im Dampf enthaltenen Wärme. Dieser notwendige Aufwand an Wärme ist ein Verlust an Energie. Ihn niedrig zu halten und in Einklang mit den Anschaffungskosten für das Rohrnetz zu bringen, beginnt bereits bei der Projektierung der Kraftanlage mit dem Ziel, möglichst kurze Rohrstrecken zu erhalten. Welchen Umfang das Rohrnetz einer Dampfkraftanlage besitzt, zeigt als Beispiel der Rohrleitungsschaltplan Abb. 2.02.

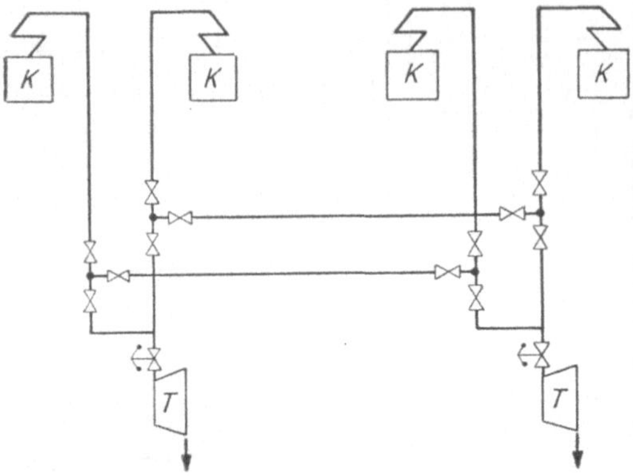

Abb. 2.03. Einfachschaltung mit Querverbindung. (Sicherung gegen Sickerdampf durch zweiten Trennschieber)

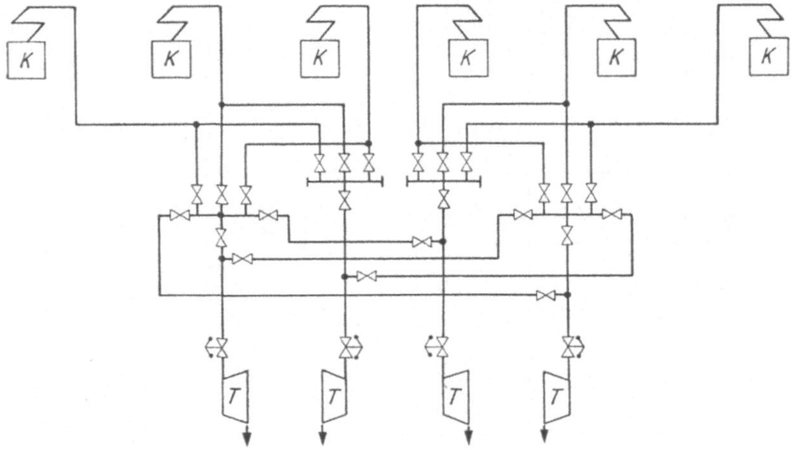

Abb. 2.04. Doppelsammler- und Verteilerschaltung (Sicherung gegen Sickerdampf durch zweiten Trennschieber

Die Stromabgabe eines Kraftwerks schwankt je nach der Tages- und der Jahreszeit. Hieraus ergibt sich die Aufstellung mehrerer Einheiten von bestimmter Größe, die je nach Bedarf zu- oder abgeschaltet werden. Dabei ist der Zulässigkeitsgrad ausfallender Einheiten zu berücksichtigen. Beispiele für die Umschaltung der Frischdampfleitungen sind aus Abb. 2.03 (Einfachschaltung mit Querverbindung), Abb. 2.04 (Doppelsammler- und Verteiler-Schaltung), Abb. 2.05 (Blockschaltung mit Mischstrecke, einfach) und Abb. 2.06 (Blockschaltung mit Aufteilung in Parallelstrecken) zu ersehen. Abb. 2.07 zeigt als Beispiel zwei zusammengeschweißte Hosenrohrstücke für eine Mischstrecke nach Schaltung Abb. 2.05.

Schaltungen, die wenig Armaturen benötigen, erhalten den Vorzug. Alle Absperrorgane unterliegen nämlich einem ununterbrochenen Verschleiß im Durchgang und halten selten vollkommen dicht. Es ist deshalb ratsam, in wich-

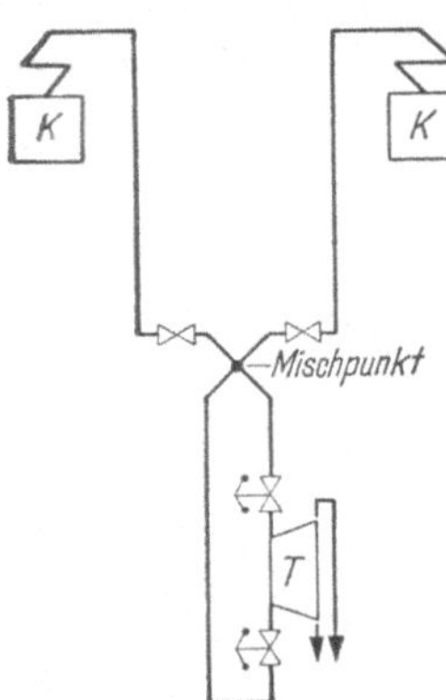

Abb. 2.05. Blockschaltung mit Mischstrecke, einfach

tigen Querverbindungen zwei Absperrschieber einzubauen und in der zwischen den beiden Absperrorganen liegenden Rohrstrecke (Sperrstrecke) eine Entlüftung (Abb. 2.08) anzubringen.

Für den Turbinenanschluß findet bei großer Dampfleistung, hohen Drücken und hohen Temperaturen, hinter der Mischstrecke nach Vereinigung der Hauptstränge eine mehrfach aufgeteilte Dampfzuführung durch ein Rohrbündel (Abb. 2.09) Verwendung. Kleinere Rohre haben geringere Wanddicken. Das Rohrbündel aus mehreren kleineren Rohren ist elastisch und überträgt nicht so hohe Kräfte auf die Anschlußstutzen, wie ein großes starkwandiges Rohr.

Speisewasserleitungen werden als Doppelleitungen verlegt. Die Speisewasserversorgung der Dampferzeuger muß unbedingt sicher sein.

Alle Rohrleitungen für weniger hohe Drücke werden einrohrig verlegt, wie dies der Rohrleitungsschaltplan (Abb. 2.02) zeigt.

Rohrleitungen mit ihren Einbauten zweckmäßig im Gebäude unterzubringen ist manchmal recht schwierig. Zu berücksichtigen ist nämlich der Dehnungsausgleich der Rohrstrecken, ferner Gefälle und Steigung für die notwendigen Entwässerungen und Entlüftungen, und ein unbehinderter Zugang für die Überwachung, Bedienung und Reparatur der Armaturen. Eine übersichtliche Anordnung der Rohrleitungen erleichtert das Aufsuchen von Störstellen.

Die Rohrpläne, die nach den Schaltplänen anzufertigen sind und die der Materialbeschaffung und der Rohrverlegung dienen, sollen in der Darstellung der Rohrleitungen eindeutig sein.

Niemand vermag durch Wände, Decken und Böden zu sehen. Der Blick des Monteurs muß von der Zeichnung direkt auf die Montagestelle übergehen können. Er hat den Einbau der durch seine Helfer anzubringenden Einzelteile mit dem Rohrplan in der Hand zu überwachen. Gestrichelte und strichpunktierte Eintragungen sollen nur den weiteren Verlauf der hinter Wände, über Decken oder unter

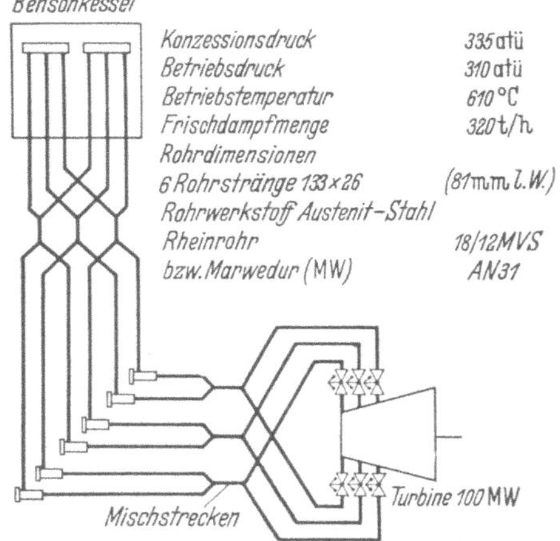

Abb. 2.06. Blockschaltung mit Aufteilung in Parallelstrecken [1]

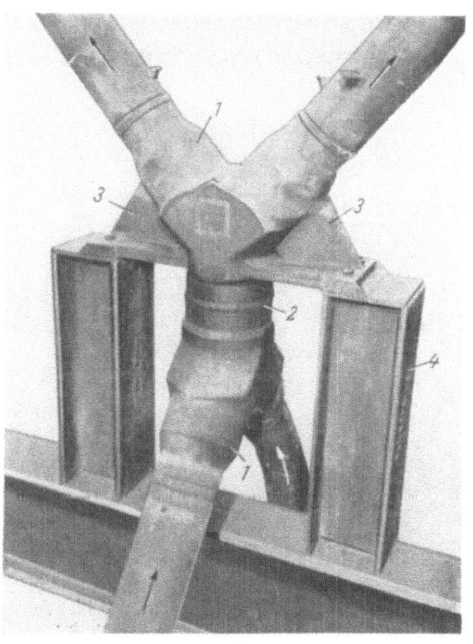

Abb. 2.07. Mischstrecke [1]
1 Schmiedestahl-Hosenrohr; 2 Verbindungsrundnaht für 1; 3 Halterung aus am oberen Hosenrohr angeschweißten Blechen; 4 Festpunkt

<hr>

[1] Lieferung Mannesmann für „Fortuna III".

Böden anzubringenden Rohrleitungen erkennen lassen. Für die Montage der Rohrleitungen in Nebenräumen sind deshalb stets besondere Darstellungen notwendig.

Die räumliche Darstellung einer jeden Rohrleitung erleichtert die Anfertigung der Stückliste und sichert den richtigen Einbau von Armaturen, wenn Darstellung und Stückliste die gleichen Ordnungskennzeichen (Positionsnummern) erhalten. Sie dient auch dem Abnahmebeamten bei der Überwachung der Schweißarbeiten, wenn die Lage der Rundnähte in diese räumlichen Darstellungen eingetragen ist und daneben vermerkt wird, welcher Monteur geschweißt hat, ob autogen oder elektrisch geschweißt wurde, mit welchem Schweißgut, ob die Schweißstellen geröntgt sind, und wer sie geprüft hat.

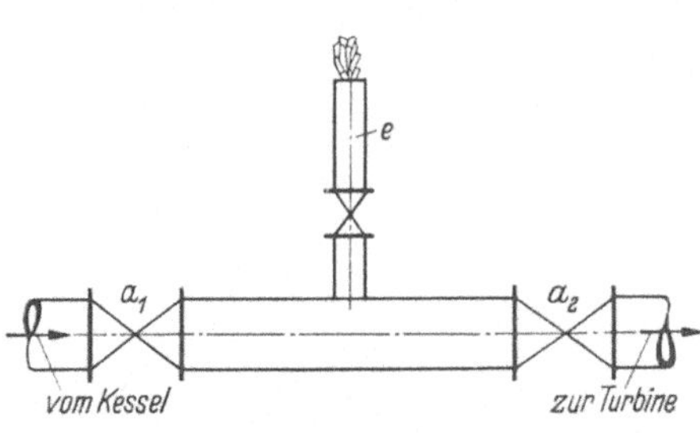

Abb. 2.08. Sperrstrecke
a_1, a_2 Absperrorgane; e Entlüftung (Ableitung von Sickerdampf bei undichten Schiebern)

Die rechtzeitige Fertigstellung der Rohrnetzpläne und ihre frühzeitige Übergabe an den Bauleiter ermöglicht es diesem, von vornherein Aussparungen in Wänden und Decken der Gebäude vorzusehen, sowie notwendige Verstärkungen an den Gebäudeteilen für die Verankerung der Rohrleitungen anzubringen. Die Verlegung der Rohrleitungen wird beschleunigt durch vorzeitige Anbringung von Kranen, Laufkatzen auf Schienen,

Abb. 2.09. Rohrbündel zur Aufteilung der Dampfzuführung für eine AEG-Vorschaltturbine [2]

Hängeeisen, einbetonierte Röhren zum Durchstecken von Bolzen, eingelassene Jordalschienen, Bühnen und Podesten. Umfangreiche Stemmarbeiten lassen sich dann vermeiden.

Vordringlich zu planen sind alle im Erdreich zu verlegenden Rohrleitungen. Deren frühzeitige Montage erlaubt anschließend die Planierung des Geländes und damit eine rechtzeitige Herstellung der Zufahrtwege. Der dadurch erleichterte Antransport der Einzelteile, deren Lagerung und Sortierung ersparen Zeit und Kosten.

Für die Beschaffung der Einzelteile sind die DIN-Blätter zu beachten, die sich auf eine paßgerechte Herstellung beziehen. Sinnbilder für Armaturen und Apparate vereinfachen die Herstellung von Schaltplänen und geben eine gute Übersicht über den Zweck der Einbauten in der Rohrleitung [4].

Ohne Kenntnis der im Rohrleitungsbau zu verwendenden Normen ist weder eine Rohrnetzplanung noch deren Ausführung durchführbar.

3. Die Bestimmung der Rohrweite und der Rohrwanddicke

Weite und Wanddicke der Rohre sind abhängig vom Druck, von der Temperatur und von der Menge des Fördergutes, das mit einer bestimmten Geschwindigkeit die Rohrleitung durchströmt, sowie von der Beschaffenheit des Werkstoffs, aus dem die Röhren zu fertigen sind [5, 6].

Dampf, Luft und Gase lassen hohe, Flüssigkeiten nur geringe Strömungsgeschwindigkeiten zu.

Die mit dem Fördergut in Berührung kommenden inneren Wandflächen der Rohre und Einbauten setzen dem Transport einen Widerstand infolge ihrer Rauhigkeit entgegen. Das Umlenken des die Rohrleitung durchströmenden Förderguts in Bogen, Abzweigungen und in den Armaturen erzeugt Wirbel. Es leuchtet ein, daß diese Wirbel Widerstände darstellen, die nur durch einen gewissen Energieaufwand zu überwinden sind. In jeder Rohrleitung ergeben sich somit Druckverluste und zwar durch Reibung an der Rohrwand und Stoßverluste durch Wirbelbildung in den Einbauten. Je schneller die Strömung ist, je höher werden diese Verluste, die annähernd mit dem Quadrat der Strömungsgeschwindigkeit w (m/sek) wachsen.

Der Strömungsgeschwindigkeit sind Grenzen gezogen, die vom spezifischen Volum v (m³/kg) des Förderguts abhängen. Das spezifische Volum dehnbarer Stoffe [7] ist wiederum eine Funktion von Druck und Temperatur. Seine Größe ändert sich in der Regel auf dem Transportweg durch Druck- und Temperaturverluste, was zu beachten ist.

Bei Rohren ist der Querschnitt meistens kreisförmig. In der Zeiteinheit (sek) strömt durch den lichten Rohrquerschnitt F (m²) eine Menge mit einem Volum von

$$V_s = F w = (\pi/4) \, d^2 \, w \qquad \text{in m³/sek,} \qquad (1)$$

oder je Stunde

$$V_h = 3600 \, F w = 2827 \, d^2 \, w \qquad \text{in m³/h,} \qquad (2)$$

$$d = \text{innerer Rohrdurchmesser} \quad \text{in m.}$$

Die Durchflußmenge in Gewicht je Sekunde ist, mit γ als spezifisches Gewicht des strömenden Stoffes in kg/m³,

$$G_s = F w \gamma = (\pi/4) \, d^2 \, w \, \gamma \qquad \text{in kg/sek,} \qquad (3)$$

oder je Stunde

$$G_h = 3600 \, F w \gamma = 2827 \, d^2 \, w \, \gamma \quad \text{in kg/h.} \qquad (4)$$

Der kreisförmige Rohrquerschnitt F in m² kann aus Tabellen entnommen werden, die in der „Hütte" und in vielen technischen Büchern zu finden sind.

Die theoretische Ausflußgeschwindigkeit in m/sek von Flüssigkeiten ist proportional der Fallgeschwindigkeit aus der Höhe h_w in m. Die Fallbeschleunigung ist $g = 9,81$ m/sek² und das spezifische Gewicht $\gamma = 1/v$ in kg/m³.

Es ist

$$w = \sqrt{(2\,g\,h_w)/\gamma}\,. \tag{5}$$

Die theoretische Ausflußgeschwindigkeit von Gasen ist

$$w = \sqrt{2\,g\,(P_1 - P_2)/\gamma}\,. \tag{6}$$

Hierin ist P_1 der Druck vor und P_2 der Druck hinter der Meßstrecke in kg/m².

In Wirklichkeit ist sowohl die Ausfluß- als auch die Strömungsgeschwindigkeit in der Rohrleitung geringer. Die Geschwindigkeit einer Strömung ist nicht gleichmäßig über den Rohrquerschnitt verteilt.

Die strömende Menge des Förderguts eilt im Kern des Querschnitts vor, da die Rauhigkeit der Rohrwand als Leitfläche bremsend wirkt. In Bögen, Abzweigungen und Armaturen lassen die Wirbel keine gleichmäßige Strömung zu.

Der Berechnung der Rohrweite wird deshalb eine mittlere Geschwindigkeit (w_m) zugrunde gelegt.

Für Heißdampf gilt als Maßstab das Volum von etwa $v = 0,01$ bis $0,3$ m³/kg mit Strömungsgeschwindigkeiten $w_m = 25$ bis 80 m/sek, aber es kommt ganz darauf an, welcher Druckabfall aus wirtschaftlichen Erwägungen zugelassen werden kann.

Der Preis für Röhren aus Austenit gegenüber solchen aus Ferrit ist hoch, doch es könnte sein, daß höhere Anlagekosten und deren Verzinsung einen größeren Druckabfall als Folge einer höheren Strömungsgeschwindigkeit rechtfertigen, wenn das Rohrnetz für Dampferzeuger und Verbraucher mit kleineren Rohrweiten für so hohen Druck und so hoher Betriebstemperatur ausgelegt wird, daß nur Rohre aus Austenit in Frage kommen.

Für Sattdampf, Gase und Luft liegt w_m zwischen 10 und 25 m/sek, für Flüssigkeiten zwischen 0,5 und 3,5 m/sek, je nach Druck des Fördergutes und Länge der Rohrstrecken.

Öl für Heizzwecke muß für den Transport durch Rohrleitungen u.U. vorgewärmt werden, damit es ausreichend flüssig wird.

Wird von der Strömungsgeschwindigkeit ausgegangen, so ergibt sich die Rohrweite zu

$$d_i = \sqrt{4\,G_s/(\pi\,w_m\,\gamma_m)} \quad \text{in m.} \tag{7}$$

Es bedeuten:

d_i = innerer Rohrdurchmesser   in m,
G_s = Menge des Förderguts   in kg/sek,
γ_m = mittlere spez. Gewicht des Förderguts   in kg/sek,
w_m = mittlere Strömungsgeschwindigkeit des Förderguts   in m/sek,
γ_m und w_m sind Mittelwerte, deren Größe zunächst geschätzt werden muß.

Im Schrifttum erschienene Tabellen, Arbeitsblätter und Kurven ermöglichen ein schnelles Auffinden der Rohrweite, wenn Menge und Zustand des Förderguts bekannt sind.

Einer bestimmten Rohrweite ist dabei eine bestimmte Strömungsgeschwindigkeit zugeordnet. Der Druckabfall ist von der Länge der Rohrleitung und ihren Einbauten abhängig.

Tabelle 3.II. *Berechnungsformeln*, nach DIN 2413, Neufassung, *zur Bestimmung der Rohrwanddicke*

Geltungsbereich	Theoretische Wanddicke s_0 mm	Werkstoffkennwert K kg/mm²	Sicherheitsbeiwert S mit | ohne Abnahmezeugnis DIN 50 049 für den Werkstoff		Höchster ertragbarer Prüfdruck p' kg/cm²
I vorwiegend ruhend beansprucht bis 120 °C	$s_0 = \dfrac{d_a \cdot p\,[1]}{200 \cdot v \cdot \dfrac{K}{S}}$ [1]	Streckgrenze[2] oder Rechnungswert der Streckgrenze bei 20 °C	$S = 1{,}7$ | $S = 2{,}0$ für Leitungen in unbebautem Gebiet und ggf. bei besonderen Schutzmaßnahmen $S = 1{,}6$ | $S = 1{,}8$		
II vorwiegend schwellend beansprucht bis 120° C Die Berechnung wird durchgeführt gegen Verformen und gegen Dauerbruch; die größere Wanddicke s_0 ist zu wählen.	a) Rechnung gegen Verformen $s_0 = \dfrac{d_a \cdot p_{\max}\,[1]}{200 \cdot v \cdot \dfrac{K}{S}}$ [2a]	Streckgrenze[2] oder Rechnungswert der Streckgrenze bei 20 °C	$S = 1{,}7$	$S = 2{,}0$	$p' = \dfrac{200 \cdot v \cdot \dfrac{\sigma_s}{1,1}(s - c_1)}{d_a + (s - c_1)}$ [5] Gilt für das einzelne Rohr
	b) Rechnung gegen Dauerbruch $s_0 = \dfrac{d_a(p_{\max}-p_{\min})}{200 \cdot v \cdot \dfrac{K}{S} - (p_{\max}-p_{\min})}$ [2b]	Zeit-Schwellfestigkeit bei 20 °C[3] $\sigma_{\text{Sch/Zeit}}$	$S = 2{,}2$	$S = 2{,}5$	
III vorwiegend ruhend beansprucht über 120 °C bis 600 °C[4]	$s_0 = \dfrac{d_a \cdot p}{200 \cdot v \cdot \dfrac{K}{S} + p}$ [3]	1. $\sigma_{0,2/t}$ 2. $\sigma_{B/100\,000/t}$ Der niedrigste sich aus 1. und 2. ergebende Wert $\dfrac{K}{S}$ ist in die Rechnung einzusetzen[5]. Außerdem ist nachzuprüfen, ob die Werte $\sigma_{1/100\,000/t}$ und $\sigma_{B/100\,000/t + \Delta t}$ noch nicht überschritten sind.	$S = 1{,}6$ $S = 1{,}5$	$S = 1{,}8$ —	

[1] Bei Durchmesserverhältnissen $\dfrac{d_a}{d_i} > 1{,}1$ kann bei Verwendung von ausgewähltem Werkstoff, z.B. Vorbehandlung der Blöcke für nahtlose Rohre entsprechend DIN 1629 III Rohre in Sonderausführung (in der in Arbeit befindlichen Neuausgabe von DIN 1629 als Güteklasse II c vorgesehen) und Lieferung mit Abnahmezeugnis 3 DIN 50049 die Berechnung auch mit der Formel $s_0 = \dfrac{d_a \cdot p}{200 \cdot v \cdot \dfrac{K}{S} + p}$ und dem Sicherheitsbeiwert $S = 1{,}8$ durchgeführt werden.

[2] Als Streckgrenze sind die in den verschiedenen Werkstoffblättern angegebenen Werte einzusetzen.

[3] Am polierten Probestab ermittelt (siehe DIN 50100).

[4] Die niedrigste Berechnungstemperatur ist $t = 200$ °C.

[5] Liegen im Temperaturbereich über 400 bis 500 °C Warmstreckgrenzenwerte bzw. Langzeitwerte noch nicht fest, so kann in diesem Bereich vorläufig mit den gewährleisteten Mindestwerten der DVM-Kriechgrenze mit einem Sicherheitsbeiwert von $S = 1{,}6$ gerechnet werden.

Für die Wahl der Weite und Wanddicke von Röhren geben DIN-Blätter die Grundlage. Eine Übersicht ermöglicht DIN 2400 „Rohrleitungen". Eine Aufteilung nach Nenndrücken (ND) ist ersichtlich aus DIN 2401 „Druckstufen". DIN 2402 „Nennweiten" regelt die paßgerechte Ausführung der Einzelteile.

Die wirklichen Abmessungen der Rohre stimmen aber nicht mit der Nennweite (NW) überein.

Für die Herstellung nahtloser Röhren ist das Walzprogramm der Röhrenwerke DIN 2448 gültig. Ein Auszug aus DIN 2448 „Herstellungsbereich nahtloser Stahlrohre" ist in Tab. 3.I [1] (alt) wiedergegeben. DIN 2448 wurde zwecks Übereinstimmung mit der ISO/R 64 überarbeitet und erscheint neu gemäß Tab. 6.I (neu 1960).

Die Berechnung der Rohrwanddicke [8, 9] hat nach DIN 2413 (Neufassung Mai 1954) zu erfolgen. Die Berechnungsformeln enthält Tab. 3.II. Dabei sind drei Geltungsbereiche zu beachten die sich auf die Betriebsbeanspruchung durch Druck, Temperatur und die Beanspruchungsart (ruhend, schwellend) erstrecken.

Für den Ausgangswerkstoff gelten drei Gütestufen nach DIN 17175 (Neuausgabe 1959). Wie aus Tab. 3.III ersichtlich, sind Druck und Temperatur maßgebend.

Tabelle 3.III. *Gütestufen für die Vorbehandlung der Rohrwerkstoffe*, nach DIN 17175

Gütestufe	Betriebsbeanspruchung	Ausgangswerkstoff	besondere Prüfungen
I	Bei Temperaturen des durchströmenden Stoffes bis etwa 400 °C oder bei höchstzulässigen Betriebsdrücken bis 32 atü	je nach Fertigungsverfahren; Gußblöcke oder gewalzter Rund- oder Vierkantstahl, unbearbeitet	Bördel- oder Ringfaltversuch, stichprobenartig am Rohr
II	Bei Temperaturen des durchströmenden Stoffes von etwa 400 °C bis etwa 450 °C oder bei höchstzulässigen Betriebsdrücken über 32 bis 80 atü	wie bei Gütestufe I, jedoch besondere Sorgfalt in der Auswahl der Schmelzen, in der Beseitigung von Lunkerteilen und Oberflächenmängeln und besondere werksseitige Sorgfalt bei der Verfolgung des Vorwerkstoffes während des Herstellungsvorganges	Ringversuch am Rohr je Walzlänge
III	Bei Temperaturen des durchströmenden Stoffes über etwa 450 °C oder bei höchstzulässigen Betriebsdrücken über 80 atü	wie bei Gütestufe II, jedoch über die ganze Oberfläche geschält (bzw. gedreht oder gehobelt) oder geflämmt, die Gußblöcke abgeschopft und gebohrt oder auf der Presse gelocht	Beizscheibenprüfung eines jeden Rund- oder Vierkantstahles und Ringversuch am Rohr je Walzlänge; bei Rohren mit einem Außendurchmesser von 102 mm und mehr Überschallprüfung oder Prüfung mit einem mindestens gleichwertigen zerstörungsfreien Prüfverfahren

---

[1] Tab. 3.I befindet sich in der Tasche am Schluß des Buches.

Tabelle 3.IV. *Legierung der Rohrstähle* [11]

Werkstoff-Bezeichnung	Legierungselemente in %								P max.	S max.
	C	Si	Mn	Cr	Mo	V	Ni	Ta/Nb		
St 35.8 Stoff-Nr. 0305	$\leqq 0,17$	$\leqq 0,35$	$\geqq 0,4$	—	—	—	—	—	$< 0,05$	$< 0,05$
St 45.8 Stoff-Nr. 0405	$\leqq 0,22$	0,1–0,35	$\geqq 0,45$	—	—	—	—	—	$< 0,05$	$< 0,05$
15 Mo 3 Stoff-Nr. 5415	0,12–0,2	0,15–0,35	0,5–0,8	—	0,25–0,35	—	—	—	$< 0,04$	$< 0,04$
13 CrMo 44 Stoff-Nr. 7335	0,1–0,18	0,15–0,35	0,4–0,7	0,7–1,0	0,4–0,5	—	—	—	0,04	0,04
10 CrMo 910 Stoff-Nr. 7380	$\leqq 0,15$	0,15–0,5	0,4–0,6	2,0–2,5	0,9–1,1	—	—	—	0,04	0,04
10 CrSiMo V 7 Stoff-Nr. 8075	$\leqq 0,12$	0,9–1,2	0,35–0,75	1,6–2,0	0,25–0,35	0,25–0,35	—	—	0,04	0,04
X 20 CrMoWV 121 Stoff-Nr. 4935	0,17–0,23	0,15–0,5	0,4–0,7	11,0–12,5	0,8–1,2	0,25–0,35	0,3–0,8	W 0,4–0,6	—	—
X 8 CrNiNb 1613 Stoff-Nr. 4961	$< 0,1$	0,3–0,6	1,0–1,5	15–17	—	—	12,0–14,0	$> 10 \times \%C$ $< 10 \times \%C + 0,4$[1]	—	—
X 8 CrNiMoNb 1616 Stoff-Nr. 4981	$< 0,1$	0,3–0,6	1,0–1,5	15,5–17,5	1,6–2,0	—	15,5–17,5	$> 10 \times \%C$ $< 10 \times \%C + 0,4$[1]	—	—
X 8 CrNiMoVNb 1613[2] Stoff-Nr. 4988	$< 0,1$	0,3–0,6	1,0–1,5	15,5–17,5	1,1–1,5	0,6–0,85	12,5–14,5	$> 10 \times \%C$ $< 10 \times \%C + 0,4$[1]	—	—

maximal 1,2. — [2] $+ 0,1 \% N_2$.

Die Festigkeit der Stähle für die Röhrenherstellung unter Beachtung von hohen Betriebstemperaturen ist abhängig von deren Legierung [10]. Der Anteil bestimmter Legierungselemente (in %) der Stahlschmelze führte zu bestimmten Werkstoffbezeichnungen (Tab. 3.IV).

Hochlegierte Werkstoffe ergeben geringere Rohrwanddicken. Sie besitzen im Gebiet hoher Temperaturen besonders gute Festigkeitseigenschaften, die sich in den Werten ihrer Zeitdehngrenze und Zeitstandfestigkeit ausdrücken [11]. Zeitdehngrenze und Zeitstandfestigkeit werden durch Langzeitversuche ermittelt. Die Temperaturgrenze, die nach DIN 2413 für die Anwendung der Zeitstandfestigkeit $\sigma_{B/100\,000/t}$, an Stelle der Warmstreckgrenze, zur Bestimmung der Rohrwanddicke anzuwenden ist, ergibt sich aus dem Schnittpunkt der über der Temperatur aufgetragenen Kurven (s. Abb. 3.01) für die Warmstreckgrenze ($\sigma_{0,2}$) einerseits und für die Zeitstandfestigkeit (σ_B) andererseits.

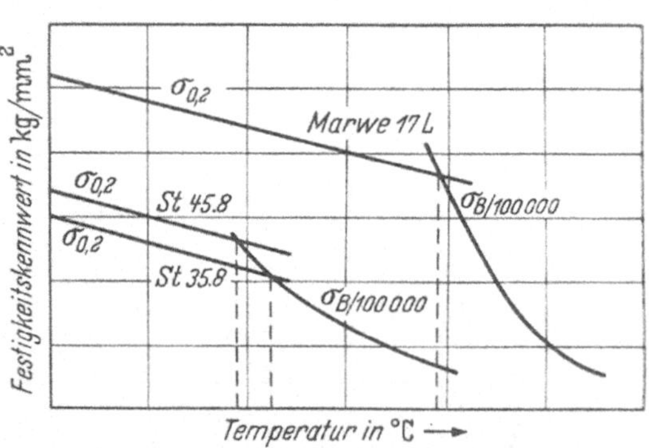

Abb. 3.01. Temperaturgrenze zwischen Warmstreckgrenze und Zeitstandfestigkeit [11]

Die Tab. 3.V[1] enthält die für die Berechnung der Rohrwanddicke maßgebenden Festigkeits-Kennwerte ($\sigma_{0,2}$, $\sigma_{1\%}$, σ_B) gängiger Rohrstähle. In Tab. 3.VI sind die Berechnungswerte (K/S) vermerkt, die in die Berechnungsformeln (Tab. 3.II) für die Ermittlung der Wanddicke von

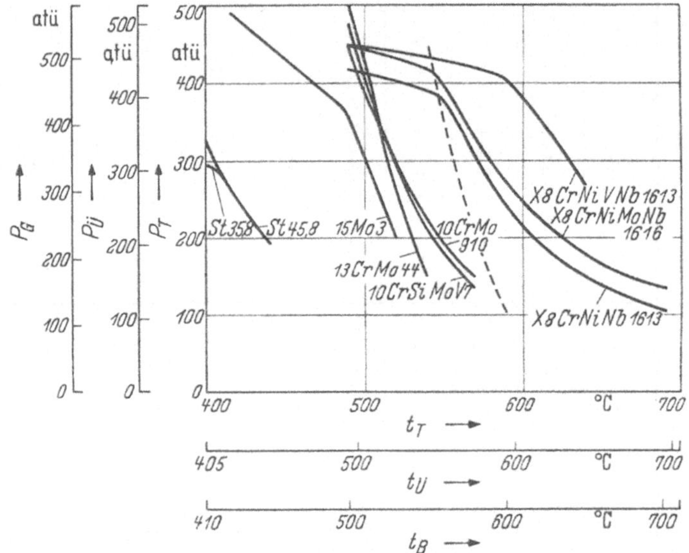

Abb. 3.02. Grenzen des Verwendungsbereiches von Röhrenstählen bei $d_a/d_i = 1{,}7$ [2]
P_G Genehmigungsdruck (Berechnungsdruck der Rohrleitung); $P_{\ddot{U}}$ Druck am Überhitzeraustritt; P_T Druck vor der Turbine; t_B Berechnungstemperatur der Rohrleitung; $t_{\ddot{U}}$ Temperatur am Überhitzeraustritt; t_T Temperatur vor der Turbine. Werkstoffbezeichnungen vgl. Tab. 3.V[1]

---

[1] Tab. 3.V befindet sich in einer Tasche am Schluß des Buches.

Tabelle 3.VI. *Berechnungswerte von Rohrstählen* (K/S *in* kg/mm^2),
für Heißdampfleitungsrohre, berechnet gemäß DIN 2413 *Geltungsbereich III* (*mit Abnahmeprüfung für den Werkstoff*) [11]

Bezeichnung		Berechnungswerte[1] K/S in kg/mm² für Berechnungstemperatur in °C																						
		300	350	360	370	380	390	400	410	420	430	440	450	460	470	480	490	500	510	520	530
St 35.8		8,8	7,5	7,4	7,2	7,1	7,0	6,9	6,6	6,3	5,5	4,9	4,3	3,8	3,3	2,8	2,4	2,1	1,9	1,7	
St 45.8		10,0	8,8	8,6	8,5	8,4	8,2	8,1	7,2	6,3	5,5	4,9	4,3	3,8	3,3	2,8	2,4	2,1	1,9	1,7	1,5
Marwe 13 P	15 Mo 3							11,2	11,1	11,0	10,9	10,8	10,6	10,4	10,1	9,9	9,3	8,0	6,8	5,6	4,5
Marwe 17 L	13 CrMo 44							13,1	12,9	12,8	12,6	12,6	12,5	12,2	12,0	11,8	11,5	11,3	9,5	7,6	5,9
Marwe 213 ESV	10 CrSiMoV 7							13,1	13,0	12,8	12,6	12,4	12,2	11,9	11,7	11,4	11,2	10,0	8,9	7,8	6,7
Marwe 215 E	10 CrMo 9 10							13,1	13,0	12,9	12,7	12,6	12,5	12,4	12,2	12,1	11,3	10,0	8,7	7,7	6,7
Marwedur AN 11	X 8 CrNiNb 16 13																				
Marwedur AN 15	X 8 CrNiMoNb 16 16																				
Marwedur AN 31	X 8 CrNiMoVNb 16 13																				

Bezeichnung		Berechnungswerte[1] K/S in kg/mm² für Berechnungstemperatur in °C																
		540	550	560	570	580	590	600	610	620	630	640	650	660	670	680	690	700
St 35.8																		
St 45.8																		
Marwe 13 P	15 Mo 3	3,0	2,0															
Marwe 17 L	13 CrMo 44	4,5	3,3	2,6	2,0	1,5												
Marwe 213 ESV	10 CrSiMoV 7	5,6	4,7	4,0	3,5	3,0	2,6	2,3										
Marwe 215 E	10 CrMo 9 10	5,8	5,0	4,3	3,8	3,3	2,9	2,7										
Marwedur AN 11	X 8 CrNiNb 16 13		10,0	9,9	9,5	8,8	8,0	7,3	6,7	6,1	5,5	5,1	4,7	4,2	3,7	3,4	3,0	2,7
Marwedur AN 15	X 8 CrNiMoNb 16 16		10,6	10,5	10,4	10,1	9,4	8,7	8,0	7,3	6,7	6,2	5,7	5,2	4,8	4,3	4,0	3,7
Marwedur AN 31	X 8 CrNiMoVNb 16 13		11,2	11,1	11,0	10,9	10,7	10,6	9,9	9,1	8,3	7,5	6,7					

Die Berechnungswerte K/S gelten, soweit sie auf den Mindeststreckgrenzenwerten basieren, bei den Stählen St 35.8, St 45.8 und Marwe 13 P bei Heißdampfleitungsrohren für Rohre mit Wanddicken > 10 mm. Für Rohre mit größeren bzw. kleineren Wanddicken gelten andere Streckgrenzenwerte (s. Werkstoffblätter) und infolgedessen auch andere Berechnungswerte. Das gleiche gilt bei allen Stählen für Rohre mit Außendurchmessern ≤ 30 mm, deren Wanddicke ≤ 3 mm sind. Die Berechnungswerte K/S, denen die Langzeitwerte zugrunde liegen, gelten für Rohre aller Abmessungen.

[1] Grundlagen: Für die Berechnungswerte der Stähle St 35.8 bis Marwe 213 ESV einschließlich sind links der in der Tabelle eingezeichneten Begrenzungslinie die Mindeststreckgrenzenwerte nach DIN 17175, für die Marwedur-Stähle die im Kurzzeitversuch ermittelte 1%-Dehngrenze unter Berücksichtigung der vorgeschriebenen Sicherheitsbeiwerte und rechts der Begrenzungslinie die $_{100\,000}$ h-Langzeitwerte (Mittelwerte) unter Berücksichtigung der vorgeschriebenen Sicherheitsbeiwerte maßgebend.

Heißdampfleitungsrohren einzusetzen sind. Die Grenzen des Verwendungsbereichs von Röhrenstählen bei dem noch zulässigen Durchmesserverhältnis $d_a/d_i = 1{,}7$ zeigt Abb. 3.02 [5].

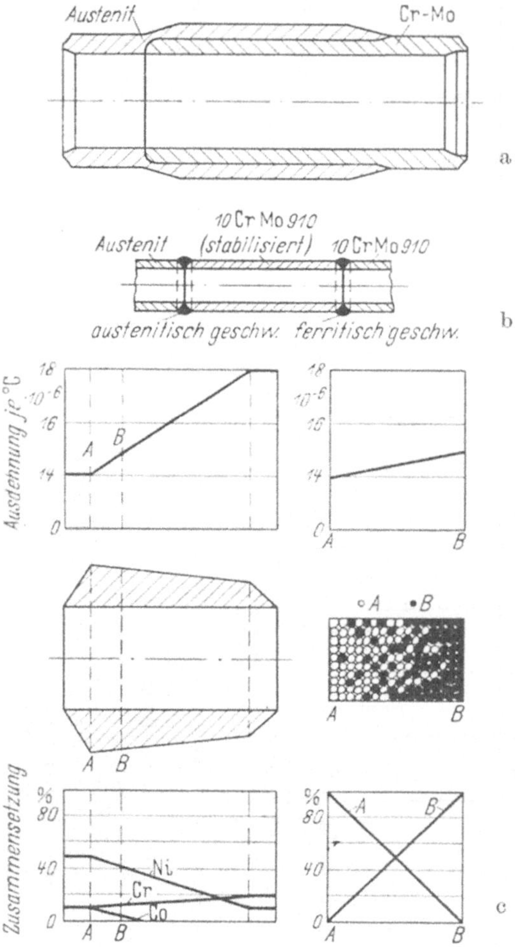

Im Temperaturgebiet um 560 °C finden Ferrit- und auch Austenitstähle Verwendung. Es muß jeweils abgewogen werden, ob ein billigerer Kilopreis für dickwandige Ferritrohre günstiger ist als ein teuerer Kilopreis für Austenitrohre mit geringerer Wanddicke.

Dickwandige Rohre sind weniger elastisch. Eine bestimmte Dehnlänge beim Anwärmen einer dickwandigen Rohrstrecke erfordert mehr Rohr für ihren Dehnungsausgleich durch entsprechend längere Rohrschenkel. Zu beachten ist aber die größere Dehnung von Austenit gegenüber Ferrit bei gleicher Temperatur. Die Dehnlänge der Rohrstrecken ist mit den in Tab. 3.VII aufgeführten Wärmedehnzahlen bestimmbar.

Damit sich die Rohrherstellung wirtschaftlich durchführen läßt, ist die Abnahme einer Mindestmenge nahtlos gewalzter Röhren erforderlich. Es kann daher vorteilhaft sein, Rohrweiten und Rohrwanddicken nicht zu sehr zu variieren. Bei Unterschreitung einer Mindestmenge an Rohren kann die Mehrausgabe durch den Aufpreis größer sein als bei einer größeren Menge mit gleich bemessener Rohrweite und Rohrwanddicke.

Der Kostensenkung dient auch eine Kombination von Ferrit für die Hauptleitungsstrecke und von Austenit für die Zu- und Abgänge, indem der Hauptquerschnitt der Rohrstrecke in kleinere Querschnitte aufgeteilt

Abb. 3.03a–c. Rohrverbinder für Rohre aus Ferrit mit Rohren aus Austenit [1]

a) Kelcaloy-Verbinder; b) Phönix-Rheinrohr-Verbinder; c) Gesintertes Rohrverbindungsstück mit in Achsrichtung veränderlicher Wärmedehnungszahl

Oben: Verlauf der Wärmedehnungszahlen

Mitte links: Schnitt durch den Verbinder, *rechts:* Anteile der Pulvermetalle *A* und *B*, *unten, links:* Verlauf der Werkstoff-Zusammensetzung über den ganzen Querschnitt, *rechts:* Teilgebiet zwischen reinem Werkstoff *A* und reinem Werkstoff *B*

wird (Abb. 2.09 und 5.06). Die Einschaltung besonderer „Verbinder" (Abb. 3.03 und 7.05) gestattet, an diese einerseits Rohr aus Ferrit und andererseits Rohr aus Austenit anzuschweißen. So wird der unterschiedlichen Werkstoffdehnung von Ferrit und Austenit am besten Rechnung getragen.

---

[1] Nach ZIMMER: Ferritisch/austenitische Schweißverbindungen in Kraftwerken, Bericht von Cl. Holzhauer, BWK 7370, Zeitschriftenschau.

Tabelle 3.VII. *Wärmedehnzahlen von Rohrstählen* (10^{-6} m/m °C) [11]

Werkstoff-Bezeichnung	mittlere Wärmeausdehnung in $\frac{10^{-6}\,\text{m}}{\text{m}\cdot°\text{C}}$ zwischen 20 °C und							
	100 °C	200 °C	300 °C	400 °C	500 °C	600 °C	700 °C	800 °C
St 35.8 St 45.8 15 Mo 3 13 CrMo 44	11,1	12,1	12,9	13,5	13,9	14,1 14,1 14,1		
10 CrMo 9 10			12,9	13,5	13,9	14,1		
10 CrSiMoV 7	12,5	12,8	13,1	13,4	13,7	14,0		
X 20 CrMoWV 12 1	10,5	11,0	11,5	12,0	12,0	12,5		
X 8 CrNiNb 16 13	15,5	16,5	17,0	17,5	18,0	18,5	18,5	19,0
X 8 CrNiMoNb 16 16	15,5	16,5	17,0	17,5	18,5	18,5	18,5	19,0
X 8 CrNiMoVNb 16 13	15,7	16,7	17,1	17,4	17,5	17,8	18,0	

3.1 Beispiele

Die nachfolgenden Ermittlungen lehren die Anwendung der im Kapitel 3 aufgeführten Grundgleichungen.

Es sind die Rohrweiten und Wanddicken für das Rohrleitungsnetz nach dem Rohrleitungsschaltplan (Abb. 2.02) zu bestimmen.

Dampf- und Stromerzeuger bilden in Blockschaltung eine Einheit (Abb. 2.05). Jede Kesselseite liefert 225 t Heißdampf von 186 ata und 530 °C je Stunde. Die beiden Rohrstränge führen über ein Mischstück (Abb. 2.07) unmittelbar zur Turbine, die zwei Anschlußstutzen für den Heißdampfeintritt besitzt. Frischdampfzustand vor der Turbine 181 ata, 525 °C. In der Hochdruckstufe der Turbine wird der Heißdampf auf 34,9 ata bei 305 °C entspannt. Dampfmengen von je 206 t/h werden durch zwei Rohrstrecken den beiderseitig des Kessels angeordneten Zwischenüberhitzern zugeleitet und dort auf eine Temperatur von 525 °C gebracht. Sie versehen die Mitteldruckstufe und nachfolgend die Niederdruckstufe der Turbine mit Dampf. Verschiedene Entnahmen aus bestimmten Druckstufen der Turbine dienen zum Vorwärmen des Speisewassers, das hauptsächlich aus dem Kondensator der Turbine kommt. Das Rohrnetz (Abb. 2.02) dient einem Kreislauf für den aus Wasser entstehenden und wieder zu Wasser werdenden Dampf in stetiger Folge.

Rohrweiten und Rohrwanddicken, wie sie sich zunächst für die Planung in den Unterabschnitten ergeben, bedürfen einer *Nachprüfung* in bezug auf *Wirtschaftlichkeit* und *Betriebssicherheit*. Diesbezüglich wird auf die Abschn. 4 und 5 verwiesen.

Für die nachfolgend gewählten Rohraußendurchmesser und Wanddicken sind die Abmessungen verwendet worden, die z. Z. der Planung und Ausführung der Wärmekraftanlage Fortuna III, der „Rheinischen Braunkohle A-G, Köln, nach DIN 2448. Jan. 1940, gültig gewesen sind. Das von SSW, Erlangen, entwickelte Rohrleitungsschaltbild 2.02 diente der Anfertigung von Rohrleitungsplänen durch die GHR, Berlin, bzw. Mannesmann-Rohrleitungsbau, Düsseldorf.

3.11 Heißdampfleitung

Rohrführung nach Abb. 3.04.

3.111 Rohrweite. Betriebsdruck 185 atü, Betriebstemperatur 530 °C. Volum $v = 0,018\,\text{m}^3/\text{kg}$ [7], spez. Gewicht $\gamma = 1/0,018 = 55,6\,\text{kg/m}^3$. Nach Gl. (4) ist die Strömungsgeschwindigkeit $w = G_{t/h}/(F\,\gamma\,3,6)$. Damit wird $F = 225/(55,6 \cdot 3,6 \cdot w)$ in m².

Rohrquerschnitt und Strömungsgeschwindigkeit sind vorerst Unbekannte.
Mit $w = 32$ m/sek ergibt sich nach Gl. (7)

$$d_i = \sqrt{4\,G_{\text{sek}}/(\pi w \gamma)} = \sqrt{4 \cdot 225/(\pi \cdot 3{,}6 \cdot 32 \cdot 55{,}6)} = 0{,}212 \text{ m}.$$

Die gegebene Dampfmenge ist $G = 225$ t/h oder $225/3{,}6$ kg/sek.

Gemäß Abschn. 4 ist jedoch eine Strömungsgeschwindigkeit von 47 m/sek wirtschaftlich. Mit $w = 47$ m/sek ergibt sich nach Abb. 3.06 die Rohrweite $d_i = 175$ mm.

3.112 Rohrwanddicke [8 bis 11].

Bestellwanddicke $s = s_0 + c_1 + c_2$ in mm.   (8)

Zu wählen ist der Werkstoff 13 CrMo 44 (Ferrit) nach den Kurven Abb. 3.05. Für die Temperatur 530 °C ist die Gütestufe III (Tab. 3.III) vorgeschrieben. Abnahmezeugnisse für den Werkstoff nach DIN 50049, Abschn. 3 A, B und C.

Berechnungswert K/S (s. Tab. 3.VI) $= 5{,}9$ kg/mm².

Theoretische Wanddicke (s.Tab. 3.II):

$$s_0 = d_a p/(200\,K/S + p) \quad \text{in mm} \quad (9)$$

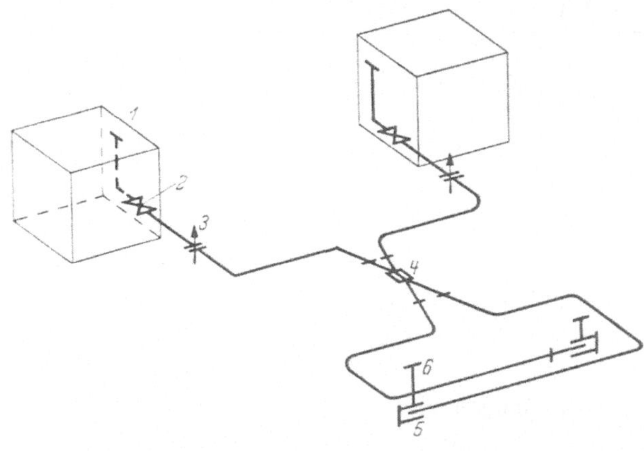

Abb. 3.04. Heißdampf-Hochdruckrohrleitung in Blockschaltung
1 Anschluß am Überhitzer des Dampferzeugers; *2* Absperrschieber mit Fernsteuerung; *3* Meßstelle; *4* Mischstrecke; *5* Sieb; *6* Anschluß am Verteiler der Turbine

Darin ist $d_a =$ äußerer Rohrdurchmesser in mm. Der Dampfdruck p ist in atü (kg/cm²) einzusetzen. Der Formelwert v, gleich Wertigkeit der Schweißnaht nach DIN 2413, für nahtlose Rohre gleich 1, ist in Gl. (9) weggelassen. Wird von einer bestimmten lichten Rohrweite $d_i = 175$ mm ausgegangen (s. Abschn. 3.111), so gilt die Gleichung

$$s_0 = d_i p/(200\,K/S - p) \quad \text{in mm} \quad (10)$$

Für 185 atü und mit einem inneren Rohrdurchmesser von 175 mm beträgt die Wanddicke:

$$s_0 = 175 \cdot 185/(200 \cdot 5{,}9 - 185)$$
$$= 32{,}5 \text{ mm}.$$

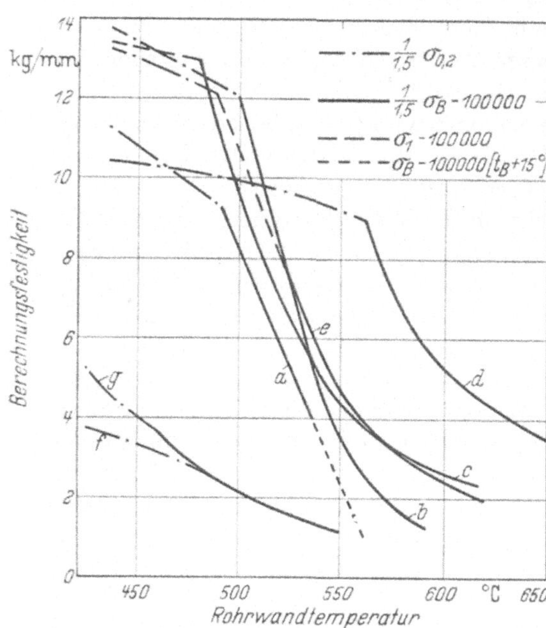

Abb. 3.05. Berechnungswerte nach DDA-Richtlinien [56]
a 15 Mo 3; *b* 13 CrMo 44; *c* 10 CrMo 9 10; *d* X 8 CrNiNb 1613; *e* 10 CrSiMoV 7; *f* 35.8; *g* 45.8

Die Wanddicke wurde für diese starkwandige Rohrgröße durch Sondervereinbarung mit dem Röhrenwerk mit einer Abweichung: minus 0, plus 25% gewährleistet. Bezogen auf die Normenabweichung mit $c_1 = 0{,}145\,s_0$ ist die Bestellwanddicke $s = 37$ mm. Die Maßabweichung der lichten Rohrweite gewährleistet das Röhrenwerk mit $\pm 1\%$.

Nach Tab. 3.VI hat der Berechnungswert die Größe: $K/S = 5{,}9$ kg/mm². Er muß nach DIN 2413 unterhalb der Zeitdehngrenze $\sigma_{1\% - 100000/t} = 6{,}6$ kg/mm² (s. Tab. 3.V) und unter der Zeitstandfestigkeit $\sigma_{B/100000/t + 15 °C} = 5{,}91$ liegen.

Die Zwischenwerte der Zeitstandfestigkeit gehen aus Zeitstandschaubildern, aufgestellt von den Röhrenwerken, hervor.

Wird vom Rohraußendurchmesser $d_a = d_i + 2s = 175 + 74 = 249$ mm ausgegangen, so ergibt sich (Tab. 3.II)

$$s_0 = d_a p/(200 \cdot K/S + p) = 249 \cdot 185/(200 \cdot 5.9 + 185) = 33{,}7 \text{ mm und } s = 1{,}145 s_0 = 39 \text{ mm}.$$

3.12 Mitteldruck-Dampfleitungen

Wie aus dem Rohrleitungsschaltplan (s. Abb. 2.02) ersichtlich ist, dienen diese Leitungen der Dampf-Rückführung (Kalte Schiene) von der HD-Stufe der Turbine zu den Zwischenüberhitzern im Dampferzeuger, und nach der Dampferhitzung auf 525 °C der Dampfzuführung zur MD-Stufe der Turbine (Heiße Schiene).

3.121 Kalte Schiene, Rohrweite. Betriebsdruck 33,9 atü, Betriebstemperatur 305 °C, Volum $v = 0{,}07$ m³/kg, Wichte $\gamma = 14{,}3$ kg/m³. Mit $w = 42$ m/sek ist für $G_{t/h} = 206$ die Rohrweite

$$d_i = 0{,}595 \sqrt{G_{t/h} v/w} \quad \text{in m} \tag{11}$$

also hier:

$$d_i = 0{,}595 \sqrt{206 \cdot 0{,}07/42} = 0{,}348 \text{ m}.$$

3.122 Kalte Schiene, Rohrwanddicke. Werkstoff St 45.8 (Ferrit). Berechnungswert $K/S = 10$ kg mm², bezogen auf die Warmstreckgrenze bei 300 °C, bzw. $K/S = 8{,}8$ bei 350 °C für Rohrwanddicken größer als 10 mm. Für Wanddicken kleiner als 10 mm sind die Berechnungswerte $K/S = 17/1{,}6$ bzw. $K/S = 15/1{,}6$. Vorgeschrieben ist für Drücke über 32 atü die Gütestufe II (s. Tab. 3.III) mit Abnahmezeugnis für den Werkstoff nach DIN 50049, Abschnitt A und B. Gefordert wird der Sicherheitsbeiwert mit $S \geq 1{,}6$, bezogen auf $\sigma_{0,2-t}$.

Gewählt wird Rohr 368 ä $\varnothing \times 10$. Nach Tab. 3.XI darf sein $p_{max} = 44\cdots50$ atü. Durchmesserabweichung $\pm 1{,}0\%$, größter Rohraußendurchmesser $d_{a/max} = 1{,}011 d_a = 372$ mm. Wanddickenabweichung $\pm 15\%$. Damit wird

$$s_0 = s - c_1 = 10 - 0{,}18 s_0 = 10/1{,}18 = 8{,}5 \text{ mm}.$$

Um sicher zu gehen, ist für die Nachprüfung von p_{max} die Gleichung [8, 9] anzuwenden:

$$p_{max} = 200\,K/S(s - c_1)/(d_{a/max} - s) \quad \text{in atü} \tag{12}$$

Wird für $K/S = 16{,}8/1{,}6 = 10{,}5$ kg/mm² eingesetzt, so wird hier:

$$p_{max} = 200 \cdot 10{,}5 \cdot 8{,}5/362 = 49 \text{ atü}.$$

Vorhanden ist dann für $p = 33{,}9$ atü bei 305 °C ein Sicherheitsgrad von:

$$S = 200\,K s_0/p(d_{a/max} - s) = 200 \cdot 16{,}8 \cdot 8{,}5/33{,}9 \cdot 362 = 2{,}3.$$

Tabelle 3.VIII. *Elastizitätsmodul von Rohrstählen* (kg/mm²) [11]

Werkstoff-Bezeichnung	Elastizitätsmodul in kg/mm² bei °C						
	20 °C	300 °C	400 °C	500 °C	550 °C	600 °C	700 °C
St 35.8 St 45.8 15 Mo 3 13 CrMo 44	21 000	18 500	17 500	16 500		15 500 15 500 15 500	
10 CrMo 9 10	21 000	18 500	17 500	16 500	16 000	15 500	
10 CrSiMoV 7	21 000	19 000	18 000	15 500	15 000	14 500	
X 20 CrMoWV 12 1	21 000		19 000	18 000		16 500	
X 8 CrNiNb 16 13	20 000			17 000		16 000	15 000
X 8 CrNiMoNb 16 16	20 000			17 000		16 000	15 000
X 8 CrNiMoVNb 16 13	20 000			17 000		16 000	15 000

Tabelle 3.IX. *Grenzen für p (atü) bei bestimmtem Rohraußendurchmesser und bestimmter Wanddicke, Werkstoff St 00.29*

Betriebstemperatur °C			120	200	Betriebstemperatur °C			120	200
Außendurchmesser	Wanddicke	Gewicht	zulässiger Betriebsdruck		Außendurchmesser	Wanddicke	Gewicht	zulässiger Betriebsdruck	
d_a mm	s mm	kg/m	p_{max} kg/cm²		d_a mm	s mm	kg/m	p_{max} kg/cm²	
20	2	0,888	25	22	159	4,5	17,2	25	22
25	2	1,13	25	22	219,1*	5,9	31	25	22
30	2,5	1,70	25	22	267*	6,3	40,6	25	22
38	2,5	2,19	25	22	323,9*	7,1	55,6	22	22
44,5	2,5	2,59	25	22	355,6*	8	68,3	20	20
57	2,75	3,68	25	22	419*	10	101	17	17
63,5	3	4,48	25	22	457,2*	10	110	16	16
76	3	5,40	25	22	508*	11	135	14	14
89	3,25	6,87	25	22					
108	3,75	9,64	25	22					
133	4	12,7	25	22					

Grenzbedingungen für Verwendung von nahtlosen Rohren aus St 00.29:

1. bis ND 25,
2. p. $d_i \leqq 7000$.

* nach DIN 2448 (neu) geändert.

3.123 Heiße Schiene, Rohrweite. Betriebsdruck 30,9 atü, Betriebstemperatur 525 °C, Volum $v = 0,115$ m³/kg, Wichte $\gamma = 8,7$ kg/m³. Mit $w = 45$ m/sek ist, nach Gl. (11), die Rohrweite für die Dampfmenge $G = 206$ t/h:

$$d_i = 0,595 \sqrt{206 \cdot 0,115/45} = 0,432 \text{ m.}$$

3.124 Heiße Schiene, Rohrwanddicke. Werkstoff 13 CrMo 44 (Ferrit). Berechnungswert $K/S = 10,1/1,5 = 6,7$ kg/mm².
Gewählt wird Rohr 470 × 20 nach DIN 2448.

$$d_{a/max} = 1,011 \cdot 470 = 475 \text{ mm,} \quad d_{a/max} - s = 475 - 20 = 455 \text{ mm,} \quad s_0 = s/1,118 = 20/1,18$$
$$= 17 \text{ mm.}$$

Nach Gl. (12) ist $p_{max} = 200 \cdot 6,7 \cdot 17/455 = 50$ atü. Vorhanden ist für $p = 30,9$ atü bei 525 °C ein Sicherheitsgrad von

$$S = 200\, K s_0/p\,(d_{a/max} - s)$$
$$= 200 \cdot 10,1 \cdot 17/30,9 \cdot 455 = 2,4.$$

Der Berechnungswert K/S aus $\sigma_{0,2/525\,°C}$ ist nicht in Betracht zu ziehen.
Die Zeitdehngrenze $\sigma_{1\%/100\,000/525\,°C}$ beträgt etwa 7,6 kg/mm², die Zeitstandfestigkeit $\sigma_{B/100\,000/540\,°C} = 6,7$ kg/mm². Der Berechnungswert $K/S = 6,7$ kg/mm² ist nicht höher als es die Werte $\sigma_{1\%/100\,000/525\,°C}$ und $\sigma_{B/100\,000/525\,+15\,°C}$ sind.
Nach Tab. 3.II, entsprechend DIN 2413, wäre erforderlich eine Mindestwanddicke von

$$s_0 = 470 \cdot 30,9/(200 \cdot 6,7 + 30,9) = 10,6 \text{ mm.}$$

Tabelle 3.X. *Grenzen für p (atü) bei bestimmten Rohraußendurchmesser und bestimmter Wanddicke, Werkstoff St 35.8*

Betriebs-temperatur °C		200	250	300	350	400
Werkstoff-kennwert K kg/mm²		19	17	15	13	11
Rohr		$p_{\max} = \dfrac{200 \cdot K \cdot s_0}{(d_a \cdot t - s) \cdot S}$				
Außen-durch-messer d_a mm	Wand-dicke s mm					
20	2	235	210	185	160	144
	2,5	301	269	237	206	186
25	2	184	165	145	126	113
	2,5	235	210	185	160	144
30	2,5	193	172	152	132	118
	3	235	210	185	160	144
38	2,5	149	133	118	102	92
	3	181	162	143	124	112
44,5	2,5	126	133	99	86	77
	3	153	137	121	105	94
	4	201	180	159	137	124
57	2,75	107	96	85	73	66
	3	118	105	93	80	72
	4	160	143	126	109	98
63,5	3	105	94	83	72	64
	4	142	127	112	97	87
	6	212	190	167	145	130
76	3	87	78	69	60	53
	4	118	105	93	80	73
	6	175	156	138	119	107
89	3,25	80	72	63	55	49
	4	100	89	79	68	61
	5	121	109	96	83	74
	6	147	132	116	101	91
108	3,75	76	68	60	52	47
	4	81	73	64	56	49
	6	120	107	95	82	74
133	4	66	59	52	45	40
	6	100	90	79	68	61
	8	131	117	103	89	80

Betriebs-temperatur °C		200	250	300	350	400
Werkstoff-kennwert K kg/mm²		19	17	15	13	11
Rohr		$p_{\max} = \dfrac{200 \cdot K \cdot s_0}{(d_a \cdot t - s) \cdot S}$				
Außen-durch-messer d_a mm	Wand-dicke s mm					
159	4,5	60	54	47	41	37
	6	81	72	64	55	49
	8	106	94	83	72	64
219,1	5,9	56	50	44	41	32
	10	98	87	76	71	57
	14,2	142	126	105	89	82
267	6,5	51	46	41	35	30
	8	64	57	50	43	38
	10	78	69	61	53	47
	12	94	84	74	64	57
323,9	7,1	45	40	35	32	26
	12,5	80	71	59	50	46
	17,5	113	101	83	71	65
368	8	44	40	35	30	27
	10	56	50	44	38	33
	12	67	60	53	46	40
	16	87	78	69	60	54
419	9,5	46	41	36	31	27
	12	59	53	46	40	36
	16	76	68	60	52	47
457,2	10	44	40	33	28	26
	16	72	64	53	45	41
	22,2	101	90	75	64	58

s = mittlere Rohrwanddicke = $s_0 + c_1$. S = Sicherheitsbeiwert = 1,6.

d_a = äußerer Rohrdurchmesser. t = Walztoleranz nach DIN 17175.

Tabelle 3.XI. *Grenzen für p (atü) bei bestimmten Rohraußendurchmesser und bestimmter Wanddicke, Werkstoff St 45.8*

Betriebstemperatur °C		300	350	400	425	450
Werkstoffkennwert K kg/mm²		17	15	13	8,85	6,5
Rohr		$p_{max} = \dfrac{200 \cdot K \cdot s_0}{(d_a \cdot t - s) \cdot S}$				
Außendurchmesser d_a mm	Wanddicke s mm					
20	2	210	185	171	116	85
	2,5	269	237	220	149	110
25	2	165	145	134	91	67
	2,5	210	185	171	116	85
30	2,5	172	152	140	95	70
	3	210	185	171	116	85
	2,5	133	118	109	74	54
	3	162	143	132	90	66
44,5	2,5	133	99	92	62	46
	3	137	121	112	76	56
	4	180	159	147	100	73
57	2,75	96	85	78	83	39
	3	105	93	86	58	43
	4	143	126	117	79	58
63,5	3	94	83	77	52	38
	4	127	112	104	70	52
	6	190	167	155	105	77
76	3	78	69	63	43	31
	4	105	93	86	58	43
	6	156	138	127	86	63
89	3,25	72	63	58	40	29
	4	89	79	73	49	36
	5	109	96	89	60	44
	6	132	116	107	73	53
108	3,75	68	60	55	38	27
	4	73	64	59	40	29
	6	107	95	88	59	44
133	4	59	52	48	32	24
	6	90	79	73	49	36
	8	117	103	95	65	47

Betriebstemperatur °C		300	350	400	425	450
Werkstoffkennwert K kg/mm²		17	15	13	8,85	6,5
Rohr		$p_{max} = \dfrac{200 \cdot K \cdot s_0}{(d_a \cdot t - s) \cdot S}$				
Außendurchmesser d_a mm	Wanddicke s mm					
159	4,5	54	47	44	30	22
	6	72	64	59	40	29
	8	94	83	77	52	38
219,1	5,9	50	44	38	28	20
	10	87	76	67	48	35
	14,2	119	105	97	70	51
267	6,5	46	41	37	25	18
	8	57	50	46	31	23
	10	69	61	57	38	28
	12	84	74	68	46	34
323,9	7,1	40	35	30	22	16
	12,5	67	59	54	39	29
	17,5	95	83	77	56	41
368	8	40	35	32	22	16
	10	50	44	40	27	20
	12	60	53	49	33	24
419	9,5	41	36	33	22	16
	12	53	46	43	29	21
	16	68	60	55	38	27
457,2	10	37	33	30	22	16
	16	60	53	48	35	21
	22,2	85	75	69	50	36

s = mittlere Rohrwanddicke = $s_0 + c_1$. S = Sicherheitsbeiwert = 1,6 und 1,5.

d_a = äußerer Rohrdurchmesser. t = Walztoleranz nach DIN 17175.

3.13 Dampfleitungen zur Speisewasservorwärmung

Die Erwärmung des Speisewassers erfolgt nach und nach. Die für die Aufheizung notwendigen Dampfmengen werden verschiedenen Druckstufen der Turbine entnommen. Die Vorwärmung beginnt mit Dampf aus der ND-Druckstufe der Turbine und endet mit HD-Dampf aus der „kalten Schiene" (s. Abschn. 3.12), wie dies aus dem Schaltplan Abb. 2.02 ersichtlich ist.

3.131 Entnahme aus der HD-Stufe der Turbine für die dritte HD-Vorwärmstufe. Betriebsdruck 33,9 atü, Betriebstemperatur 305 °C.

3.1311 *Rohrweite.* Mit $w = 57$ m/sek ist für $G_{t/h} = 35,7$ und $\gamma = 14,3$ kg/m³ die Rohrweite $d_i = 0,125$ m. Eine Kontrolle ist mit Hilfe der Kurven Abb. 3.06 durchzuführen.

3.1312 *Rohrwanddicke.* Werkstoff St 35.8, Gütestufe II mit Werkzeugnis DIN 50049, Abschn. 2.

Gewählt wird Rohr 133 × 4 nach DIN 2448.

$$d_{a/\max} = 1,011 \cdot 133 = 134,5 \text{ mm}, \quad d_{a/\max} - s = 134,5 - 4 = 130,5 \text{ mm}, \quad s_0 = s/1,145 = 4/1,145$$
$$= 3,5 \text{ mm}.$$

Berechnungswert $K/S = 14,8/1,8 = 8,2$ kg/mm².

Nach Gl. (12) ist $p_{\max} = 200 \cdot 8,2 \cdot 3,5/130,5 = 44$ atü. Vorhanden ist für $p = \mathbf{33,9}$ atü bei 305 °C ein Sicherheitsgrad von

$$S = 200\,K\,s_0/p\,(d_{a/\max} - s)$$
$$= 200 \cdot 14,8 \cdot 3,5/33,9 \cdot 130,5 = 2,3.$$

3.132 Entnahme aus der MD-Stufe der Turbine für die zweite HD-Vorwärmstufe. Betriebsdruck 15,9 atü, Betriebstemperatur 448 °C.

3.1321 *Rohrweite.* Mit $w = 26,5$ m/sek ist für $G_{t/h} = 15,87$ und $\gamma = 5,11$ kg/m³ die Rohrweite $d_i = 0,2$ m.

3.1322 *Rohrwanddicke.* Werkstoff St 45.8, Gütestufe II, mit Abnahme nach DIN 50049, Abschn. 3 A.

Gewählt wird Rohr 216 × 7 nach DIN 2448.

$$d_{a/\max} = 1,011 \cdot 216 = 218 \text{ mm}, \quad d_{a/\max} - s = 218 - 7 = 211 \text{ mm},$$
$$s_0 = s/1,14 = 7/1,14 = 6,1 \text{ mm}.$$

Berechnungswert $K/S = 4,3$ kg/mm² (s. Tab. 3.VI).

Nach Gl. (12) ist $p_{\max} = 200 \cdot 4,3 \cdot 6,1/211 = 25$ atü. Vorhanden ist für $p = 15,9$ atü bei 448 °C ein Sicherheitsgrad von

$$S = 200\,K\,s_0/p\,(d_{a/\max} - s)$$
$$= 200 \cdot 6,5 \cdot 6,1/15,9 \cdot 211 = 2,3.$$

Zeitdehngrenze $\sigma_{1\%/100\,000/448\,°C} = 4,5$ kg/mm²,
Zeitstandfestigkeit $\sigma_{B/100\,000/448\,°C} = 6,5$ kg/mm².
Zeitstandfestigkeit $\sigma_{B/100\,000/463\,°C} = $ etwa 5,5 kg/mm².
Warmstreckgrenze $\sigma_{0,2/448\,°C} = 11$ kg/mm².
K/S aus $\sigma_{0,2/448\,°C} = 11/1,6 = 6,8$ kg/mm².
Erforderlich ist für $p = 15,9$ atü und 448 °C ein Berechnungswert von

$$K/S = 15,9 \cdot 211/200 \cdot 6,1 = 2,75 \text{ kg/mm}^2.$$

Erforderlich ist für K ein Wert von mindestens $2,75 \cdot 1,5 = 4,15$ kg/mm².

3.133 Entnahme aus der MD-Stufe der Turbine für die erste HD-Vorwärmstufe. Betriebsdruck 9,1 atü. Betriebstemperatur 386 °C.

3.1331 *Rohrweite.* Mit $w = 29$ m/sek, $G_{t/h} = 17,24$ und $\gamma = 3,3$ kg/m³ wird die Rohrweite $d_i = 0,25$ m.

3.1332 *Rohrwanddicke.* Werkstoff St 35.8, Gütestufe II, mit Abnahme nach DIN 50049 Abschnitt A.

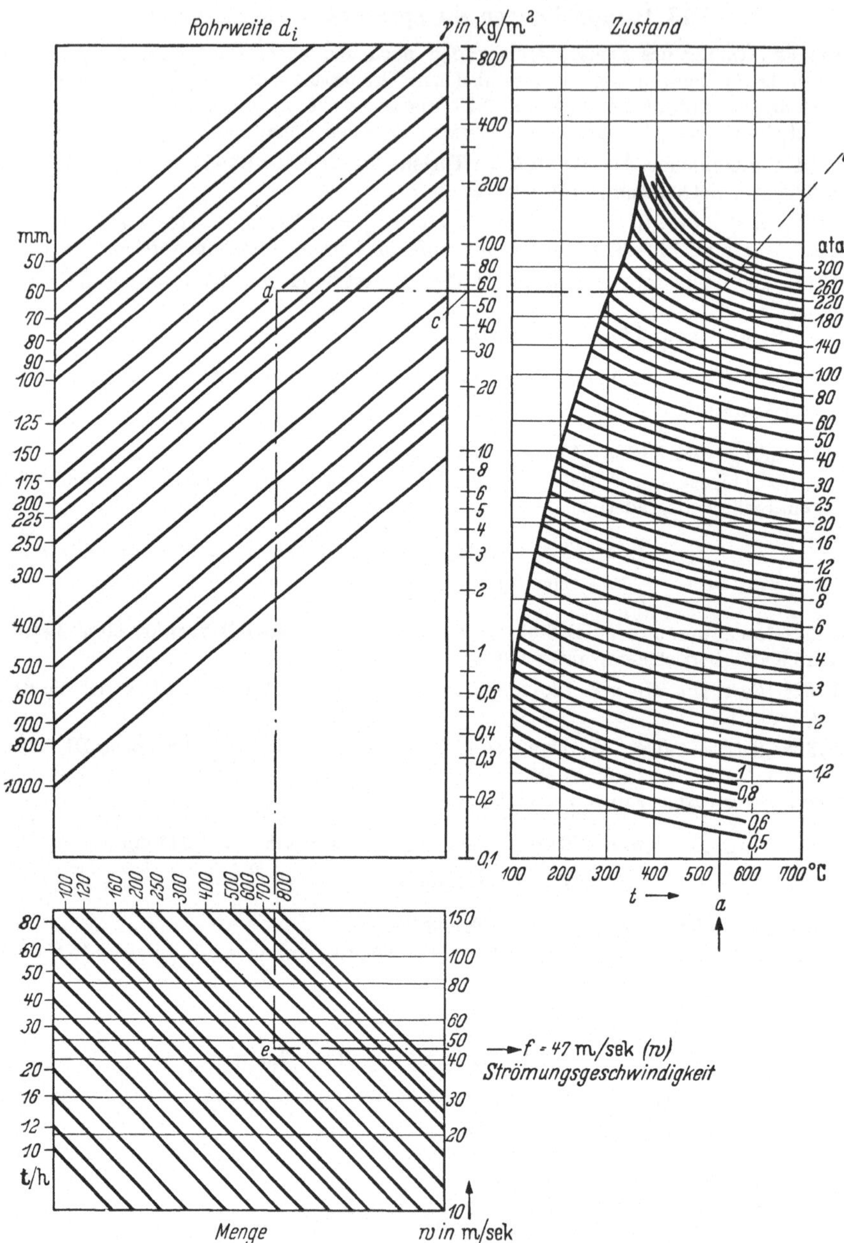

Abb. 3.06. Ermittlung der Rohrweite (mm) von Dampfleitungen [18, S. 308]
a Temperatur; b Druck; c spez. Gewicht; d Menge; e Rohrweite; f Geschwindigkeit

Gewählt wird Rohr 267 × 6,5 nach DIN 2448.

$$d_{a/\max} = 1{,}011 \cdot 267 = 270 \text{ mm}, \quad d_{a/\max} - s = 270 - 6{,}5 = 263{,}5 \text{ mm},$$

$$s_0 = s/1{,}145 = 6{,}5/1{,}145 = 5{,}7 \text{ mm}.$$

Berechnungswert $K/S = 6{,}9$ kg/mm² (s. Tab. 3.VI).

Nach Gl. (12) ist $p_{max} = 200 \cdot 6,9 \cdot 5,7/263,5 = 30$ atü (vgl. Tab. 3.X).
Vorhanden ist für $p = 9,1$ atü bei 386 °C ein Sicherheitsgrad von

$$S = 200\,K\,s_0/p\,(d_{a/max} - s)$$
$$= 200 \cdot 11,2 \cdot 5,7/9,1 \cdot 263,5 = 5,3.$$

Erforderlich ist für $p = 9,1$ atü und 386 °C ein Berechnungswert von

$$K/S = 9,1 \cdot 263,5/200 \cdot 5,7 = 2,1 \text{ kg/mm}^2.$$

Erforderlich ist für K ein Wert von $2,1 \cdot 1,6 = 3,4$ kg/mm².
Warmstreckgrenze $\sigma_{0,2/390\,°C} = 11,2$ kg/mm² (s. Tab. 3.V).

3.134 Entnahme aus der MD-Stufe der Turbine für Speisewasser-Entgasung. Betriebsdruck 2,82 atü, Betriebstemperatur 282 °C.

3.1341 *Rohrweite.* Mit $w = 26,6$ m/sek, $G_{t/h} = 14,4$ und $\gamma = 1,55$ kg/m³ wird die Rohrweite $d_i = 0,35$ m.

3.1342 *Rohrwanddicke.* Werkstoff St 35.8, Gütestufe I, mit Werkbescheinigung nach DIN 50049, Abschn. 1.

Gewählt wird Rohr 368×8 nach DIN 2448.

$$d_{a/max} = 1,011 \cdot 368 = 372 \text{ mm}, \quad d_{a/max} - s = 372 - 8 = 364 \text{ mm},$$
$$s_0 = s/1,18 = 8/1,18 = 6,8 \text{ mm}.$$

Berechnungswert $K/S = 15/1,8 = 8,3$ kg/mm².
Erforderlich ist für $p = 2,82$ atü und 282 °C ein Berechnungswert von

$$K/S = 2,82 \cdot 364/200 \cdot 6,8 = 0,76 \text{ kg/mm}^2.$$

Erforderlich ist für K ein Wert von $0,76 \cdot 1,8 = 1,4$ kg/mm².
Warmstreckgrenze $\sigma_{0,2/300\,°C} = 15$ kg/mm² für $s < 10$ mm.

3.135 Entnahme aus der MD-Stufe der Turbine für den ND-Vorwärmer. Betriebsdruck 1,02 atü, Betriebstemperatur 218 °C.

3.1351 *Rohrweite.* Mit $w = 30$ m/sek, $G_{t/h} = 18,22$ und $\gamma = 0,87$ kg/m³ wird die Rohrweite $d_i = 0,5$ m.

3.1352 *Rohrwanddicke.* Werkstoff St 35.8, Gütestufe I mit Werkbescheinigung nach DIN 50049, Abschn. 1.

Gewählt wird Rohr $521 \times 11,5$ nach DIN 2448.

$$d_{a/max} = 1,011 \cdot 521 = 526 \text{ mm}, \quad d_{a/max} - s = 526 - 11,5 = 514,5 \text{ mm},$$
$$s_0 = s/1,18 = 11,5/1,18 = 9,75 \text{ mm}.$$

Berechnungswert $K/S = 18/1,8 = 10$ kg/mm².
Erforderlich ist für $p = 1,02$ atü und 218 °C ein Berechnungswert von

$$K/S = 1,02 \cdot 514,5/200 \cdot 9,75 = 2,7 \text{ kg/mm}^2.$$

Erforderlich ist für K ein Wert von $2,7 \cdot 1,8 = 4,9$ kg/mm².
Warmstreckgrenze $\sigma_{0,2/218\,°C} = 18$ kg/mm².

3.136 Entnahme aus der ND-Stufe der Turbine für den zweiten Vakuum-Vorwärmer. Druck 0,76 ata, Temperatur 131 °C.

3.1361 *Rohrweite.* Mit $w = 39$ m/sek, $G_{t/h} = 16,76$ und $\gamma = 0,418$ kg/m³ wird die Rohrweite $d_i = 0,6$ m.

3.1362 *Rohrwanddicke.* Werkstoff St 34, Güteklasse B, DIN 1626, ohne Abnahme.

Gewählt wird Rohr 620×7 nach DIN 2458.

Rohre mit Langnaht, ellirageschweißt.

Siehe auch AD-Merkblatt B 11 „Rohre unter innerem und äußerem Überdruck". Sicherheitsbeiwert $S = 2,2$.

3.137 Entnahme aus der ND-Stufe der Turbine für den ersten Vakuum-Vorwärmer. Druck 0,25 ata, Temperatur 64,56 °C.

3.1371 *Rohrweite.* Mit $w = 51$ m/sek, $G_{t/h} = 12,19$ und $\gamma = 0,167$ kg/m³ wird die Rohrweite $d_i = 0,7$ m.

3.1372 *Rohrwanddicke.* Werkstoff St 34, Güteklasse B, DIN 1626, ohne Abnahme.
Gewählt wird Rohr 720 × 7 nach DIN 2458.
Rohre mit Langnaht, ellirageschweißt.
Siehe auch AD-Merkblatt B 11 „Rohre unter innerem und äußerem Überdruck". Sicherheitsbeiwert $S = 2,2$.

3.14 Restdampf der ND-Stufe der Turbine als Kondensatgemisch (Wasser-Luft) aus dem Kondensator. Temperatur 37 °C

Druckleitung hinter der Kondensatpumpe über Vakuum-Vorwärmer, ND-Vorwärmer, Brüdenkondensator, Entgaser zum Speisewasserbehälter nach vorheriger Trennung von Luft und Wasser in den Dampfstrahlkondensatoren (s. Rohrleitungsschaltplan Abb. 2.02).

3.141 Rohrweite. Mit $w = 1,5$ m/sek, $G_{t/h} = 386$ und $\gamma = 993$ kg/m³ wird die Rohrweite:

$$d_i = 0,595 \sqrt{G_{t/h}/(w\,\gamma)}$$

$$= 0,595 \sqrt{368/(1,5 \cdot 993)} = 0,3 \text{ m.}$$

3.142 Rohrwanddicke. Werkstoff St 00.29, Handelsgüte.
Gewählt wird Rohr 318 × 7,5 mm nach DIN 2448.
Zulässig: $p_{max} = 23$ atü.

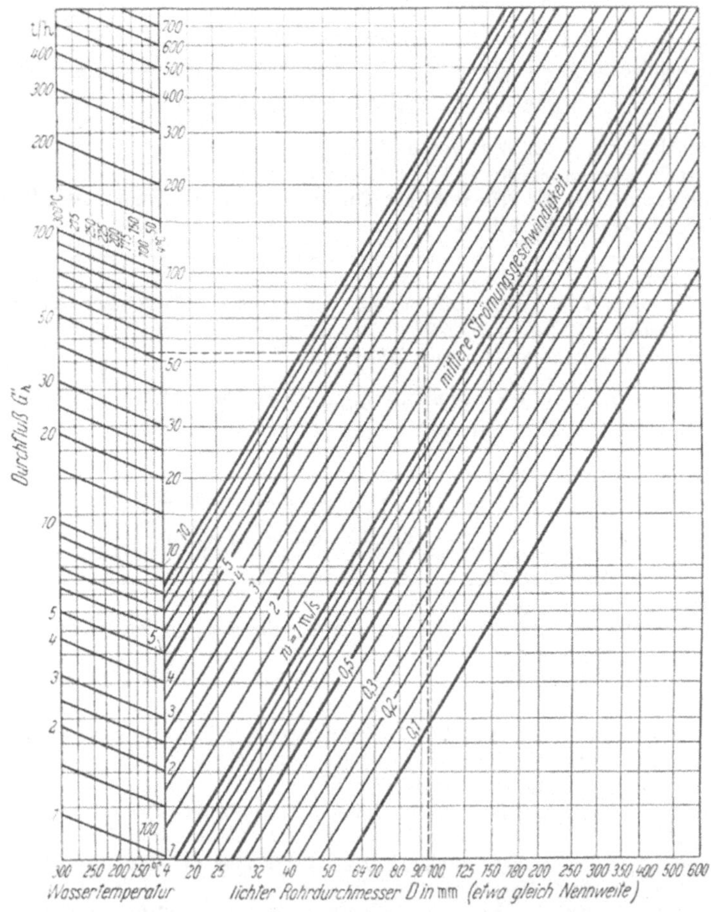

Abb. 3.07. Ermittlung der Rohrweite von Heißwasserleitungen [18, S. 263]. [G'_h in t/h, aus der Wassertemperatur (°C) ergibt sich γ]

3.15 Zulauf vom Speisewasserbehälter zu den Kesselspeisepumpen

Die Zulaufhöhe ist gering. Der Speisewasserbehälter liegt einige Meter oberhalb des Pumpeneinlaufstutzens von 200 NW. Dampfbildung in der Pumpe muß durch Einhaltung einer bestimmten Druckhöhe vermieden werden. Die Rohrreibung in der Zuleitung und die Druckverluste in den Armaturen und im Sieb der Zuleitung sollen deshalb die Druckhöhe nur wenig verringern.

3.151 Rohrweite. Mit $w = 0{,}9$ m/sek, $G_{t/h} = 225$ und $\gamma = 926$ kg/m³ ist die Rohrweite $d_i = 0{,}3$ m, (s. Kurve Abb. 3.07).

3.152 Rohrwanddicke. Werkstoff St 00.29, Handelsgüte.

Gewählt wird Rohr $318 \times 7{,}5$ nach DIN 2448.

3.16 Speisewasserdruckleitung als Doppelleitung

Jede Kesselseite erhält durch eine besondere Hauptleitung 225 t/h Speisewasser von 240 °C mit einem Druck von 260 atü.

3.161 Rohrweite. Mit $w = 2{,}5$ m/sek, $G_{t/h} = 225$ und $\gamma = 813$ kg/m³ wird nach Gl. (11) $d_i = 0{,}595 \sqrt{225/(2{,}5 \cdot 813)} = 0{,}2$ m.

3.162 Rohrwanddicke. Werkstoff St 45.8, Gütestufe III, mit Abnahme nach DIN 50049 Abschn. 3A, B, C.

Gewählt wird Rohr 267×35 nach DIN 2448.

$$d_{a/\mathrm{max}} = 1{,}011 \cdot 267 = 270 \text{ mm}, \quad d_{a/\mathrm{max}} - s = 270 - 35 = 235 \text{ mm},$$

$$s_0 = s/1{,}145 = 35/1{,}145 = 30{,}7 \text{ mm}.$$

Berechnungswert $K/S = 19/1{,}6 = 11{,}9$ kg/mm².

Für 260 atü und 240 °C ergibt sich eine Sicherheit von

$$S = 200\,K s_0/p(d_{a/\mathrm{max}} - s)$$
$$= 200 \cdot 19 \cdot 30{,}7/260 \cdot 235 = 1{,}9.$$

Nach Gl. (12) ist $p_{\mathrm{max}} = 200 \cdot 11{,}9 \cdot 30{,}7/235 = 310$ atü.

3.17 Kühlwasserleitungen

Kühlwasserzufluß und -abfluß im Kreislauf zwischen Kondensator und Kuhlturm erfolgt durch zwei getrennte Rohrleitungen von 1200 NW. Rohrwanddicke $s = 14$ mm. Rohre mit Langnaht, ellirageschweißt. Werkstoff St 34, Güteklasse B, DIN 1626. Lieferung nach DIN 2458. Innen Auskleidung mit Bitumen 3 mm stark, außen für Erdverlegung mit in Bitumen getränkter Wollfilzbandage umwickelt und gekalkt.

Zur Beachtung: Eine gleichmäßige Beaufschlagung der Kühlwasserrohre im Kondensator erfordert eine nicht zu geringe Strömungsgeschwindigkeit. Der Kühlwasserbedarf ist von der Witterung abhängig. Die Wassertemperatur in der Abflußleitung darf nicht über 40 °C steigen, sonst leidet die Bitumenauskleidung der Rohre. Eine zu hohe Wasserströmung schadet der Auskleidung der Kühlwasserrohrleitung, besonders in den Bogen. Sie kann zum Abblättern der Innenisolierung führen.

Belastung oberhalb der Rohrleitung durch Erddruck und Verkehr erfordert eine Mindestwanddicke für größere Nennweiten je nach der Höhe der Erddeckung und der Größe des Raddrucks[1].

4. Berechnung von Druck- und Temperaturabfall

Die Nachprüfung der Rohrweiten hinsichtlich der Druck- und Temperaturverluste in den Rohrleitungen darf, besonders bei längeren Rohrstrecken, nicht unterbleiben. Sie ist zum Nachweis der Wirtschaftlichkeit der Gesamtplanung der Kraftanlage erforderlich.

---

[1] Näheres hierüber s.: Der Baumeister 14 (1953) u. 15 (1954) sowie DIN 1072.

Alle Rohrweiten richtig zu bemessen [*12*], trägt dazu bei, billigen Strom und billige Wärme abgeben zu können. Die betrieblich bedingten Verluste sollen so gering wie möglich sein.

4.1 Druckabfall

Die Menge die durch eine Rohrleitung strömt, wird bestimmt durch den Druckunterschied zwischen Eintritt und Austritt der Rohrleitung. Wird der Druckunterschied (Druckgefälle) größer, wird mehr gefördert. Dieses „Mehr" bedingt eine höhere Strömungsgeschwindigkeit. Je höher aber die Geschwindigkeit, desto höher ist die Reibung des fortzuleitenden Mediums an der Rohrwand und desto höher ist auch der Druckverlust durch Umlenkung in Bogen, Abzweigstücken und Armaturen. Druckverlust ist Energieverlust. Andererseits vermindert ein verringertes Druckgefälle in einer gegebenen Rohrleitung die Fördermenge.

Die Rohrweite ergibt sich aus Gl. (11). Es ist

$$d_i = 0{,}595 \sqrt{(G_{t/h}\, v)/w} \quad \text{in m.}$$

Hierin ist v das spezifische Volum in m³/kg = $1/\gamma$. Weil w zunächst noch unbekannt ist, wird die Strömungsgeschwindigkeit, wie schon erwähnt wurde, auf Grund von Erfahrungswerten geschätzt oder mittels einer Linientafel, ausgehend von der vermutlichen Rohrweite, festgestellt (s. Abb. 3.06).

Es ist

$$w = 0{,}354\, G_{t/h}\, v/d_i^2 \quad \text{in m/sek.} \tag{13}$$

Die Geschwindigkeit w ist bei stationärer Strömung vom Rohrquerschnitt F abhängig und es ist $F_1 v_1 = F_2 v_2$.

Liegt der Flüssigkeitsspiegel in einem Gefäß in Höhe h (m) über dem Austritt, dann ist die theoretische Ausflußgeschwindigkeit nach Gl. (5):

$$w = \sqrt{2\, g\, h/\gamma} \quad \text{in m/sek.}$$

Für Gase ist die theoretische Ausflußgeschwindigkeit nach Gl. (6):

$$w = \sqrt{2\, g\, (P_1 - P_2)/\gamma} \quad \text{in m/sek,}$$

worin P_1 und P_2 in kg/m² einzusetzen sind.

Die Hemmung der Fließbewegung beim Austritt aus einem Gefäß verringert den Wert w. Die Geschwindigkeitshöhe im Gefäß fällt um

$$\Delta h/\gamma = (\zeta w^2)/(2g) \quad \text{in m WS} \tag{14}$$

und das Druckgefälle $(P_1 - P_2)$ für Gase sinkt um

$$\Delta P/\gamma = (\zeta\, w^2)/(2g) \quad \text{in kg/m².} \tag{15}$$

Der Beiwert ζ ist für Flüssigkeiten und Gase gleich. Er ist ohne Dimension. Seine Größe ist abhängig von der Gestaltung der den Druckverlust verursachenden Drosselstelle.

Die in den Tab. 4.I bis II aufgeführten Beiwerte ζ [*13, 14*] fanden bekannte Forscher durch Versuche mit Wasser und Luft.

Für den Umlenkungs- oder Drossel-Beiwert ζ gilt die Beziehung $\zeta = \lambda_R L/d_i$ bzw.

$$L = (\zeta/\lambda_R)\, d_i. \tag{16}$$

Tabelle 4.I. *Druckverlustbeiwerte für Bogenstücke,*
Versuche von HOFMANN und WASIELEWSKI[1]

$r/d =$	1	2	4	6	10
$\delta = 15°$	0,03	0,03	0,03	0,03	0,03
22,5°	0,045	0,045	0,045	0,045	0,045
45°	0,14	0,09	0,08	0,075	0,07
60°	0,19	0,12	0,10	0,09	0,07
90°	0,21	0,14	0,11	0,09	0,11

Die Widerstandszahlen sind je nach Ablenkungswinkel δ und Krümmungsradius r (bzw. r/d) verschieden.

[1] Thoma: Mitteilungen des hydraulischen Institutes der Techn. Hochschule München, H. 2, 3 u. 4, München: R. Oldenbourg.

Tabelle 4.II. *Druckverlustbeiwerte für Abzweige,*
Versuche von VOGEL und PETERMANN[1]

Vereinigung der Wasserströme

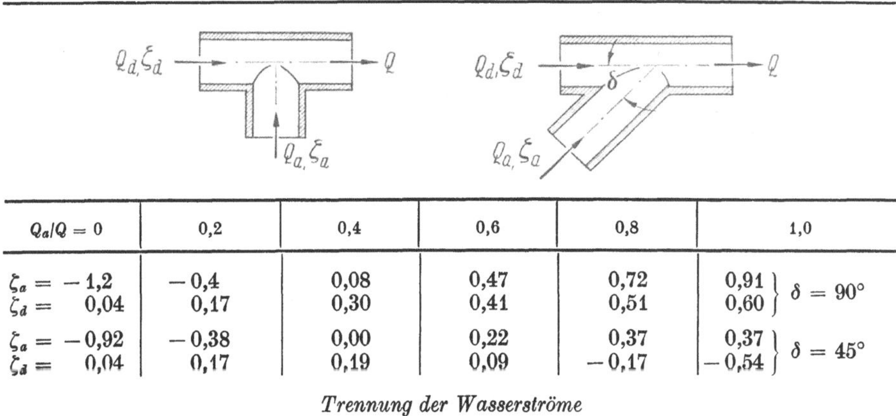

$Q_a/Q = 0$	0,2	0,4	0,6	0,8	1,0	
$\zeta_a = -1,2$	$-0,4$	0,08	0,47	0,72	0,91	$\delta = 90°$
$\zeta_d = 0,04$	0,17	0,30	0,41	0,51	0,60	
$\zeta_a = -0,92$	$-0,38$	0,00	0,22	0,37	0,37	$\delta = 45°$
$\zeta_d = 0,04$	0,17	0,19	0,09	$-0,17$	$-0,54$	

Trennung der Wasserströme

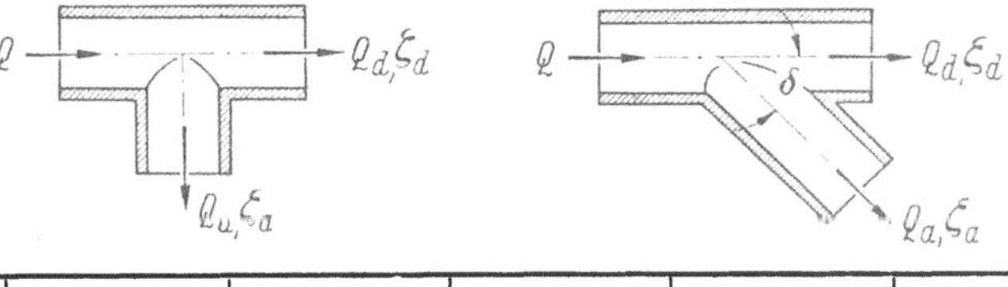

$Q_a/Q = 0$	0,2	0,4	0,6	0,8	1,0	
$\zeta_a = 0,95$	0,88	0,89	0,95	1,10	1,28	$\delta = 90°$
$\zeta_d = 0,04$	$-0,08$	$-0,05$	0,07	0,21	0,35	
$\zeta_a = 0,90$	0,68	0,50	0,38	0,35	0,48	$\delta = 45°$
$\zeta_d = 0,04$	$-0,06$	$-0,04$	0,07	0,20	0,33	

(Hauptleitung und Abzweig gleiche $\varnothing$, scharfkantiger Übergang).

Die Widerstandszahlen (ζ_a) und (ζ_d) sind verschieden. Sie verändern sich mit dem Verhältnis Q_a/Q, sind aber von der absoluten Größe der Geschwindigkeiten unabhängig und werden auf die Geschwindigkeitshöhe des Gesamtstromes bezogen.

Minuszeichen bedeutet Druckgewinn.

[1] THOMA: Mitteilungen des Hydraulischen Institutes der Techn. Hochschule München, H. 1, 2 u. 3, München: R. Oldenbourg.

Es ist L die äquivalente Rohrlänge (m), d_i die Rohrweite (m) und λ bzw. λ_R der Rohrreibungsbeiwert [15], abhängig von der Reynoldsschen Zahl R_e und der Rohrrauhigkeit k.

Für die Reynoldssche Zahl gilt (mit d_i in m) die Beziehung

$$R_e = w\,d_i/\nu = (w\,d_i\,\gamma)/(\eta\,g) = 36100\,G_{t/h}/10^6\eta\,d_i. \tag{17}$$

Die Werte für die kinematische Zähigkeit ν in m²/sek und für die dynamische Zähigkeit η in kgsek/m² sind für verschiedene Drücke in Abhängigkeit von der Dampftemperatur von mehreren Forschern unterschiedlich ermittelt [16]. Die

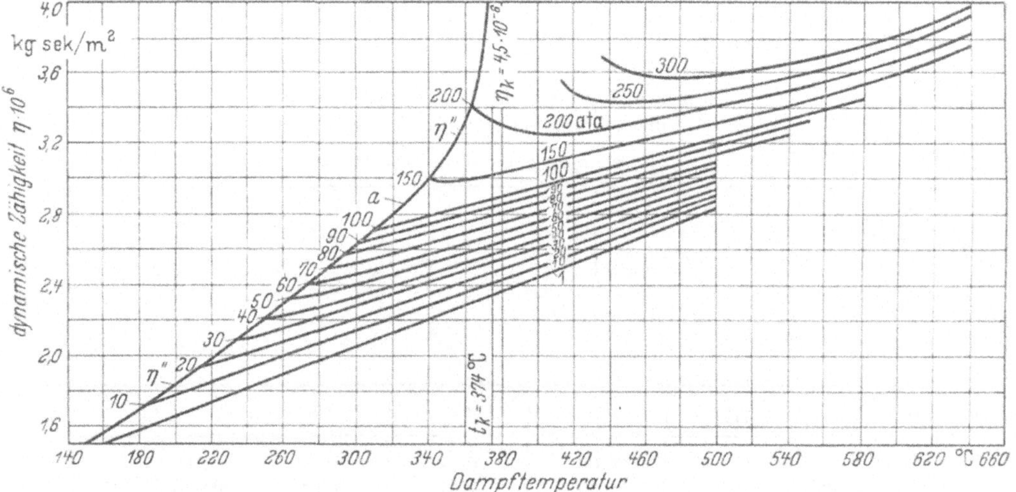

Abb. 4.01. Dynamische Zähigkeit η von Wasserdampf, abhängig von Druck und Temperatur [16 u. 105, S. 125]
(η'' für trockengesättigten Dampf, bei kritischer Temperatur t_k wird $\eta_k \cdot 10^6 = 4{,}5$)

vermutlich der Wirklichkeit am nächsten kommenden Werte für η gehen aus den Kurven der Abb. 4.01 hervor. Sie sind für die Rohrleitungsberechnung als ausreichend genau zu benutzen.

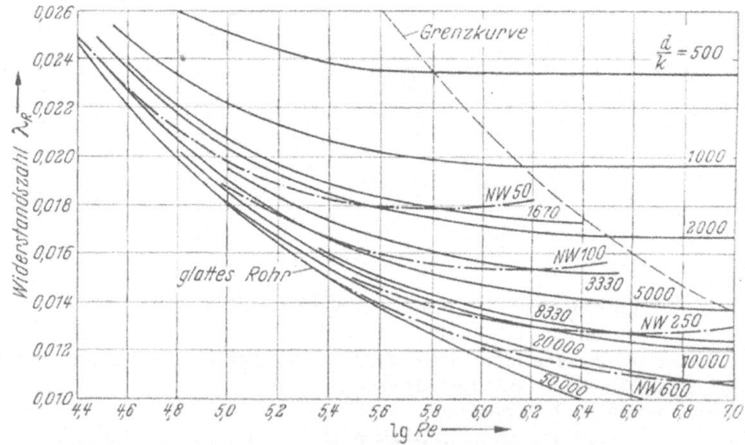

Abb. 4.02. Allgemeine Werte der Widerstandszahl λ_R [18, S. 236]

Im Hinblick darauf, daß die für den Kraftwerksbau in Betracht kommenden Werte für R_e hoch liegen ist der Einfluß einer Ungenauigkeit von η mit Bezug auf die Ermittlung des Rohrreibungsbeiwertes von λ_R für Dampfleitungen nicht bemerkenswert [17].

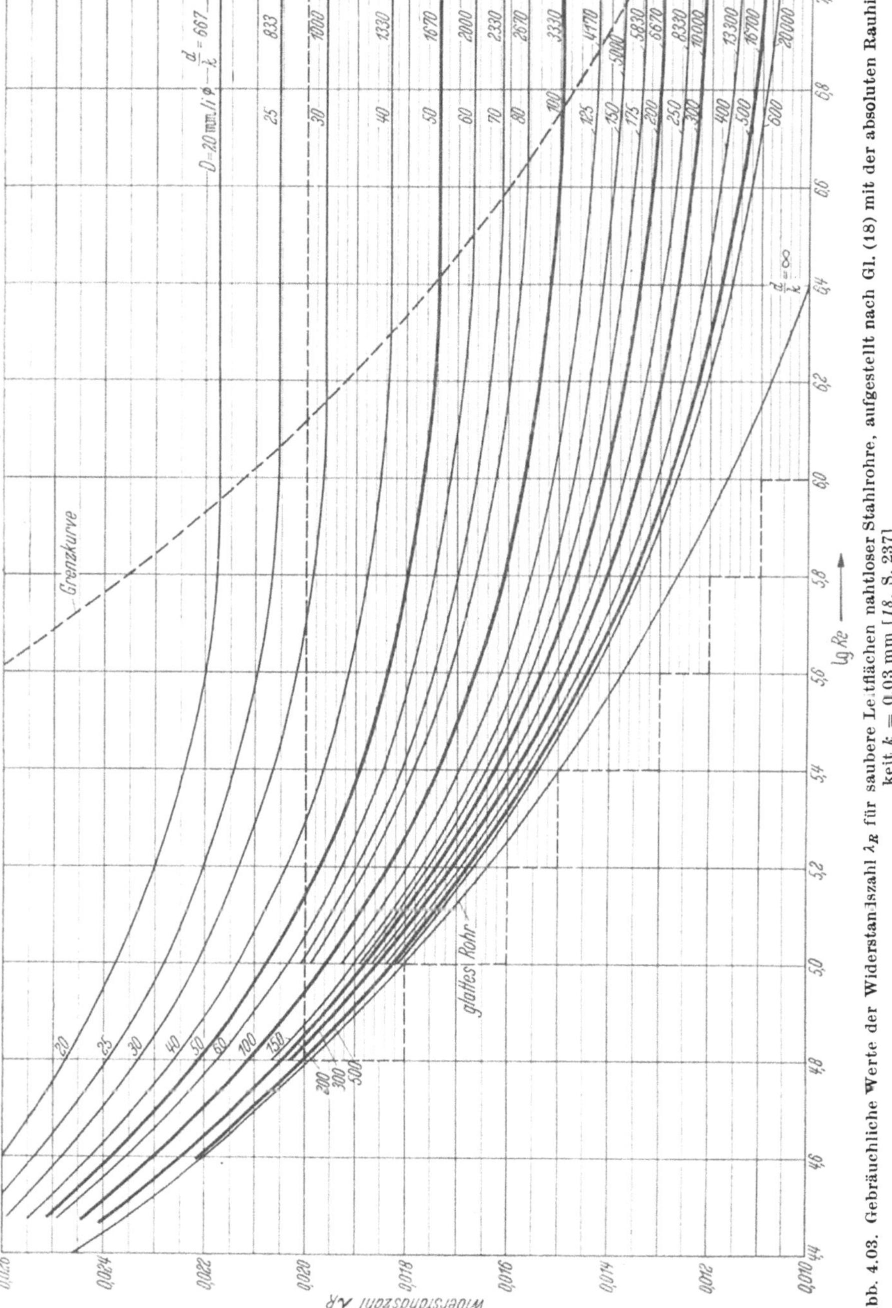

Abb. 4.03. Gebräuchliche Werte der Widerstandszahl λ_R für saubere Leitflächen nahtloser Stahlrohre, aufgestellt nach Gl. (18) mit der absoluten Rauhigkeit $k = 0{,}03$ mm [18, S. 237]

Wie sich das auf die Unebenheit der Rohrwand beziehende Rauhigkeitsmaß k auswirkt, das für neue nahtlose Rohre mit 0,03 mm in die Beziehung d_i/k einzusetzen ist, zeigt Abb. 4.02. Das Gebrauchsdiagramm Abb. 4.03, mit dem λ_R zu ermitteln ist, wurde nach der Formel von PRANDTL und COLEBROOK,

$$1/\sqrt{\lambda_R} = -2 \log\left(2{,}51/R_e \sqrt{\lambda_R} + k/3{,}72\, d_i\right) \tag{18}$$

für $k = 0{,}03$ mm aufgestellt, und zwar mit $\log R_e$ als Abszisse und λ_R als Ordinate [18].

Werte für die dynamische Zähigkeit η von Heißwasser in Abhängigkeit vom Druck und der Temperatur sind der Abb. 4.04 zu entnehmen [18].

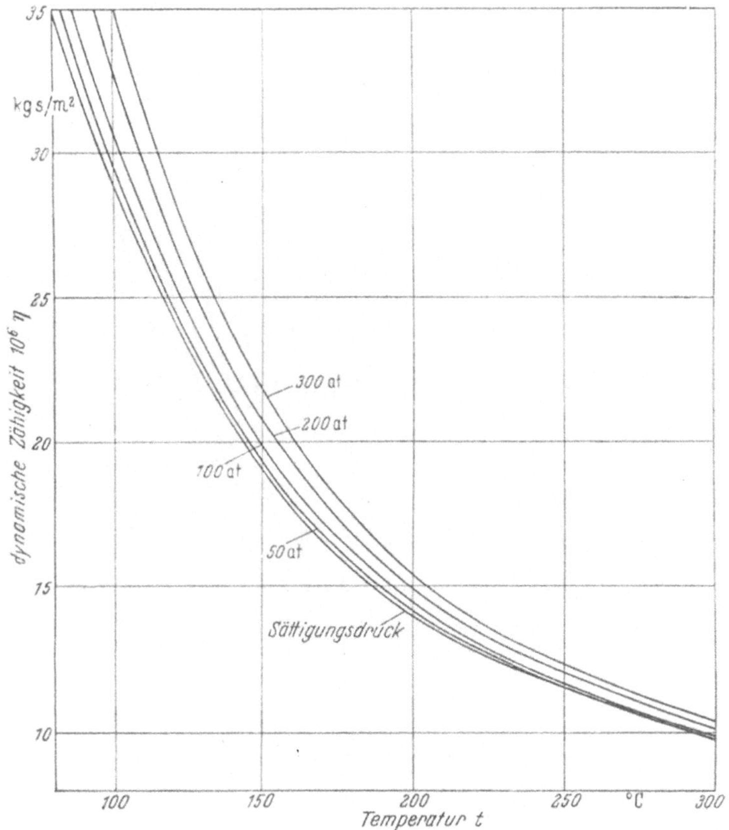

Abb. 4.04. Dynamische (absolute) Zähigkeit $10^6\,\eta$ von Wasser, abhängig von Druck und Temperatur (nach SIGWART) [18, S. 212]

Der Druckabfall in geraden Rohrstrecken ergibt sich allgemein aus der Gleichung für raumbeständige Medien zu

$$\Delta p = 10^{-4}\,\lambda_R\,w^2\,L_R\,\gamma/(2\,g\,d_i) \quad \text{in kg/cm}^2. \tag{19}$$

In dieser Gleichung sind Rohrlänge L_R und Rohrweite d_i in m einzusetzen. Wird nach Gl. (13) für $w = 0{,}354\,G_{t/h}\,v/d_i^2$ gesetzt, so ist

$$\Delta p = 63{,}76 \cdot 10^{-8}\,\lambda_R\,G_{t/h}^2\,v\,L_R/d_i^5 \quad \text{in kg/cm}^2. \tag{20}$$

Für das spezifische Volum v oder das spezifische Gewicht γ sind Mittelwerte einzusetzen, wenn längere Rohrstrecken zu berechnen sind und die Gl. (19) oder (20) dabei Verwendung findet.

Ist der Druck p_1 in ata am Eintritt in die Rohrleitung gegeben, so ist

$$\Delta p = p_1 \left(1 - \sqrt{1 - 127{,}5 \cdot 10^{-8} \lambda_R \, G_{t/h}^2 \, v_1 \, L_R/p_1 \, d_i^5}\right) \quad \text{in kg/cm}^2. \tag{21}$$

Soll ein bestimmter Druck p_2 in ata am Austritt der Rohrleitung vorhanden sein, so ist

$$\Delta p = p_2 \left(\sqrt{1 + 127{,}5 \cdot 10^{-8} \lambda_R \, G_{t/h}^2 \, v_2 \, L_R/p_2 \, d_i^5} - 1\right) \quad \text{in kg/cm}^2. \tag{22}$$

Bekanntlich ist $p_1 v_1 = p_2 v_2 = pv = \text{const.}$ Bei raumveränderlicher Strömung ist daher $v = p_1 v_1/p$, wobei der Temperaturabfall unberücksichtigt bleibt, oder $\gamma = \gamma_1 p/p_1$. Dementsprechend wird nach Gl. (3) $G = F \gamma w = F \gamma_1 w_1$, und somit $w = \gamma_1 w_1/\gamma = p_1 w_1/p$.

Für raumbeständige Strömung ist

$$-dp = \lambda_R \frac{\gamma}{d_i} \frac{w^2}{2g} \, dl. \tag{23}$$

Daraus ergibt sich nach Gl. (19) $\Delta p = 10^{-4} \lambda_R \gamma \dfrac{w^2}{2g} \dfrac{L_R}{d_i}$ in kg/cm² bzw. nach Gl. (20) $\Delta p = 63{,}76 \cdot 10^{-8} \lambda_R G_{t/h}^2 \, v L_R/d_i^5$ in kg/cm².

Für raumveränderliche Strömung ist

$$-dp = (\lambda_R + \lambda_B) \frac{\gamma}{d_i} \frac{w^2}{2g} \, dl. \tag{24}$$

Die Beschleunigungsarbeit, ausgedrückt durch das Glied λ_B, ist nur von Bedeutung, wenn die Rohrstrecken sehr lang sind. Die Gl. (24) hat jedoch die stetige Änderung der Werte für γ bzw. v zu berücksichtigen, als Folge laufender Druck- und Temperaturabnahme.

Ist die Temperaturabnahme gering, wie bei gut isolierten Heißdampfrohrleitungen in Dampfkraftwerken, so gilt die Gleichung

$$-dp\,x = \lambda_R \frac{\gamma_1}{d_i} \frac{p\,x}{p_1} w_1^2 \left(\frac{p_1}{p\,x}\right)^2 L\,x/2g,$$

oder

$$-p\,x\,dp\,x = \lambda_R \frac{\gamma_1}{2g} w_1^2 \frac{p_1}{d_i} L\,x. \tag{25}$$

Mit $p\,x$ ist der Druck gemeint, der an beliebiger Stelle der Rohrleitung in einer Entfernung $L\,x$ vom Eintrittsdruck p_1 vorliegt. Demnach ist $p\,x = p_1 - \Delta p\,x$. Ferner ist $p_2 = p_1 - \Delta p_1$. Die Auflösung der Gl. (25) ergibt

$$\left(\frac{-p\,x^2}{2}\right)_1^2 = -\frac{p_2^2}{2} + \frac{p_1^2}{2} = \lambda_R \frac{\gamma_1}{2g} \frac{w_1^2}{d_i} p_1 (L\,x)_1^2 = p_1 \Delta p_1,$$

oder

$$(p_1^2 - p_2^2) = 2 p_1 \Delta p_1 = 2 \lambda_R \frac{\gamma_1}{2g} \frac{w_1^2}{d_i} L_R p_1. \tag{26}$$

Weil $(p_1^2 - p_2^2) = (p_1 - p_2)(p_1 + p_2)$, ist

$$\Delta p = p_1 - p_2 = \lambda_R \frac{\gamma_1}{2g} w_1^2 \frac{L_R}{d_i} \frac{2 p_1}{(p_1 + p_2)}. \tag{27}$$

Aus Gl. (26) ergibt sich

$$\Delta p_1 = \lambda_R \frac{\gamma_1}{2g} w_1^2 \frac{L_R}{d_i}, \quad \text{und ferner} \quad p_1^2 - p_2^2 = 2 p_1 \Delta p_1. \tag{28}$$

Demnach ist $p_2 = p_1 \sqrt{1 - 2\Delta p_1/p_1}$
$$\tag{29}$$

Da $\Delta p = p_1 - p_2$, so ist

$$\Delta p = p_1 \left(1 - \sqrt{1 - 2\,\Delta p_1/p_1}\right) \tag{30}$$

Schließlich ist

$$p_1 = p_2 \sqrt{1 + 2\,\Delta p_2/p_2} \tag{31}$$

und damit wird

$$p_1 - p_2 = p_2 \sqrt{1 + 2\Delta p_2/p_2} - p_2 \tag{32}$$

oder

$$\Delta p = p_2 \left(\sqrt{1 + 2\Delta p_2/p_2} - 1\right). \tag{33}$$

Die Gln. (30) und (33) entsprechen dem Aufbau der Gln. (21) und (22) und der Entwicklung der Gl. (25).

Ist der Temperaturabfall zu berücksichtigen, so gilt die Gleichung

$$\Delta p = p_1 \left[1 - \sqrt{1 - 127{,}5 \cdot 10^{-8} \cdot \lambda_R \frac{v_1}{d_i^5} G_{t/h}^2 \frac{L_R}{p_1} \left(1 - \frac{0{,}5 \cdot q\, L_w\, 10^{-3}}{c_p\, T_1\, G_{t/h}}\right)}\,\right] \tag{34}$$

Temperaturabfall und Wärmeverlust sind verschiedene Größen. Der Wärmeverlust während der Strömung ergibt sich aus der Oberfläche der Rohrleitung, ihrer Wärmedämmung (Isolierung) und der Temperaturdifferenz zwischen Wärmeträger und der die Wärmedämmung umgebenden Luft.

Der Temperaturabfall ist abhängig von der Größe des Wärmeverlustes zu einer bestimmten Zeit und der während dieser Zeit durch die Rohrleitung strömenden Menge des Wärmeträgers. Je besser der zur Umkleidung einer Rohrleitung gewählte Wärmeschutz ist, desto weniger Wärme verliert die strömende Menge des Wärmeträgers.

4.2 Temperaturabfall

Die Güte eines Wärmeschutzes [19] wird nach der Wärmeleitzahl (Leitfaktor) λ_w beurteilt.

Zur Bestimmung der Wärmeleitzahl (s. Abb. 4.05) im Laboratorium und im Betrieb sind verschiedene Meßverfahren ausgebildet worden. Meistens wird die Güte von Rohrisolierungen mit dem Wärmeflußmesser nach E. Schmidt geprüft.

Die Berechnung der Isolierdicke für das Kostenminimum im Zusammenhang mit der Berechnung der Wärmeverluste hat nach den ,,VDI-Richtlinien für Wärme- und Kälteschutz" zu erfolgen [20].

An Wärme geht stündlich je m Rohrlänge verloren

$$q_w = \pi\, (t_1 - t_L)/(1/2\, \lambda_w) \ln (d_w/d_R) \quad \text{in kcal/mh.} \tag{35}$$

In Gl. (35) bedeuten:

$t_{1,2,3}$ = Temperatur des Wärmeträgers bzw. Rohrwandtemperatur   in °C,

t_L = Lufttemperatur nahe der Isolierung   in °C,

λ_w = Wärmeleitzahl der Isolierung   in kcal/mh °C,

d_w = Außendurchmesser der Isolierung   in m,

d_R = Äußerer Rohrdurchmesser   in m.

Der Temperaturabfall ist

$$\Delta_t = q_w\, L_w/(10^3\, G_{t/h}\, c_p) \quad \text{in °C.} \tag{36}$$

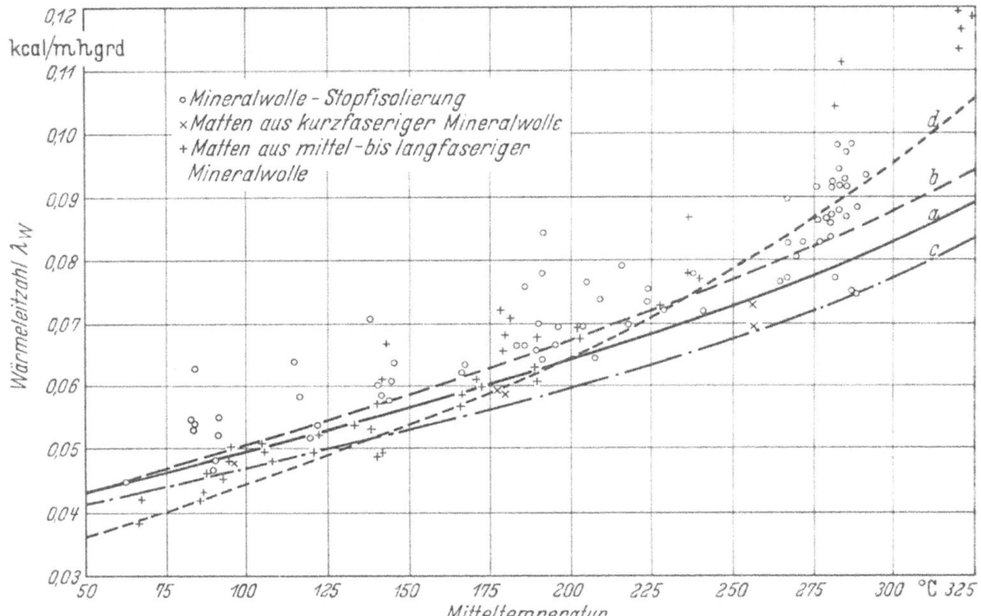

Abb. 4.05. Wärmeleitzahl von Mineralfaser-Wärmeschutz-Isolierungen, abhängig von der Mittel-Temperatur[1] *Meßpunkte* als Ergebnisse aus Betriebsmessungen an Rohrisolierungen im Blechmantel. *Kurven* nach Laboratoriumsversuchen an Rohrisolierungen im Blechmantel, und zwar: *a* Mineralwolle I, Stopfisolierung (Raumgewicht rd. 200 kg/m³); *b* Mineralwolle II, Stopfisolierung (Raumgewicht rd. 200 kg/m³); *c* Matten aus kurzfaseriger Mineralwolle (Raumgewicht 200 bis 220 kg/m³); *d* Matten aus mittel- bis langfaseriger Mineralwolle (Raumgewicht 100 bis 120 kg/m³)

Es ist

L_w = Gestreckte Rohrlänge zusätzlich anzurechnender Mehrlänge für Einisolierung von Flanschverbindungen, Armaturen, Rohrhaltungen usw.   in m,

c_p = Spezifische Wärme des Wärmeträgers   in kcal/kg °C (s. Abb. 4.06) [*21*].

Die Temperatur des Wärmeträgers nimmt in größeren Rohrstrecken nach dem Ende der Rohrleitung zu laufend ab. Damit verringert sich die Temperaturdifferenz zwischen dem Fördergut und der den Wärmeschutz umgebenden Luft, und somit verringert sich auch der Wert q_w.

Der Druckverlust bewirkt nach der Energiegleichung

$$i + w^2/2g = \text{const} \tag{37}$$

und der Kontinuitätsgleichung

$$w = G_{kg/s}\, v/F_R \tag{38}$$

ein Absinken der Enthalpie nach der Gleichung der FANNO-Kurve [*22*].

Damit wird

$$i = i_1 - (G_{kg/s}/F_R)^2\, (v^2 - v_1^2)/2\,g\,. \tag{39}$$

Es ist

i = die Enthalpie des Förderguts   in kcal/kg,
F_R = der freie Rohrquerschnitt   in m²,
v = das spezifische Volum des Förderguts   in m³/kg.

---

[1] RAISCH, E.: Wärme- und Kälteschutz. BWK 10 (1958) Nr. 4.

Die Werte für c_p in kcal/kg °C ändern sich mit dem Druck und der Temperatur. Sie sind am Eintritt in die Rohrleitung höher als in derem Austritt. Dieser Unterschied ist jedoch nur zu beachten, wenn der Wärmeträger während seiner Strömung stark an Druck und Temperatur verliert. Das Volum v ist durch die Drosselkurve und Abnahme der Enthalpie (im i, s-Diagramm ersichtlich) gegeben.

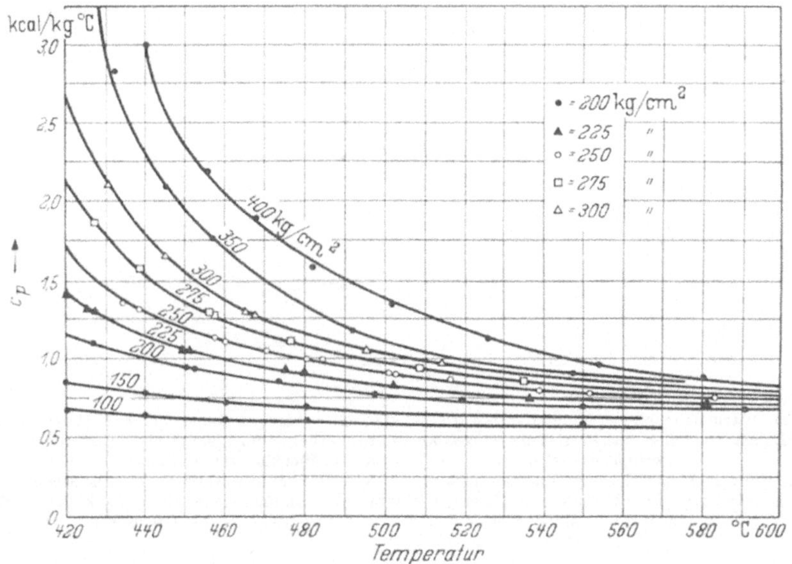

Abb. 4.06. Spezifische Wärme von Wasserdampf im Gebiet hoher Drücke und hoher Temperatur[1]

Wird angenommen, daß der nach Gl. (35) zu ermittelnde Wert für q_w und der, der Abb. 4.06 zu entnehmende Wert für c_p über die ganze Rohrstrecke L_R die gleiche Größe beibehalten, so ist zu setzen für $v_m = v_1 \dfrac{p_1}{p_m} \dfrac{T_m}{T_1}$ in m³/kg, um zu einem Mittelwert zu kommen.

Dem durch die Rohrleitung strömenden Dampfgewicht wird je Rohrelement eine Wärmemenge entzogen nach der Gleichung

$$- \mathrm{d}Q = G\, c\, \mathrm{d}t. \tag{40}$$

Es ergibt sich

$$\frac{T_m}{T_1} = \frac{T_1 - \Delta t/2}{T_1} = 1 - \frac{0{,}5\, q_w\, L_w \cdot 10^{-3}}{c_p\, T_1\, G_{\mathrm{t/h}}} \tag{41}$$

Für $T = 273$ °K ist $1/\alpha$ zu setzen; dann ist $T_1 = 1/\alpha + t_1$. Wird v_m für v in Gl. (20) eingefügt, so kann der Druckverlust Δp nach Gl. (34) unter Berücksichtigung der Druck- *und Temperaturabnahme* des strömenden Dampfgewichts annähernd genau in einfacher Weise berechnet werden.

---

[1] Nach S. Traustel: Wärmeleitfähigkeit, Zähigkeit und thermodynamische Eigenschaften von Wasserdampf bei hohen Drücken und Temperaturen. BWK 3 (1951) Nr. 4. Siehe auch [*21*].

4.3 Druckabfall in Ferndampfleitungen

Die Ferndampfversorgung hat in ihren langen Rohrleitungen einen höheren Druckabfall. Die Geschwindigkeitszunahme des in ihnen strömenden Dampfes verbraucht mehr Energie als in kurzen Rohrstrecken. Längere Rohrstrecken geben auch mehr Wärme an ihre Umgebung ab. In ihnen verliert der Dampf deshalb während seiner Strömung *stetig* an Druck und Wärme und damit ändert sich sein Volum. Die Anhäufung von Bogen, Abzweigstücken, Armaturen, Dehnungsausgleichern und Entwässerungseinrichtungen an den Knotenpunkten der Rohrstrecken ergibt *plötzlich* eintretende Druck- und Temperatursenkungen. Die Druck- und Temperaturabfall-Berechnung wird deshalb besser abschnittsweise durchgeführt.

Der Druckverlust durch die Strömung längs der Rohrwand ist allgemein nach der Gleichung

$$\Delta p_R = \lambda_R\, w^2\, L_R/(10^4 \cdot 2g\, v\, d_i),$$

oder

$$\Delta p_R = \lambda_R\, w^2\, L_R\, 0{,}051\gamma/(10^4\, d_i) \quad \text{in kg/cm}^2. \tag{42}$$

Für $\lambda_R\, L_R/d_i$ kann der Widerstandsbeiwert ζ in Gl. (42) gesetzt werden. Der zusätzliche Druckverlust durch Umlenkung in Bogen, Abzweigstücken, Armaturen und anderen Einbauten ergibt

$$\Delta p_\zeta = \sum \zeta\, w^2\, \gamma\, 0{,}51 \cdot 10^{-5} \quad \text{in kg/cm}^2. \tag{43}$$

Hierin ist nach Gl. (38)

$$w = G_{t/h}\, v/3{,}6 F_R \quad \text{in m/sek,}$$

$$F_R = d_i^2 \pi/4 \quad \text{in m}^2.$$

Der Mittelwert für w ist noch unbekannt.

Ist $A = G_{t/h}/3{,}6 F_R$, so ist $w = A v$.

Wird $B = \lambda_R\, 0{,}51 \cdot 10^{-5}/d_i$ gesetzt, so ergibt sich der Rohrreibungsverlust für eine Teilstrecke zu

$$\Delta p_R = A^2 B L_R/\gamma_m \quad \text{in kg/cm}^2. \tag{44}$$

Zusätzlicher Druckverlust durch Umlenkung

$$\Delta p_\zeta = \sum \zeta A^2\, 0{,}51 \cdot 10^{-5}/\gamma_m \quad \text{in kg/cm}^2. \tag{45}$$

Wird $A^2 B L_R = C$ und $\sum \zeta A^2\, 0{,}51 \cdot 10^{-5} = D$ gesetzt, dann ist der Druckabfall in einer längeren Rohrstrecke mit annähernd gleichmäßig verteilten Bogenausgleichern

$$\Delta p_{zus} = (C + D)/\gamma_m = v_m\, (C + D) \quad \text{in kg/cm}^2. \tag{46}$$

Auf einem Rechenschieber wird der konstante Wert $(C + D)$ eingestellt und mit dem Fenster auf der Zunge variiert, bis das zum mittleren Druck $(p_1 + p_2)/2$ gehörende γ_m oder v_m gefunden ist und dann Δp vom Rechenschieber abgelesen werden kann.

Um v_m aus einer Dampftafel abzulesen, muß die mittlere Temperatur berechnet oder geschätzt werden.

4.4 Widerstandszahlen für die Ermittlung der Wirbel- oder Stoßverluste

Die durch plötzliche Geschwindigkeitsverringerung entstehenden Druckverluste und solche, die sich durch Geschwindigkeitsbeschleunigung bei Querschnittverengung ergeben, lassen sich durch Beiwerte berechnen, die als Widerstandszahlen bekannt sind. Sie wurden durch Versuche mit Wasser, Luft und teilweise auch mit Dampf ermittelt. Für höhere Dampfdrücke in Verbindung mit hohen Temperaturen liegen Widerstandszahlen nur vereinzelt vor. Sie werden aus der Druckdifferenz vor und hinter den Einbauten bei gleichzeitiger Mengenmessung und Temperaturregistrierung bestimmt. Der Einfluß einer Reihenschaltung von Rohrbogen ist von ZIMMERMANN und anderen Forschern [23, 24, 25, 26] untersucht worden, wobei ermittelt wurde, daß die Widerstandszahl, insgesamt gemessen, bei Bogen in einer Ebene niedriger liegt als die, welche die Berechnung durch Addition der Einzelwerte ergibt.

HAFERKAMP und SCHOCH stellten durch Versuche fest, daß der Druckverlust bei Absperrschiebern mit eingezogenem Querschnitt geringer wird, wenn eine genügend lange Auslaufstrecke hinter dem Schieber vorhanden ist, ehe die Rohrleitung in einem Sammler mündet [27].

Der Einsatz einer Widerstandszahl in die Berechnungsgleichung muß hinsichtlich ihrer Größe mit Bedacht erfolgen.

4.41 Bogen

Untersuchungen nach HOFMANN und WASIELEWSKI [14] ergaben die in Tab. 4.I wiedergegebenen Widerstandszahlen in Abhängigkeit vom Verhältnis Biegungsradius/Rohrinnendurchmesser (r/d_i) und dem Biegungswinkel (δ).

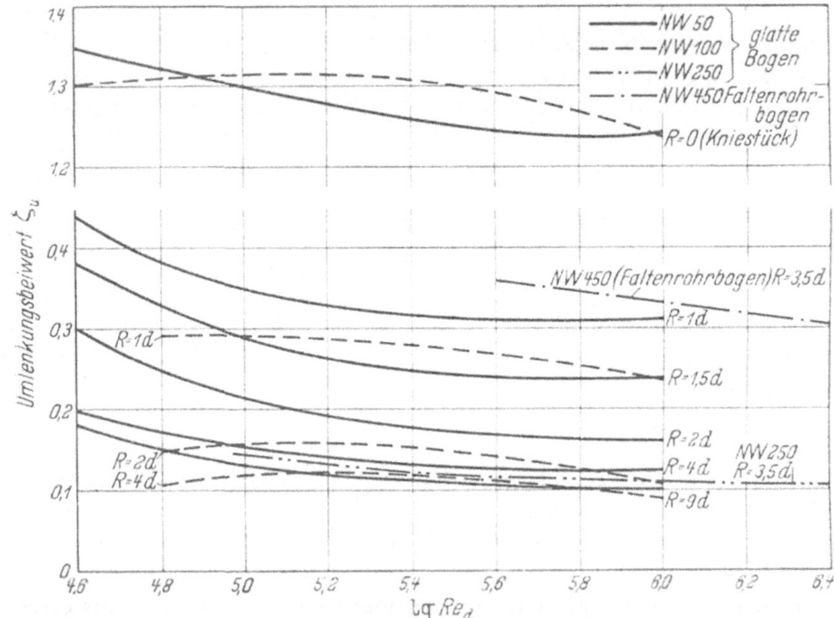

Abb. 4.07. Umlenkungsbeiwerte ζ_u von 90° Bogen [24, 25]

Eine weitere Abhängigkeit hinsichtlich ihrer Größe liegt bei R_e bis zu etwa 200000 vor, darüber verlaufen die Kurven der Widerstandszahlen horizontal.

Die Widerstandszahlen nach Tab. 4.I sind gebräuchlich für Berechnungen nach Abschn. 4. Sie gelten für glatte Rohre und sind mit 1,5 bis 2 zu multiplizieren, wenn eine stärkere Rauhigkeit der Bogeninnenfläche zu berücksichtigen ist. In Abb. 4.07 sind die Betriebsergebnisse von Widerstandszahlen [23, 24] zum Vergleich kurvenmäßig so dargestellt, daß ihre Abhängigkeit von log R_e ersichtlich ist.

4.42 Abzweige (T-Stücke)

Die Widerstandszahlen für Abzweige sind recht unterschiedlich. Der Druckverlust zwischen Ein- und Austritt im Durchgang ist anders als der zwischen Ein- und Austritt im Abzweig. Die Vereinigung der Ströme ergibt andere Werte als ihre Trennung. Die Widerstandszahlen verändern sich mit dem Verhältnis Abzweigmenge/Durchgangsmenge (Q_a/Q). Auch der Abzweigwinkel spielt eine Rolle, ferner die Bauart des Stutzens, ob scharfkantig, gerundet, konisch oder geschweift. Schließlich spricht die Rauhigkeit der Innenfläche mit. Die Größe der wirklichen Strömungsgeschwindigkeit spielt für das Verhältnis Q_a/Q anscheinend keine Rolle. Für scharfkantigen Übergang fanden VOGEL und PETERMANN [13, 14] die in den Tab. 4.II aufgeführten Widerstandszahlen. Die Werte in der Tab. 4.II liegen bei guter Abrundung der Übergänge etwa bis zu 30% niedriger.

4.43 Absperrschieber, Ventile

Widerstandszahlen für Schieber und Ventile nach HAFERKAMP und KREUZ sind dem Arbeitsblatt 42 BWK, Dez. 1953 [28 bis 32] zu entnehmen.

Schieber ohne Einschnürung und mit genau zentrisch sitzendem Leitrohr haben die niedrigste Widerstandszahl.

Schieber ohne Leitrohr weisen etwas höher liegende Widerstandszahlen auf. Weil das Leitrohr, auch bei Parallelschiebern, selten genau in die richtige Lage gebracht wird, werden Schieber mit Keilabdichtung ohne Leitrohr für höhere Drücke bevorzugt, weil sie billiger sind.

Schieber mit Einschnürung weisen die günstigsten Werte auf, wenn der Kegelwinkel 4° beträgt und wenn hinter dem Schieber eine gerade Auslaufstrecke von mindestens $12 d_i$ vorhanden ist [27].

Im Eingangskonus zur Schiebermitte wird die Strömung beschleunigt. In der Mitte des Schiebers herrscht eine hohe, dem verengten Querschnitt entsprechende Strömungsgeschwindigkeit. In seinem Ausgangskonus (Diffusor) gibt es einen Druckrückgewinn [29, 33].

Nach RICHTER [34] und HERNING [35] ist der Druckverlust in einem Konus, wenn d_1 die Rohranschlußweite, d_2 die Schieberweite und L_K die Konuslänge in m ist,

$$\Delta p = \lambda_R L_K w_1^2 \gamma [1 + d_1/d_2 + (d_1/d_2)^2 + (d_1/d_2)^3]/8 d_2 g \, 10^4 \quad \text{in kg/cm}^2. \tag{47}$$

Daraus ergibt sich die dimensionslose Widerstandszahl zu

$$\zeta' = \lambda_R L_K [(1 + d_1/d_2 + (d_1/d_2)^2 + (d_1/d_2)^3]/4 d_2. \tag{48}$$

Für das Mittelstück als Leitrohr gilt die übliche Druckverlustgleichung

$$\Delta p = \lambda_R L_R w^2 \gamma \, 10^{-4}/d_i 2 g \quad \text{in kg/cm}^2. \tag{49}$$

Hieraus ergibt sich die dimensionslose Widerstandszahl zu

$$\zeta'' = \lambda_R\, L_K/d_2\,. \tag{50}$$

Nach HERNING [35] läßt sich die Widerstandszahl für das konische Erweiterungsstück nach dem Energiesatz von BERNOULLI bestimmen.
Es ist

$$\Delta p = (w_2^2 - w_1^2)\,\gamma\,10^{-4}/2g \quad \text{in kg/cm}^2. \tag{51}$$

Nach der Kontinuitätsgleichung ist

$$w^2 = (d_1/d_2)^4\,w_1^2\,. \tag{52}$$

Aus Gl. (51) und (52) folgt

$$\Delta p = [(d_1/d_2)^4 - 1]\,w_1^2\,\gamma\,10^{-4}/2g \quad \text{in kg/cm}^2. \tag{53}$$

Bei der Ablösung der Strömung vom Kegel treten, infolge verzögerter Geschwindigkeit, Rückströmungen als Wirbel auf, die eine Verlustquelle darstellen. Es entsteht ein Druckverlust (Carnot-Verlust) nach der Gleichung

$$\Delta p = (w_2 - w_1)^2\,\gamma \cdot 10^{-4}/2g \quad \text{in kg/cm}^2. \tag{54}$$

Damit wird

$$\Delta p = [(d_1/d_2)^2 - 1]^2\,w_1^2\,\gamma\,10^{-4}/2g \quad \text{in kg/cm}^2. \tag{55}$$

Hieraus folgt

$$\zeta''' = [(d_1/d_2)^2 - 1]^2. \tag{56}$$

Die dimensionslose Widerstandszahl eines eingeschnürten Schiebers ist demnach

$$\zeta_{\text{Sch}} = \zeta' + \zeta'' + \zeta'''. \tag{57}$$

Beachtlich ist der Spaltverlust in Keilschiebern nach WENTZELL [36]. Ein entsprechend notwendiger Zuschlag durch den Spaltverlust ist zu berücksichtigen.

HAFERKAMP macht den Vorschlag [28], die Einschnürung zum Schieber in den Anschluß der Rohrleitung zu verlegen. Ob die durch Verwendung einer kleineren Schiebergröße eintretende Kosteneinsparung den etwas höheren Druckverlust bei dieser Anordnung aufwiegt, ist von Fall zu Fall zu prüfen.

4.44 Dehnungsausgleicher

Die niedrigste Widerstandszahl hat der Stopfbuchskompensator in Durchgangsform. Ihre Größe entspricht der Rohrreibung im Gleitrohr plus Zuschlag für Geschwindigkeitsänderung (Gehäuse/Gleitrohr) im Kompensator. Stahlrohrdehnungsausgleicher für besonders hohen Ausgleich und völlige Entlastung durch Übergang des Gleitrohres in den Luftraum, mit seitlich am Gehäuse angebrachten Zu- bzw. Austrittstutzen, weisen einen etwas höheren, durch die Umlenkung der Strömung bedingten Druckverlust auf. Gemessen wurden Widerstandszahlen bis $\zeta = 6$, je nach Lage des Stutzens zur Aus- bzw. Eintrittsöffnung im Gleitrohr. Eine günstige Widerstandszahl ist durch Anbringen von Leitblechen im Gleitrohr für den Übergang zum Stutzen zu erzielen. Gleitrohröffnung und Stutzen liegen zweckmäßig bei Betriebsstellung auf Mitte. Ein Ausgleicher dieser Bauart ersetzt mehrere in Normalausführung oder mehrere anderer Bauart, was für ihn spricht.

Balg- und Linsenkompensatoren erhalten Leitrohre, um günstige Widerstandszahlen zu bekommen, Metallschläuche erhalten Innenspiralen, um die Wirbelbildung zu unterdrücken. Allgemein anzuwendende Widerstandszahlen für diese Ausgleicher liegen nicht vor. Bei Schätzwerten ist vom Betriebszustand auszugehen.

Umbogen und Dehnungsausgleicher in Lyraform ergeben bei glatter Rohrwand einen Druckverlust, der mit Widerstandszahlen zu berechnen ist, die dem 2–3fachen Wert von einem 90°-Bogen entsprechen. Es spielen die Ausladung und Scheitellänge der Dehnungsausgleicher bei der Berechnung des Rohrreibungsverlustes eine Rolle.

Faltenrohrbogen erhalten kleinere Radien als Glattrohrbogen. Die Wirbelbildung in den Faltenbiegungen ist wesentlich stärker als in glatten Rohrbogen. Die Widerstandszahlen für Rohrbogen mit Falten sind mindestens doppelt so hoch als bei Glattrohrbogen. Der höhere Druckverlust wird in Kauf genommen, weil der Dehnungsausgleich einer Faltenrohrbiegung größer ist als der einer Glattrohrbiegung. Ein Faltenrohrkompensator ersetzt bei gleicher Ausladung u.U. mehrere Glattrohrkompensatoren.

4.45 Drosselscheiben, Meßblenden, Meßdüsen, Drosselventile, Sicherheitsorgane

Wird Dampf gedrosselt, so ändert sich die Enthalpie i nicht, wie das i, s-Diagramm zeigt, weil die Drosselkurve eine waagerechte Linie darstellt, vorausgesetzt, daß keine Änderung in der Strömungsgeschwindigkeit vor und hinter der Drosselstelle eintritt.

Die Ausflußgeschwindigkeit einer Drosselscheibe ist höchstens der der Schallgeschwindigkeit beim Dampfzustand in der Austrittsöffnung. Damit herrscht hinter der Scheibe ein bestimmter niedrigster Druck, der als kritischer Druck (p_k) bezeichnet wird.

Soll der Druck weiter gesenkt werden, so sind mehrere Drosselscheiben in Reihenschaltung in die Rohrleitung einzubringen.

Derartige Anordnungen sind hinter Reduzier- und Sicherheitsventilen anzutreffen. Sie dämpfen Schwingungen und dienen dazu, die ohrenbetäubende Geräuschbildung, die durch direkten Übergang der vollen Abblasedampfmenge an die Atmosphäre entsteht, auf ein erträgliches Maß zu senken.

Bei Durchflußmessungen durch Drosselung ist für die Druckverlustberechnung der erforderliche Wirkdruck zu berücksichtigen. Er beträgt für Blenden 0,1 bis 0,2 und für Düsen 0,1 bis 0,6 kg/cm². Die Grundgleichung hat, nach DIN 1952, „Regeln für die Durchflußmessung mit genormten Düsen und Blenden", aus dem Bernoullischen Satz abgeleitet, die Form

$$G_0 = \alpha \, \varepsilon \, F_0 \sqrt{2g \, \gamma_1 \, (P_1 - P_2)}. \tag{58}$$

Darin bedeuten

G_0 $\quad$ = Durchfluß in kg/sek,
α $\quad$ = Durchflußzahl,
ε $\quad$ = Expansionszahl,
F_0 $\quad$ = engster Querschnitt der Drosselstelle in m²,
g $\quad$ = Erdbeschleunigung in m/sek²,
γ_1 $\quad$ = Wichte (Spez. Gewicht des strömenden Stoffes) in kg/m³,
$P_1 - P_2$ = Wirkdruck in kg/m² = mm WS (Wasser von 4 °C).

Ist das Durchmesserverhältnis $d/D = m$ bekannt, so kann der Wirkdruck nach Arbeitsblatt 30 BWK [37] ermittelt werden.

Der Verwendungsbereich handelsüblicher Meßgeräte für Dampfdurchflußmessungen mit Bezug auf den Dampfzustand ist von SORGATZ [38] bei Benutzung

von Normblenden grafisch in den Abb. 4.08 und 4.09 dargestellt. Hierzu s. a.
Tab. 4.III „Auswahl der im Kraftwerk vorkommenden Frischdampfzustände".

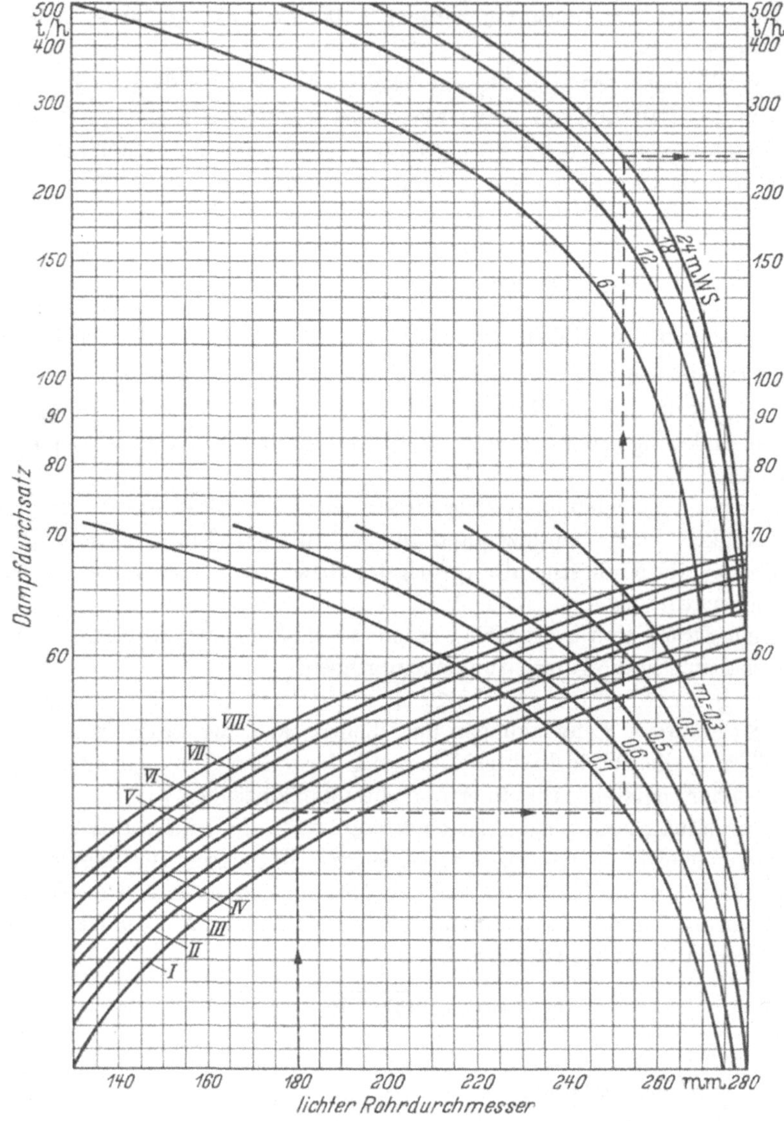

Abb. 4.08. Auslegungsdaten für die Dampfmessung mit Normblenden [*38*]
Die römischen Ziffern bezeichnen den zur Kurve gehörenden und in Tab. 4.III angegebenen Frischdampfzustand

Vor und hinter jeder Drosselmeßstelle sind gerade Rohrstrecken erforderlich,
deren Längen das Geräte-Lieferwerk festlegt. Sie betragen etwa 10 bis 20 NW
vor der Meßstelle und 5 NW dahinter.

Bei Überleitung von Dampf aus einer Hochdruckdampfschiene in eine Dampf-
schiene minderen Druckes ist ein größerer Druckabfall erwünscht. Er soll annähernd der Druckdifferenz zwischen den zu verbindenden Schienen entsprechen.

Reicht die für eine Drosselung höchstzulässige Strömungsgeschwindigkeit in der Rohrleitung nicht aus, um den gewünschten Druckabfall zu erzielen, so sind Drosselventile (Reduzierventile) notwendig mit einem, dem Dampfzustand vor dem Kegel angepaßten Durchlaßquerschnitt.

Dessen Berechnung geht vom Enthalpiegefälle $i_1 - i_2$ aus. Die theoretische Endgeschwindigkeit ergibt sich zu:

$$w = 91{,}5\sqrt{i_1 - i_2} \quad \text{in m/sek.} \qquad (59)$$

Dabei ist zu beachten, daß nach Austritt aus einem Drosselventil der Dampf nur maximal die kritische Geschwindigkeit erreichen kann.

Für die Bestimmung des Drosselquerschnitts ist für die wirkliche Strömungsgeschwindigkeit $w_2 = 0{,}8\,w$ einzusetzen in die Gleichung

$$F_D = G\,v_2/0{,}36\,w_2. \qquad (60)$$

Der Wert für v_2 ist je nach der gewünschten Druckabsenkung dem i, s-Diagramm zu entnehmen (Abb. 4.010).

In Gl. (60) bedeutet:

G = Dampfdurchfluß in kg/h,

F_D = Drosselquerschnitt in cm².

Für überhitzten Dampf ist bei Absenkung bis auf den kritischen Druck

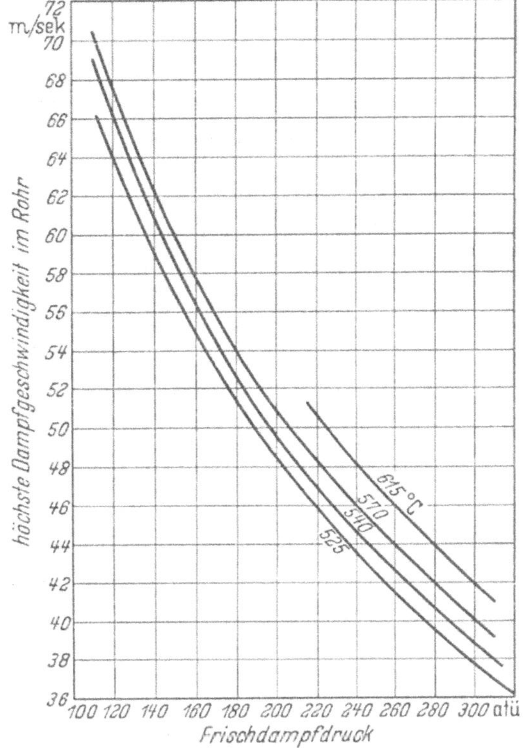

Abb. 4.09. Grenzen des Verwendungsbereichs von Normblenden mit $m = 0{,}7$ bei 24 m WS höchstem Wirkdruck [*38*]

Tabelle 4.III. *Auswahl der im Kraftwerkbau vorkommenden Frischdampfzustände als Voraussetzung für die Kurvendarstellung Abb. 4.08*

In Abb. 4.08	Druck atü	Temperatur °C	$\sqrt{\varrho_1}$
I	110	540	5,5928
II	132	540	6,1710
III	147	540	6,547
IV	173	540	7,1722
V	189	540	7,54
VI	240	545	8,63
VII	260	535	9,17
VIII	310	560	9,94

In Abb. 4.08 erscheinen die Parameter für den Dampfzustand mit den römischen Nummern dieser Tabelle. In dieses Bild wurden mehrere Öffnungsverhältnisse und Wirkdrücke aufgenommen, so daß es auch für allgemeine Auslegungsfragen benutzt werden kann.

$p_2/p_1 \leqq 0{,}546$, für Sattdampf $p_2/p_1 \leqq 0{,}577$, je nach dem Dampfzustand vor dem Drosselventil.

Bei einer verlangten Druckabsenkung bis unter den kritischen Druck kann der Drosselquerschnitt nur aus dem kritischen Druckgefälle berechnet werden.

Drosselventile (Reduzierventile) arbeiten meistens selbsttätig mit Differenzdrucksteuerung.

Zur Sicherung gegen Überdruck hinter Reduzierventilen werden Sicherheitsventile nachgeschaltet, die bei größeren Abblasemengen über ein Hilfsventil ansprechen.

Das Arbeitsblatt 68 BWK [39] enthält Richtlinien für die Anforderungen an Sicherheitsventilen für Dampfkessel nach dem Beschluß des DDA, Nov. 1957, nach denen die Bemessung der Zu- und Abblaseleitung zu erfolgen hat.

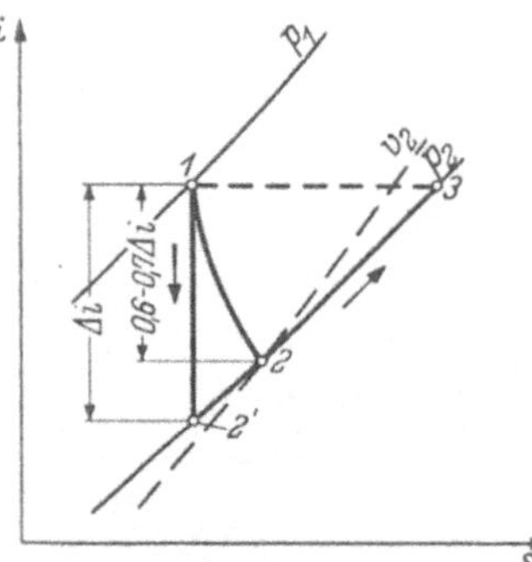

Abb. 4.010. Verlauf der Expansion in einem Drosselventil dargestellt im i, s-Diagramm

Eine Drosselung hinter einem Sicherheitsventil zur Geräuschdämpfung darf die Abführung der vorgesehenen Dampfmenge ins Freie nicht durch Stauung behindern.

Der Druckverlust durch Widerstand in nachgeschalteten, Geräusch mindernden Drosseleinrichtungen verringert das Druckgefälle nach außen und damit die Abblaseleistung des Sicherheitsventils.

Das Sicherheitsventil öffnet den Durchlaß nach Überschreitung des Ansprechdrucks und kann nur die Dampfmenge abführen, die der Druckdifferenz in der Rohrleitung vor dem Sicherheitsventil und dem kritischem Druck im Ventilsitz entspricht.

4.5 Druckverlustberechnung einer Heißdampfleitung

Als Beispiel einer Druckverlustberechnung wird nach Abschn. 3.11 die dort ermittelte Rohrweite $d_i = 0{,}175$ m für 225 t/h bei $p_1 = 186$ ata und 530 °C gewählt. Im Hinblick auf die kaum nennenswerte Änderung des spez. Volumens $v = 0{,}018$ m³/kg während der Strömung gilt Gl. (21)

$$\Delta p = p_1 \left(1 - \sqrt{1 - 127{,}5 \cdot 10^{-8}\, \lambda_R\, G_{t/h}^2\, v_1\, L_R/p_1\, d_i^5}\right) \quad \text{in kg/cm}^2$$

Um R_e für die Bestimmung von λ_R zu erhalten, muß zunächst der Wert für die dynamische Zähigkeit η ermittelt werden. Aus Abb. 4.01 ergibt sich $\eta \cdot 10^6 = 3{,}42$. Damit wird nach Gl. (17):

$$R_e = 36\,100\, G_{t/h}/d_i\, 10^6\, \eta\,.$$

In diesem Beispiel wird also

$$R_e = 36\,100 \cdot 225/0{,}175 \cdot 3{,}42 = 13{,}6 \cdot 10^6.$$

Der $\lg R_e$ ist gleich dem $\lg$ der Zahl $13{,}6 \cdot 10^6$, also $7{,}1335$.

Für $k = 0{,}03$ ist nach dem Diagramm (Abb. 4.03) entsprechend $d_i/k = 5830$, die Widerstandszahl für Rohrreibung $\lambda_R = 0{,}0132$.

Dieser Wert wird mit einem Zuschlag von 3% für die ungewisse Größe der Zähigkeit und mit einem weiteren Zuschlag von 2% für die Meßungenauigkeit eingesetzt.

Damit erhöht sich der Wert für λ_R auf $0{,}014$ (ohne Dimension).

Die gestreckte Rohrlänge zwischen Überhitzeraustritt und Turbinenanschlußstutzen ist $L' = 52$ m.

Die Summe der Widerstandszahlen ergibt eine Zusatzlänge von

$$L'' = \sum \zeta \, d_i / \lambda_R \, .$$

Hier ist $L'' = 3{,}56 \cdot 0{,}175/0{,}014 =$ rd. 45 m.

Einzusetzen ist in Gl. (21) $L_R = L' + L'' = 52 + 45 = 97$ m.

Die Einzelwerte (ζ) sind für eine Biegung von 90° (wenn $R/d_i = 7$) $= 0{,}1$; für eine Biegung von 45° $= 0{,}07$; für eine Biegung von 135° $= 0{,}15$; für eine Abzweigung unter 45° (Vereinigung) $= 0{,}95$; für eine Abzweigung (Trennung) $= 1{,}25$; für eine Meßdüse $0{,}35$; für einen Schieber (eingeschnürt mit Leitrohr) $= 0{,}15$.

Bewertet wurde eine Rundnaht von 175 mm Rohrweite mit $\zeta = 0{,}02$ und eine solche von 250 mm Rohrweite mit $\zeta = 0{,}017$.

Der Widerstandsbeiwert für die Mischstrecke von 250 mm Rohrweite (Hosenstück an Hosenstück) ist $\zeta = 0{,}15$. Die Zahl der Biegungen und Einbauten zeigt Abb. 3.04.

Der Druckabfall $p_1 - p_2 = \Delta p$ ist nach Gl. (21)

$$\Delta p = 186 \left(1 - \sqrt{1 - 127{,}5 \cdot 10^{-8} \cdot 0{,}014 \cdot 225^2 \cdot 0{,}018 \cdot 97/186 \cdot 0{,}175^5}\right)$$

$$= 186 \left(1 - \sqrt{1 - 0{,}0516}\right)$$

$$= 186 \left(1 - \sqrt{0{,}9484}\right)$$

$$= 186 \cdot 0{,}026 = \text{rd. } 4{,}85 \text{ kg/cm}^2 .$$

4.6 Druck- und Wärmeverlustberechnung einer Ferndampfleitung

Als Grundlage dienen für das folgende Beispiel die im Abschn. 4.3 entwickelten Gleichungen, die es ermöglichen, das in der Rohrleitung sich laufend ändernde Dampfvolumen zu berücksichtigen.

In den geraden Rohrstrecken ergeben sich die Druck- und Wärmeverluste gleichmäßig. Sie nehmen vom Eintritt des Dampfes in die Fernleitung nach dem Austritt am Ende der Leitung stetig zu.

Jedoch entsteht ein größerer Druckabfall *zusätzlich* durch plötzliche Geschwindigkeitsänderung an Knotenpunkten der Rohrleitung, wegen Anhäufung von Umlenkungen in Bogen, Dampfverteilung durch Stutzen, Wirbel in den Armaturen, Kompensatoren, Wasserabscheidern usw. Er bedingt eine schnelle Änderung des Dampfzustandes, also des Dampfvolumens, an solchen Stellen.

Ferner trägt der erhöhte Wärmeverlust dazu bei, den Dampfzustand zu ändern, denn die Oberfläche der Isolierung je m gestreckte Rohrlänge ist an den Knotenpunkten umfangreicher als die der glatten Rohrleitung.

4.61 Beispiel

Zu überprüfen ist eine Ferndampfleitung 500 mm Rohrweite. Druck am Eintritt 9 atü. Dampftemperatur am Eintritt 255 °C.

Der Berechnung ist eine Dampfmenge von 120 t/h zu Grunde gelegt. Gestreckte Rohrlänge (L_R') zwischen Ein- und Austritt 950 m. Der erste Leitungsabschnitt ist 300 m lang.

Am Anfang und am Ende dieses ersten Abschnitts ist je ein entlasteter Stahlrohrdehnungsausgleicher eingebaut. Zwischen diesen beiden Kompensatoren, deren Gehäuse verankert sind, liegt die 150 mm stark isolierte gerade Rohrstrecke auf Gleitschuhen. In der Mitte der Rohrstrecke ist die Rohrleitung fixiert.

Vor dem Kompensator am Anfang des ersten Leitungs-Abschnitts sind ein Absperrschieber und ein Wasserfang eingebaut.

Die Summe der Widerstandsbeiwerte der Einbauten beträgt $\sum \zeta = 6{,}5$. Das spez. Dampfvolumen ist $v_1 = 0{,}24$ m³/kg.

Der freie Querschnitt der Rohrleitung ist $F_R = d_i^2 \, \pi/4 = 0,1948 \text{ m}^2$. Damit ergibt sich nach Gl. (38)

$$w_1 = G_{t/h} \, v_1/3,6 \cdot 0,1948 = 41 \text{ m/sek.}$$

Nach der Gleichung

$$\Delta p_\zeta = \sum \zeta \, w^2 \, 0,51 \cdot 10^{-5}/v_1 \tag{61}$$

ist der

4.611 Druckverlust zu Beginn der Dampfströmung des ersten Abschnitts

$$\Delta p_\zeta = 6,5 \cdot 41^2 \cdot 0,51 \cdot 10^{-5}/0,24 = \underline{0,232 \, \text{kg/cm}^2}.$$

4.612. *Für die gerade Rohrstrecke* von 300 m Länge gilt die Druckverlust-Gleichung

$$\Delta p_R = \lambda_R \, L_R \, w_R^2 \, 0,51 \cdot 10^{-5}/d_i \, v_R \tag{62}$$

Wird $A = G_{t/h}/3,6 F_R$ gesetzt, dann ist im Beispiel

$$A = 120/3,6 \cdot 0,1948 = 171 = \text{konst.}$$

Damit wird $w_R = A \, v_R$.

Wird $B = \lambda_R \, 0,51 \cdot 10^{-5}/d_i = 0,0115 \cdot 1,025 \cdot 10^{-5} = 1180 \cdot 10^{-10}$ gesetzt, dann ergibt sich ein Wert

$$C = L_R A^2 B.$$

Im Beispiel ist

$$C = 300 \cdot 171^2 \, 1180 \cdot 10^{-10} = 1,033.$$

Damit wird

$$\Delta p_R = C \, v_R = C/\gamma_R.$$

Im Beispiel wird

$$\Delta p_R = 1,033/\gamma_R \tag{63}$$

Der Index R weist darauf hin, daß nur Druckverlust durch Rohrreibung berücksichtigt ist Gl. (42).

4.613. Die Oberflächentemperatur (t_w) der *Isolierung* kann bei Kanalverlegung mit 60 °C angenommen werden.

Am Eintritt in die Rohrleitung ist die Dampftemperatur gleich der Rohrwandtemperatur. Eintrittstemperatur $t_1 = 255$ °C.

Es ergibt sich daraus für das Beispiel eine Mittel*temperatur* von $(t_1 + t_w)/2 = (255 + 60)/2 = 157,5$ °C in der Isolierung.

Das mittlere Temperatur*gefälle* zwischen Rohrwand und Isolierung ist $t_2 - t_L = 252 - 45 = 207$ °C, wobei t_2 den Temperaturabfall des der geraden Strecke vorgeschalteten Knotenpunktes mitberücksichtigt.

t_L ist die Kanal-Lufttemperatur, die die Isolierung umgibt.

Der Mitteltemperatur (Abb. 4.05) von 157,5 °C entspricht eine Wärmeleitzahl

$$\lambda_w = 0,055 \text{ kcal/mh °C.}$$

Nach Abschn. 4.2 Gl. (35) entsteht ein Wärmeverlust je m Rohrlänge von

$$q_w = \pi \, (t_2 - t_L)/(1/2 \cdot 0,055) \ln 0,82/0,52,$$
$$= 0,11 \cdot 651/0,46 = 156 \text{ kcal/h.}$$

Zu der wirklichen Rohrlänge wird ein Zuschlag gemacht, der die Mehrverluste, hervorgerufen durch eine stärkere Wärmeableitung an den Befestigungsschellen der Festpunkte und Gleitlager, berücksichtigt.

Die Rohre der Ferndampfleitung sind zusammengeschweißt. Damit reicht ein Zuschlag von 10% für die Berücksichtigung der Mehrverluste aus.

In der geraden Rohrstrecke des Abschnitts I geht je Stunde eine Wärmemenge (Q_w) verloren gleich $q_w \, L_w$. Es ist hier $Q_w = q_w \, L_w = 156 \cdot 300 \cdot 1,1 = 51500 \text{ kcal/h}$, einschließlich 10% Zuschlag.

Jedes kg Dampf, das durch die Rohrleitung strömt, verliert an Wärme einen Anteil von Q_w. Damit ist eine Minderung des Wärmeinhaltes und eine Temperatursenkung des Dampfes verbunden.

Der Wärmeverlust je kg Dampf beträgt

$$Q_w/G_{kg/h} = 51500/120000 = 0,429 \text{ kcal/kg.}$$

Der Temperaturverlust des Dampfes in °C im ersten Rohrabschnitt, ergibt sich aus der Gleichung

$$\Delta t = q_w L_w / G_{\text{kg/h}} c_p \,, \tag{64}$$

Wird $c_p = 0{,}527$ gesetzt, so ist

$$\Delta t = 0{,}429/0{,}527 = 0{,}81\,°\text{C} \,.$$

Die durch die Rohrreibung in der Rohrleitung entstehende Wärme ist gering. Sie bleibt unberücksichtigt, wenn die Strömungsgeschwindigkeit nur wenig zunimmt. In diesem Beispiel spielt der Wärmerückgewinn durch die Rohrreibung keine Rolle. Er erhöht die Dampftemperatur nicht meßbar.

Die Temperatur am Ende des ersten Abschnitts der Rohrstrecke ist, mit $\Delta t = 0{,}81\,°\text{C}$ als Temperaturverlust des Ferndampfes, $t_3 = 255 - 3 - 0{,}81 = 251{,}19\,°\text{C}$.

Sie liegt etwas niedriger, wie nachfolgende Berechnung ergibt.

4.614. Nach CAMMERER [*19*] ist für längere Rohrstrecken

$$\ln \frac{(t_E - t_L)}{(t_A - t_L)} = \frac{q_w L_w}{G_{\text{kg/h}} c_p} \frac{1}{(t_2 - t_L)} \,. \tag{65}$$

Demnach ergibt sich hier

$$\ln \frac{(t_E - t_L)}{(t_A - t_L)} = \frac{0{,}81}{207} = 0{,}0039 \,.$$

Wird der Bruch $(t_E - t_L)/(t_A - t_L)$ als Numerus des natürlichen Logarithmus mit N bezeichnet, so kann gesetzt werden

$$\frac{N - 1}{N} (t_E - t_L) = \Delta t \,.$$

t_E = Dampftemperatur am Eintritt in die Rohrleitung,

t_A = Dampftemperatur am Austritt der Rohrleitung in °C.

Damit ergibt sich nach CAMMERER ein Temperaturverlust des Dampfes von

$$\Delta t = \frac{1{,}004 - 1}{1{,}004} 207 = 0{,}825\,°\text{C} \,. \tag{66}$$

4.615. Erst bei *hoher Zunahme der Strömungsgeschwindigkeit* ist eine weitere Berichtigung der Temperaturabsenkung durch Absinken der Enthalpie infolge Energieverlust durch Druckabfall nach der FANNO-Linie [*22*] zu beachten. Hierfür gilt die Gleichung

$$i_1 - i_x = A_E \,(w_x^2 - w_1^2)/2g \tag{67}$$

bzw.

$$i_x = i_1 - \frac{A_E}{2g} \left(\frac{G}{F}\right)^2 (v_x^2 - v_1^2) \quad \text{in kcal/kg} \,. \tag{68}$$

Darin ist $A_E = 1/427$ kcal/mkg, entsprechend dem Wärmewert der Arbeitseinheit. Weiter ist

$$G_{\text{kg/h}}/F_m^2 = w_x/v_x = \text{const.} \tag{69}$$

Es ist

$$w_x = G\,v/F \quad \text{in m/sek} \quad \text{und} \quad w_x^2 = (G/F)^2 \, v_x^2 \,. \tag{70}$$

Der Wert v_x liegt in der Nähe der Isobare, die dem Enddruck in der zu berechnenden Rohrstrecke entspricht. Der Schnitt i_x mit v_x bezeichnet einen bestimmten Zustand des die Leitung durchströmenden Dampfes. Eine Aneinanderreihung der sich aus $(i_1 - i_x)$ ergebenden Punkte im i, s-Diagramm stellt die FANNO-Kurve dar (Abb. 4.012). Sie bildet den geometrischen Ort aller Zustände in einer Dampfrohrleitung bei gegebenen $G_{\text{kg/s}}$ und F in m² . Über die Länge der vom Dampf zurückgelegten Strecke sagt diese Zustandslinie nichts.

Für $p_1 = 9$ kg/cm² (atü) und $t_1 = 255\,°\text{C}$ ist $i_1 = 705$ kcal/kg und $v_1 = 0{,}24$ m³/kg. Damit wird bei einem $v_x = 0{,}253$ m³/kg nach Gl. (68)

$$i_x = 705 - (171^2/427 \cdot 19{,}62) \cdot (0{,}253^2 - 0{,}24^2) = 705 - 0{,}022 = 704{,}98 \text{ kcal/kg}.$$

Die zusätzliche Verringerung des Wärmegefälles nach der FANNO-Linie ist also in diesem Falle nicht bemerkenswert.

Der Druckabfall der ersten geraden Rohrstrecke [s. Gl. (63)]

$$p_2 - p_3 = \Delta p_{RI} = 1{,}033/\gamma_m$$

ist nach Abschn. 4.3 mit γ_m für $(p_2 + p_3)/2$ und $(t_2 + t_3)/2$ zu berechnen. Mit dem Rechenschieber ergibt sich bei Benutzung einer Wasserdampftafel $\Delta p_{RI} = 1{,}033/4{,}025 = 0{,}258\,\text{kg/cm}^2$.

Druck am Ende der Rohrstrecke I ist $p_3 = 9 - (0{,}232 + 0{,}258) = 8{,}51\,\text{kg/cm}^2$ (atü), Dampftemperatur am Ende der Rohrstrecke I ist $t_3 = \text{rd. } 251\,°\text{C}$.
Spez. Volumen $v_3 = 1/3{,}985 = 0{,}251\,\text{m}^3/\text{kg}$.

4.616. Die *Einbauten hinter dem ersten bzw. vor dem zweiten Abschnitt* der Rohrleitung haben Widerstandszahlen von zusammen $\sum \zeta = 4$.

Demgemäß ist der Druckverlust durch die Einbauten in dieser Teilstrecke

$$\Delta p_\zeta = 4 \cdot w_1^2 \cdot 0{,}51 \cdot 10^{-5}/v_4 = 4 \cdot (G/F)^2 \cdot v_4 \cdot 0{,}51 \cdot 10^{-5},$$

$$\Delta p_\zeta = 4 \cdot 171^2 \cdot 0{,}51 \cdot 10^{-5} \cdot v_4 = 4 \cdot 0{,}149 \cdot v_4 = 0{,}596 \cdot v_4 = 0{,}15\,\text{kg/cm}^2,$$

worin $v_4 = (v_3 + v_5)/2 = 0{,}253\,\text{m}^3/\text{kg}$ ist.

4.617. *Für die folgende gerade Rohrstrecke des zweiten Abschnitts*, die 400 m lang ist, sonst die gleiche Ausführung wie die erste Rohrstrecke hat, beträgt der Anfangsdruck $p_5 = 9 - (0{,}232 + 0{,}258 + 0{,}15) = 8{,}36\,\text{kg/cm}^2$ (atü) und die Anfangstemperatur $t_5 = 249{,}5\,°\text{C}$. Spez. Volum $v_5^\bullet = 1/3{,}93 = 0{,}255\,\text{m}^3/\text{kg}$.

$$C_{II} = L_{RII}\, A^2 B = 400 \cdot 171^2 \cdot 1180 \cdot 10^{-10} = 1{,}38. \quad \text{Damit ist}$$
$$p_5 - p_6 = \Delta p_{RII} = C_{II} \cdot (v_5 + v_6)/2 = 1{,}38 \cdot (1/3{,}86) = 0{,}357\,\text{kg/cm}^2 = \text{r d. } 0{,}36\,\text{kg/cm}^2.$$

Druck [am Ende der Rohrstrecke II] ist $p_6 = 8\,\text{kg/cm}^2$ (atü).
Temperaturabfall $\Delta t_{II} = 1{,}1\,°\text{C}$ bzw. nach CAMMERER [19] $1{,}12\,°\text{C}$.
Dampftemperatur am Ende der Rohrstrecke II ist $= 248\,°\text{C}$.

4.618. Für die *Einbauten hinter dem zweiten bzw. vor dem dritten Abschnitt* beträgt $\sum \zeta = 3{,}7$.
Druckverlust $\Delta p_\zeta = 3{,}7 \cdot 0{,}149 \cdot v_7 = 0{,}551 \cdot v_7 = 0{,}146\,\text{kg/cm}^2$, worin $v_7 = (v_6 + v_8)/2 = (0{,}263 + 0{,}267)/2 = 0{,}265\,\text{m}^3/\text{kg}$ ist.

4.619. Die gerade *Rohrstrecke des dritten Abschnitts* ist 250 m lang.

$$p_8 = 7{,}854\,\text{kg/cm}^2 \text{ (atü)}, \quad t_8 = 247\,°\text{C}.$$
$$C_{III} = 250 \cdot 171^2 \cdot 1180 \cdot 10^{-10} = 0{,}861.$$

Damit ist $p_8 - p_9 = C_{III}\,(v_8 + v_9)/2$.

$$\Delta p_{RIII} = 0{,}861 \cdot (1/3{,}72) = 0{,}232\,\text{kg/cm}^2.$$

Temperaturabfall $\Delta t_{III} = 0{,}6\,°\text{C}$ bzw. nach CAMMERER [19] $0{,}61\,°\text{C}$.
Druck am Ende der Ferndampfleitung $p_9 = 7{,}622\,\text{kg/cm}^2$,
Temperatur am Ende $t_9 = \text{rd. } 246\,°\text{C}$.
Strömungsgeschwindigkeit $w_9 = A\,v_9 = 171 \cdot 0{,}271 = \text{rd. } 46{,}5\,\text{m/sek}$.

4.620. *Gesamtverluste: Druckabfall* $1{,}38\,\text{kg/cm}^2$, *Temperaturabfall* $9\,°\text{C}$.

4.621. Nach Gl. (67) ist, entsprechend der FANNO-Linie, die Enthalpie des Dampfes am Ende der Ferndampfleitung

$$i_9 = i_1 - A_E\,(w_9^2 - w_1^2)/2g = 705 - (1/427)\,(46{,}5^2 - 41^2)/2g = 704{,}94\,\text{kcal/kg}.$$

Die zusätzliche Verringerung des Wärmegefälles nach der FANNO-Linie hat somit auch für die ganze Rohrstrecke keine Bedeutung.

Die Zunahme der Strömungsgeschwindigkeit w und die Abnahme von Druck und Temperatur sind in Abb. 4.011 grafisch dargestellt.

Die Änderung der Enthalpie (Wärmeinhalt) und des Volumens des Dampfes sind aus dem i, s-Diagramm (Abb. 4.012) ersichtlich.

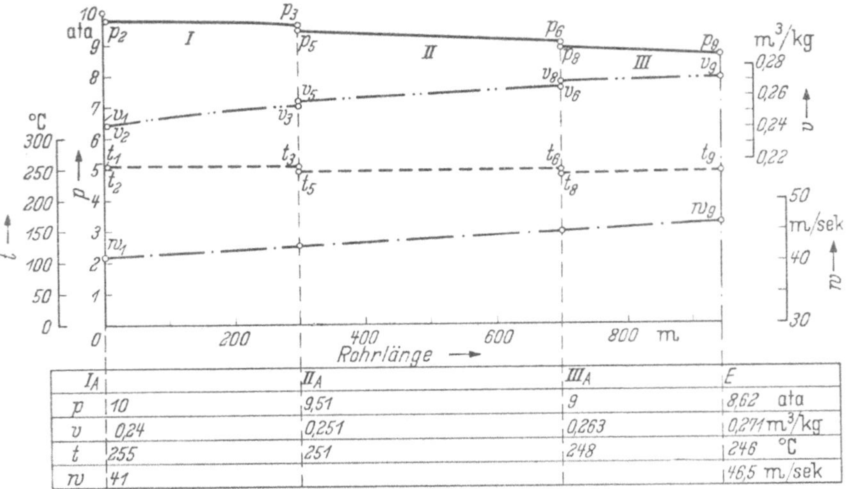

	I_A	II_A	III_A	E	
p	10	9,51	9	8,62	ata
v	0,24	0,251	0,263	0,271	m³/kg
t	255	251	248	246	°C
w	41			46,5	m/sek

Abb. 4.011. Druck- und Temperatursenkung bei gleichzeitigem Anstieg des Volums und der Strömungsgeschwindigkeit bei der Fernleitung von Dampf in Rohrleitungen[1]

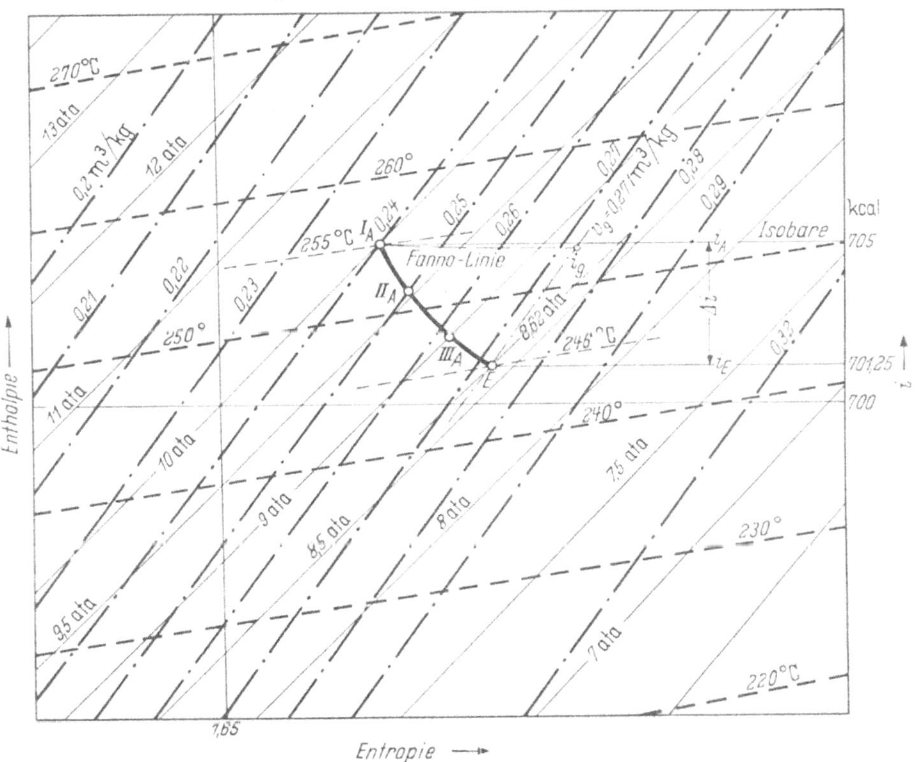

Abb. 4.012. Enthalpie-, Volum- und Dampfdruck-Änderung durch Druckabfall und Wärmeverlust in der Ferndampfleitung

I_A Betriebszustand am Anfang der ersten Rohrstrecke; II_A Betriebszustand am Anfang der zweiten Rohrstrecke; III_A Betriebszustand am Anfang der dritten Rohrstrecke; E Betriebszustand am Ende der Ferndampfleitung; $\Delta i = i_A - i_E =$ Dampfwärmeverlust je kg in kcal; i_9 Wärmeinhalt je kg Dampf am Ende der FANNO-Linie

---

[1] Zum Beispiel Kap. 4.620.

4.622. Der *Dampfzustand längs der Ferndampfleitung* ist für jeden Punkt der Rohrstrecke mit Hilfe der Angaben in den Abb. 4.011/12/13 festzustellen.

Enthalpie des Dampfes am Ende der ganzen Rohrstrecke i_9 = rd. 701 kcal/kg.

Verloren geht also eine Wärmemenge von $Q_w = (i_1 - i_9)\,G_{kg/h} = (705 - 701) \cdot 120\,000$ = 480 000 kcal/h.

Damit ist der *mittlere* Wert für $q_w = 0{,}11 \cdot 645/0{,}46 = 154$ kcal/hm. Die ideelle Länge, die für die Wärmeverlustberechnung in die Gl. (34) einzusetzen ist, beträgt

$$L_w = Q_w/q_w = 480\,000/154 = 3120 \text{ m.}$$

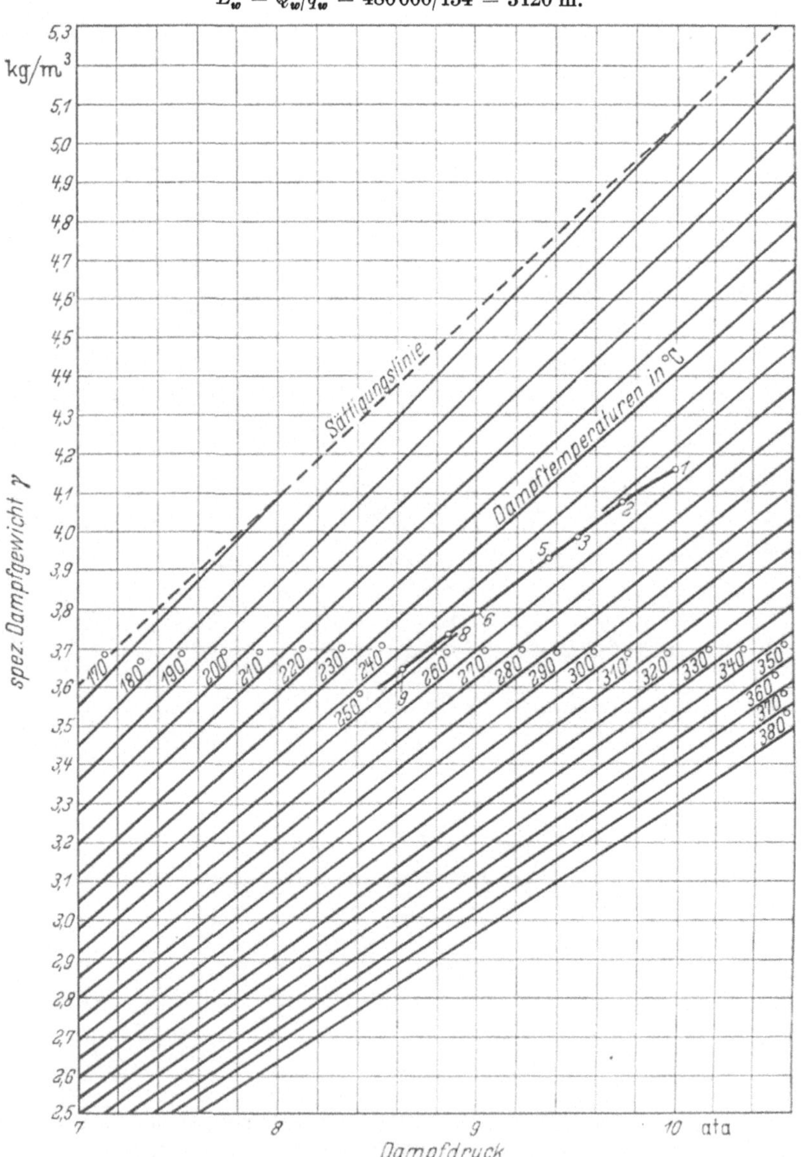

Abb. 4.013. Druck- und Temperatursenkung bei gleichzeitiger Abnahme des spez. Gewichts (Wichte) zur Feststellung der Druckverluste in den einzelnen Abschnitten einer Ferndampfleitung bei Berücksichtigung der Wärmeverluste[1]

---

[1] Ziffern *1, 2 ... 9* der eingetragenen Druckabfallkurve s. Beispiel Kap. 4.611 bis 4.619.

Die hohe Zusatzlänge $L'_w = 2170\,\text{m}$ im Verhältnis zur wirklichen Rohrlänge $L'_R = 950\,\text{m}$ der Fernleitung ergibt sich z.T. aus der erhöhten Wärmeabgabe der Rohrunterstützungen, größtenteils aber durch Umwandlung großer Isolierflächen an den Knotenpunkten der Ferndampfrohrleitung (Schieber, Wasserabscheider, Bogen, Flanschen usw.) in Meter Rohrlänge. Sie berücksichtigt ferner die erhöhte Wärmeabgabe an den Knotenpunkten durch den Luftwechsel in den Rohrleitungsschächten.

4.623. Die *Widerstandsbeiwerte für die Druckabfallberechnung* ergaben zusammen
$$\sum \zeta = 6,5 + 4 + 3,7 = 14,2.$$

Die Umwandlung dieser Widerstandsbeiwerte in Meter Rohrlänge ergibt eine Zusatzlänge (L''_R) von $\sum \zeta\, d_i/\lambda_R = 14,2 \cdot 0,5/0,0115 = 618\,\text{m}$.

Die ideelle Länge für die Druckverlustberechnung ist demnach $L_R = L'_R + L''_R$ und hier

$$L_R = 950 + 618 = 1568\,\text{m}.$$

Wird zur Kontrolle nach Gl. (34) gerechnet, so wird

$$\Delta p = 10\left[1 - \sqrt{1 - 127,5 \cdot 10^{-8} \cdot 0,0115 \cdot 120^2 \cdot 0,24 \cdot 1568/10 \cdot 0,5^5\left(1 - \frac{0,5 \cdot 3120 \cdot 154}{120\,000 \cdot 528 \cdot 0,52}\right)}\,\right],$$

$$\Delta p = 10\left[1 - \sqrt{(1 - 0,255)(1 - 0,0072)}\right] = 10\left[1 - \sqrt{0,745 \cdot 0,99}\right] = 10(1 - 0,86),$$

$$\Delta p = 10 \cdot 0,14 = 1,4\,\text{kg/cm}^2.$$

Dem steht ein Berechnungswert von $1,38\,\text{kg/cm}^2$ nach dem Beispiel (s. Abschn. 4.620) gegenüber. Er liegt etwa 1,5% niedriger.

5. Der Einfluß von Wärmedehnungen auf die Werkstoffbeanspruchung

Wird die Rohrleitung durch Dampf, heiße Gase oder Heißwasser erwärmt, so wachsen Durchmesser, Wanddicke und Länge des Rohres.

Die Werkstoffdehnungen (s. Tab. 3.VII), die bis zum Erreichen der Betriebstemperatur mehr oder weniger schnell zunehmen, haben hier nur eine wesentliche Bedeutung für Dehnungen *längs* der Rohrachse.

Die Dehnlänge ist abhängig von der Legierung des Werkstoffes und seiner Temperatur während der Erwärmung. Austenitstähle dehnen sich bei gleicher Temperatur mehr aus als Ferritstähle.

Tab. 3.VII enthält Mittelwerte für die Wärmedehnung der Werkstoffe (in $10^{-6}\,\text{m/m}\,{}^\circ\text{C}$) zwischen 20 °C bis zu 800 °C, gestaffelt von 100 °C zu 100 °C [11].

Beispielsweise ist für den Werkstoff 13 CrMo 44 der Mittelwert für die Betriebstemperatur von 500 °C, $13,0 \cdot 10^{-6}\,\text{m/m}\,{}^\circ\text{C}$. Dieser Werkstoff dehnt sich also bei 500 °C um $13,9 \cdot 500 \times 1000 \cdot 10^{-6} = 6,95\,\text{mm}$ je Meter Rohr aus, wenn die Verlegung der Rohrleitung bei etwa 20 °C Raumtemperatur stattgefunden hat. Eine Aufrundung gibt eine größere Sicherheit.

War die Raumtemperatur bei der Rohrleitungsverlegung höher, beispielsweise im südlichen Ausland etwa 40 °C, dann ist die Dehnung mit nur $13,9 \cdot 480 \cdot 1000 \cdot 10^{-6} = \text{rd. } 6,7\,\text{mm}$ vorzusehen. Um sicher zu gehen, wird in diesem Falle besser mit rd. 7 mm Dehnung je Meter Rohrlänge gerechnet.

Bei einer Betriebstemperatur von 630 °C ist der Mittelwert der Längenausdehnungszahl für den Austenitwerkstoff X 8 CrNiMoNb 16 16 nach Tab. 3.VII $18,5 \cdot 10^{-6}\,\text{m/m}\,{}^\circ\text{C}$. Dieser Austenitwerkstoff dehnt sich bis zur Betriebstemperatur von 630 °C um 11,65 mm je Meter Rohrlänge aus. Gerechnet wird besser mit 12 mm.

Wird in Neubauten montiert, und dies geschieht zu jeder Jahreszeit, dann fehlen meistens noch die Fenster in den Gebäuden und der Werkstoff verliert, besonders in kalten Nächten sehr an Speicherwärme. Die Rohrlänge wird dann durch Kälte kürzer.

Werden die Dehnung und die Schrumpfung einer Rohrstrecke gehemmt, so lösen sie eine Werkstoffbeanspruchung aus nach der Gleichung

$$\sigma = \Delta l\, E/l. \tag{71}$$

Die Werte für σ würden betragen beim erstgenannten Stahl, bei 500 °C

$$\sigma' = 6{,}95 \cdot 16\,500/1000 = 115 \text{ kg/mm}^2,$$

beim zweitgenannten Stahl, bei 630 °C

$$\sigma'' = 11{,}65 \cdot 15\,600/1000 = 182 \text{ kg/mm}^2.$$

Die Werte für den Elastizitätsmodul E (in kg/mm^2), der mit zunehmender Temperatur abnimmt (der Stahl wird weicher), sind für jeden Werkstoff anders. Sie sind der Tab. 3.VIII zu entnehmen [11].

Wäre kein Dehnungsausgleich (Kompensation) vorhanden, dann würde das sich dehnende Rohr ausknicken. Dabei gäbe es Verformungen durch Stauchung des Werkstoffes und beim Wiedererkalten Risse durch Schrumpfung. Fraglich wäre es außerdem, ob die Festpunkte halten würden, denn das Rohr würde mit einer Kraft gegen die Einspannstellen drücken von

$$P_d = F_R\, \sigma \quad \text{in kg.} \tag{72}$$

Hierin bedeutet F_R = Wanddicke (in mm) mal Umfang (in mm) bezogen auf Mitte Rohrwand, das ist die Querschnittsfläche der Rohrwand.

Für den Dehnungsausgleich dienen für Dampf- und Wasserleitungen in erster Linie die sich aus der Rohrführung ergebenden Rohrschenkel. Reicht ihre Zahl oder deren Ausladung (Schenkellänge) nicht aus, dann sind zusätzliche Biegungen oder längere Rohrschenkel erforderlich.

Die erforderliche Schenkellänge ist mit Hilfe der Festigkeitsberechnung (Rohrstatik) zu ermitteln. Diese Festigkeitsberechnung erbringt auch den Nachweis für den Sicherheitsgrad der Rohrleitung. Unnötig lange Rohrschenkel verursachen höhere Anlage- und Betriebskosten durch höhere Druck- und Wärmeverluste.

Nach DIN 2413 darf die Rohrwand in Richtung Rohrachse so hoch beansprucht werden, daß die Längsspannung durch den Innendruck zusammen mit der durch Biegemomente hervorgerufenen Zugspannung auf den Wert der größten Spannung, der Umfangsspannung (σ_u), steigt.

Die Längsspannung (σ_l) kann andererseits bis auf den kleinsten Wert der Radialspannung (σ_r) sinken, womit die maximale Größe des zulässigen Biegemomentes eines Rohrsystems gegeben ist.

Hieraus ergibt sich dann die kleinste Ausladung eines Rohrschenkels, oder mehrerer Rohrschenkel eines Rohrsystems, für einen bestimmten Dehnungsausgleich, für den die Spannungsdifferenz ($\sigma_u - \sigma_r$) zwischen Umfangsspannung (σ_u) und Radialspannung (σ_r) ausgenutzt wird.

Wird gedanklich ein kleiner Werkstoffwürfel (Abb. 5.01) in der Rohrwand betrachtet, dann ist gut zu übersehen, welche Kräfte auf ihn einwirken, um ihn zu verschieben.

Ist die Umfangsspannung (σ_u) unzulässig hoch, bringt sie das Rohr zum Bersten. Vorher setzt jedoch ein Fließen des Werkstoffs ein. Der Rohraußendurchmesser wird dadurch größer.

Als Zeitmaßstab dienen Zeitdehngrenze und Zeitstandfestigkeit.

Der Innendruck gegen den kleinen Werkstoffwürfel (Abb. 5.01), will ihn nach außen schieben. An der Rohraußenfaser ist die Radialspannung (σ_r) Null.

Die Längsbeanspruchung (σ_l) erfährt je Rohrhälfte durch den Innendruck eine Änderung. Sie wird erhöht oder verringert, wenn durch Biegespannungen in den Rohrschenkeln des Rohrsystems Zug- oder Druckkräfte in der Rohrwand auftreten.

Hohe Längsbeanspruchungen (σ_l) ergeben in den Biegungen hohe Querbiegespannungen.

Schub- und Verdrehungsspannungen (τ) bei der Erwärmung eines räumlichen Rohrsystems, Wärmespannungen bei dicker Rohrwand durch Temperaturunter-

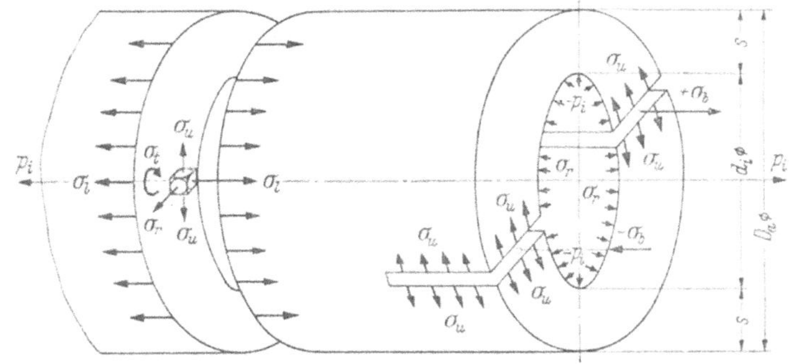

Abb. 5.01. Rohrwandbeanspruchung

σ_u Umfangsspannung; σ_l Längsspannung; σ_r Radialspannung; σ_t Torsionsspannung; σ_b Biegespannung; p_i Innendruck; D_a Rohrdurchmesser, außen; d_i Rohrdurchmesser, innen; s Wanddicke

schiede zwischen ihrer Innen- und Außenseite, und Spannungen durch Eigengewicht ergänzen die Anstrengung eines jeden, in der Rohrwand zu denkenden Werkstoffwürfels, sein Gleichgewicht zu halten.

Die kleinen in der Rohrwand aneinandergereihten Werkstoffwürfel werden alle anders, mehr oder weniger stark beansprucht.

Die Berechnung eines Rohrsystems auf seine Elastizität hin kann auf verschiedene Weise erfolgen [*40* bis *46*].

Alle Berechnungsarten, auch die durch vorangehende Modellversuche, erfordern einen größeren Zeitaufwand für die Bestimmung der Kräfte und der durch sie zu ermittelnden Biege- und Verdrehungsmomente. Großfirmen rechnen elektronisch, um Zeit zu sparen.

5.1 Biegespannungen in ebenen Rohrsystemen

Abb. 5.02 zeigt ein ebenes Rohrsystem. Die ausgezogene Linie stellt die Rohrachse dar in der Form, wie sie das System aufweist, wenn die Rohrleitung kalt ist. Die Rohrenden sind absolut fest eingespannt zu denken. Würde das Rohrsystem ohne Innendruck von innen erwärmt werden, wobei die eine Einspannung gelöst anzunehmen ist, so käme eine Verlagerung der Rohrachse gemäß der gestrichelten Linie zustande.

Soll das gelöste Rohrende in die alte Lage gebracht werden, so sind dazu die Kräfte P_x und P_y und das Moment M_0 erforderlich.

Sind beide Rohrenden fest eingespannt und wird dann das Rohrsystem erwärmt, so nimmt die Rohrachse die Form der strichpunktierten Linie an. In diesem Fall wird eine Kraft R_p wirksam, die im Schwerpunkt des Systems angreifend zu denken ist. Diese Unbekannte (resultierende Kraft) ruft an den Einspannpunkten und in jedem Rohrquerschnitt längs der Rohrachse Biegemomente hervor.

Die in Abb. 5.02 bezeichnete kleinste Rohrlänge (dl) erhält ein Moment

$$M = R_p\, a + M_0.$$

Das größte Moment ist

$$M_{\max} = R_p\, a_{\max} + M_0. \tag{73}$$

Es tritt da auf, wo der Abstand a seinen Größtwert hat.

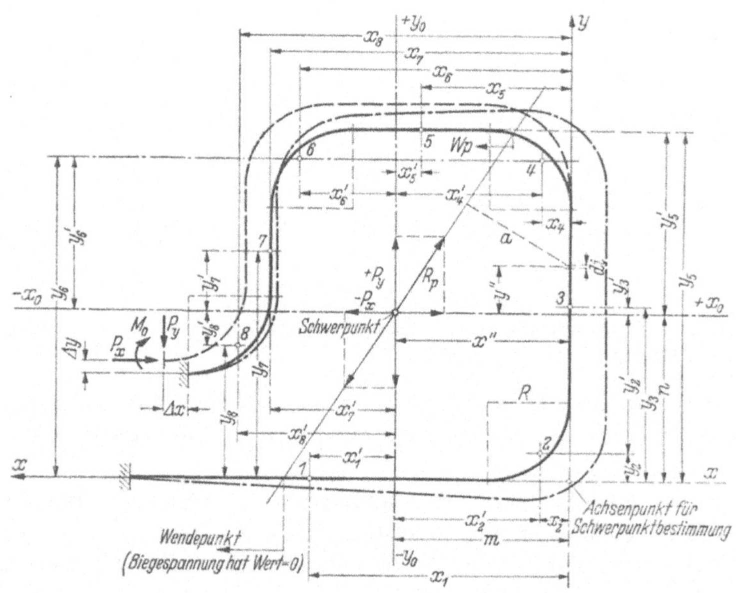

Abb. 5.02. Rohrsystem, eben

x, y Bezugsachsen für Schwerpunktbestimmung; x_0, y_0 Achsen im Systemschwerpunkt; Ziffern *1 … 8* Gliederschwerpunkt; $y_1 … y_8$ Abstand zwischen Gliederschwerpunkt und Bezugsachse x; $x_1 … x_8$ Abstand zwischen Gliederschwerpunkt und Bezugsachse y; m, n Abstand zwischen Systemschwerpunkt und den Bezugsachsen y und x; $y_1' … y_8'$ Abstand zwischen Gliederschwerpunkt und Schwerachse x_0; $x_1' … x_8'$ Abstand zwischen Gliederschwerpunkt und Schwerachse y_0. Die Vorzeichen haben nur für das Fliehmoment Bedeutung; Δx, Δy Rohrdehnung (oder Vorspannung); P_x, P_y Kraftkomponenten; M_0 Einspannmoment

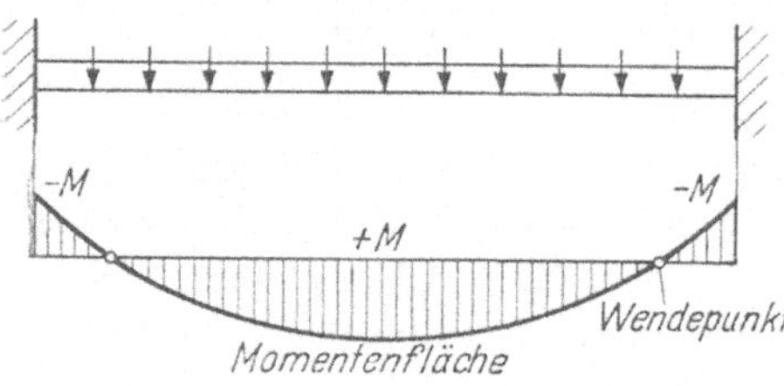

Abb. 5.03. Beiderseits fest eingespannter Träger, gleichmäßig belastet

So wie sich bei einem festeingespannten Träger (s. Abb. 5.03) durch eine Belastung Wendepunkte an den Stellen ergeben, wo keine Biegemomente auftreten, ist dort, wo die resultierende Kraft R_p (s. Abb. 5.02) die Rohrachse kreuzt, das Biegemoment Null. An dieser Stelle hat die Querkraft ihren Höchstwert.

Die Größe der resultierenden Kraft R_p ergibt sich aus der Größe ihrer Komponenten P_x und P_y, die im Schwerpunkt nach links und rechts bzw. oben und unten wirksam werden, sobald die Erwärmung des Rohrsystems einsetzt.

Das Biegemoment (durch die Kraftkomponenten hervorgerufen), dem das Rohrstück dl ausgesetzt ist, wird bestimmt durch die Gleichung

$$M_b = P_y\,x'' - P_x\,y'' + M_0.$$ (74)

Im Element dl treten damit Zug- und Druckkräfte auf, die eine Formänderung erzwingen.

Wenn nur die Biegemomente berücksichtigt werden, dann ist die Formänderungsarbeit allgemein

$$A = 1/2 \int\limits_0^L M^2\,ds/EI.$$ (75)

Nun ist nach CASTIGLIANO [40] die Verschiebung des Angriffspunktes einer Kraft gleich der partiellen Ableitung der Formänderungsarbeit nach dieser Kraft. Damit ist die Verschiebung in Richtung der x-Achse

$$\Delta x = \delta A/\delta P_x = (1/EI)\int\limits_0^L M(\delta M/\delta P_x)\,ds = 1/EI(P_y\,x - P_x\,y + M_0)(-y)\,ds.$$ (76)

Die partielle Ableitung des Moments nach der Kraft ist

$$\delta M/\delta P_y = x; \quad \delta M/\delta P_x = -y; \quad \delta M/\delta M_0 = 1,$$

Damit wird

$$\Delta x = (1/EI)\left(P_x\int\limits_0^L y^2\,ds - P_y\int\limits_0^L x\,y\,ds - M_0\int\limits_0^L y\,ds\right),$$ (77)

$$\Delta y = (1/EI)\left(P_y\int\limits_0^L x^2\,ds - P_x\int\limits_0^L y\,x\,ds + M_0\int\limits_0^L x\,ds\right),$$ (78)

Da das Einspannungsmoment gleich Null ist, so wird

$$0 = (1/EI)\left(P_y\int\limits_0^L x\,ds - P_x\int\limits_0^L y\,ds + M_0\int\limits_0^L ds\right).$$ (79)

Die Form der Integrale in Gl. (77) und (78) gleicht dem Linienträgheitsmoment des Rohrsystems bezogen auf die x- bzw. y-Achse, dem Linienzentrifugalmoment bezogen auf die x- und y-Achse und dem statischen Moment bezogen auf die x- bzw. y-Achse.

Daraus ergeben sich folgende drei Elastizitätsbedingungen:

$$\Delta x = (P_x\,J_x - P_y\,J_{xy} - M_0\,M_{sx})/EI,$$ (80)

$$\Delta y = (P_y\,J_y - P_x\,J_{yx} + M_0\,M_{sy})/EI,$$ (81)

$$0 = P_y\,M_{sy} - P_x\,M_{sx} + M_0\,L.$$ (82)

Aus der Gl. (82) ergibt sich

$$M_0 = P_x\,M_{sx}/L - P_y\,M_{sy}/L.$$ (83)

Wird für $M_{sx}/L = n$ und für $M_{sy}/L = m$ gesetzt, so ist

$$M_0 = P_x\,n - P_y\,m.$$ (84)

In den vorangehenden und noch folgenden Gleichungen dieses Abschnitts bedeuten

$E = $ Elastizitätsmodul (kg/cm²),

$I \; = $ Rohrträgheitsmoment (cm⁴).

$\int\limits_0^L y^2 \, \mathrm{d}s = J_x = $ Linienträgheitsmoment, bezogen auf die Achse x nach Abb. 5.02, in cm³ (nicht in cm⁴),

$\int\limits_0^L x^2 \, \mathrm{d}s = J_y = $ Linienträgheitsmoment, bezogen auf die Achse y nach Abb. 5.02, in cm³,

$\int\limits_0^L x \, y \, \mathrm{d}s = J_{y,x} = $ Linienfliehmoment, bezogen auf die Achsen y, x nach Abb. 5.02, in cm³,

$\int\limits_0^L y_0^2 \, \mathrm{d}s = A_x = $ Linienträgheitsmoment, bezogen auf die Schwerachse x_0 im Systemschwerpunkt, in cm³,

$\int\limits_0^L x_0^2 \, \mathrm{d}s = B_y = $ Linienträgheitsmoment, bezogen auf die Schwerachse y_0 im Systemschwerpunkt, in cm²,

$\int\limits_0^L x_0 \, y_0 \, \mathrm{d}s = C_{y,x} = $ Linienfliehmoment, bezogen auf die Schwerachsen y_0, x_0 im Systemschwerpunkt, in cm³,

$\Delta x = $ Verschiebung oder Abbiegung in Richtung der x-Achse (cm),

$\Delta y = $ Verschiebung oder Abbiegung in Richtung der y-Achse (cm),

$P_x \; = $ Kraftkomponente, wirksam in Richtung der x-Achse (kg),

$P_y \; = $ Kraftkomponente, wirksam in Richtung der y-Achse (kg),

$R_p \; = $ Resultierende zu den durch den Schwerpunkt des Rohrsystems gehenden Kraftkomponenten, bzw. Biegekraft, in kg.

$M_b \; = $ Biegemoment, in kg/cm.

$\sigma_b \; = $ Biegespannung im Rohrquerschnitt, in kg/cm².

$K \;\; = $ KÁRMÁN-Faktor ohne Dimension, zur Korrektur der Linienträgheits- und Fliehmomente, bezogen auf gebogene Rohrstrecken. Er bleibt bei Ermittlung des Systemschwerpunktes unberücksichtigt.

$R \;\; = $ Halbmesser des Rohrbogens, bzw. Biegungsradius, in cm,

$r_a \;\; = $ äußerer Rohrhalbmesser in cm,

$s \;\; = $ Wanddicke in cm.

Es kann gesetzt werden [s. vorstehende Gl. (83) und (84)]:
$M_{sx} = L \, n$ und $M_{sy} = L \, m$, ferner in bekannter Weise (s. Hütte),

$$A_x = J_x - L \, n^2, \quad B_y = J_y - L \, m^2, \quad C_{y,x} - L \, n \, m.$$

Damit wird

$$E \, I \, (\Delta x) = P_x \, J_x - P_y \, J_{xy} - P_x \, L n^2 + P_y \, L n \, m, \tag{85}$$

$$E \, I \, (\Delta y) = P_y \, J_y - P_x \, J_{xy} - P_y \, L m^2 + P_x \, L n \, m, \tag{86}$$

oder

$$E \, I \, (\Delta x) = P_x \, (J_x - L n^2) - P_y \, (J_{x,y} - L \, n \, m), \tag{87}$$

oder

$$E \, I \, (\Delta y) = P_y \, (J_y - L m^2) - P_x \, (J_{x,y} - L n m), \tag{88}$$

und

$$\Delta x = (P_x \, A_x - P_y \, C_{y,x})/E \, I, \tag{89}$$

sowie

$$\Delta y = (P_y \, B_y - P_x \, C_{y,x})/E \, I. \tag{90}$$

Aus den Elastizitätsgleichungen (89, 90) sind die Kräfte P_x und P_y durch Umstellung wie folgt zu finden:

$$P_x = (E\,I\,\Delta x + P_y\,C_{y,x})/A_x,\tag{91}$$

oder

$$P_x = -(E\,I\,\Delta y - P_y\,B_y)/C_{y,x}.\tag{92}$$

Es ist also

$$(E\,I\,\Delta x + P_y\,C_{y,x})/A_x = -(E\,I\,\Delta y - P_y\,B_y)/C_{y,x}.\tag{93}$$

Hieraus folgt

$$E\,I\,\Delta x\,C_{y,x} + P_y\,C_{y,x}^2 = -E\,I\,\Delta y\,A_x + P_y\,B_y\,A_x.\tag{94}$$

Also wird

$$P_y = E\,I\,(\Delta x\,C_{y,x} + \Delta y\,A_x)/(A_x\,B_y - C_{y,x}^2).\tag{95}$$

In gleicher Weise wird

$$P_x = E\,I\,(\Delta y\,C_{y,x} + \Delta x\,B_y)/(A_x\,B_y - C_{y,x}^2).\tag{96}$$

Die beiden Kraftkomponenten (P_x, P_y) ergeben die im Schwerpunkt des Rohrsystems wirkende Kraft

$$R_p = \sqrt{P_x^2 + P_y^2}.\tag{97}$$

5.11 Kármán-Zahl

Die gebogenen Teile eines Rohrsystems sind in ihrem Querschnitt durch den Biegevorgang etwas oval gedrückt, also nicht mehr kreisrund. Eine weitere Abplattung des Querschnitts tritt ein, wenn durch die Erwärmung der Rohrwand Biegekräfte ausgelöst werden. Damit ändert sich das Rohrwiderstandsmoment. Hinzu kommt, daß die Rohrwanddicke auf der Seite, die beim Biegen gezogen wird, eine Schwächung erfährt. Die damit verbundene bessere Elastizität einer Biegung wird für die Festigkeitsberechnung durch ideelle Vergrößerung der Bogenlänge mit Hilfe des KÁRMÁN-Faktors (K) als Maßstab erfaßt.

Der Faktor K ergibt sich nach KÁRMÁN zu

$$K = (12\lambda^2 + 1)/(12\lambda^2 + 10).\tag{98}$$

Seine Größe kann einer Korrekturkurve (Abb. 5.04) entnommen werden.

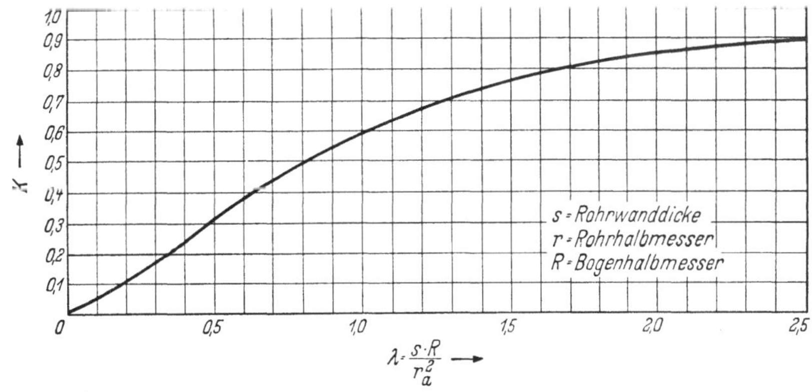

Abb. 5.04. KÁRMÁN-Faktor [40]. (Der Rohrhalbmesser r bezieht sich auf den äußeren Rohrdurchmesser.)

5.12 Schwerpunktbestimmung eines Rohrsystems

Die Lage des Systemschwerpunktes ist in bekannter Weise nach den Regeln der Mechanik festzustellen. Die Rohrstrecke wird in gerade Linien und Kreisbogen aufgeteilt. Dann wird der zu den einzelnen Gliedern gehörende Teilschwerpunkt ermittelt. Eine gerade Linie hat ihren Schwerpunkt in der Mitte. Der Kreisbogen hat seinen Schwerpunkt auf der Halbierenden seines Zentriwinkels. Für den Halbkreis beträgt sein Abstand vom Mittelpunkt $0{,}637\,R$. In der „Hütte" sind diesbezügliche weitere Angaben zu finden. Bezogen auf die Achsen x und y (Abb. 5.02) ist

$$m = (l_1\,x_1 + l_2\,x_2 + l_3\,x_3 + \cdots)/(l_1 + l_2 + l_3 + \cdots) = \sum (l\,x)/\sum l, \qquad (99)$$

$$n = (l_1\,y_1 + l_2\,y_2 + l_3\,y_3 + \cdots)/(l_1 + l_2 + l_3 + \cdots) = \sum (l\,y)/\sum l. \qquad (100)$$

Dabei ist der Abstand zwischen dem Teilschwerpunkt S_1 und der Bezugsachse x bzw. y gleich x_1 bzw. y_1, bei S_2 gleich x_2 bzw. y_2, usw. Die Schwerpunktlage wird mit den *wirklichen* Längen berechnet.

5.13 Linienträgheits- und Fliehmomente eines ebenen Rohrsystems bezogen auf seine Schwerachsen x_0 und y_0

Zunächst sind die Linienträgheitsmomente $(A_{1,2}\ldots B_{1,2}\ldots)$ und das Fliehmoment $(C_{1,2}\ldots)$, bezogen auf die *Glieder*-Schwerachsen, zu bestimmen. Dabei gilt für die gebogenen Glieder des Rohrsystems nicht ihre wirkliche sondern eine ideelle Länge, die der wirklichen Bogenlänge, dividiert durch den KÁRMÁN-Faktor K (s. Abschn. 5.11) entspricht. Diese Teillinienträgheitsmomente und das zugehörende Linienfliehmoment (Abb. 5.02) werden auf die Systemschwerachsen x_0 und y_0 übertragen.

Damit ergeben sich die Rohrsystemträgheitsmomente:

$$A_x = (A_1 + l_1\,y_1'^2) + (A_2 + l_2\,y_2'^2) + (A_3 + l_3\,y_3'^2) + \cdots, \qquad (101)$$

$$B_y = (B_1 + l_1\,x_1'^2) + (B_2 + l_2\,x_2'^2) + (B_2 + l_3\,x_3'^2) + \cdots \qquad (102)$$

und das Rohrsystemfliehmoment:

$$C_{y,x} = (C_1 + l_1\,x_1'\,y_1') + (C_2 + l_2\,x_2'\,y_2') + (C_3 + l_3\,x_3'\,y_3') + \cdots. \qquad (103)$$

Die Abstände $x_{1,2,3}'\ldots$ und $y_{1,2,3}'\ldots$ zwischen den Glieder- und Systemschwerachsen werden positiv oder auch negativ eingesetzt, das hat aber nur für das Flieh-

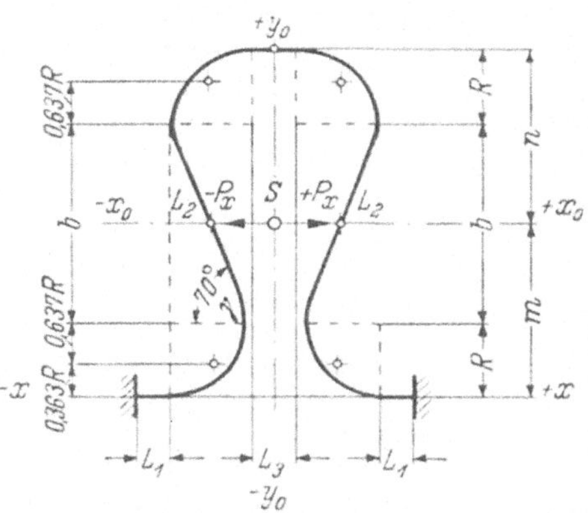

Abb. 5.05. Symmetrisch gestalteter Lyrakompensator [43]. Infolge der symmetrischen Form treten in Richtung der y_0-Achse keine Kräfte auf, weil sich die Schenkel gleichmäßig dehnen. Es wird $B = 0$ und $C = 0$, und damit $P_x = \varDelta_x\,EI/A_{x_0}$

$$\varDelta_x = \sigma_{b\,\mathrm{zul.}} \cdot A_{x_0}/(n\,E\,r_a).$$

Wenn $L_1 = L_3/2$ ist $m = n$. Linienträgheitmoment:

$$A_{x_0} = 2\,[L_1(R + b/2)^2 + L_2^3/12 \cdot \sin^2\gamma] + L_3(R + b/2)^2$$
$$+ 4\,[0.148\,R^3/k + 1{,}57\,R/k\,(b/2 + 0{,}637\,R)^2]$$

moment Bedeutung, was zu beachten ist. Das Fliehmoment irgend eines Gliedes oder eines Systems erhält also entweder Plus- oder Minus-Vorzeichen.

Ist ein Rohrsystem symmetrisch, beispielsweise wie das eines Lyra-Kompensators (Abb. 5.05 und Abb. 8.01), dann dehnen sich die Schenkel in Richtung der y-Achse gleichmäßig aus. Dabei entstehen keine Biegespannungen, wenn die Dehnung von außen her nicht gehemmt wird. Die y_0-Achse ist hier Symmetrieachse und Schwerachse. Das auf sie bezogene Trägheitsmoment B_y und das Fliehmoment $C_{y,x}$ werden dann Null.

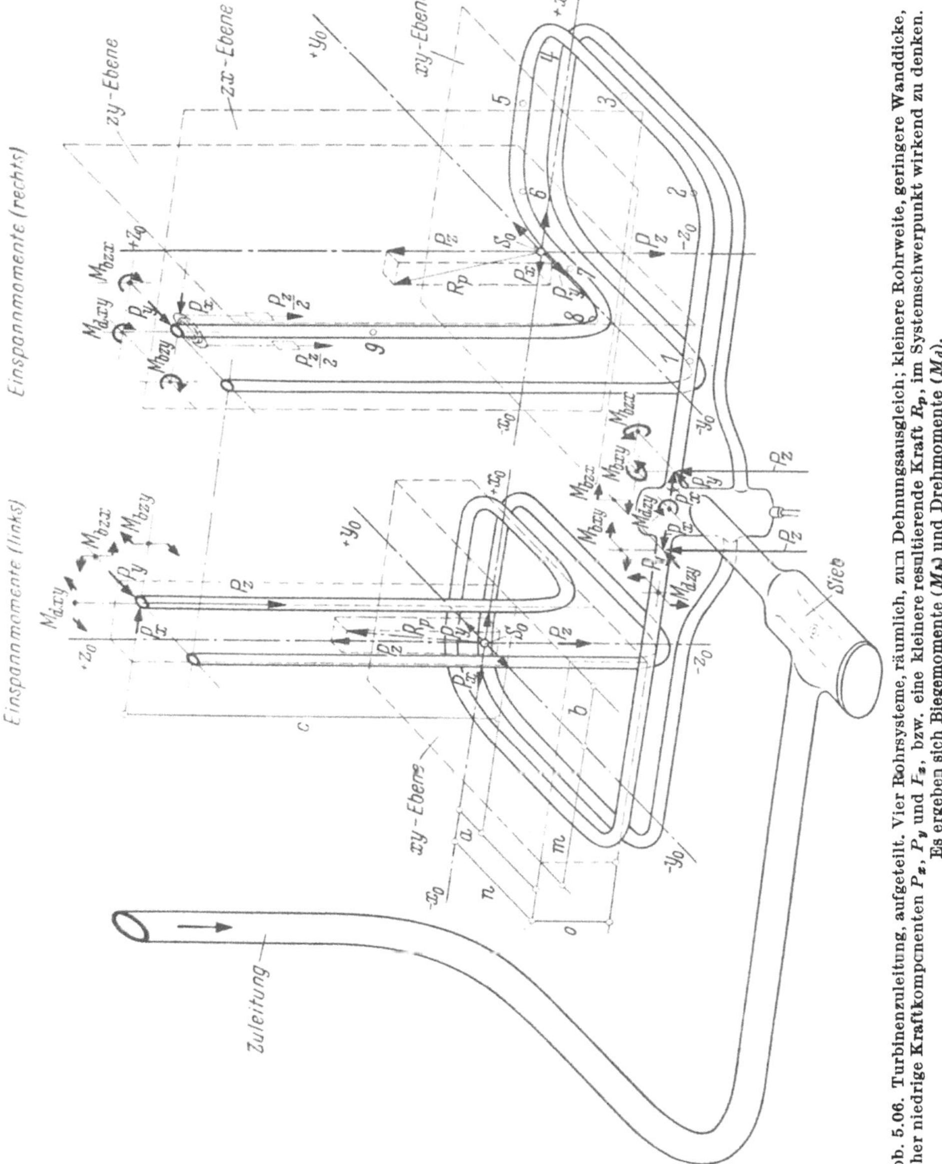

Abb. 5.06. Turbinenzuleitung, aufgeteilt. Vier Rohrsysteme, räumlich, zum Dehnungsausgleich; kleinere Rohrweite, geringere Wanddicke, daher niedrige Kraftkomponenten P_z, P_y und F_z, bzw. eine kleinere resultierende Kraft R_p, im Systemschwerpunkt wirkend zu denken. Es ergeben sich Biegemomente (M_b) und Drehmomente (M_d).

5.2 Biege- und Verdrehungsspannungen in räumlichen Rohrsystemen

Das räumliche Rohrsystem weist 3 Ebenen auf (Abb. 5.06).

Im Systemschwerpunkt (S_0) greifen die Kraftkomponenten P_x, P_y und P_z an. Dehnungen treten in den Richtungen x, y und z auf.

In jeder Ebene sind zwei Komponenten gleichzeitig wirksam, in der x, y-Ebene sind dies die Komponenten P_x und P_y, in der x, z-Ebene P_x und P_z, und in der y, z-Ebene P_y und P_z.

Zu jeder Ebene gehört ein Moment (M_0), damit Gleichgewicht besteht.

5.21 Berechnungsvorgang

Abb. 5.06 zeigt vier gleichartige Rohrsysteme. Für die Durchführung der Berechnung eines jeden sind seine Rohrenden fest eingespannt zu denken. Die gestreckte Länge (L) des Rohrsystems ist so aufgeteilt, daß fünf gerade und vier gebogene Teillängen (Abb. 5.013) vorliegen.

Zuerst ist die Lage der Teilschwerpunkte S_1 bis S_9, und dann sind deren Glieder-Schwerachsen festzulegen. Damit ergibt sich die Lage des Systemschwerpunktes entsprechend Abschn. 5.12 mit den Hauptschwerachsen-Abständen m, n und o von den Bezugsachsen x, y und z zu den Schwerachsen x_0, y_0 und z_0.

Für jede der drei Ebenen eines räumlichen Rohrsystems sind nun dessen Glieder-Linienträgheitsmomente und das dazugehörende Linienfliehmoment, bezogen auf ihre Glieder-Schwerachsen getrennt zu berechnen. Sie sind dann auf die durch den Systemschwerpunkt gelegten Achsen x_0, y_0 und z_0 zu übertragen (s. Abschn. 5.13). Der KÁRMÁN-Faktor (K) ist dabei nur für Bogenstücke zu verwenden, bei denen eine Querschnittsverformung (s. Abb. 5.07) zu erwarten ist, sonst nicht.

Glieder, die Verdrehungen durch die Kraftkomponenten erfahren, erhalten zur Korrektur ihrer Länge einen Beiwert, der die Torsionssteifigkeit in ein lineares Äquivalent verwandelt.

Der Rohrquerschnitt hat das polare Trägheitsmoment

$$I_p = 2I \quad \text{in cm}^4, \tag{104}$$

Der Schubmodul G hat, wenn für μ der Wert 0,3 eingeführt wird, die Größe

$$G = E/2\,(1 + 0,3) \quad \text{in kg/cm}^2. \tag{105}$$

Damit wird nach der Torsionsgleichung der Verdrehungswinkel

$$\psi = M_t\,l/I_p\,G = (M_t\,l/E\,I)\,1{,}3. \tag{106}$$

Mit dem Beiwert 1,3 werden die wirklichen geraden Längen der Glieder, die Verdrehungen erhalten, multipliziert, um deren ideelle Teillänge zu erhalten. Die Verdrehung erhöht die Elastizität des räumlichen Rohrsystems.

In der Biegung wird durch die senkrecht zur Biegeebene wirkende Komponente etwa die halbe Bogenlänge verdreht. Die ideelle Länge für einen Rohrbogen von 90°, der senkrecht zur Biegeebene belastet wird, ist $l' = 1{,}8\,R$. Sie ist das Produkt aus der wirklichen Bogenlänge gleich $1{,}57\,R$, multipliziert mit dem Beiwert 1,15.

Für die drei Ebenen eines räumlichen Rohrsystems (Abb. 5.06) gelten die Zeiger I, II und III. Es ist

$$\Delta x = \left[P_x\left(\int_0^L y_{\mathrm{I}}^2\, \mathrm{d}s + \int_0^L z_{\mathrm{II}}^2\, \mathrm{d}s \right) - P_y \int_0^L x_{\mathrm{I}} y_{\mathrm{I}}\, \mathrm{d}s - P_z \int_0^L x_{\mathrm{II}} z_{\mathrm{II}}\, \mathrm{d}s \right] \Big/ EI \qquad (107)$$

oder

$$= [P_x(A_{\mathrm{I}} + D_{\mathrm{II}}) - P_y C_{\mathrm{I}} - P_z E_{\mathrm{II}}]/EI,$$

$$\Delta y = \left[P_y\left(\int_0^L x_{\mathrm{I}}^2\, \mathrm{d}s + \int_0^L z_{\mathrm{III}}^2\, \mathrm{d}s \right) - P_x \int_0^L x_{\mathrm{I}} y_{\mathrm{I}}\, \mathrm{d}s - P_z \int_0^L z_{\mathrm{III}} y_{\mathrm{III}}\, \mathrm{d}s \right] \Big/ EI \qquad (108)$$

oder

$$= [P_y(B_{\mathrm{I}} + D_{\mathrm{III}}) - P_x C_{\mathrm{I}} - P_z F_{\mathrm{III}}]/EI,$$

$$\Delta z = \left[P_z\left(\int_0^L x_{\mathrm{II}}^2\, \mathrm{d}s + \int_0^L y_{\mathrm{III}}^2\, \mathrm{d}s \right) - P_x \int_0^L x_{\mathrm{II}} z_{\mathrm{II}}\, \mathrm{d}s - P_y \int_0^L y_{\mathrm{III}} z_{\mathrm{III}}\, \mathrm{d}s \right] \Big/ EI \qquad (109)$$

oder

$$= [P_z(B_{\mathrm{II}} + A_{\mathrm{III}}) - P_x E_{\mathrm{II}} - P_y F_{\mathrm{III}}]/EI.$$

Die Gln. (107 bis 109) werden wie folgt geordnet:

$$+ (A_{\mathrm{I}} + D_{\mathrm{II}})\, P_x - (C_{\mathrm{I}}\, P_y) - (E_{\mathrm{II}}\, P_z) = \Delta x\, E I, \qquad (110)$$

$$- (C_{\mathrm{I}}\, P_x) + (B_{\mathrm{I}} + D_{\mathrm{III}})\, P_y - (F_{\mathrm{III}}\, P_z) = \Delta y\, E I, \qquad (111)$$

$$- (E_{\mathrm{II}}\, P_x) - (F_{\mathrm{III}}\, P_y) + (B_{\mathrm{II}} + A_{\mathrm{III}})\, P_z = \Delta z\, E I. \qquad (112)$$

Wie sich aus den Gln. (110 bis 112) die Größe der Kraftkomponenten P_x, P_y und P_z ergibt, wird an einem Beispiel (Abschn. 5.52) gezeigt.

Die Werte Δx, Δy und Δz stellen die Summe aller Abbiegungen in Richtung der x- bzw. y- bzw. z-Achse dar. Die Größe der Abbiegungen ist abhängig von der Elastizität der einzelnen Glieder.

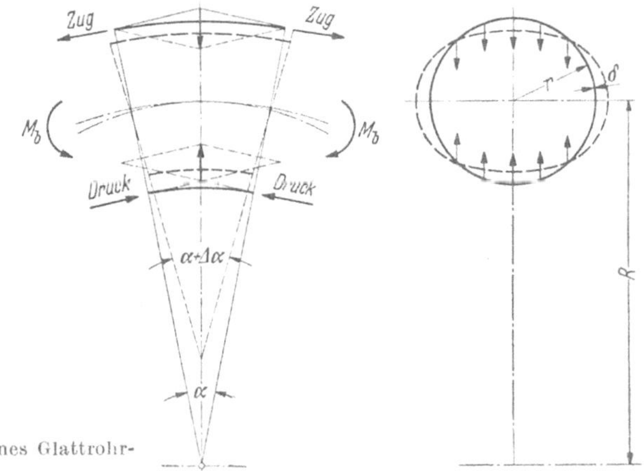

Abb. 5.07. Verformung im Querschnitt eines Glattrohrbogens [44]

5.3 Abbiegungen der einzelnen Glieder eines Rohrsystems

Die Durchbiegung eines Balkenpunktes wird bestimmt, indem dieser gedanklich mit der Momentenfläche belastet wird [47]. Das zweite Moment wird mit dem Wert $1/EI$ multipliziert.

5.31 Abbiegung eines parallel zur Bezugsachse liegenden geraden Rohrschenkels (Linienträgheits- und Fliehmomente)

Ein gerades Rohr mit gleichbleibendem Querschnitt kann als ein Träger angesehen werden, dessen Achse als Linie mit dem Eigengewicht belastet zu denken ist. Dann ist $q = $ const.

Für diesen Fall ist die Querkraft des gleichmäßig belasteten gewichtslosen Stabes

$$Q_x = \int\limits_0^x q_x \, dx = q\,x \quad \text{in kg} \tag{113}$$

und

$$Q_l = q\,l = P \quad \text{in kg.} \tag{114}$$

Das Biegemoment ist

$$M_{b_x} = \int\limits_0^x q\,x \, dx = q\,x^2/2 \quad \text{in kgm} \tag{115}$$

und

$$M_{b_l} = q\,l^2/2 = P\,l/2 \quad \text{in kgm.} \tag{116}$$

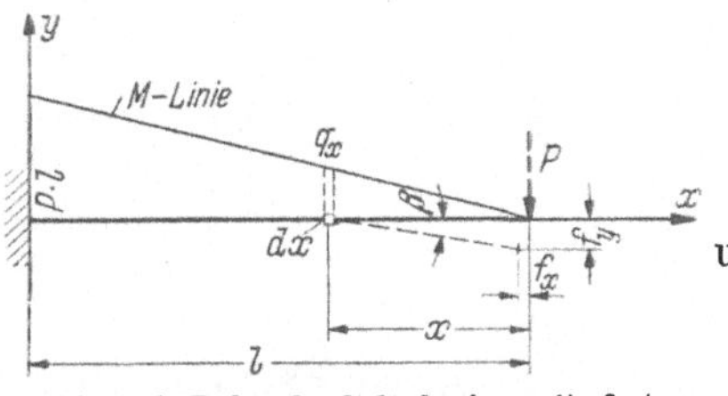

Abb. 5.08. Rohrschenkel, als einerseits fest eingespannter Stab
P Belastung am freien Stabende; $d\,x$ kleines Stabstück; β Winkeländerung bei $d\,x$; f_y, f_x Abbiegungen

Die geraden Rohrschenkel des zu berechnenden Rohrsystems werden als einseitig fest eingespannte Stabträger angesehen. Dann ist nach Abb. 5.08, gemäß der Differentialgleichung der elastischen Linie, die es ermöglicht die Federung f_y zu berechnen,

$$d^2 y/d\,x^2 = M_b/E\,I = P\,x/E\,I, \tag{117}$$

$$d\,y/d\,x = \tan\beta, \tag{118}$$

$$\beta \text{ rd.}\ \frac{P}{E\,I}\int\limits_0^x (x)\,d\,x = \frac{P}{E\,I}\,(x^2/2), \tag{119}$$

Nach Abb. 5.08 ist mit $x = l$, die Momentenfläche $= P\,l^2/2$ (120)
Die Durchbiegung mit der Kraft P am freien Stabende ist nach Mohr

$$f_y = \frac{P}{E\,I}\,\frac{l^2}{2}\,\frac{2\,l}{3} = \frac{|P\,l^3}{3}. \tag{121}$$

Darin ist $2\,l/3$ der Schwerpunktabstand der mit $1/E\,I$ multiplizierten Momentenfläche von der Einspannstelle.

In Gl. (121) ist der Ausdruck $l^3/3$ gleich dem Linienträgheitsmoment des Stabes bezogen auf die Achse in Kraftrichtung, also der senkrecht zur Stabachse liegenden Bezugsachse.

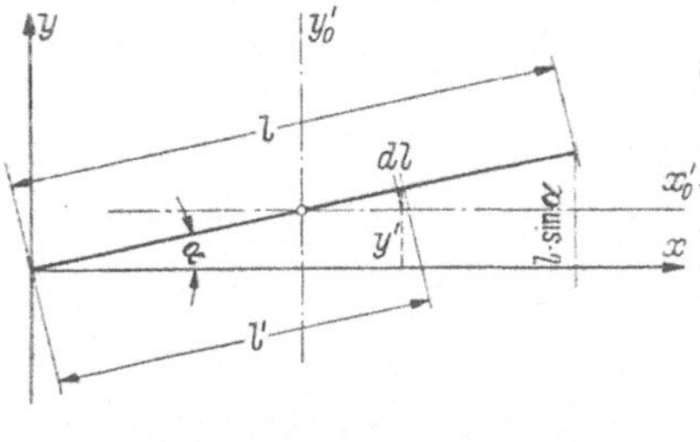

Bezogen auf die parallel dazu liegende Achse im Gliederschwerpunkt Mitte Stablänge, ergibt sich durch Reduktion das Linienträgheitsmoment des Stabes zu

$$B' = l^3/3 - l^3/4 = l^3/12. \tag{122}$$

Das Linienträgheitsmoment bezogen auf die Stabachse ist Null, ebenso das Linienzentrifugal- oder Fliehmoment, denn die Stabachse ist Symmetrieachse.

Abb. 5.09. Rohrschenkel, Schräglage
x, y Bezugsachsen für die Schwerpunktsbestimmung; x_0', y_0' Achsen, die den Gliederschwerpunkt kreuzen; dl kleines Stabstück; y' Abstand zwischen dl und Bezugsachse x

5.32 Abbiegung eines schräg zur Bezugsachse liegenden geraden Rohrschenkels (Linienträgheits- und Fliehmomente)

Liegt der Rohrschenkel schräg zum Achsenkreuz (Abb. 5.09), so ist sein Linien-Trägheitsmoment bezogen auf seine Schwerachse x_0'

$$A_0' = (l^3/12)\,\sin^2\alpha. \tag{123}$$

und das, bezogen auf seine Schwerachse y_0'

$$B' = (l^3/12)\,\cos^2\alpha, \tag{124}$$

Sein Linienfliehmoment, bezogen auf seine beiden Schwerachsen, ist

$$C_0' = (l^3/12)\,\sin\alpha\,\cos\alpha. \tag{125}$$

5.33 Abbiegung der Rohrbogen

Ein Rohrbogen entspricht einem gekrümmten Stab [46]. Jedes seiner kleinen Bogenstücke (ds) erhält durch die Kraftkomponente (P) eine, der Winkeländerung (dβ) entsprechende Abbiegung (s. Abb. 5.010). Die Länge des kleinen Bogenstückes (ds) ist $R\,\mathrm{d}\varphi$.

Die Kraftkomponente P sucht dieses kleine Bogenstück (ds) mit dem Hebel $y' = R\sin\varphi$ zu verbiegen. Es liegt also ein Biegungsmoment vor von

$$M_b = P\,y' = P\,R\,\sin\varphi \quad \text{in kgm.} \tag{126}$$

Hieraus ergibt sich eine Winkeldrehung des kleinen Bogenstücks (ds) von

$$\mathrm{d}\beta = M_b\,\mathrm{d}s/E\,I. \tag{127}$$

Damit verschiebt sich das freie Ende des Bogens in Richtung P, und zwar um

$$\mathrm{d}x = y'\,\mathrm{d}\beta = M_b\,y'\,\mathrm{d}s/E\,I. \tag{128}$$

Für den ganzen Rohrbogen folgt

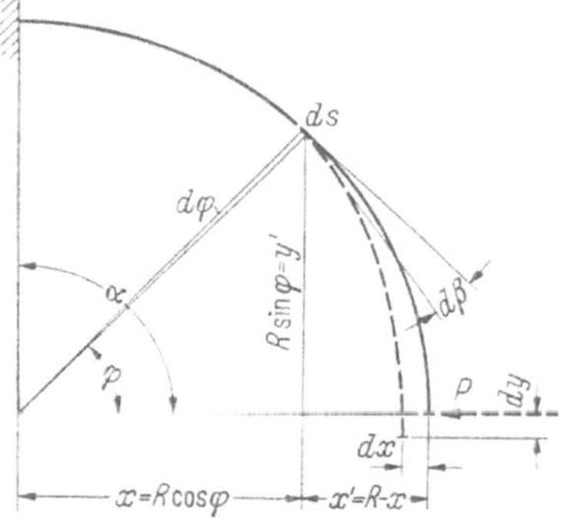

Abb. 5.010. Rohrbogen, 90°
ds kleines Bogenstück; y' Hebelarm für die am freien Bogenende wirkende Kraft P; dβ Winkeländerung unter Einfluß des Biegungsmoments aus $P\,y'$; dx, dy Abbiegungen

$$\int_0^l \mathrm{d}x = \Delta x = (P/EI)\int_0^l (y')^2\,\mathrm{d}s. \tag{129}$$

Das freie Bogenende verschiebt sich aber auch senkrecht zur Richtung P um

$$\mathrm{d}y = x'\,\mathrm{d}\beta = M_b\,(R - x)\,\mathrm{d}s/E\,I. \tag{130}$$

Hieraus folgt für den ganzen Rohrbogen

$$\int_0^l \mathrm{d}y = \Delta y = (P/EI)\int_0^l (R - x)\,y'\,\mathrm{d}s. \tag{131}$$

Das erste Integral, Gl. (129), hat die Form eines Linienträgheitsmoments des Rohrbogens, das zweite, Gl. (131), die eines Fliehmoments, bezogen auf das Achsenkreuz im Angriffspunkt der Kraft P.

5.331 Abbiegung der Rohrbogen von 90° und kleiner. Wie Abb. 5.011 zeigt, wirken auf das freie Rohrbogenende die Kraftkomponenten P_x und P_y.

Um deren Größe zu bestimmen, müssen die Abbiegungen Δx und Δy bekannt sein.

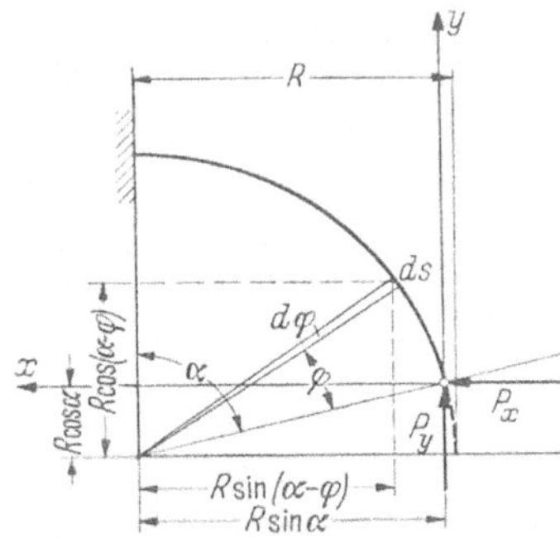

Abb. 5.011. Rohrbogen, kleiner als 90°
P_x, P_y Kraftkomponenten am freien Bogenende

Die Abbiegungen Δx und Δy durch die Kraftkomponenten, die im Systemschwerpunkt (Abb. 5.02) angreifen und die abhängig sind vom Elastizitätsmodul (E) des Rohrwerkstoffes und vom Rohrträgheitsmoment (I) sowie von der Größe der Systemlinienträgheitsmomente und von dem dazugehörenden Linienfliehmoment, entsprechen den Dehnungen des Rohrsystems in Richtung der Schwerpunktachsen x_0 und y_0.

Es ist hier (Abb. 5.011)

$$\mathrm{d}s = R\,\mathrm{d}\varphi;$$
$$y' = R\,[\cos(\alpha - \varphi) - \cos\alpha];$$
$$x' = R\,[\sin\alpha - \sin(\alpha - \varphi)].$$

Zur Bestimmung von Δx für ein Rohrbogenstück von 90° und kleiner, mit dem Achsenkreuz x, y im Angriffspunkt der Kräfte, ist das Linienträgheitsmoment zu P_x

$$J_x = R^3\,[\alpha\,(0{,}5 + \cos^2\alpha) - 1{,}5\sin\alpha\cos\alpha], \tag{132}$$

und das Fliehmoment

$$J_{x,y} = R^3\,[0{,}5\sin^2\alpha - \alpha\sin\alpha\cos\alpha + \cos\alpha - \cos^2\alpha]. \tag{133}$$

Das Linienträgheitsmoment zu P_y ergibt sich zu

$$J_y = R^3\,[1{,}5\sin^2\alpha - \alpha\sin\alpha\cos\alpha + \cos\alpha - 1] \tag{134}$$

und das Fliehmoment zu

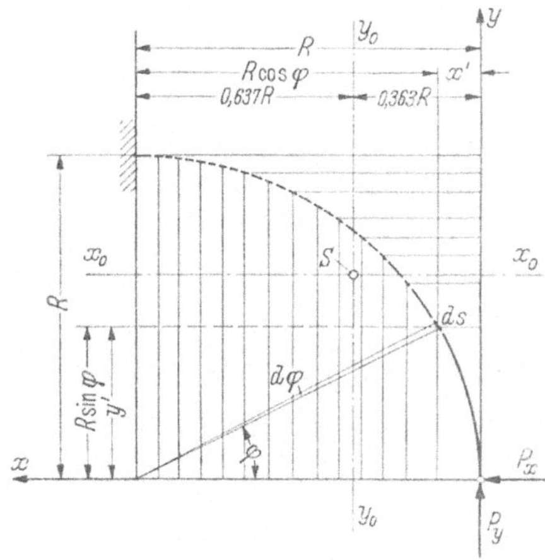

Abb. 5.012. Rohrbogen, 90°
ds kleines Bogenstück; y', x' Abstand zwischen ds und den Bezugsachsen x, y, in deren Richtung die Kraftkomponenten P_x, P_y wirken

$$J_{y,x} = R^3\,[\alpha\,(0{,}5 + \sin^2\alpha) + 1{,}5\sin\alpha\cos\alpha - 2\sin\alpha]. \tag{135}$$

5.332 Linienträgheits- und Fliehmomente der Rohrbogen von 90°. Die Linienträgheitsmomente und das Fliehmoment für ein Bogenstück von 90° (Abb. 5.012) betragen, bezogen auf das Achsenkreuz x, y im Angriffspunkt der Kräfte:

$$J_x = \int_0^l (y')^2\,\mathrm{d}s = R^3\!\int_0^{\pi/2} \sin^2\varphi\,\mathrm{d}\varphi = 0{,}785\,R^3, \tag{136}$$

$$J_y = \int_0^l (x')^2\,\mathrm{d}s = R^3\!\int_0^{\pi/2} (1 - \cos\varphi)^2\,\mathrm{d}\varphi = 0{,}355\,R^3, \tag{137}$$

und

$$J_{x,y} = \int_0^l (x')(y')\,\mathrm{d}s = R^3 \int_0^{\pi/2} (1 - \cos\varphi)(\sin\varphi)\,\mathrm{d}\varphi = 0{,}5\,R^3. \qquad (138)$$

Bezogen auf das Achsenkreuz im Gliederschwerpunkt (S) betragen sie durch Reduktion von den Bezugsachsen x, y auf die Schwerachsen x_0, y_0:

$$A'_x = 0{,}785\,R^3 - 1{,}57\,R\,(0{,}637\,R)^2 = 0{,}148\,R^3 \qquad (139)$$

$$B'_y = 0{,}355\,R^3 - 1{,}57\,R\,(0{,}363\,R)^2 = 0{,}148\,R^3 \qquad (140)$$

und

$$C'_{x,y} = 0{,}5\,R^3 - 1{,}57\,R\,(0{,}363\,R)\,(0{,}637\,R) = 0{,}137\,R^3. \qquad (141)$$

Bei einem KÁRMÁN-Faktor < 1 werden $A'_x = B'_y = 0{,}148\,R^3/K$ und $C'_{x,y} = 0{,}137\,R^3/K$

5.4 Beispiel zur Berechnung ebener Rohrsysteme
(Abb. 5.02)

Äußerer Rohrdurchmesser 89 mm, Wanddicke 8 mm, Biegungsradius einheitlich 0,45 m, Dampftemperatur 565 °C, Werkstoff: Austenitstahl mit einer Wärmeausdehnung zwischen 20 und 565 °C von 18,3 in 10^{-6}m/m °C, $E_{565\,°C} = 16\,600$ kg/mm², $I = 168{,}5$ cm⁴. Rohranschlüsse sind fest eingespannt zu denken. Eine Vorspannung des Rohrsystems ist nicht zu berücksichtigen.

Anwärmtemperatur zwischen 0 und 565 °C. Dehnung je Meter Rohrlänge ist dabei $18{,}3 \cdot 10^{-6} \cdot 565$ °C $= 0{,}01034$ m oder 1,034 cm.

KÁRMÁN-Faktor:

$$\lambda_K = s\,R/r_m^2 = 8 \cdot 450/40{,}5^2 = 2{,}2 \qquad (142)$$

Damit ergibt sich

$$K = (12\lambda_k^2 + 1)/(12\lambda_k^2 + 10) = 59/68 = 0{,}87 \quad \text{(ohne Dimension)} \qquad (143)$$

Dieser Wert kann auch aus Abb. 5.04 entnommen werden.

5.41 Schwerpunktsabstände

Zu berechnen sind die Schwerachsenabstände n und m (Abb. 5.02). Das Rohrsystem hat 8 Glieder. Berechnungsgang gemäß Abschn. 5.12.

Tabelle 5.I

Nr.	l	x	y	$l\,x$	$l\,y$
1	1,9800	1,440	0	2,8500	0
2	0,7065	0,163	0,163	0,1151	0,1151
3	1,1000	0	1	0	1,1000
4	0,7065	0,163	1,836	0,1151	1,2980
5	0,7500	0,825	2,000	0,6187	1,5000
6	0,7065	1,486	1,836	1,0500	1,2980
7	0,5000	1,650	1,300	0,8250	0,6500
8	0,7065	1,813	0,763	1,2810	0,5390
	$\Sigma\ 7{,}1560 = L$			$\Sigma\ 6{,}8549$	$\Sigma\ 6{,}5001$

Schwerpunktsabstand $m = \sum l\,x/L = 6{,}8549/7{,}156 = 0{,}96$ m.
Schwerpunktsabstand $n = \sum l\,y/L = 6{,}5001/7{,}156 = 0{,}91$ m.

Tabelle 5.II

Nr.	l	x	y	A_0'	$l y^2$	B_0'	$l x^2$	C_0'	$l x y$
1	1,980	$-0,480$	$-0,910$	—	1,638	0,6470	0,455	—	$+0,864$
2	0,812	$+0,797$	$-0,747$	0,0155	0,453	0,0155	0,516	$-0,0144$	$-0,485$
3	1,100	$+0,960$	$+0,090$	0,1110	0,009	—	1,015	—	$+0,0950$
4	0,812	$+0,797$	$+0,926$	0,0155	0,696	0,0155	0,516	$+0,0144$	$+0,6000$
5	0,750	$+0,135$	$+1,090$	—	0,890	0,0350	0,01365	—	$+0,111$
6	0,812	$-0,526$	$+0,926$	0,0155	0,696	0,0155	0,2442	$-0,0144$	$-0,3960$
7	0,500	$-0,690$	$+0,390$	0,0104	0,076	—	0,238	—	$-0,1350$
8	0,812	$-0,853$	$-0,147$	0,0155	0,017	0,0155	0,590	$+0,0144$	$+0,1020$
				$\overline{0,184}$	$\overline{4,475}$	$\overline{0,744}$	$\overline{3,588}$	$\overline{-0,0288}$	$\overline{+1,772}$
					$+0,184$		$+0,744$	$+0,0288$	$-1,016$
					$A_0 = 4,659\ \mathrm{m^3}$		$B_0 = 4,332\ \mathrm{m^3}$		$C_0 = +0,756\ \mathrm{m^3}$

5.42 Trägheitsmomente und Fliehmoment, bezogen auf das Achsenkreuz im Systemschwerpunkt

Für die Rohrbogen ergibt sich mit dem KÁRMÁN-Faktor $K = 0,87$, *bezogen auf das Gliederachsenkreuz,* nach Abschn. 5.332, Gln. (139···141):

$$A_0' = 0,148 \cdot 0,45^3/0,87 = 0,0155\ \mathrm{m^3},$$

$$B_0' = 0,148 \cdot 0,45^3/0,87 = 0,0155\ \mathrm{m^3}$$

und

$$C_0' = 0,137 \cdot 0,45^3/0,87 = 0,0144\ \mathrm{m^3}.$$

Die Berechnung der Systemträgheitsmomente, *bezogen auf die* durch den *Systemschwerpunkt* gehenden *Achsen,* ergibt nach Tab. 5.II:

$$A_0 = 4,659\ \mathrm{m^3}; \quad B_0 = 4,332\ \mathrm{m^3}; \quad C_0 = +0,756\ \mathrm{m^3}.$$

5.43 Ermittlung der Größe der Kraftkomponenten

Mit A_0, B_0 und C_0 ergibt sich die Kraftkomponente in Richtung der x_0-Achse nach Gl. (96) zu

$$P_x = E\,I\,\frac{(\varDelta_x B_0 + \varDelta_y C_0)}{A_0 B_0 - C_0^2}, \qquad (144)$$

$$P_x = 1,66 \cdot 168,5\,\frac{(0,34 \cdot 4,332 + 0,62 \cdot 0,756)}{(4,659 \cdot 4,332 - 0,756^2)}$$

$$= \frac{542}{19,63} = 27,6\ \mathrm{kg}$$

und in Richtung der y_0-Achse nach Gl. (95) zu

$$P_y = E\,I\,\frac{(\varDelta_y A_0 + \varDelta_x C_0)}{A_0 B_0 - C_0^2}, \qquad (145)$$

$$P_y = 1,66 \cdot 168,5\,\frac{0,62 \cdot 4,659 + 0,34 \cdot 0,756}{4,659 \cdot 4,332 - 0,756^3}$$

$$= 44,2\ \mathrm{kg}.$$

Es ist dabei nach Abschn. 5 (Tab. 3.VII):

$$\varDelta_x = 18,3 \cdot 10^{-6} \cdot 565 \cdot 0,33 = 0,0034\ \mathrm{m} = 0,34\ \mathrm{cm}.$$

$$\varDelta_y = 18,3 \cdot 10^{-6} \cdot 565 \cdot 0,6 = 0,0062\ \mathrm{m} = 0,62\ \mathrm{cm}.$$

5.5 Berücksichtigung der dritten Kraftkomponente bei räumlichen Rohrsystemen

Die Abbiegungen der einzelnen Glieder eines räumlichen Rohrsystems (s. Abb. 5.013) sind zu bestimmen, indem die Wirkung einer jeden Kraftkomponente in den drei Ebenen xy, xz und yz an Hand der Abb. 5.014 bis 5.016 verfolgt wird.

Die Abbiegungen werden ideell durch starre Hebel (vektoriell), ausgehend von einer Mittelkraft R_p, die in die Kraftkomponenten P_x, P_y und P_z zerlegt ist, hervorgerufen. Die Mittelkraft R_p muß durch den Systemschwerpunkt gehen.

Jede der drei Kraftkomponenten hat einen bestimmten Einfluß auf irgendeinen Querschnitt längs der Rohrleitung.

Ein Beispiel für die dabei auftretenden Momente zeigt Abb. 5.017.

Das kleine Rohrstück (ds) der geraden Länge (Glied 9) in Abb. 5.017 erhält eine Abbiegung in den Ebenen zx und zy, sowie eine Verdrehung in der Ebene xy (s. Abb. 5.014 und 5.015).

Durch die Längenänderungen bei der Inbetriebsetzung der Rohrleitung drückt Glied 9 das Glied 7, dieses das Glied 5, weiter das Glied 3 und schließlich das Glied 1 nach unten, auch die die Rohrschenkel verbindenden Bogen.

Der Rohrquerschnitt der Schenkel und der der Bogen in einem räumlichen Rohrsystem wird demnach ganz anders beansprucht als der ebener Rohrsysteme, weil in räumlichen Systemen eine Überlagerung von Biege- und Drehmomenten auftritt.

In räumlichen Rohrsystemen ist zur Ermittlung der Abbiegungen jedes Glied sowohl in der Biegeebene als auch senkrecht zu dieser mit der Momenten-Fläche belastet zu denken (Abb. 5.014 bis 5.016). Es wird so verfahren, wie es in den Abschn. 5.2 und 5.3 erläutert wurde und dort formelmäßig belegt ist.

Wird der Bogen 6 (Abb. 5.017) herausgeschnitten und in Gedanken in seinem Schwerpunkt (Abb. 5.018) unverrückbar festgehalten, so ergeben sich durch die

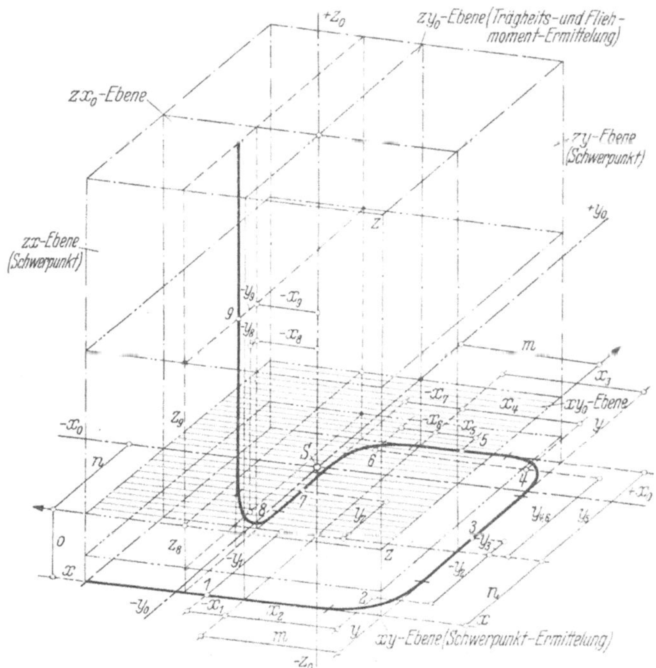

Abb. 5.013. Rohrsystem, räumlich

Ziffern $1 \ldots 9$ Gliederschwerpunkt; S Systemschwerpunkt; m, n, o Schwerpunktabstand von den Bezugsachsen x, y, z; $x_1 \ldots$, $y_1 \ldots$, $z_1 \ldots$ Gliederschwerpunktabstand von den sich im Systemschwerpunkt kreuzenden Ebenen zy_0, zx_0 und xy_0. Die Ebene xy_0 ist gestreift.

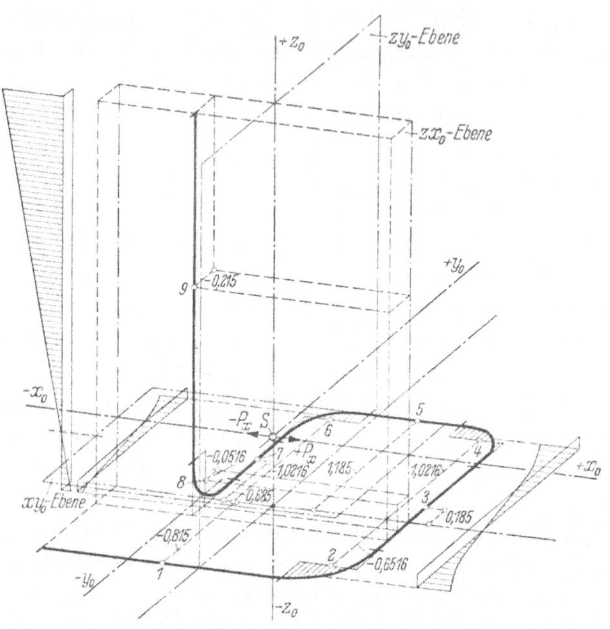

Abb. 5.014. Rohrsystem, räumlich
Wirkung der Kraftkomponente P_x. Die Glieder *2, 3, 4, 6, 7, 8* und *9* werden gebogen und verdreht! Maße für Gliederabstand parallel zur y_0-Achse siehe Berechnungsbeispiel Abschn. 5.52

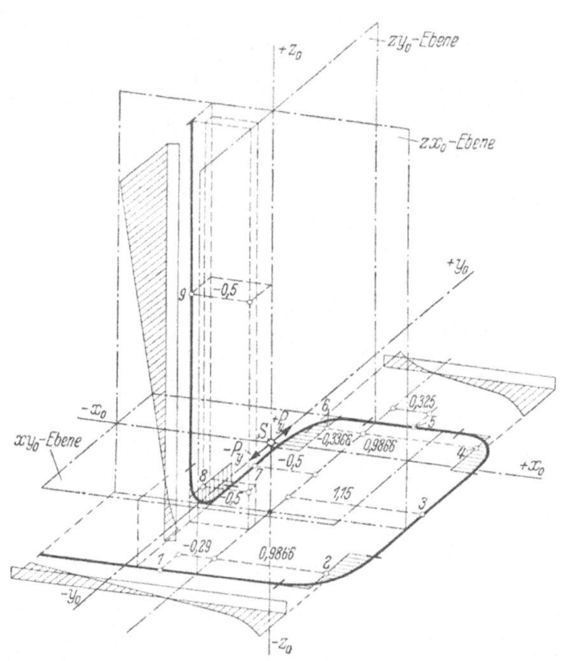

Abb. 5.015. Rohrsystem, räumlich
Wirkung der Kraftkomponente P_y. Die Glieder *1, 2, 4, 5, 6, 8* und *9* werden gebogen und verdreht! Maße für Gliederabstand parallel zur x_0-Achse siehe Berechnungsbeispiel Abschn. 5.52

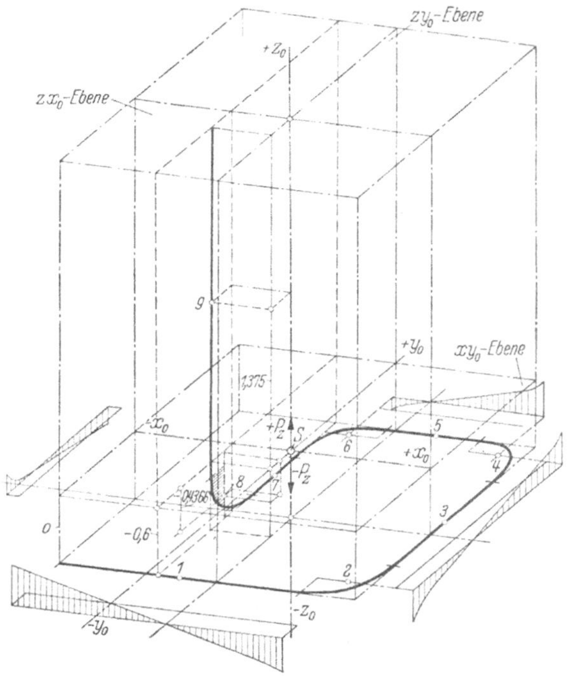

Abb. 5.016. Rohrsystem, räumlich
Wirkung der Kraftkomponente P_z. Die Glieder *1, 2, 3, 4, 5, 6, 7* und *8* werden gebogen und verdreht! Maße für Gliederabstand parallel zur z_0-Achse siehe Berechnungsbeispiel Abschn. 5.52

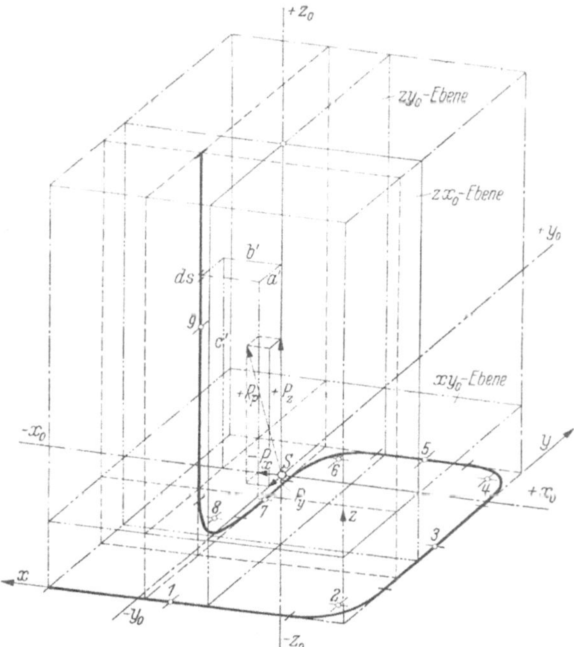

Abb. 5.017. Rohrsystem, räumlich
Wirkung der Kraftkomponenten P_x, P_y und P_z bzw. der resultierenden Kraft R_p auf das kleine Rohrstück ds mit den Hebelarmen a', b' und c'. Der Rohrquerschnitt ds erhält Biege- und Drehmomente.

auf die Schenkelenden drückenden Komponenten P_z sowohl Biege- als auch Verdrehungsmomente in den Ebenen zx und zy, deren Berechnung im Abschn. 5.512 gezeigt wird.

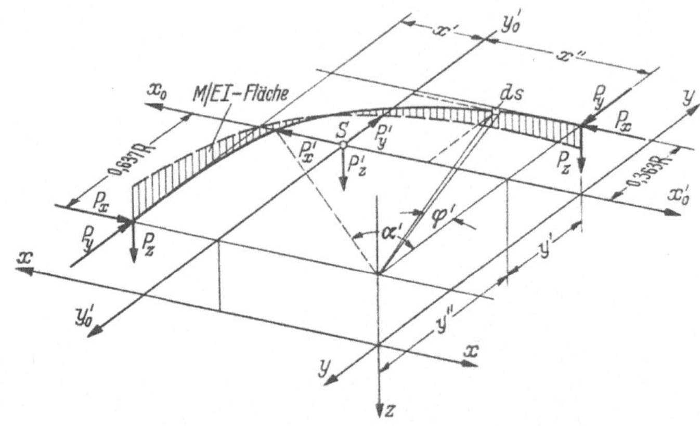

Abb. 5.018. Rohrbogen 90°
Belastung senkrecht zur Biegeebene. Das ergibt Biege- und Torsionsspannungen im Werkstoff.

5.51 Entwicklung der Gleichungen für die Abbiegungen an Rohrbogen räumlicher Rohrsysteme

Um Zeit zu sparen, wird ähnlich vorgegangen wie bei der Berechnung der Kraftkomponenten ebener Rohrsysteme, d.h. ermittelt werden zunächst als Hilfswerte die Linienträgheits- und Fliehmomente der Glieder, bezogen auf deren Achsenkreuz im *Gliederschwerpunkt*.

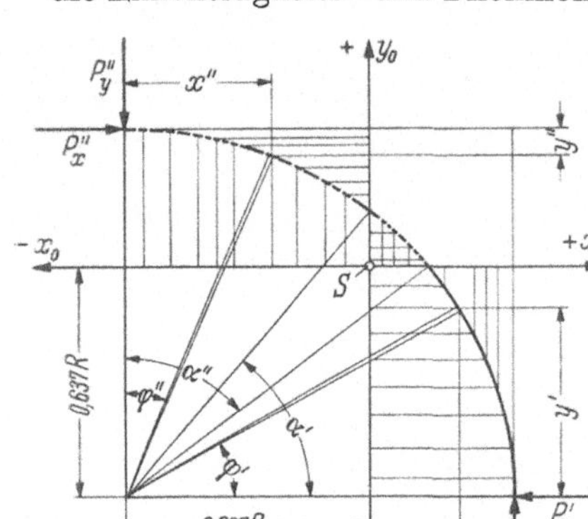

Abb. 5.019. Rohrbogen 90°. Linienträgheits- und Fliehmomente bezogen auf die Gliederschwerachsen

Nach Abb. 5.018 entstehen in der *Biegeebene* xy, wenn der Rohrbogen in seinem Schwerpunkt festliegt, die Momente

$$M'_{bx} = P_x y' \quad \text{und} \quad M'_{by} = P_y x' \quad \text{in kgm}$$

sowie

$$M''_{bx} = P_x y'' \quad \text{und} \quad M''_{by} = P_y x'' \quad \text{in kgm}.$$

Senkrecht dazu wirken in den Ebenen xz, yz die Momente

$$M_{bxz} = 1{,}3 P_z x' + P_z x''$$

bzw.

$$M_{byz} = P_z y'' + 1{,}3 P_z y' \quad \text{in kgm}.$$

Der Beiwert 1,3 verwandelt Torsion in Biegung nach Abschn. 5.21.

5.511 Abbiegungen in der Biegeebene an Rohrbogen von 90° (vgl. Abb. 5.019)

$$M_{bxr} = P'_x R (\sin\alpha' - \sin\varphi'), \tag{146}$$

$$M_{bxl} = P''_x R (\cos\varphi'' - \cos\alpha''). \tag{147}$$

Abbiegung (rechts) $\Delta_{x_r} = \dfrac{P_r R^3}{E I} \displaystyle\int\limits_{\varphi=0}^{\alpha'=\varphi'} (\sin\alpha' - \sin\varphi')^2 \, d\varphi$, $\hspace{2cm}$ (148)

$$A'_{0_r} = R^3 \int\limits_{\varphi=0}^{\alpha'=\varphi'} (\sin\alpha' - \sin\varphi')^2 \, d\varphi = R^3 \int\limits_{\varphi=0}^{\alpha'=\varphi'} (\sin^2\alpha' - 2\sin\alpha'\sin\varphi' + \sin^2\varphi') \, d\varphi \, . \quad (149)$$

Mit $\alpha' = 39°30'$ ergibt sich nach Gl. (149)

$$A'_{0_r} = R^3 \left[\alpha \,(0{,}5 + \sin^2\alpha) + 1{,}5 \sin\alpha \cos\alpha - 2 \sin\alpha\right] ,$$

$$A'_{0_r} = R^3 \left(\frac{0{,}69}{2} + 0{,}69 \cdot 0{,}637^2 + 1{,}5 \cdot 0{,}637 \cdot 0{,}772 - 2 \cdot 0{,}637\right) = \mathbf{0{,}086\, R^3}$$

Abbiegung (links) $\Delta_{x_l} = \dfrac{P_x R^3}{E I} \displaystyle\int\limits_{\varphi=0}^{\alpha''=\varphi''} (\cos\varphi'' - \cos\alpha'')^2 \, d\varphi$,

$$A'_{0_l} = R^3 \int\limits_{\varphi=0}^{\alpha''=\varphi''} (\cos\varphi'' - \cos\alpha'')^2 \, d\varphi = R^3 \int\limits_{\varphi=0}^{\alpha''=\varphi''} (\cos^2\varphi'' - 2\cos\varphi''\cos\alpha'' + \cos^2\alpha'') \, d\varphi \, . \quad (150)$$

Mit $\alpha'' = 50°30'$ ergibt sich nach Gl. (150)

$$A'_{0_l} = R^3 \left[\alpha\,(0{,}5 + \cos^2\alpha) - 1{,}5 \sin\alpha \cos\alpha\right] ,$$

$$A'_{0_l} = R^3 \,(0{,}44 + 0{,}88 \cdot 0{,}637^2 - 1{,}5 \cdot 0{,}637 \cdot 0{,}772) = \mathbf{0{,}062\, R^3} ,$$

$$A'_0 = A'_{0_r} + A'_{0_l} = (0{,}086 + 0{,}062)\, R^3 = \mathbf{0{,}148\, R^3} .$$

$A'_0 = B'_0$, übereinstimmend mit Gl. (139) und (140).

Da

$$y'_0 = R\,(\sin\alpha' - \sin\varphi') \quad \text{und} \quad x'_0 = R\,(\cos\varphi' - 0{,}637),$$

wird

$$C'_0 = 2\,R^3 \int\limits_{\varphi=0}^{\alpha'=\varphi'} x'_0\, y'_0 \, d\varphi = 2\,R^3 \int\limits_{\varphi=0}^{\alpha'=\varphi'} (\cos\varphi' - 0{,}637)(\sin\alpha' - \sin\varphi') \, d\varphi , \hspace{1cm} (151)$$

$$C'_0 = 2\,R^3 \int\limits_{\varphi=0}^{\alpha'=\varphi'} (\sin\alpha' \cos\varphi' - 0{,}637 \sin\alpha' - \sin\varphi' \cos\varphi' + 0{,}637 \sin\varphi') \, d\varphi .$$

Mit $\alpha' = 39°30'$ ergibt sich nach Gl. (151)

$$C'_0 = 2\,R^3 \left[0{,}5 \sin^2\alpha - 0{,}637\,\alpha \sin\alpha - 0{,}637 \cos\alpha + 0{,}637\right] ,$$

$$C'_0 = 2\,R^3 \left[0{,}5 \cdot 0{,}637^2 - 0{,}637 \cdot 0{,}69 \cdot 0{,}637 - 0{,}637 \cdot 0{,}772 + 0{,}637\right] ,$$

$$C'_0 = \mathbf{+0{,}137\, R^3} , \text{ übereinstimmend mit Gl. (141).}$$

Nach Abb. 5.020 überschneiden sich bei dieser Berechnungsart die Momente im Bogenscheitel und heben sich auf. Für sie gilt der Ansatz

$$C'_{Bo} = R^3 \int\limits_{\alpha=39°\,30'}^{\alpha'=50°\,30'} [\cos(\alpha' - \varphi) - \cos\alpha']\,[\sin(\alpha' - \varphi) - \sin\alpha] \, d\varphi . \hspace{1cm} (152)$$

5.512 Abbiegungen senkrecht zur Biegeebene an Bogen von 90°. Der Verdrehungswinkel an den Bogenenden berechnet sich allgemein aus

$$\psi = \int \frac{M_b \, \mathrm{d}s}{EI} + \int \frac{M_d \, \mathrm{d}s}{GI_p}. \qquad (153)$$

Hierin wird für

$$\frac{1}{GI_p} = \frac{1,3}{EI}$$

gesetzt, wie bereits im Abschn. 5.21 erläutert wurde. Es ist nach Abb. 5.018 bis Abb. 5.020

$$x' = R(\cos\varphi'' - \cos\alpha''); \quad x'' = R(\sin\alpha - \sin\varphi');$$

$$y' = R(\cos\varphi' - \cos\alpha'); \quad y'' = R(\sin\alpha_0 - \sin\varphi'').$$

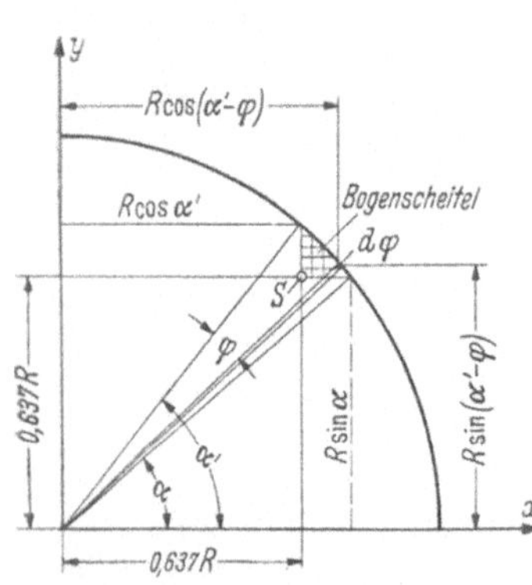
Abb. 5.020. Rohrbogen 90°
Fliehmomente des Bogenscheitels bezogen auf die Gliederschwerachsen

Die Abbiegungen ergeben sich nach Abb. 5.018 wie folgt:

$$\Delta_{xz} = \frac{P_z R^3}{EI} \left(\int_{\varphi=0}^{\alpha''=\varphi''} 1{,}3\,(\cos\varphi'' - \cos\alpha'')^2 \, \mathrm{d}\varphi + \int_{\varphi=0}^{\alpha=\varphi'} (\sin\alpha - \sin\varphi')^2 \, \mathrm{d}\varphi \right) \qquad (154)$$

$$\Delta_{xz} = \Delta_{yz}.$$

Das Linienträgheitsmoment für die Abbiegungen in den Ebenen xz oder yz setzt sich zusammen aus

$$A_z' = 1{,}3\,A_{0l}' + A_{0r}' = (1{,}3 \cdot 0{,}062 + 0{,}086)\,R^3 = 0{,}167\,R^3$$

oder aufgerundet

$$A_z' = 0{,}17\,R^3.$$

Die Achsen x und y liegen, mit Bezug auf die Abbiegungen in Richtung und durch die Kraftkomponente P_z, im Gliederschwerpunkt der Biegeebene. Die Rohrachse ist Symmetrieachse in den Ebenen zx und zy (oder mit xz und yz bezeichnet).

Damit ist das Linienzentrifugalmoment, bezogen auf die Gliederachsen x und z, sowie y und z, gleich Null.

Wird das Gliederzentrifugalmoment, obwohl Null, auf das Achsenkreuz im Systemschwerpunkt bezogen, dann ist mit einer Kreisbogenlänge von $1{,}15 \cdot 1{,}57\,R = 1{,}8\,R$ zu rechnen und zwar im Hinblick darauf, daß der halbe Bogen seine Abbiegung durch Verdrehung erhält.

Bekanntlich ist $J_{x,y} = J_{x,y_0} + F\,a\,b$ (s. „Hütte").

5.52 Beispiel für die Berechnung räumlicher Rohrsysteme

Die Form des zu berechnenden Rohrsystems entspricht der Abb. 5.013. Die räumliche Anordnung, gegenüber der ebenen nach Abb. 5.02, kommt durch Drehung des Bogens, Glied Nr. 8, nach oben zustande. Hier ist die anschließende Rohrlänge, Glied Nr. 9, fest eingespannt. Die Verschiebung der Einspannstelle beim Anwärmen ist durch eine entsprechende Vorspannung des Rohrsystems ausgeglichen zu denken. Die Berechnung der Komponenten setzt hier den Zeitpunkt voraus, an dem die Vorspannkomponenten Null sind. Erst dann sind die wirksamen Dehnungen des Rohrsystems zu beachten.

5.521 Schwerpunktbestimmung nach Abb. 5.013. Jede der drei Ebenen ist für sich zu betrachten, sonst ist nach Abschn. 5.12 zu verfahren. Nach Tab. 5.III ist $m = 1,15$ m, $n = 0,815$ m und $o = 0,6$ m. Der KÁRMÁN-Faktor bleibt unberücksichtigt.

Tabelle 5.III. *Schwerpunktabstände des räumlichen Rohrsystems*[1]
(hierzu Abb. 5.013)

Nr.	l	x	y	z	$l\,x$	$l\,y$	$l\,z$
1	1,98	1,77	0	0	2,85	0	0
2	0,7065	0,163	0,163	0	0,1151	0,1151	0
3	1,1	0	1,0	0	0	1,10	0
4	0,07065	0,163	1,836	0	0,1151	1,295	0
5	0,75	0,825	2,0	0	0,6187	1,5	0
6	0,7065	1,486	1,836	0	1,05	4,298	0
7	0,5	1,65	1,3	0	0,825	0,65	0
8	0,7065	1,65	0,763	0,163	1,165	0,539	0,1151
9	3,05	1,65	0,6	1,975	5,0325	1,83	6,0250
	10,206				11,7714	8,3301	6,1401

$$m = \frac{11,77}{10,2} = 1,15 \text{ m} \qquad n = \frac{8,33}{10,2} = 0,815 \text{ m} \qquad o = \frac{6,14}{10,2} = 0,6 \text{ m}$$

[1] bezogen auf die Achsen x, y, z.

5.522 Trägheits- und Fliehmomente in den drei Ebenen nach den Abb. 5.014 bis 5.016. Auf welche Weise die Systemträgheitsmomente und das Systemfliehmoment für jede der drei Ebenen zu ermitteln sind, zeigen die Zusammenstellungen der Tab. 5.IV bis 5.VI.

Die Abb. 5.014 bis 5.016 zeigen die Bezugsebenen und die Abstände der Gliederschwerpunkte von dem Achsenkreuz im Systemschwerpunkt. Die Gleichungen zur Bestimmung der Gliederträgheits- und Fliehmomente sind in den Abschn. 5.31, 5.332 [Gl. (139 bis 141)], 5.511 und 5.512 aufgeführt. Für die Fliehmomente sind die Vorzeichen zu beachten.

Hilfswerte für Rohrbogen von 90° sind für gebräuchliche Radien aus Tab. 5.VII zu entnehmen.

5.523 Ermittlung der Größe der drei Kraftkomponenten. Nach Abschn. 5.21 sind die Werte der Systemlinienträgheits- und Fliehmomente in die Gln. (110 bis 112) einzufügen, und wie folgt zu berechnen:

$$+ (5,049 + 10,91)\,P_x - 1,298\,P_y - (-3,308)\,P_z = \varDelta_x\,EI,$$

$$- 1,2984\,P_x + (5,42 + 11,02)\,P_y - (-1,335)\,P_z = \varDelta_y\,EI,$$

$$- (-3,308)\,P_x - (-1,335)\,P_y + (5,659 + 5,712)\,P_z = \varDelta_z\,EI,$$

$$+ 15,96\,P_x - 1,3\,P_y + 3,31\,P_z = 18,3 \cdot 10^{-6} \cdot 565 \cdot 0,78 \cdot 1,66 \cdot 1,685 \cdot 10^4,$$

$$- 1,30\,P_x + 16,44\,P_y + 1,33\,P_z = 0,01034 \cdot 0,60 \cdot 1,66 \cdot 1,685 \cdot 10^4,$$

$$+ 3,31\,P_x + 1,33\,P_y + 11,37\,P_z = 0,01034 \cdot 3,50 \cdot 1,66 \cdot 1,685 \cdot 10^4.$$

Tabelle 5.IV. *(Ebene y, x)*

Nr.	A_0'	$+ l\,y^2$	B_0'	$+ l\,x^2$	C_0'	$+ l\,x\,y$
1	0	$1,98 \cdot 0,815^2$ $= 1,315$	$1,98^3/12$ $= 0,647$	$1,98 \cdot 0,29^2$ $= 0,166$	0	$1,98 \cdot (-0,29) \cdot (-0,815)$ $= +0,468$
2	$\dfrac{0,148 \cdot 0\,45^3}{0,87}$ $= 0,0155$	$0,812 \cdot 0,6516^2$ $= 0,345$	$\dfrac{0,148 \cdot 0,45^3}{0,87}$ $= 0,0155$	$0,812 \cdot 0,9866^2$ $= 0,790$	$\dfrac{-0,137 \cdot 0,45^3}{0,87}$ $= +0,0144$	$0,812 \cdot 0,9866 \cdot (-0,6516)$ $= -0,522$
3	$1,1^3/12$ $= 0,111$	$1,1 \cdot 0,185^2$ $= 0,0374$	0	$1,1 \cdot 1,15^2$ $= 1,455$	0	$1,1 \cdot 1,15 \cdot 0,185$ $= +0\,234$
4	$0,0155$	$0,812 \cdot 1,0216^2$ $= 0,848$	$0,0155$	$0,812 \cdot 0,9866^2$ $= 0,790$	$= -0,0144$	$0,812 \cdot 0,9866 \cdot 1,0216$ $= +0,818$
5	0	$0,75 \cdot 1,185^2$ $= 1,052$	$0,75^3/12$ $= 0,035$	$0,75 \cdot 0,325^2$ $= 0,080$	0	$0,75 \cdot 0,325 \cdot 1,185$ $= +0,289$
6	$0,0155$	$0,812 \cdot 1,0216^2$ $= 0,848$	$0,0155$	$0,812 \cdot 0,3366^2$ $= 0,092$	$+0,0144$	$(-0\,812) \cdot 0,3366 \cdot 1\,0216$ $= -0\,279$
7	$0,5^3/12$ $= 0,0104$	$0,5 \cdot 0,685^2$ $= 0,235$	0	$0,5 \cdot 0,5^2$ $= 0,125$	0	$(-0,5) \cdot 0,5 \cdot 0,685$ $= -0,171$
8	$0,17 \cdot 0,45^3$ $= 0,0155$	$0,812 \cdot 0,0516^2$ $= 0,0021$	0	$0,812 \cdot 0,5^2$ $= 0,203$	0	$0,812 \cdot 0,5 \cdot 0,0516$ $= +0,021$
9	0 $\overline{0,1834}$	$3,965 \cdot 0,215^2$ $= 0,1835$ $\overline{4,866}$ $+ 0,1834$ $\overline{5,0494}$	0 $\overline{0,7285}$	$3,965 \cdot 0,5^2$ $= 0,991$ $\overline{4,692}$ $+ 0,7285$ $\overline{5,4205}$	0 $+ 0,0288$ $- 0,0144$	$3,965 \cdot 0,5 \cdot 0,215$ $= +0,426$ $\overline{+2,256}$ $+ 0,0288$ $\overline{+2,2848}$ $\left\{\begin{array}{l} -0,972 \\ -0,0144 \end{array}\right.$ $\overline{-0,9864}$
	$A_{\mathrm{I}} = 5,0494$		$B_{\mathrm{I}} = 5,4205$			$C_{\mathrm{I}} = \overline{+1,2984}$

Tabelle 5.V. (*Ebene z, x*)

Nr.	l	x	z	B_{II}		D_{II}		E_{II}	
1	1,98	$-0,29$	$-0,6$	0,647	$+0,166$	0	$+0,713$	0	$+0,344$
2	0,81	$+0,9866$	$-0,6$	0,0155	$+0,788$	0	$+0,292$	0	$-0,479$
3	1,43	$+1,15$	$-0,6$	0	$+1,888$	0	$+0,515$	0	$-0,987$
4	0,81	$+0,9866$	$-0,6$	0,0155	$+0,788$	0	$+0,292$	0	$-0,479$
5	0,75	$+0,325$	$-0,6$	0,0352	$+0,0792$	0	$+0,270$	0	$-0,146$
6	0,81	$-0,3366$	$-0,6$	0,0155	$+0,092$	0	$+0,292$	0	$+0,164$
7	0,65	$-0,5$	$-0,6$	0	$+0,163$	0	$+0,234$	0	$+0,195$
8	0,81	$-0,5$	$-0,4366$	0	$+0,203$	0,0155	$+0,155$	0	$+0,177$
9	3,05	$-0,5$	$+1,375$	0	$+0,763$	2,364	$+5,768$	0	$-2,097$
				0,7287	4,39	2,3795	8,531		$+0,880$
					$+0,7287$		$+2,3795$		$-4,188$
				$B_{II}=5,6587$		$D_{II}=10,91$		$E_{II}=-3,308$	

Tabelle 5.VI. (*Ebene z, y*)

Nr.	l	y	z	A_{III}		D_{III}		F_{III}	
1	2,574	$-0,815$	$-0,6$	0	$+1,709$	0	$+0,927$	0	$+1,259$
2	0,81	$-0,6516$	$-0,6$	0,0155	$+0,344$	0	$+0,292$	0	$+0,317$
3	1,1	$+0,185$	$-0,6$	0,111	$+0,037$	0	$+0,396$	0	$-0,122$
4	0,81	$+1,0216$	$-0,6$	0,0155	$+0,846$	0	$+0,292$	0	$-0,496$
5	0,975	$+1,185$	$-0,6$	0	$+1,369$	0	$+0,351$	0	$-0,693$
6	0,81	$+1,0216$	$-0,6$	0,0155	$+0,846$	0	$+0,292$	0	$-0,496$
7	0,5	$+0,685$	$-0,6$	0,0104	$+0,235$	0	$+0,180$	0	$-0,206$
8	0,812	$-0,0516$	$-0,4366$	0,0155	$+0,0022$	0,0155	$+0,154$	$-0,0144$	$+0,018$
9	3,05	$-0,215$	$+1,375$	0	$+0,140$	2,36	$+5,760$	0	$-0,902$
				0,1834	$+5,5282$	2,3755	$+8,644$	$-0,0144$	$+1,594$
					$+0,1834$		$+2,3755$		$-2,915$
				$A_{III}=5,7116$		$D_{III}=11,0195$			$-1,321$
									$-0,0144$
								$F_{III}=-1,3354$	

Die Auflösung der letzten drei Gleichungen ergibt durch Gleichsetzen:

$$+15,96\,P_x - 1,3\,P_y + 3,31\,P_z = 22,6,$$
$$12,27\,(-1,3\,P_x + 16,44\,P_y + 1,33\,P_z) = 17,35 \cdot 12,27$$

$$-15,96\,P_x + 202\,P_y + 16,3\,P_z = 212,5$$

$$+200,7\,P_y = 19,61\,P_z = 235,1$$

$$2,545\,(-1,3\,P_x + 16,44\,P_y + 1,33\,P_z) = 17,35 \cdot 2,545$$
$$+3,31\,P_x + 1,33\,P_y + 11,37\,P_z = 1011,0$$

$$+41,9\,P_y + 3,38\,P_z = 44,2$$
$$+1,33\,P_y + 11,37\,P_z = 1011,0$$

$$+43,23\,P_y + 14,75\,P_z = 1055,2$$
$$[1/(-4,66)]\,(+200,77\,P_y + 19,61\,P_z) = 235,1/(-4,66)$$

$$-4,21\,P_z = -50,5$$
$$+14,75\,P_z = 1055,2$$

$$10,54\,P_z = 1004,7$$

$$P_z = 1004,7/10,54 = 95\ \text{kg},$$

$$P_y = \frac{235,10 - 19,61 \cdot 95}{200,77} = -8,1\ \text{kg},$$

$$P_x = \frac{22,6 + 1,23\,(-8,1) - 3,31 \cdot 95}{15,96} = -19\ \text{kg}.$$

Probe: $+15,96 \cdot (-19) - 1,3 \cdot (-8,1) + 3,31 \cdot 95 = \text{rd. } 22.$

Tabelle 5.VII. *Hilfswerte zur Ermittlung der Linienträgheitsmomente und des Fliehmoments für Bogen 90°, bezogen auf die den Gliederschwerpunkt kreuzenden Achsen*

Radius	0,363 R	0,637 R	1,57 R	1,8 R	0,137 R³	0,148 R³	0,17 R³	1,57 R/k			0,137 R³/k			0,148 R³/k		
								k — Wert			k — Wert			k — Wert		
mm	m	m	m	m	m³	m³	m³	0,40	0,75	0,90	0,40	0,75	0,90	0,40	0,75	0,90
700	0,2541	0,4459	1,0990	1,26	0,047	0,0507	0,0583	2,7475	1,4653	1,2211	0,1175	0,0627	0,0522	0,1268	0,0676	0,0563
750	0,27225	0,47775	1,1775	1,35	0,0578	0,0624	0,0717	2,9425	1,5693	1,3078	0,1445	0,0771	0,0642	0,156	0,0832	0,0693
800	0,2904	0,5096	1,2560	1,44	0,0701	0,0758	0,0870	3,14	1,6747	1,3956	0,1753	0,0935	0,0779	0,1895	0,1011	0,0842
850	0,30855	0,54145	1,3345	1,53	0,0841	0,0909	0,1044	3,3363	1,7793	1,4828	0,2103	0,1121	0,0934	0,2273	0,1212	0,1010
950	0,34485	0,60515	1,4915	1,71	0,1174	0,1269	0,1457	3,7288	1,9887	1,6572	0,2935	0,1565	0,1304	0,3173	0,1692	0,1410
1100	0,3993	0,7007	1,7270	1,98	0,1823	0,1970	0,2262	4,3175	2,3027	1,9189	0,4558	0,2431	0,2026	0,4925	0,2627	0,2189
1200	0,4356	0,7644	1,8840	2,16	0,2367	0,2557	0,2937	4,7100	2,512	2,0933	0,5918	0,3156	0,2630	0,6393	0,3409	0,2841
1350	0,49005	0,85995	2,1195	2,43	0,3371	0,3641	0,4182	5,2988	2,826	2,355	0,8428	0,4495	0,3746	0,9103	0,4855	0,4046
1450	0,52635	0,92365	2,2765	2,61	0,4177	0,4512	0,5183	5,6913	3,0353	2,5294	1,0443	0,5569	0,4641	1,1280	0,6016	0,5013
1600	0,5808	1,0192	2,5120	2,88	0,5612	0,6062	0,6963	6,280	3,3493	2,7911	1,403	0,7483	0,6236	1,5155	0,8083	0,6736
1850	0,67155	1,17845	2,9045	3,33	0,8674	0,9371	1,0764	7,2613	3,8727	3,2272	2,1685	1,1565	0,9638	2,3428	1,2495	1.0412
2100	0,7623	1,3377	3,2970	3,78	0,2688	1,3706	1,5743	8,2425	4,396	3,6633	3,1720·	1,6917	1,4098	3,4265	1,8275	1,5229

Die Vorzeichen der Kraftkomponenten geben deren Richtung an, nach der die betreffenden Kraftkomponenten in Übereinstimmung mit der Achsenrichtung wirksam sind.

Ein Vergleich mit der Größe der Kraftkomponenten P_x und P_y des Berechnungsbeispiels Abschn. 5.43 zeigt bedeutende Abweichungen. Der lange Schenkel in Richtung der z-Achse entlastet durch Verbiegen und Verdrehen die Glieder in der Biegeebene xy. Gegenüber dem ebenen Rohrsystem ergeben sich bei sonst fast gleicher Bemessung in der x, y-Ebene andere Werte für P_x und P_y.

5.6 Der Einfluß der Kraftkomponenten auf den Rohrquerschnitt an einer beliebigen Stelle der Rohrleitung

Wie im Abschn. 5.5 erwähnt wurde, ist aus Abb. 5.017 zu ersehen, in welcher Weise die durch die Längenänderung der angewärmten Rohrleitung auftretenden Kraftkomponenten auf den Rohrquerschnitt wirken.

In der xy-Ebene, und nur diese kommt für ebene Rohrsysteme in Betracht, gibt es nur Biegemomente aus Kraft mal Hebelarm, mit Bezug auf die resultierende Kraft und ihren größten Abstand vom Systemschwerpunkt, der leicht zu finden ist.

Im räumlichen Rohrsystem rufen demgegenüber die in der yx-Ebene wirkenden Kraftkomponenten P_y und P_x noch ein Drehmoment (s. Abschn. 5.5) auf den Querschnitt (ds) hervor, von der Größe

$$M_d = \mp P_y\, x \pm P_x\, y.$$

5.61 Auswirkung der Biege- und Drehmomente für das Beispiel nach Abschn. 5.52

Für das Beispiel ist, mit den Kraftkomponenten auf S. 73, nach Abb. 5.017

$$M_{d(yx)} = + P_y\, b' - P_x\, a',$$

$$M_{d(yx)} = + [(-8{,}1) \cdot 0{,}5] - [(-19) \cdot 0{,}215] = 0{,}035 \text{ mkg}.$$

In der yz-Ebene ist das Biegemoment für den Querschnitt (ds) nach der Gleichung

$$M_{b(yz)} = + P_y\, z - P_z\, y$$

und zwar entsprechend den Abständen nach Abb. 5.017

$$M_{b(yz)} = P_y\, c' - P_z\, a',$$

$$M_{b(yz)} = + [(-8{,}1) \cdot 2] - [95 \cdot 0{,}215] = -4{,}2 \text{ mkg}.$$

Für diesen Rohrquerschnitt (ds) tritt in der xz Ebene ein zweites Biegemoment auf von der Größe

$$M_{b(xz)} = + P_x\, z - P_z\, x,$$

bzw.

$$M_{b(xz)} = + P_x\, c' - P_z\, b,$$

$$M_{b(xz)} = + [(-19) \cdot 2{,}0] - [95 \cdot 0{,}5] = -9{,}5 \text{ mkg}.$$

Beide Biegemomente zusammengesetzt ergeben das resultierende Moment:

$$M_{\text{res}} = \sqrt{M_{b(yx)}^2 + M_{b(xz)}^2} = \sqrt{4{,}2^2 + 9{,}5^2} = 10{,}4 \text{ mkg} \tag{155}$$

Dadurch entstehen in der Rohrwand eine Biegespannung (σ_b) und eine Torsionsspannung (τ). Es ist die Biegespannung

$$\sigma_b = M_b\, r_a / I, \tag{156}$$

$$\sigma_b = 1040 \cdot 4{,}45 / 168{,}5 = 27{,}4 \text{ kg/cm}^2$$

die Torsionsspannung

$$\tau = M_d\, r_a/2I, \tag{157}$$

$$\tau = 3{,}5 \cdot 4{,}45/2 \cdot 168{,}5 = 0{,}046 \text{ kg/cm}^2.$$

5.62 Berechnung der Rohrwanddicke für das Beispiel nach Abschn. 5.4

Die Rohrwanddicke ist nach DIN 2413 (Tab. 3.II) zu bemessen. Sie ist

$$s_0 = d_a p \Big/ \left(200\,\frac{K}{S} + p\right).$$

Der Betriebsdruck bzw. der Druck, der höchstens in der Rohrleitung auftreten kann, beträgt 136 kg/cm². Die Dampf-Temperatur hinter dem Überhitzer beträgt 565 °C.

Mit $d_a = 89$ mm wird bei Verwendung von Austenitstahl im Beispiel nach Abschn. 5.4, ausgehend von der Zeitstandfestigkeit:

$$s_0 = \frac{89 \cdot 136}{200\,\dfrac{14{,}9}{1{,}5} + 136} = 5{,}7 \text{ mm}.$$

Der Wert $\sigma_{B_{100\,000,\,565\,°C}} = 14{,}9$ kg/mm² wird vom Röhrenwerk garantiert.

Aus der Streckgrenze ergibt sich aber ein niedrigerer Wert für $K_{(0{,}2\text{-}t\,°C)}/S$. Für 565 °C beträgt nämlich die Streckgrenze nur 12,7 kg/mm². Mit dem Sicherheitsfaktor $S = 1{,}6$ ergibt sich der Berechnungswert $K_{(0{,}2\text{-}t\,°C)}/S = 12{,}7/1{,}6 = 7{,}9$ kg/mm².

Die Wanddicke s_0 muß demnach mindestens 7,05 mm betragen, wenn von der Streckgrenze bei 565 °C ausgegangen wird, wie nach DIN 2413 (Tab. 3.II) festgelegt ist.

Die Zeitstandfestigkeit bei 565 °C + 15 °C = 580 °C ist für 100 000 h vom Röhrenwerk zu 13 kg/mm² und die Zeitdehngrenze bei 565 °C für 100 000 h zu 10,4 kg/mm² ermittelt worden. Damit wäre mit $K_{0{,}2\text{-}565\,°C}/S = 7{,}9$ kg/mm² den Bedingungen nach DIN 2413 entsprochen.

Bestellwanddicke $s = s_0\,1{,}11$ oder $s_0 = s/1{,}11 = 8/1{,}11 = 7{,}2$ mm, unter Berücksichtigung der Wanddickenabweichung $\pm 10\%$ von der Bestellwanddicke.

Die nachfolgend ermittelten Beanspruchungen in der Rohrwand sind im Beispiel auf die Bestellwanddicke s von 8 mm bezogen.

5.63 Ermittlung der Grenzbeanspruchung durch Wärmedehnungen der Rohrschenkel

Bei einer Wanddicke $s = 8$ mm ($> s_0$) ist die mittlere Umfangsspannung

$$\sigma_u = p\, d_i/200 s \tag{158}$$

$$\sigma_u = 136 \cdot 73/200 \cdot 8 = 6{,}2 \text{ kg/mm}^2$$

und die Längsspannung

$$\sigma_l = 0{,}5\,\sigma_u. \tag{159}$$

$$\sigma_l = 0{,}5 \cdot 6{,}2 = 3{,}1 \text{ kg/mm}^2.$$

Die mittlere Radialspannung ist

$$\sigma_r = -0{,}5 \cdot p/100 \tag{160}$$

$$\sigma_r = -0{,}5 \cdot 136/100 = -0{,}68 \text{ kg/mm}^2.$$

Damit wird die Vergleichsspannung σ_v (das ist die Anstrengung) zur Beurteilung des mehrachsigen Spannungszustandes in der Rohrwand gegenüber den durch Zugversuch gefundenen Festigkeitswerten nach der Schubspannungshypothese

$$\sigma_{\max} - \sigma_{\min} = \sigma_u - \sigma_r = \frac{p}{100}\,\frac{d_i + s}{2\,s} \tag{161}$$

also hier

$$\sigma_u - \sigma_r = 1{,}36\,(73 + 8)/16 = 6{,}9 \text{ kg/mm}^2.$$

Es gilt nun die Beziehung $\sigma_v \leqq K/S \leqq 7{,}9$ kg/mm².

Die zusätzlichen Längsspannungen σ_b dürfen zusammen mit $\sigma_l = 3{,}1$ kg/mm² bis auf den Wert $\sigma_{u_2} = 6{,}2$ kg/mm² steigen oder bis auf den Wert $\sigma_r = -0{,}68$ kg/mm² fallen.

Damit sind die Grenzen für die Werkstoffbeanspruchung durch die Längenänderung der Rohrschenkel bei deren Erwärmung gegeben.

5.64 Querbiegungsspannungen in Rohrbogen durch Wärmedehnung der Rohrschenkel

An den Bogenenden anschließende gerade Rohrschenkel rufen als lange Hebel der Kraftkomponenten, besonders bei dünnwandigen Rohren mit größerer Nennweite, *Querbiegespannungen* in der neutralen Faser der Rohrwand hervor. Sie haben ihren Größtwert an der Innenseite der Rohrwand. Sind sie sehr hoch, dann platzt u. U. das Rohr in der Faser senkrecht zur Biegeebene.

In der Mitte der Biegung ist der Rohrquerschnitt abgeplattet und demnach nicht mehr kreisrund. Die Wanddicke des gebogenen Rohres ist dann in der Biegung unterschiedlich durch Dehnen und Stauchen des Werkstoffes. Der Rohrwand-Querschnitt der Biegung hat deshalb gegenüber dem Urzustand des Rohres ein geringeres Trägheitsmoment. Damit ergeben sich aus den Biegemomenten des Rohrsystems bei der Dehnung der Schenkel von vornherein höhere spezifische Belastungen des Werkstoffes in der Biegung, die jedoch nach einer gewissen Zeit, in der Regel allmählich durch Verformen der Rohrwand, zum Abbau kommen. Sie werden als ungefährlich angesehen, wenn es sich nur um örtliche Spannungsspitzen handelt [*48*].

5.65 Beiwerte zu den Biegemomenten für die Ermittlung von Beanspruchungen in Rohrbogen

Der Einfluß, den hohe Biegemomente auf die Rohrbogenwand ausüben ist durch Beiwerte, β für Längsspannungen und γ für Querbiegespannungen, nach den Gleichungen

$$\beta = \frac{2\sqrt{6\,\lambda^2 + 5}}{3\,K\sqrt{18}} \qquad (162)$$

und

$$\gamma = \frac{18\,\lambda}{12\,\lambda^2 + 1}, \qquad (163)$$

zu berücksichtigen. Mit diesen Beiwerten betragen die durch die Kraftkomponenten der Rohrsystems hervorgerufenen Biegemomente:

$$\sigma_b = M_b\,r_{\ddot{a}}\,\beta/I \quad \text{und} \quad \sigma_q = M_b\,r_{\ddot{a}}\,\gamma/I . \qquad (164)$$

I = Rohrträgheitsmoment cm⁴, σ_b = Biegebeanspruchung kg/cm², $r_{\ddot{a}}$ = äußerer Rohrhalbmesser cm, M_b = Biegemoment cm kg. Die Größe der Beiwerte in Abhängigkeit von $\lambda = s\,R/r_m^2$ und $K = $ KÁRMÁN-Faktor (s. Abb. 5.04) ist aus Abb. 5.021 zu entnehmen.

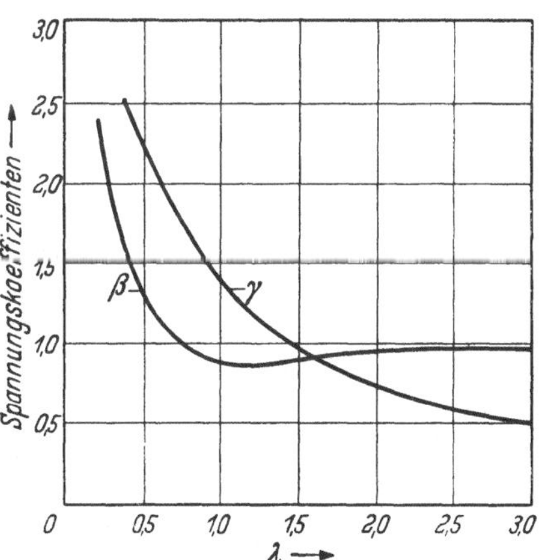

Abb. 5.021. Beiwerte zur Bestimmung von Längs- und Querbiegespannungen

Spannungskoeffizienten:

$\beta = (2\sqrt{6\,\lambda^2 + 5})/(3\,K\sqrt{18})$ n. Gl. (162);

$\gamma = (18\,\lambda)/(12\,\lambda^2 + 1)$ n. Gl. (163);

$\lambda = s\,R/r_m^2$ n. Gl. (98)

5.651 Beiwerte nach Berg, Bernhard und Richter. Die Kenngröße K wird von BERG, BERNHARD und RICHTER als nicht allein von λ abhängig angesehen, deshalb kann auch mit K' nach Abb. 5.022 [*49*] gerechnet werden.

Der Beiwert γ zur Bestimmung der *Querbiegespannung* nach BERG, BERNHARD und RICHTER ist in Abb. 5.023, der der KÁRMÁN-Theorie, in Abhängigkeit von r/R, gegenübergestellt [*50*].

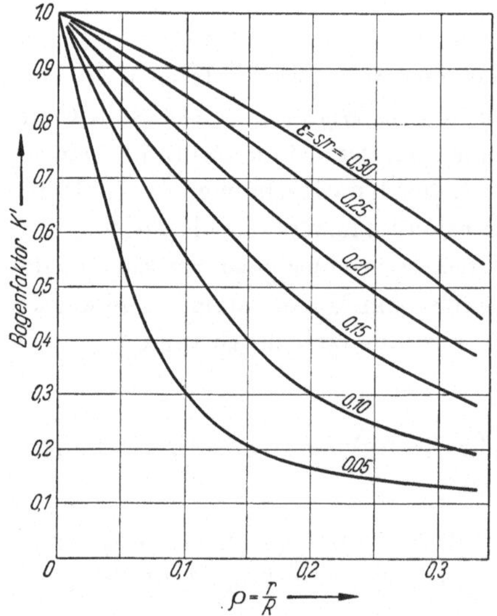

Abb. 5.022. Beiwert K' als Bogenfaktor [*46*, S. 108] (nach BERG, BERNHARD und RICHTER)

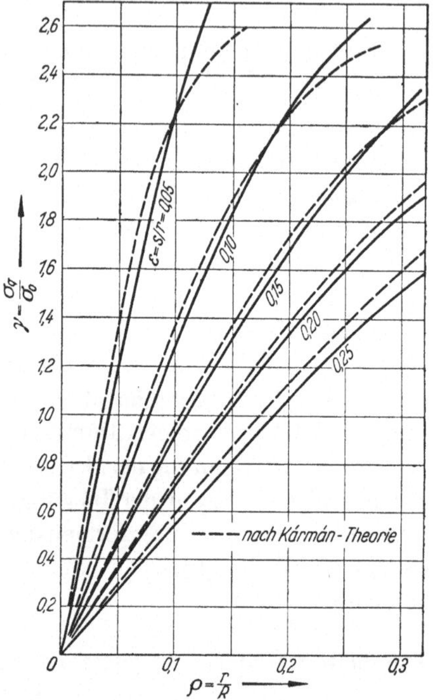

Abb. 5.023. Beiwert γ zur Bestimmung der Querbiegespannung σ_q [*46* S. 110] (nach BERG, BERNHARD und RICHTER)

Nach KÁRMÁN ergibt sich die Querbiegespannung im Rohrbogen zu $\sigma_q = \sigma_0 \dfrac{18\,\lambda}{1 + 12\,\lambda^2}$, wenn $\sigma_0 = \sigma_b = M_b \cdot r_ä/I$.

5.66 Werkstoffbeanspruchung der Rohrwand

Sind alle im Rohrquerschnitt durch Druck und Dehnung auftretenden Beanspruchungen ermittelt, so ist festzustellen, wie sie sich auswirken, wo sie mit ihren Größtwerten auftreten, ob an der Innen- oder Außenfaser des Rohres, ob am geraden oder gebogenen Teil des Rohrsystems, ob ein Abbau durch Verformung von Spannungsspitzen erwartet werden kann, und ob etwa hohe Dauerbeanspruchungen das Fließen des Werkstoffes beschleunigen werden.

Es kann nützlich sein, ein gefährdetes Stück der Rohrleitung rechtzeitig auszutauschen, wenn eine Nachprüfung ungünstige Resultate ergibt.

Die Beanspruchung durch Verdrehen ist bei räumlichen Rohrsystemen im allgemeinen ohne wesentliche Bedeutung, wenn $\tau_{zul} \leqq 0{,}5\sigma_{zul}$.

Durch Biege- und Drehmomente des Rohrsystems entstehende Werkstoffbeanspruchungen weisen längs der Rohrstraße für jeden Querschnitt andere Werte auf. Sie vergrößern oder vermindern die durch den Innendruck entstehenden Werkstoffbeanspruchungen, und zwar je nach der Richtung, in der diese Kräfte wirken.

5.67 Aufteilung dickwandiger Rohrquerschnitte

Die Kräfte, die ein dickwandiges Rohrsystem bei seiner Erwärmung auf die Anschlußstellen überträgt, können sehr hoch sein. Dickwandige Hauptrohrstränge mit großer Rohrweite sind gegebenenfalls in Parallelstränge aufzuteilen.

Mehrere bei einer Aufteilung zu verlegende schwächere und parallel angeordnete Rohrstränge (Abb. 5.06) übertragen weniger hohe Kräfte [*1*, *2*].

5.68 Beanspruchung der Einbauten durch Wärmedehnungen des Rohrsystems

Einbauten, wie Armaturen, Meßgeräte, Abzweigstücke, Flanschverbindungen und Rundnähte werden durch Biege- und Drehmomente der sich dehnenden Rohrleitung zusätzlich beansprucht. Es ist nachzuprüfen, ob die Konstruktion der Einbauten diesen zusätzlichen Belastungen gewachsen ist. Einbauten sind starre Gebilde und meistens unelastisch. Ihre Momente bezogen auf ihren Gliederschwerpunkt haben den Wert Null.

Für die Systemschwerpunktberechnung gilt die Einbautenlänge als Achse innerhalb des Rohrsystems.

Bei kleineren Nennweiten können die Einbauten als elastische Glieder im Verhältnis ihrer Trägheitsmomente zum Trägheitsmoment des Rohrquerschnitts $l_\mathrm{red} = I\,l/I_\mathrm{red}$, berücksichtigt werden. Darin ist l die Einbautenlänge.

5.69 Abgrenzung von Rohrabschnitten mit ungleicher Rohrweite

Haben größere Rohrstrecken unterschiedliche Rohrweiten, so ist es ratsam, jeden Abschnitt mit einheitlicher Rohrweite für sich zu behandeln. Die Abgrenzung der Abschnitte wird erreicht durch Verwendung einer entsprechend ausgebildeten Halterung, die sie so gegeneinander abstützt, daß die stärkere Rohrstrecke die schwächere nicht beiseite schieben kann. Andernfalls kann die schwächere Rohrstrecke übermäßig beansprucht werden.

Ähnlich verhält es sich mit Rohrsystemen, die mehrere festliegende Anschlüsse besitzen, wenn Verzweigungen nach verschiedenen Richtungen hin erforderlich sind.

Bei Schräglagen von Rohrschenkeln im Raum ist die praktische Beurteilung ihrer vermutlichen Elastizität einer theoretischen vorzuziehen.

Die Achsen der Gliederträgheitsmomente und des Fliehmoments können in solchen Fällen mit Hilfe des MOHRschen Kreises (s. ,,Hütte'', Bd. 2 und [*47*]) in die Richtung gebracht werden, die ihre Projektion auf die Systemachsen ermöglicht.

5.691 Dehnungsausgleicherkombinationen. Mitunter ist es zweckmäßig, Dehnungsausgleicherkombinationen zu schaffen. Ein Teil der Dehnungen des Rohrsystems wird dann durch besondere Kompensatoren ausgeglichen. Das Rohrsystem wird auf diese Weise entlastet. Eine solche Kombination kommt nur für große Rohrnennweiten bei geringen Raumverhältnissen in Betracht. Die Aufteilung des Dehnungsausgleichs ist so durchzuführen, daß die Einspannmomente der Dehner mit denen des Rohrsystems annähernd übereinstimmen, damit beide möglichst gleichmäßig beansprucht werden.

5.692 Falten- und Wellrohrbiegungen. Falten- und Wellrohrbogen kommen für Rohrleitungen mit Temperaturen über 400 °C nur bedingt in Frage. Für Rohrleitungen bis zu 400 °C werden indessen gern Faltenrohrbiegungen verwendet, weil ihre Herstellung billiger ist als das Biegen von Rohren, die vorher eine Sandfüllung erhalten müssen. Für den Dehnungsausgleich durch Faltenrohre bieten besonders kleine Radien Vorteile, denn nur diese erlauben das Einbringen von Falten in wirksamer Höhe und Zahl. Mit zunehmender Zahl von Falten steigt aber der Druckverlust im strömenden Medium.

Die Größe der Elastizität von Faltenrohrbiegungen ist umstritten, wenn das ganze Rohrsystem auf seinen Dehnungsausgleich und die dabei auftretenden Kräfte hin beurteilt wird. Der Rohrquerschnitt muß nämlich in der Faltenrohrbiegung einen bestimmten Widerstand leisten, wenn außerdem auch noch Glattrohrschenkel an den Abbiegungen teilnehmen. Eine zu starke Abflachung der Rohrweite in der Biegung von Glattrohrbogen fördert das Aufkommen von Haarrissen in dem widerstandschwächeren Bogenrohrwandquerschnitt als Folge einer, durch lange Rohrschenkel hervorgerufenen hohen Querbiegebeanspruchung.

Falten- und Wellrohrbiegungen zählen zu den Dehnungsausgleichern (s. Abschn. 8). Sie sind so zu verwenden, wie es deren Hersteller angeben [*49, 50*].

5.7 Einbringen von Vorspannungen

Theoretisch kann ein Rohrsystem soweit aufgezogen werden, bis die Streckgrenze des Werkstoffs erreicht ist, denn der Innendruck und die Wandtemperatur haben auf das Vorspannen keinen Einfluß. Zu bedenken ist dabei aber der Kraftaufwand für das Einbringen der Vorspannung.

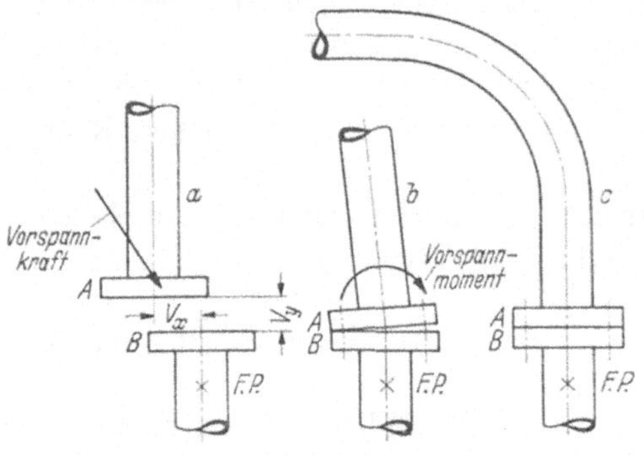

Genügend lange Rohrschenkel mit Flanschanschluß sind mit Zentrierbolzen und für die Vorspannung entsprechend langen Montagebolzen in die gewünschte Lage zu bringen (s. Abb. 5.024).

Schwierig ist es, ein aus mehreren Rohren bestehendes räumliches System zusammenzuschweißen und dabei gleichzeitig vorzuspannen.

Jede Rundnaht muß sich beim Schweißen ungehindert dehnen und muß ungehindert schrumpfen können. Soll die Schweißarbeit einwandfrei sein, so müssen dabei die Rohrenden parallel zueinander liegen.

Abb. 5.024. Einbringen einer Vorspannung [*100*]
a Stellung der Flanschen vor der Montage; *b* während der Montage; *c* fertig montiert
Bei räumlichen Rohrsystemen ist noch eine dritte Vorspannkomponente V_z, senkrecht zu V_x, V_y, zu berücksichtigen. Ein Drehmoment ergänzt das Vorspannmoment.

Die Vorspannung eines Rohrsystems erfordert also eine Voruntersuchung zur Feststellung der dabei auftretenden Biege- und Drehmomente und der sich daraus ergebenden Werkstoffspannungen und Vorspannkräfte.

Die Größe der Kraftkomponenten für die Vorspannung und die Werkstoffanstrengung durch das Aufziehen des Rohrsystems lassen sich in gleicher Weise, wie in den Abschn. 5.4 und 5.52 beschrieben, feststellen, wenn an Stelle der Dehnungen die vorgesehenen Vorspannungen in die Elastizitätsgleichungen eingeführt werden.

Beim Anwärmen des Rohrsystems verlaufen die Dehnungen, sowohl zeitlich als auch nach allen Richtungen hin, annähernd gleichmäßig.

Beim Vorspannen des Rohrsystems werden die in einer oder drei Ebenen liegenden Rohrschenkel nacheinander vorgezogen. Dem Geschick des Monteurs bleibt es dabei überlassen, die Biege- und Drehmomente an den Stellen, an denen vorgezogen wird, zu berücksichtigen.

Ein Teil der in das Rohrsystem eingebrachten Vorspannung geht mit der Zeit verloren, weil bei jedem Ab- und Wiederanstellen einer Wärmekraftanlage mit bleibenden Werkstoffdehnungen zu rechnen ist, die die Elastizität des Werkstoffs verringern.

5.8 Verschiebung der Einspannstellen

Kräfte von außen können Verschiebungen der Einspannenden in einer, zwei oder bei räumlichen Systemen in allen drei Richtungen verursachen. Das trifft zu, wenn Anschlußstellen an Kesseln, Turbinen und Apparaten durch Wärmedehnungen wandern. Diese Verschiebungen sind wie Dehnungen der Rohrschenkel zu werten. Sie vergrößern oder verringern die Dehnungen Δx, Δy oder Δz, je nach der Richtung, in der solche Verschiebungen auftreten.

6. Die einzelnen Rohrsorten und ihre Herstellung

Die Rohrleitungen in Wärmekraftwerken werden vorzugsweise aus nahtlos gewalzten Röhren hergestellt.

Nahtloses Rohr, als Mannesmannrohr bekannt, wird nach dem Schräg- und Pilgerwalzverfahren erzeugt [14]. Dabei wird ein massiver Stahlblock gelocht und

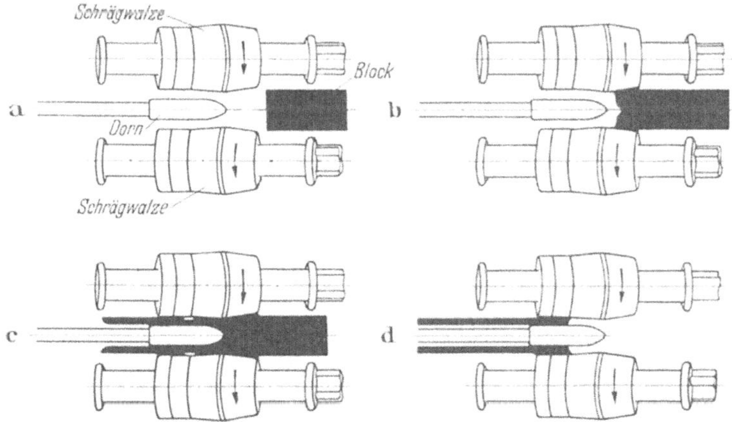

Abb. 6.01 a–d. Schrägwalzvorgang
a) Der glühend heiße Stahl-Rundblock wird dem Schrägwalzwerk zugeleitet; b) der Block wird von den Schrägwalzen erfaßt; c) der Druck und die Drehung der Walzen bewirken infolge der sogenannten „Friemel-Bewegung" eine Gefügelockerung im Block, die zu einem „Aufreißen" und schließlich zur Lochbildung führt; d) der Dorn stößt durch den Block und es ergibt sich zunächst die Rohrluppe.

dann durch Walzen über einen Dorn (s. Abb. 6.01) gestreckt. Im Pilgerschritt wird nach und nach die dicke Wand eines gelochten Stahlblocks abgebaut, bis die ver-

langte Rohrwanddicke erreicht ist (s. Abb. 6.02 und 6.03). Je nach Rohrweite
und Rohr-Wanddicke fallen längere und kürzere Rohre an. Gewalzt wird nach
DIN 2448, mit ISO-Abmessungen, entsprechend Tab. 6.I, aber begrenzt wird noch
zusätzlich eine Auswahl von Röhren mit äußeren Durchmessern in Überein-

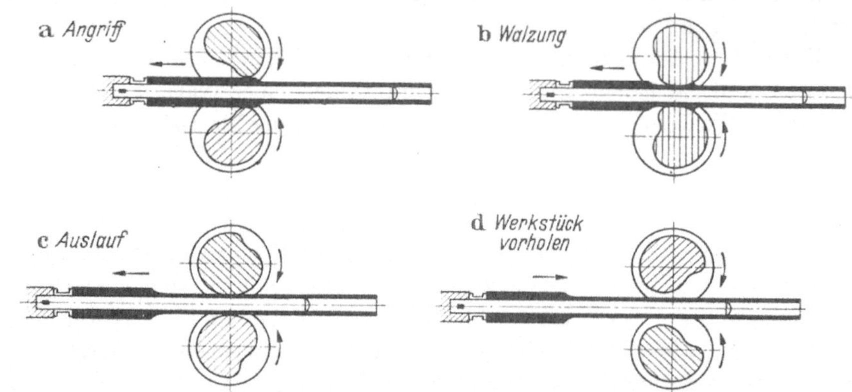

Abb. 6.02 a–d. Pilgervorgang zur Herstellung nahtloser Röhren
a) Angriff der Rohrluppe und Wegdrücken einer kleinen Werkstoffwelle durch das Pilgermaul über den Dorn;
b) c) Auswalzen des Werkstoffs längs des Dorns; d) Vorlauf zum neuen Angriff bei gleichzeitiger Drehung
von Dorn und Luppe um 90°

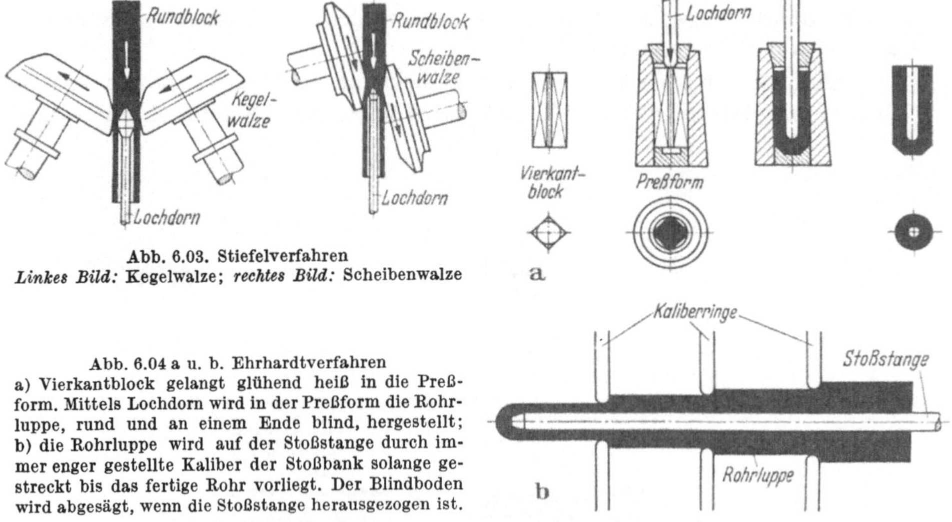

Abb. 6.03. Stiefelverfahren
Linkes Bild: Kegelwalze; *rechtes Bild:* Scheibenwalze

Abb. 6.04 a u. b. Ehrhardtverfahren
a) Vierkantblock gelangt glühend heiß in die Preßform. Mittels Lochdorn wird in der Preßform die Rohrluppe, rund und an einem Ende blind, hergestellt;
b) die Rohrluppe wird auf der Stoßstange durch immer enger gestellte Kaliber der Stoßbank solange gestreckt bis das fertige Rohr vorliegt. Der Blindboden
wird abgesägt, wenn die Stoßstange herausgezogen ist.

stimmung mit DIN 2448, Jan. 1940, Tab. 3.I, jedoch mit Wanddicken nach ISO,
gewalzt, wie in Tab. 6.I vermerkt.

Nahtloses Rohr mit einer Wanddicke, die als abnorm anzusprechen ist, wird
aus gelochten Stahlblöcken nach einem Sonderverfahren (Lochpresse, Ziehpresse
und Sonderwalzwerk Abb. 6.04) gefertigt.

Auch mittels eines Bohrwerks sind nahtlose Röhren aus einem Stahlblock, mit
den vom Besteller gewünschten Abmessungen herzustellen. Für gebohrte Rohre
dieser Art werden legierte Ferrit- und Austenit-Stähle verarbeitet.

Entscheidend für die Herstellung nahtloser Röhren für hohe Drücke und hohe Temperaturen nach einem der vorerwähnten Verfahren sind Rohrweite, Rohrwanddicke, verlangte Wanddicken-Toleranz und der Werkstoff.

Die Verwendung von dickwandigem Rohr aus einem Ferritstahl ergibt ein starres Rohrsystem. Dünnwandiges Rohr aus einem Austenitstahl, obwohl um ein mehrfaches teurer, ist mitunter besser zu verwenden, damit das gleiche Rohrsystem nachgiebiger wird.

Um ein Rohrsystem mit starker Wand nachgiebiger gestalten zu können, wurde das Wickelrohr als ein neues Konstruktionselement im Hochdruckleitungsbau eingeführt, zunächst nur für Speisewasserleitungen, neuerdings aber auch für Dampfleitungen.

Wickelrohre, als Hochdruck-Hohlkörper, sind bereits seit Jahren in der chemischen Industrie bekannt. Sie bestehen aus einem nahtlosen Kernrohr, das eine oder mehrere übereinander liegende Wickellagen erhält (s. Abb. 6.05 und [51]).

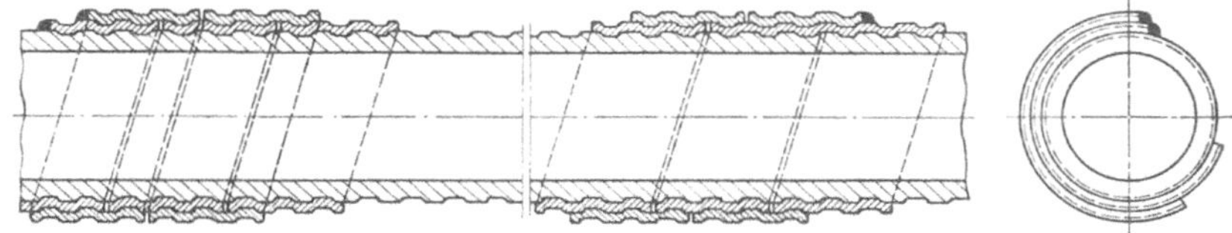

Abb. 6.05. Genutetes Kernrohr mit Wickelbändern im Längs- und Querschnitt [51]

Das Wickelband wird warm aufgebracht und liegt satt am Kernrohr an. Dabei erhält das Kernrohr eine Druckvorspannung, das Band eine Zugspannung. Die Verzahnung der Wickelbänder ermöglicht es Wickelrohre zu biegen (s. Abb. 6.06).

Wassergas überlappt geschweißte Rohre, die früher für mittlere Drücke verwendet wurden, sind durch maschinell längsgeschweißte Rohre vom Röhrenmarkt verdrängt worden.

Für niedrige Drücke finden bei Rohrweiten über 150 mm Blechrohre Verwendung, die aus gerollten und zusammengeschweißten Blechen bestehen.

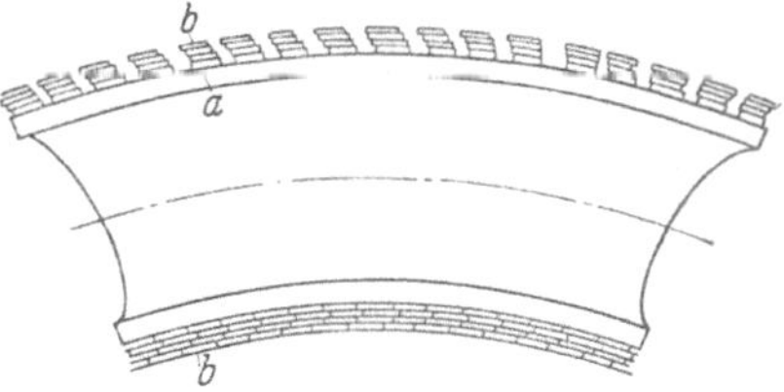

Abb. 6.06. Gebogenes Wickelrohr mit
4 Wickellagen[1]
a Grundrohr; b Wicklung

Die Rohrsorte, die zu wählen ist, ergibt sich aus der Art, dem Druck und der Temperatur des durch die Rohrleitung strömenden Stoffes. Die Verlegung der Röhren, ob im Gebäude, im Freien oder im Erdreich, entscheidet über die Wahl eines äußeren Rohrschutzes gegen Korrosion.

6.1 Nahtlose Stahlrohre

Nahtlose Stahlrohre (s. Tab. 6.I) werden mit ISO-Abmessungen nach dem neuen Walzprogramm DIN 2448 (1960) hergestellt. Die Rohraußendurchmesser liegen fest. Die wirkliche lichte Rohrweite ist abhängig von der Wanddicke und den Maßabweichungen, die für Rohraußendurchmesser und Wanddicke in DIN-Blatt 1629

---

[1] Siehe VRB-Mitteilungen 1956, H. 6.

  Tabelle 6.I. *Nahtlose Stahlrohre*, nach DIN 2448, Blatt 1 (Entwurf August 1960)[2],

Außendurchmesser mm	Zoll	Normalwand[1] mm	Zoll	Gewicht kg/m	Wanddicke mm/Zoll 2 / 0,080	2,3 / 0,092	2,6 / 0,104	2,9 / 0,116	3,2 / 0,128	3,6 / 0,144	4 / 0,160	4,5 / 0,176	5 / —
10,2*	13/32	1,6	0,064	0,344	0,410	0,454	0,493						
13,5*	17/32	1,8	0,072	0,522	0,571	0,639	0,703	0,762	0,817	0,883			
16	5/8	1,8	0,072	0,632	0,692	0,778	0,860	0,938	1,01	1,10	1,18		
17,2*	11/16	1,8	0,072	0,688	0,754	0,850	0,942	1,03	1,11	1,21	1,31	1,41	
20	25/32	2	0,080	0,890		1,01	1,12	1,22	1,33	1,46	1,58	1,71	1,85
21,3*	27/32	2	0,080	0,962		1,09	1,21	1,33	1,44	1,59	1,72	1,87	2,01
25	—	2	0,080	1,13		1,29	1,44	1,58	1,72	1,90	2,07	2,28	2,47
26,9*	1 1/16	2,3	0,092	1,41			1,57	1,73	1,89	2,09	2,28	2,48	2,70
30	1 3/16	2,6	0,104	1,77				1,96	2,14	2,37	2,59	2,83	3,08
31,8	1 1/4	2,6	0,104	1,88				2,08	2,27	2,52	2,76	3,02	3,30
33,7*	1 11/32	2,6	0,104	2,01				2,22	2,42	2,69	2,95	3,23	3,54
38	1 1/2	2,6	0,104	2,29				2,53	2,77	3,08	3,38	3,71	4,07
42,4*	1 11/16	2,6	0,104	2,57				2,84	3,11	3,47	3,81	4,19	4,61
44,5	1 3/4	2,6	0,104	2,70				2,99	3,28	3,65	4,02	4,42	4,87
48,3*	1 29/32	2,6	0,104	2,95				3,27	3,59	4,00	4,41	4,85	5,34
51	2	2,6	0,104	3,12				3,46	3,79	4,23	4,66	5,13	5,67
57	2 1/4	2,9	0,116	3,90					4,28	4,78	5,27	5,81	6,41
60,3*	2 3/8	2,9	0,116	4,14					4,54	5,07	5,59	6,17	6,82
63,5	2 1/2	2,9	0,116	4,36					4,79	5,36	5,91	6,52	7,21
70	2 3/4	2,9	0,116	4,83					5,30	5,93	6,55	7,24	8,01
76,1*	3	2,9	0,116	5,28					5,80	6,49	7,17	7,92	8,77
82,5	3 1/4	3,2	0,128	6,31						7,06	7,80	8,63	9,56
88,9*	3 1/2	3,2	0,128	6,81						7,63	8,43	39,33	10,3
101,6*	4	3,6	0,144	8,76							9,70	10,7	11,9
108	4 1/4	3,6	0,144	9,33							10,3	11,4	12,7
114,3*	4 1/2	3,6	0,144	9,90							11,0	12,1	13,5
127	5	4	0,160	12,2								13,5	15,0
133	5 1/4	4	0,160	12,8								14,2	15,8
139,7*	5 1/2	4	0,160	13,5								14,9	16,6
152,4	6	4,5	0,176	16,4									18,2
159	6 1/4	4,5	0,176	17,1									19,0
165,1	6 1/2	4,5	0,176	17,8									19,7
168,3*	6 5/8	4,5	0,176	18,1									20,1
177,8	7	5	—	21,3									
193,7*	7 5/8	5,4	0,212	25,0									
219,1*	8 5/8	5,9	0,232	31,0									
244,5*	9 5/8	6,3	1/4	37,1									
267	10 1/2	6,3	1/4	40,6									
273*	10 3/4	6,3	1/4	41,6									
298,5	11 3/4	7,1	9/32	51,1									
323,9*	12 3/4	7,1	9/32	55,6									
355,6*	14	8	5/16	68,3									
368	14 1/2	8	5/16	70,8									
406,4*	16	8,8	11/32	85,9									
419	16 1/2	10	—	101									
457,2	18	10	—	110									
508	20	11	7/16	135									
558,8	22	12,5	1/2	170									

Blatt 2 enthält eine Auswahl von Rohren, die mit den Außendurchmessern des bisherigen Normblattes DIN 2448, Ausgabe Januar 1940×, während einer Übergangszeit hergestellt werden. Wanddicken entsprechend den ISO-Empfehlungen.

Magergedruckte Außendurchmesser sind möglichst zu vermeiden.

Werkstoff bei Bestellung angeben: nach DIN 1629 oder DIN 17175.

[1] Rohre mit Normalwanddicke sind in der Regel ab Lager lieferbar. Im allgemeinen werden nahtlose Stahlrohre nur in den Außendurchmessern und Wanddicken hergestellt, für die Gewichte angegeben sind.

Wanddicke mm/Zoll — Gewicht in kg/m

| 5,6 | 6,3 | 7,1 | 8 | 8,8 | 10 | 11 | 12,5 | 14,2 | 16 | 17,5 | 20 | 22,2 | 25 | Außendurchmesser mm |
0,219	1/4	9/32	5/16	11/32	—	7/16	1/2	9/16	5/8	11/16	—	7/8	1	mm
														10,2*
														13,5*
														16
														17,2*
														20
														21,8*
2,68	2,91													**25**
2,94	3,21	3,48												**26,9***
3,37	3,70	4,03	4,34											**30**
3,60	3,97	4,33	4,68											**31,8**
3,87	4,27	4,67	5,05	5,39										**33,7***
4,47	4,95	5,43	5,91	6,33	6,91									**38**
5,07	5,62	6,19	6,76	7,27	7,99	8,54								**42,4***
5,35	5,95	6,56	7,17	7,72	8,51	9,11	9,90							**44,5**
5,89	6,55	7,24	7,93	8,56	9,45	10,2	11,1							**48,3***
6,24	6,95	7,69	8,43	9,10	10,1	10,9	11,9	12,9						**51**
7,08	7,91	8,77	9,65	10,4	11,6	12,5	13,8	15,0	16,2					**57**
7,53	8,42	9,34	10,3	11,1	12,4	13,4	14,8	16,2	17,4					**60,3***
7,97	8,91	9,90	10,9	11,8	13,2	14,3	15,8	17,3	18,7					**63,5**
8,85	9,92	11,0	12,2	13,2	14,8	16,0	17,8	19,6	21,2	22,6				**70**
9,71	10,9	12,1	13,4	14,6	16,3	17,7	19,7	21,7	23,7	25,3	27,7			**76,1***
10,6	11,9	13,2	14,6	15,9	17,9	19,5	21,7	24,0	26,2	28,0	30,8	33,0		**82,5**
11,5	12,9	14,4	15,9	17,3	19,5	21,2	23,7	26,2	28,7	30,8	34,0	36,5		**88,9***
13,2	14,9	16,6	18,4	20,1	22,6	24,7	27,6	30,7	33,7	36,2	40,2	43,5	47,5	**101,6***
14,1	15,8	17,7	19,6	21,4	24,2	26,4	29,6	32,9	36,2	39,0	43,4	47,0	51,4	**108**
15,0	16,8	18,8	20,9	22,8	25,7	28,1	31,6	35,1	38,6	41,7	46,5	50,4	55,3	**114,3***
16,7	18,8	21,0	23,4	25,5	28,9	31,6	35,5	39,6	43,6	47,2	52,8	57,4	63,2	**127**
17,6	19,8	22,1	24,6	26,9	30,3	33,3	37,4	41,8	46,1	49,9	55,7	60,8	67,1	**133**
18,5	20,8	23,3	25,9	28,3	32,0	35,1	39,5	44,0	48,6	52,7	59,0	64,3	71,1	**139,7***
20,2	22,8	25,5	28,4	31,0	35,1	38,5	43,4	48,5	53,6	58,1	65,3	71,3	79,0	**152,4**
21,1	23,8	26,6	29,6	32,4	36,7	40,3	45,4	50,8	56,2	60,9	68,6	74,8	83,0	**159**
21,9	24,8	27,7	30,9	33,8	38,2	42,0	47,4	53,0	58,6	63,6	71,6	78,2	86,9	**165,1**
22,4	25,3	28,3	31,5	34,5	39,0	42,9	48,4	54,1	59,9	65,0	73,1	80,0	88,9	**168,3***
23,7	26,7	30,0	33,4	36,5	41,4	45,4	51,3	57,4	63,6	69,1	77,8	85,2	94,8	**177,8**
	29,2	32,8	36,5	40,0	45,3	49,8	56,2	63 0	69,8	75,9	85,7	93,9	105	**193,7***
	33,2	37,2	41,5	45,4	51,6	56,7	64,1	71,9	79,8	86,9	98,2	108	120	**219,1***
		41,7	46,5	50,9	57,8	63,6	72,0	80,8	89,8	97,8	111	122	136	**244,5***
		15,6	50,0	55,8	63,1	60,7	70,0	88,7	08,6	107	122	134	150	**267**
		46,7	52,1	57,1	64,9	71,4	80,9	90,9	101	110	125	137	154	**273***
			57,1	62,6	71,1	78,3	88,8	99,8	111	121	137	151	170	**298,5**
			62,1	68,1	77,4	85,3	96,7	109	121	132	150	165	186	**323,9***
				74,9	85,2	93,9	107	120	133	146	166	183	205	**355,6***
				77,7	88,3	97,3	110	124	138	151	172	189	213	**368**
					97,8	108	122	138	153	168	191	210	237	**406,4***
						111	126	142	158	173	197	217	245	**419**
						122	138	156	173	189	216	238	268	**457,2**
							154	173	193	211	241	266	300	**508**
							191	213	233	266	294	331		**558,8**

[2] Fachnormenausschuß Rohre, Rohrverbindungen und Rohrleitungen im Deutschen Normenausschuß (DNA).

* Diese Außendurchmesser sind die Grundabmessungen in den einschlägigen ISO-Empfehlungen und international am gebräuchlichsten. Sie entsprechen bis 130,7 mm den Rohren mit Gewinde nach ISO-Empfehlungen R 7, ab 168,3 mm den Rohren mit Gewinde nach ASA B 2.1, API Std 5A, API Std 5L oder API Std 5LX.

Technische Lieferbedingungen s. DIN 1629, DIN 17 175 und Sondervorschriften (z. B. Kesselrohre).

oder DIN-Blatt 17175 festgelegt sind. Handelsüblich sind Rohre mit Normalwand aus Werkstoff St 00.29, ohne Abnahme und ohne Werkstattest. Sie finden Verwendung für Temperaturen bis 200 °C. Der zulässige Betriebsdruck ergibt sich aus dem Werkstoffkennwert $K = 15\ \mathrm{kg/mm^2}$ und der Normalwanddicke nach DIN 2413 (s. Tab. 3.II). Zu beachten ist die Grenzbedingung für St 00.29 mit $p\,d_i = 7000$. In Tab. 3.IX sind für einige Rohraußendurchmesser die höchstzulässigen Betriebsdrücke für handelsübliche nahtlose Stahlrohre aus St 00.29 angegeben. Die Lieferbedingungen nach DIN 1629, Blatt 3, gelten für nahtlose Stahlrohre mit Gütevorschriften aus St 35 und St 45, die nach Blatt 4 für Rohre mit besonderen Gütevorschriften.

Für nahtlose Stahlrohre mit gewährleisteten Warmfestigkeitseigenschaften gelten die technischen Lieferbedingungen DIN 17175. Sie erstrecken sich (s. Tab. 3.III) bei Gütestufe I für Betriebsdrücke bis zu 32 kg/cm² und für Temperaturen des durchströmenden Stoffes bis zu etwa 400 °C, bei Gütestufe II für Temperaturen über 400 °C bis zu etwa 450 °C oder Betriebsdrücke über 32 bis zu 80 kg/cm² einschließlich, und bei Gütestufe III für Temperaturen über 450 °C oder Betriebsdrücke über 80 kg/cm². Für den neuzeitlichen Kraftwerkbau mit seinen hohen Betriebsdrücken kommt meistens nur die Gütestufe III für hochbeanspruchte Röhren in Betracht. Verwendung finden die Stähle St 35.8, St 45.8, 15 Mo 3, 13 CrMo 44, 10 CrMo 910.

Zusätzliche Bedingungen der Besteller erstrecken sich auf die Überwachung der Röhrenherstellung, die Prüfung der Werkstoffe, das Beizen und die Abnahme der fertigen Röhren [52].

Die Prüfung der fertigen Röhren durch Ultraschall zur Erkennung von Doppelungen in der Rohrwand, infolge Auswalzen von Lunkerstellen, und das Beizen der Röhren zur Entfernung von Zunder und Schmutz, ist eine besonders festzulegende zusätzliche Vorschrift beim Bezug von Röhren für hohe Drücke und Temperaturen.

Die Beizbedingung erstreckt sich meistens auf alle Röhren in einbaufähigem Zustand für den ganzen Kreislauf Wasser–Dampf–Wasser, um sicher zu gehen, daß Dampferzeuger sauberes Wasser und Dampfverbraucher sauberen Dampf erhalten. Beides kommt den Armaturen zugute.

Die Markenbezeichnungen St 35.8 und St 45.8 gelten nach DIN 17006 für unlegierte Rohre.

Eine Übersicht über zulässige Betriebsdrücke bei Betriebstemperaturen bis zu 400 bzw. 450 °C, bei Verwendung der Werkstoffe St 35.8 bzw. St 45.8, geben die Tab. 3.IX und 3.X.

Röhren aus mit Molybdän legiertem Stahl 15 Mo 3 können im Dauerbetrieb bis zu etwa 530 °C, Röhren aus Werkstoff 13 CrMo 44 bis zu etwa 560 °C und aus CrSiMoV 7 oder 10 CrMo 9 10 bis zu etwa 590 °C und aus Stahl X 20 CrMoWV 121 bis zu etwa 600 °C Rohrwandtemperatur verwendet werden. Alle diese Werkstoffbezeichnungen beziehen sich auf Ferritstähle.

Für Rohrwandtemperaturen über 600 °C, im Dauerbetrieb, stehen für hohe Drücke Austenitstähle mit den Werkstoffbezeichnungen X 8 CrNiNb 16 13 und X 8 CrNiMoVNb 16 13 zur Verfügung. Für nahtlose Rohre aus hochwarmfesten austenitischen Stählen gelten die „Technischen Lieferbedingungen" Stahl-Eisen 675-57, Entwurf März 1959. Im Kraftwerkbetrieb haben sich diese Stahlrohr-

sorten für Dampftemperaturen bis zu 650 °C bereits bewährt [*53* bis *56, 10*].
Richtlinien für ihren Verwendungsbereich s. Tab. 6.II.

Tabelle 6.II. *Röhrenstähle, Richtlinien für Verwendungsbereich*

Werkstoff-Bezeichnung	Verwendungsbereich
St 00.29	ohne Gütenachweis, verwendet für Rohrleitungen bis etwa 25 atü, 200 °C
St 35.29 St 45.29	mit Gütenachweis nach DIN 1629, verwendet für Leitungen bis etwa 30 atü, 300 °C
St 35.8 St 45.8	mit Gütenachweis nach DIN 17175 in Gütestufen I, II und III je nach Betriebsdruck und Temperatur, verwendet bis etwa 520 °C
15 Mo 3 Marwe 13 P	mit Gütenachweis nach DIN 17175 Gütestufe III, verwendet bis etwa 530 °C
13 CrMo 44 Marwe 17 L	mit Gütenachweis nach DIN 17175 Gütestufe III, verwendet bis etwa 560 °C
10 CrMo 9 10 Marwe 215 E	mit Gütenachweis nach DIN 17175 Gütestufe III, verwendet bis etwa 590 °C
10 CrSiMoV 7 Marwe 213 ESV	mit Gütenachweis in Anlehnung an DIN 17175 Gütestufe III, nicht genormt, verwendet bis etwa 590 °C
X 20 CrMoWV 121 Marwedur F 11	mit Gütenachweis in Anlehnung an DIN 17175 Gütestufe III, nicht genormt, verwendet bis etwa 600 °C
X 8 CrNiNb 16 13 Marwedur AN 11	austenitischer Stahl mit Gütenachweis nach Stahl-Eisen Lieferbedingungen — St. E, 1959 (Entwurf), verwendet bis etwa 800 °C
X 8 CrNiMoNb 16 16 Marwedur AN 15	austenitischer Stahl mit Gütenachweis nach Stahl-Eisen- Lieferbedingungen 675 — St. E, 1959 (Entwurf) verwendet bis etwa 800 °C
X 8 CrNiMoVNb 16 13 Marwedur AN 31	austenitischer Stahl mit Gütenachweis nach Stahl-Eisen- Lieferbedingungen 675 — St. E, 1959 (Entwurf), verwendet bis etwa 650 °C

Alle Angaben über Werkstoffzusammensetzung (Analyse), Streckgrenze, Zeitdehngrenze, Zeitstandfestigkeit, Wärmeausdehnung, Elastizitätsmodul, Wärmebehandlung, Verarbeitung und Schweißzusatzwerkstoffe sind in den Werkstoffblättern der Röhrenwerke [*11*] zu finden.

Gebräuchliche Werte sind auszugsweise in den Tab. 3.IV, 3.V, 3.VI, 3.VII, 3.VIII, 6.III,
6.IV und 7.I aufgeführt, teils um die Berechnung der Rohrwanddicken zu ermöglichen, teils
um Hinweise für das Verschweißen der Rohre zu geben.

Es ist notwendig, den Bedarf an hochwertigen Röhren beim Lieferwerk frühzeitig anzufragen, da es sein kann, daß die Einrichtungen und das Rüstzeug des
Lieferwerks Abweichungen von der berechneten Rohrwanddicke bedingen und
außerdem die benötigte Rohrmenge den Preis bestimmt.

Tabelle 6.III. *Warmfeste Röhrenstähle, ihre Wärmebehandlung*

Werkstoff-Bezeichnung	Warm-formgebung bei °C	Wärmebehandlung			
		nach Warmformgebung	nach Kaltverformung	vor dem Schweißen	nach dem Schweißen
St 35.8	1100···850	Bei starker Verformung Normalglühen bei 900···930 °C an Luft	Bei starker Verformung Spannungsfreiglühen mind. 15 min bei 600···650 °C an Luft, in Grenzfällen Normalglühen bei 900···930 °C an Luft	Keine Wärmebehandlung	Bei Wanddicken über 20 mm Spannungsfreiglühen mindestens 15 min bei 600···650 °C an Luft
St 45.8	1100···850	Bei starker Verformung Normalglühen bei 870···900 °C an Luft	Bei starker Verformung Spannungsfreiglühen mind. 15 min bei 600···650 °C an Luft, in Grenzfällen Normalglühen bei 870···900 °C an Luft		Bei Wanddicken über 100 mm Spannungsfreiglühen mindestens 15 min bei 600···650 °C an Luft
15 Mo 3 (Marwe 13 P)	1100···950	Normalglühen bei 910···940 °C an Luft	Bei starker Verformung Spannungsfreiglühen mindestens 20 min bei 600···650 °C an Luft	Bei Wanddicken über 10 mm Vorwärmen auf 100···200 °C	Bei Wanddicken über 10 mm Spannungsfreiglühen mindestens 20 min bei 600···650 °C an Luft
13 CrMo 44 (Marwe 17 L)	1100···900	Vergüten 15···30 min bei 910···940 °C an Luft, Anlassen 15···60 min bei 700···720 °C an Luft	Spannungsfreiglühen 15···30 min bei 600···650 °C an Luft		Anlaßglühen 15···60 min bei 700···720 °C an Luft
10 CrMo 910 (Marwe 215 E)	1100···950	Vergüten 15···30 min bei 930···960 °C an Luft, Anlassen 15···60 min bei 730···780 °C an Luft,	Bei starker Verformung Spannungsfreiglühen 30···60 min bei 600···650 °C an Luft	Bei Wanddicken über 6 mm Vorwärmen auf 200···300 °C	Anlaßglühen 15···60 min bei 730···780 °C an Luft
10 CrSiMoV 7 (Marve 213 ESV)	1100···900	Vergüten 15···30 min bei 970···1000 °C an Luft, Anlassen 30···60 min bei 730···780 °C an Luft			Anlaßglühen 30···60 min bei 730···780 °C an Luft

Hochwertige Röhren tragen an den Rohrenden einen Abnahmestempel. Wird eine Rohrlänge durchgeschnitten, dann ist es zweckmäßig, vorher durch einen Beamten des TÜV diese Abstempelung auf die abzutrennenden Teile übertragen zu lassen, denen sonst der Qualitätsnachweis fehlt.

Werkstoffverwechselungen werden vermieden, wenn die Rohre einen Längsstrich in einer Farbe erhalten, die der Werkstoffqualität entspricht. Diesbezügliche Angaben enthält DIN 17175, Blatt 2, Tafel 1.

Die „Richtlinien für den Bau und die Bestellung von Heißdampfrohrleitungen" [52] bilden in der Regel einen Bestandteil der Lieferbedingungen bei Aufträgen auf Kraftwerksrohrleitungen. Sie gelten auch für die Herstellung und Abnahme hochwertiger Röhren.

6.2 Nahtlose Stahlmuffenrohre

Nahtlose Stahlmuffenrohre werden für Gas- und Wasserleitungen verwendet. Nach DIN 2460 wird für diese Rohren Flußstahl St 00.29 verarbeitet. DIN 2460 wurde überarbeitet. Die neuen Rohraußendurchmesser stimmen mit der ISO-Empfehlung überein. Die Rohre werden mit Stemmuffe, Einsteckschweißmuffe oder Sigurmuffe geliefert, wie es in DIN 2460 und 2461 angegeben ist.

Als Rohrverbindung für Fernleitungen eignet sich die Mannesmann-Kugelschweißmuffe, die Abweichungen von der Geraden bis 20° zuläßt und damit eine Anpassung der Rohrstraße an welliges Erdreich ermöglicht.

Stahlmuffenrohre werden unmittelbar in die Erde verlegt. Sie erhalten deshalb einen Schutzüberzug. Hierfür dienen Erdölbitumina und Steinkohlenteerpeche als Ausgangsstoffe. Die Grundschicht erhält eine Wickelschicht aus in

Werkstoff		Vergüten	Spannungsfreiglühen	Vorwärmen	
X 20 CrMoWV 121 (Marwedur F 11)	1100···850	Vergüten ~30 min bei 1020···1070 °C in Luft oder Öl und ~120 min bei 740···780 °C an Luft	Spannungsfreiglühen mindestens 20 min bei 750 °C an Luft	Vorwärmen auf 200···250 °C, bei Wanddicken ab 40 mm möglichst auf mindestens 400 °C	Luftabkühlung auf mindestens 150 °C, nicht unter 100 °C, mit anschließendem Spannungsfreiglühen bei 750 °C
X 8 CrNiNb 1613 (Marwedur AN 11)	1150···850	Vergüten 10···20 min bei 1050···1100 °C in Wasser oder Luft	Spannungsfreiglühen 60···20 min bei 850···950 °C an Luft		Bei Gefahr von Spannungsrißkorrosion Spannungsfreiglühen 60···20 min bei 850···950 °C an Luft
X 8 CrNiMoNb 1616 (Marwedur AN 15)	1150···850				
X 8 CrNiMoVNb 1613 (Marwedur AN 31)	1150···850	Vergüten 15···30 min bei 1100···1150 °C in Wasser oder Luft und 300 min bei 750 °C, bis 60 min bei 800 °C an Luft		Bei Wanddicken über 6 mm Vorwärmen auf 100···200 °C	Bei Gefahr von Spannungsrißkorrosion Spannungsfreiglühen 300 min bei 750 °C, bis 60 min bei 800 °C an Luft

Tabelle 6.IV. *Wärmebehandlung von Eisen und Stahl,*

Abkühlungs-geschwindigkeit	Temperaturabnahme in der Zeiteinheit beim Durchlaufen eines bestimmten Temperaturbereiches.
Abschrecken	Rasches Abkühlen eines Werkstückes. Auch das rasche Abkühlen austenitischer Stähle von hohen Temperaturen (meist über 1000°), um ein möglichst homogenes austenitisches Gefüge guter Zähigkeit zu erzielen, wird Abschrecken genannt.
Anlassen	Erwärmen nach vorausgegangenem Härten, Kaltverformen oder Schweißen auf eine Temperatur zwischen Raumtemperatur und unterem Umwandlungspunkt Ac_1 und Halten bei dieser Temperatur mit nachfolgendem, zweckentsprechendem Abkühlen.
Anlaßdauer	Dauer des Haltens auf Anlaßtemperatur.
Anlaßtemperatur	Temperatur, auf der das Werkstück beim Anlassen gehalten wird.
Anwärmdauer	Zeitspanne vom Beginn des Erwärmens bis zum Erreichen der Solltemperatur an der Oberfläche des Werkstücks.
Aushärten	Wärmebehandlung unter Ausnutzung der Temperaturabhängigkeit des Lösungsvermögens von Mischkristallen, bestehend in Lösungsglühen, Abschrecken und Halten bei Raumtemperatur (Kaltauslagern) oder bei höheren Temperaturen (Warmauslagern), um die mechanischen oder magnetischen Eigenschaften zu verändern.
Diffusionsglühen	Glühen bei sehr hohen Temperaturen (bei Stählen mit Gefügeumwandlung erheblich oberhalb Ac_3) mit langzeitigem Halten auf dieser Temperatur und nachfolgendem beliebigem Abkühlen, um eine gleichmäßigere Verteilung löslicher Bestandteile zu erhalten.
Durchwärmdauer	Zeitspanne vom Erreichen der Solltemperatur an der Oberfläche des Werkstücks bis zum Erreichen der Solltemperatur im Kern oder – bei einseitigem Erwärmen – an der Rückseite.
Entkohlung	Meist auf die Randschicht eines Werkstückes beschränkte Verringerung des Kohlenstoffgehaltes, wobei ein nahezu vollständiger Entzug des Kohlenstoffgehaltes *Auskohlung*, ein teilweiser Entzug *Abkohlung* genannt wird.
Glühdauer	Haltedauer auf Glühtemperatur.
Glühen	Erwärmen eines Werkstücks auf eine bestimmte Temperatur und Halten bei dieser Temperatur mit nachfolgendem, in der Regel langsamem Abkühlen.
Glühtemperatur	Temperatur, auf die das Werkstück zum Glühen erwärmt wird.
Haltedauer	Zeitspanne des Haltens auf einer bestimmten Temperatur, beginnend mit dem Erreichen dieser Temperatur im Kern. Die Durchwärmdauer ist in sie also nicht einbegriffen.
Härten (Abschreckhärten)	Abkühlen von einer Temperatur oberhalb der Umwandlungspunkte A_3 bzw. A_1 mit solcher Geschwindigkeit, daß oberflächig oder durchgreifend eine erhebliche Härtesteigerung, in der Regel durch Martensitbildung, eintritt. – Das Erwärmen muß auf eine Temperatur über die Umwandlungspunkte A_{c1} oder A_{c3} und das Abkühlen von einer Temperatur oberhalb der Umwandlungspunkte A_{r3} oder A_{r1} vorgenommen werden.

Fachausdrücke, Auswahl aus DIN 17014 (Okt. 1959)

Härtetemperatur	Temperatur, auf die das Werkstück vor dem Härten erwärmt wird.
Lösungsglühen	Glühen zur Lösung ausgeschiedener Bestandteile (siehe unter Aushärten).
Luftvergüten	Vergüten, bei dem das Härten in Luft stattfindet.
Normalglühen	Erwärmen auf eine Temperatur wenig oberhalb des oberen Umwandlungspunktes A_{c3} (bei übereutektoidischen Stählen oberhalb des unteren Umwandlungspunktes A_{c1}) mit nachfolgendem Abkühlen in ruhender Atmosphäre.
Spannungsfrei-glühen	Glühen bei einer Temperatur unterhalb des unteren Umwandlungspunktes A_{c1}, meist unter 650 °C, mit anschließendem langsamem Abkühlen zum Abbau innerer Spannungen, ohne wesentliche Änderung der vorliegenden Eigenschaften.
Überhitzen	Erwärmen über den oberen Umwandlungspunkt A_{c3} auf so hohe Temperatur, daß bei üblicher Haltedauer eine unerwünschte Kornvergröberung auftritt, die durch Wärmebehandlung oder Verformung wieder rückgängig gemacht werden kann.
Verbrennen	Erwärmen über den oberen Umwandlungspunkt A_{c3} auf so hohe Temperatur, daß Schädigungen an den Korngrenzen des Werkstoffs eintreten, die durch Wärmebehandlung oder Verformung *nicht* wieder rückgängig gemacht werden können.
Vergüten	Wärmebehandlung zum Erzielen hoher Zähigkeit bei bestimmter Zugfestigkeit durch Härten und anschließendes Anlassen meist auf höhere Temperatur. Wärmebehandung austenitischer Stähle siehe unter Abschrecken.
Vorwärmen	Langsames Erwärmen auf eine Temperatur unterhalb der beabsichtigten Behandlungstemperatur, z. B. um Spannungsrisse zu vermeiden.
Wärmebehandlung[1]	Verfahren oder Verbindung mehrerer Verfahren, bei denen ein Werkstück im festen Zustand Temperaturänderungen unterworfen wird, um bestimmte Werkstoffeigenschaften zu erzielen. Dabei können umgebende Mittel Änderungen der chemischen Zusammensetzung des Werkstückes, z. B. des Kohlenstoff- oder Stickstoffgehaltes, herbeiführen. Eine Warmformgebung oder mit Erwärmung verbundene Verfahren des Oberflächenschutzes fallen nicht unter Wärmebehandlung.
Weichglühen	Glühen bei einer Temperatur dicht unterhalb des unteren Umwandlungspunktes A_{c1} (mitunter auch oberhalb A_{c1}) oder Pendeln um A_{c1} mit anschließendem langsamem Abkühlen zum Erzielen eines möglichst weichen Zustandes.
Zwischenglühen	Glühen eines Werkstückes nach dem Aufkohlen oder nach dem Kernrückfeinen durch längeres Erhitzen auf eine Temperatur knapp unterhalb des unteren Umwandlungspunktes Ac_1 mit nachfolgendem langsamen Abkühlen.

---

[1] Der früher zuweilen hierfür benutzte Ausdruck Warmbehandlung sollte als nicht sachgemäß – auch schon mit Rücksicht auf eine Verwechselungsgefahr mit Warmformgebung – nicht mehr verwendet werden.

Bitumen getränkter Wollfilzpappe oder Glasfaservlies. Die Isolierung der Rohre wird durch einen Kalkanstrich gegen Sonneneinstrahlung auf dem Transport geschützt.

Neben diesem Außenschutz wird meistens ein Innenschutz gefordert, der in einfacherer Form der vorerwähnten Grundschicht entspricht. Für angreifende Wässer ist eine verstärkte Schutzschicht von 1 bis 2 mm, u. U. bis zu 3 mm Stärke erforderlich. Sie muß porenfrei und von glatter Oberfläche sein.

Über die Verlegung und die Ausführung von Stahlmuffenrohren (s. DIN 19630) und Formstücken liegen Druckschriften der Röhrenwerke [14] vor.

6.3 Gewinderohre

Gewöhnliche und verstärkte Gewinderohre werden als leichte und mittelschwere Gewinderohre nach DIN 2439 und 2440 und als schwere Gewinderohre nach DIN 2441 für Entwässerungs-, Entleerungs- und Entlüftungsleitungen gebraucht und auch für andere Zwecke verwendet, für die der Werkstoff St 00.29 ausreicht. Sie werden nahtlos, preßgeschweißt oder maschinell geschweißt und bis zu 6″ (150 NW) hergestellt, leichte Gewinderohre jedoch nur bis zu 2″ (50 NW).

Nahtlose Flußstahl-Gewinderohre für höhere Beanspruchungen mit Gütevorschrift aus Werkstoff St 35.29, mit und ohne Gewinde, werden bis zu 12″ (300 NW) nach DIN 2442 in Übereinstimmung mit ausländischen Normen geliefert.

Die Normen für Gewinderohre gelten für Wasser mit einem Betriebsdruck bis zu 100 kg/cm², für Flüssigkeiten, Gase und Dämpfe im Temperaturbereich bis zu 400 °C mit einem Betriebsdruck bis zu 64 kg/cm².

Das Gewinde wird als Whitworth-Rohrgewinde, zylindrisch für Flanschverbindungen (DIN 2517) oder kegelig für Muffenverbindungen (DIN 2999), ausgeführt. Gewindemuffen müssen besonders mitbestellt werden.

6.4 Blechrohre

Hierunter werden Rohre aus handelsüblichen Blechen ohne Gütenachweis verstanden, die aus mehreren zylindrisch geformten Schüssen mit versetzter Langnaht zusammengeschweißt sind. Rohre mit Wanddicken bis zu etwa 12 mm werden autogen, darüber elektrisch geschweißt.

Sind die Nähte von innen zugänglich, dann werden die von außen geschweißten Raupen innen ausgeschliffen und von innen nachgeschweißt. Diese Schweißnähte in X-Form sind sicher gegen Bruch.

Roh, oder nur mit Außenanstrich versehen, eignen sich diese Rohre für Abblaseleitungen hinter Sicherheitsventilen, wenn kein Gegendruck da ist und der Dampf unmittelbar ins Freie abströmen kann. Krümmungen setzen sich aus Rohrsegmenten zusammen. Deren Zuschnitt wird vielfach erst auf der Baustelle durchgeführt, um die Krümmungen besser den örtlichen Gegebenheiten anpassen zu können

Für kleinere Rohrweiten finden Bänder an Stelle der Bleche Verwendung, entsprechend DIN 1626, Güteklasse A, Rohre ohne Gütevorschriften. Die Güteklasse B, Rohre mit Gütevorschriften, umfaßt schmelzgeschweißte Stahlrohre nach DIN 2458 mit ISO-Abmessungen.

Rohraußendurchmesser und Wanddicken sind in Tab. 6.V [1] aufgeführt. Der zulässige Betriebsdruck ergibt sich aus der Wanddickenberechnung nach DIN 2413. Rohre nach Güteklasse A unterliegen einer Grenzbedingung, wonach die Größe $p\,d_i = 7000$ nicht überschritten werden darf.

6.5 Maschinell geformte und geschweißte Stahlrohre

Die starke Nachfrage nach Röhren für den Gas- und Öltransport über weite Strecken führte zur Herstellung geschweißter Stahlrohre nach DIN 2458 mittels maschineller Schweißverfahren. Die Bleche werden nach vorheriger Säuberung von Zunder über einen Rollgang einer Kantenbiegemaschine zugeführt, dort auf Breite geschnitten, an den Kanten zunächst abgeschrägt und dann vorgebogen. Nachdem wird das vorgeformte Blech in einer Presse U-förmig gekrümmt und anschließend gerundet. Die Schlitzkanten werden unter rotierenden Schweißelektroden bis zum Weißglühen erhitzt und dabei wird der Rohrzylinder gestaucht, wodurch die nahezu flüssigen Kanten innig miteinander verschmolzen werden. Der Grat der noch glühenden Naht wird durch einen Stahlhobel entfernt. Rohraußendurchmesser und Wanddicken nach ISO entsprechend DIN 2458, die in Tab. 6.V enthalten sind. Werkstoff nach DIN 1626 oder DIN 17100 bzw. 17155, je nach Verwendung. Güteklasse B, Rohre mit Gütevorschriften, für Betriebsdrücke, deren Größe nach der Wanddickenberechnung DIN 2413 zu bestimmen ist.

6.51 Spiralgeschweißte Großrohre

Spiralgeschweißte Großrohre, wie in Tab. 6.VI aufgeführt, werden aus besäumtem Breitband hergestellt, das in Form einer Spirale zu einem Rohr gebogen und an den zusammenlaufenden Kanten von außen und innen mit dem Ellira-Verfahren geschweißt wird. Es entsteht dann ein einwandfrei gerades, genau rundes Rohr, um das die Schweißnaht spiralförmig läuft.

Hydraulisches Abdrücken, Berst- und Biegeversuche sowie Röntgenprüfungen dieser Rohre zeigten vorzügliche Ergebnisse. Die Bruchstelle von Zerreißstäben mit Quernaht lag immer außerhalb der Schweißnaht. Im Rohr wird die Schweißnaht unter einem spitzen Winkel beansprucht. Die ursprüngliche Bandwalzrichtung liegt im Rohr ungefähr ringförmig, also können Umfangsspannungen von ihm besonders gut aufgenommen werden.

Diese Rohre können nahezu beliebig lang hergestellt werden. Für ihre Herstellung gelten die üblichen technischen Vorschriften in bezug auf Material, Fertigung und Prüfung.

Tabelle. 6.VI. *Beispiele für Abmessungen und Gewichte spiralgeschweißter Rohre (Auszug)*

(Dicken und Gewichte sind jeweils Grenzwerte für den betreffenden Durchmesser)

Außendurchmesser mm	Wanddicke mm	Gewicht kg/m
508,0	4,0	49,69
	9,5	116,73
762,0	4,0	74,73
	9,5	176,20
1016,0	4,8	119,65
	9,5	235,68
1168,4	4,8	137,67
	9,5	271,37

6.6 Metallrohre

Rohre aus Kupfer, Messing, Aluminium oder Blei werden in nahtlos gezogener Ausführung im Kraftwerkbau als kurze Rohrverbindungen für Meßgeräte, für

---

[1] Tab. 6.V befindet sich in einer Tasche am Schluß des Buches.

Impfzwecke in der Wasseraufbereitungsanlage und ferner als Heiz- bzw. Kühl-
bündel in Wärmeaustauschern verwendet. Kupfer- und Messingrohre haben Liefer-
längen von mindestens 3 m, Aluminiumrohre von 2 m. Kupferrohre erhalten Abmessungen nach DIN 1754, Messingrohre nach DIN 1755 und Aluminiumrohre
nach DIN 1794. Die Abmessungen von Bleirohren und Rohren aus Metallegie-
rungen sind in der „Hütte", Bd. I, zu finden.

6.7 Kunststoffrohre

Rohre aus Polyvinylchlorid [57, 58], Asbestzement oder eisenarmierte Beton-
rohre werden von den Firmen des industriellen Rohrleitungsbaues nur in Ausnahmefällen installiert. Sie eignen sich nicht für den Transport heißer Flüssigkeiten und von Dämpfen. Für den Transport von Abwässern und als Schutzrohr
ist ihre Verwendung im Kraftwerkbau u. U. zweckmäßig.

Asbestzement-Druckrohre werden mit Abmessungen nach DIN 19800, Blatt 1,
für ND 6, ND 10 und ND 12,5 (kg/cm²) und mit Prüfvorschrift nach DIN 19800,
Blatt 2, geliefert. Die Abdichtung der 4 m langen Rohre mit Rohrweiten bis zu
400 mm erfolgt durch Rundgummi mit Überschiebmuffen.

6.8 Gegossene Rohre

Gußeiserne Flanschrohre nach DIN 2422 und gußeiserne Muffendruckrohre
nach DIN 2423 (Schleuderguß) werden im Kraftwerkbau für die Wasseraufberei-
tungsanlagen und für Gebrauchswasserleitungen verwendet. Stahlgußrohre kommen nur für Paßstücke in Betracht. Normen über den Stahlguß liegen für Rohre
und Formstücke vor.

7. Rohrverbindungen und ihre Einzelteile

Der Zusammenbau von Rohrleitungseinzelteilen, wie Röhren, Abzweigstücke,
Armaturen, Meßblenden und Dehnungsausgleicher erfolgte bis zur Mitte dieses
Jahrhunderts fast nur durch Flanschverbindungen.

Den Schwierigkeiten an Flanschverbindungen, die mit der Drucksteigerung
auftraten, wurde zunächst durch stärkere Flanschen, Metalldichtungen und
Schraubenbolzen aus Cr–Ni-legierten Stählen begegnet.

Schraubenbrüche, die trotz Verwendung besserer Stähle im Gewinde auftraten,
gaben die Veranlassung, den Schaft im Durchmesser geringer zu halten als im
Gewinde und der Herstellung der Gewinde und deren Übergang zum Schaft große
Aufmerksamkeit zu schenken.

Die Flanschverbindungen wurden aber weiterhin nach mehrmaligen An- und
Abstellen der Rohrleitung undicht. Das Nachziehen der Muttern brachte jeweils
neue bleibende Bolzendehnungen mit sich.

Schließlich stellte sich heraus, daß die Ursache der Schraubenbrüche auf das
Voreilen der Durchwärmung in den Flanschen zu suchen ist.

Unter den Schraubenmuttern angebrachte Federn haben dies bestätigt. Es
fehlte der Ausgleich für die zunächst in den Bolzenschrauben beim Anwärmen der

Rohrleitung auftretenden hohen Spannungen durch Temperaturunterschiede zwischen Bolzen und Flanschen.

Der damals verwendete Cr-Ni-Schrauben-Bolzenwerkstoff hatte zwar eine hohe Warmfestigkeit, war aber zu spröde und brach, ohne daß sich der Bolzen im Schaft oder im Gewinde verformte. Die Kerbzähigkeit dieser Stähle sank nach etwa kaum einjähriger Betriebszeit der Flanschverbindung von etwa 20 mkg/cm² auf 3 bis 6 mkg/cm², wenn ein federndes Glied zwischen den Schraubenmuttern fehlte. Der Schrauben-Werkstoff hielt jedoch die gleiche Zeit ohne nennenswerten Abfall seiner Kerbschlagzähigkeit durch, wenn Federn unter den Muttern für einen Spannungsausgleich sorgten.

Durch Bruch von Federelementen, deren Querschnitt stärker hätte bemessen sein müssen, und wegen mangelnder Erfahrungen beim Härten von Werkstoffen mit hohem Chromgehalt, hat sich die Abfederung von Schrauben für Hochdruck-Heißdampfleitungen nicht durchsetzen können.

Temperaturmessungen an Flanschverbindungen führten dazu, die Abmessungen der Flanschen und ihrer Schraubenbolzen, sowie deren Werkstoffe, besser aufeinander abzustimmen und Schweißdichtungen (Membranen) einzubauen.

Weitere Brüche von Schraubenbolzen im Gewinde und das Platzen von Membranschweißdichtungen zeigte dann, wie wichtig es ist, die Schraubenbolzen der Flanschverbindung um ein bestimmtes Maß vorzuspannen und geeignete Geräte zum Messen dieser Vorspannung zu benutzen.

Im neuzeitlichen Hochdruck-Rohrleitungsbau werden die Heißdampfleitungen flanschlos verlegt. Die Rohrverbindungen werden fast nur noch geschweißt.

Die Entwicklung, Rohre zusammenzuschweißen, begann mit Sicherheitsvorkehrungen. Die Rohrenden wurden zunächst gestaucht, damit ihre Rundnaht im Querschnitt größer gehalten werden konnte als der Rohrquerschnitt. Laschen wurden zur Verstärkung über die Naht gelegt und mit dem Rohr verschweißt, bis sich zeigte, daß eine unverstärkte Rohrwand, weil elastischer, die sicherste Schweißverbindung ist, wenn der Schweißvorgang sorgfältig durchgeführt und sorgsam überwacht wird.

7.1 Schweißverbindungen

Eine Rundnaht, die zwei Rohrenden verbindet, muß sachgemäß vorgerichtet werden. Der Innendurchmesser der angrenzenden Rohrenden muß übereinstimmen. Rohre von größerem Durchmesser werden deshalb an ihren Enden kalibriert, d.h. aufgeweitet oder eingezogen.

Die Schweißfugenform ist festzulegen, ehe die Bearbeitung der Rohrenden beginnt. Für unlegierte und niedriglegierte Stähle sind die Schweißfugenformen und ihre Abmessungen in DIN 2559 enthalten.

Für höher legierte, besonders für Austenitstähle, haben die Fachfirmen Schweißfugenformen entwickelt, die den zu verwendenden Zusatzwerkstoffen für die Verschweißung und der Schweißart angepaßt sind. Wie beispielsweise aus Abb. 7.01

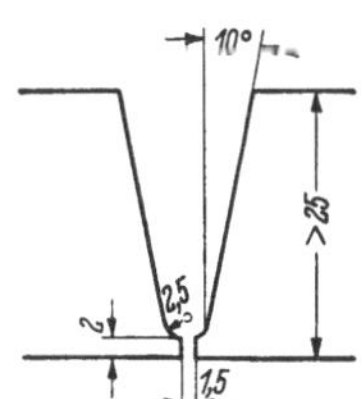

Abb. 7.01. Schweißfugenformen für Rundnähte an Röhren aus Austenit-Werkstoffen

ersichtlich ist, werden V- oder U-Nahtformen mit Abschrägungen von 10 bis 40 °C gewählt. Dieser Abschrägungswinkel ist abhängig von der Wanddicke der zu verschweißenden Rohre.

In den Werkstätten der Rohrlieferfirmen stehen Kopfbänke für die Bearbeitung der Rohrenden zur Verfügung. Auf der Baustelle müssen Abdrehvorrichtungen nach Abb. 7.02 vorhanden sein, deren Motorwelle im Rohr durch je einen, beiderseits eines zylindrischen Spreizstückes angebrachten Kegel, festgeklemmt wird.

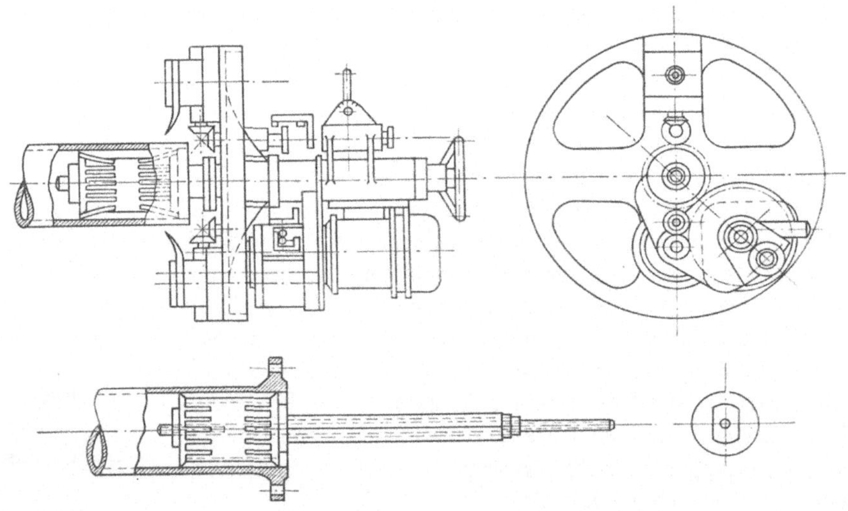

Abb. 7.02. Gerät zum Andrehen von Schweißfugen
Oberes Bild, links, fertig montiertes Gerät mit Planscheibe, Drehstahl, Motor, Vorgelege; *rechts* Blick gegen die Planscheibe; *unteres Bild:* Spindel, mit Konus vor und hinter dem Klemmzylinder, dessen geschlitzte Enden der Konus, durch Drehen der Spindel, gegen die Rohrwand drückt. Die Spindel trägt das Gerät, das auch zum Plandrehen der Flansch-Dichtflächen dient.

Die Rohrstähle werden sowohl autogen als auch elektrisch geschweißt. Angaben über die Art des Schweißgutes, die brauchbare Schweißungen gewährleistet, enthält Tab. 7.I.

Der Zusatzwerkstoff für die autogene Schweißung wird als Schweißdraht, der für elektrische Schweißung als Elektrode bezeichnet.

Elektroden für die Rohrverschweißung erhalten eine Ummantelung, die mitabbrennt und den Luftsauerstoffzutritt zur Schweiße abschwächt. Umhüllte Elektroden müssen unbedingt trocken gelagert werden. Besonders empfindlich gegen Nässe sind kalkbasische Umhüllungen [59]. Sie sind vor dem Verschweißen in einem Trockenofen zu trocknen. Hierfür gibt es elektrisch beheizte Geräte (s. Abb. 16.06). Wird diese Vorschrift nicht beachtet, so zeigen sich im Röntgenbild der Schweißstelle viele Punkte, die sich auf der Bruchstelle als „Fischaugen" darstellen. Sie liegen sternartig verstreut im Schweißgut und stellen kleine Hohlräume dar, die scheinbar ungefährlich sind, aber besser vermieden werden sollten.

Der Titanoxyd-Elektrodentyp wird den erzsauren Elektrodentypen vorgezogen. Seine Verwendung erhöht die Rißsicherheit, weil das Schweißgut weniger schrumpft.

Schweißdrähte sind nach DIN 8554 zu wählen.

Tabelle 7.I. *Schweißzusatzwerkstoffe für nahtlose Rohre* [11]

Rohrwerkstoff	Schweißdraht	Elektroden
St 00, St 35, St 45 St 35.8, St 45.8	BW XII[1]	Fox SPE[1], Elbasit K I/II[2] Hera 5212[3]
Marwe 127 M Marwe 13 P	DMO[1]	Fox DMO[1], Elmo[2] Hera K 35 T[3]
Marwe 126 E Marwe 17 L	DCMS[1]	Fox DCMS[1], Elcromo 1[2] Hera FK 335 T[3], SH Kupfer[4]
Marwe 215 E	CM 2[1]	Fox CM 2 Ti[1] ($\leq$20 mm Wandd.) Fox CM 2 Kb[1] (>20 mm Wandd.)
Marwe 213 ESV	CM 2[1]	Fox CM 2 Ti[1] ($\leq$20 mm Wandd.) Fox CM 2 Kb[1] (>20 mm Wandd.)
Marwedur F 11	–	MTS 4[2] Fox KW 20 MVW[1]
Marwedur AN 11		Fox CN 1613[1] Thermanit ATS 15[2]
Marwedur AN 15		Fox CN 1613 Co[1] Thermanit ATS 15[2]
Marwedur AN 31		Fox CN 1613 Co[1] Thermanit ATS 6[2]

Hersteller: [1] Gebr. Böhler & Co., Düsseldorf-Oberkassel.
[2] Deutsche Edelstahlwerke AG., Werk Bochum.
[3] Essener Schweißelektrodenwerk GmbH, Essen.
[4] Westfälische Union, Hamm.

Das Schweißgut muß dem Abbrand an Mn, Mo, Cr, V usw. beim Schweißen gerecht werden und ist dementsprechend zu legieren.

Autogen wird bis zu einer Rohrwanddicke von etwa 12 mm geschweißt, wenn der Werkstoff niedrig legiert ist. Höher legierte Stähle (Austenit) werden nur bis zu einer Rohrwanddicke von etwa 6 mm autogen geschweißt.

Stärkere Rohrwanddicken sind elektrisch zu verschweißen. Die dickwandigen Rohrenden werden vor dem Schweißen vorgewärmt, damit das niedergeschmolzene Schweißgut nicht so schnell abkühlt, sonst gibt es feine, zunächst kaum erkennbare Risse. Die Vorwärmtemperatur (Tab. 6.III und 6.IV) beträgt etwa 100 bis 400 °C, wird aber auch höher gewählt. Sie ist dem Rohrwerkstoff und der Rohrwanddicke anzupassen. Genaue Angaben über die Vorwärmtemperatur sind den Werkstoffblättern der Röhrenwerke zu entnehmen. Die Vorwärmtemperatur wird mit einem Thermocolorstift überprüft.

Nach dem Heften der Rohre wird zuerst die Wurzelnaht entweder autogen oder elektrisch geschweißt. Hierfür eignen sich Schweißstäbe von 2,5 bis 3 mm, oder bei der Lichtbogenschweißung ummantelte Elektroden von 3,25 mm Durchmesser.

Bei höher legierten Stählen wird die Arcatomschweißung [47] angewendet. Das ist eine Lichtbogenschweißung unter Schutzgas. Zwischen zwei Wolframelektroden von etwa 3 mm Durchmesser wird ein Lichtbogen unterhalten, durch den Wasserstoff geblasen wird, der sich zu Atomen aufspaltet. Die Wiedervereinigung der

Atome bei ihrem Auftreffen auf den Werkstoff führt zur Rückbildung von Molekülen, wobei Wärme frei wird, die zum Schweißen dient. Das den Lichtbogen umgebende Gas hat eine Schutzwirkung gegen den Zutritt von Luftsauerstoff und verhindert bzw. reduziert die Oxydation. Bei entsprechender Ausbildung der Schweißlippen wird meist ohne Zusatzwerkstoff geschweißt. Legierte Werkstoffe, wie sie für hochwertige Röhren Verwendung finden, sind schweißempfindlich. Schweißen ist ein metallurgischer Vorgang.

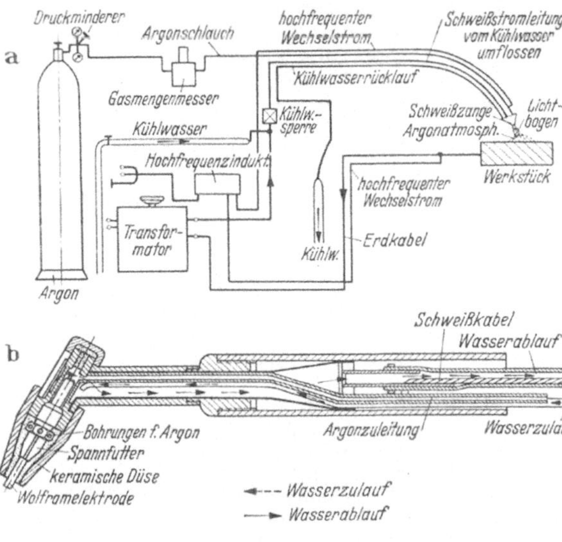

Abb. 7.03 a u. b. Gerät für Argonarc-Schweiß-Verfahren [60]

An Stelle des Arcatom-Schweißverfahrens an Rohren aus höher legierten Stählen wird heute das Argonarc-Verfahren (Abb. 7.03) angewendet [60]. Das Schutzgas (Inertgas) Argon oder Helium wird im vereinfachten Verfahren auch direkt in das Rohr eingeführt (s. Abb. 7.04). Mit geringem Überdruck tritt es durch den Schweißspalt dem Schweißgut entgegen. Zu beiden Seiten des Schweißspaltes wird das Rohrinnere durch leicht entfernbare Stoffe abgedichtet. Der Dichtungsstoff wird später ausgeblasen. Für die Gaszufuhr wird neben der Rundnaht ein Loch gebohrt, das zunächst einen Verschluß erhält. Durch diese Bohrung werden später die Isotope mit Winkelstab zum Durchleuchten der Schweißnaht eingeführt. Danach wird das Loch wieder verschlossen. Bei diesem Schutzgas-Verfahren wird der Lichtbogen zwischen der Wolframelektrode und dem Werkstück gezogen.

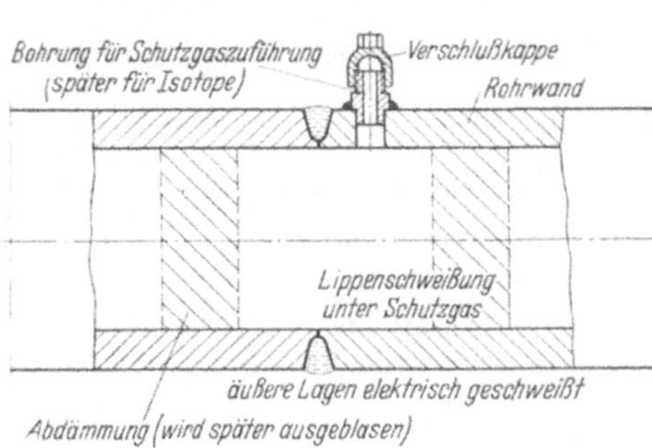

Abb. 7.04. Herstellung einer Rundnaht mit Wurzel-verschweißung (Lippen) unter Schutzgas

Die Gasschmelzschweißung ist, wegen der Aufkohlungsgefahr im Randgebiet der Rundnaht, nur in Ausnahmefällen für die Verbindung stärker legierter Rohre zulässig, nämlich für die Herstellung der Wurzelnaht. Bevor die Decklagen durch Lichtbogenschweißung aufgebracht werden, muß die Wurzelnaht sauber geschliffen und auf Haarrisse untersucht werden. Haarrisse in der Wurzel müssen unbedingt beseitigt werden, ehe weiter geschweißt wird. Das gilt auch für Poren und Schlackeneinschlüsse. Zur Kontrolle dienen die Lupe und bei Ferritstählen das Magnetpulver-Verfahren.

Für das Füllen der Schweißfuge finden dann stärkere Elektroden Verwendung. Je nach der Rohrwanddicke sind die Elektroden 3, 4 oder 5 mm dick. Jede

Schweißgutraupe wird abgeklopft und gebürstet, wenn erforderlich, auch noch abgeschliffen, um eine gute Bindung der darüber anzubringenden Raupe zu erhalten. Das Gefüge der unteren Schweißraupen wird durch die zugeführte Wärme der darüber anzubringenden verfeinert. Die oberen Schweißraupen haben Grobkorn.

Nach der Verschweißung ist jede Rundnaht zu glühen. Ob ein Normalglühen durchzuführen ist oder ein Spannungsfreiglühen ausreicht, ist in den Werkstoffblättern der Röhrenwerke vermerkt (Tab. 6.III und 6.IV). Die Wärmebehandlung erfolgt mit Propangas in einem Glühofen (Muffelofen) oder besser induktiv.

Erst wenn die Rundnaht legierter Stahlröhren geröntgt und für gut befunden ist, darf neben dieser Naht der Abnahmestempel angebracht werden.

Nur geprüfte Schweißer sind im Rohrleitungsbau zugelassen. Sie müssen eine Prüfbescheinigung nach DIN 2471 besitzen und weiterhin eine zusätzliche Ausbildungsbescheinigung vorweisen, wenn sie höher legierte Stähle schweißen sollen.

In der Regel wird vom Schweißer eine Probeschweißung verlangt, ehe er in der Rohrstrecke zu schweißen beginnt.

Die Rohrenden handelsüblicher Rohre bis 500 NW werden fast nur autogen zusammengeschweißt.

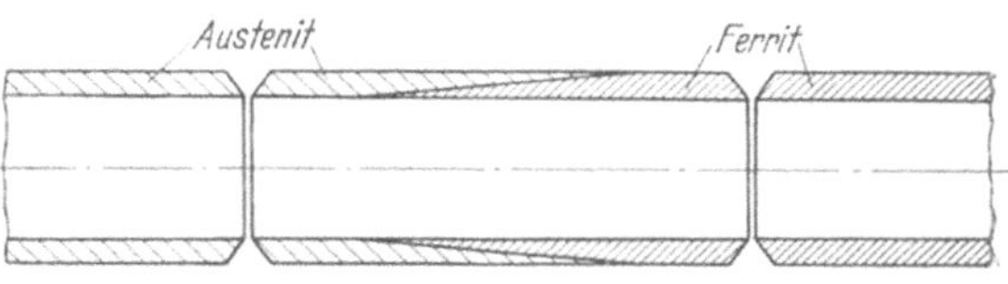

Abb. 7.05. Mannesmann-Austenit-Ferrit-Schweißverbinder

Hierfür werden Gas- und Sauerstoff benötigt. Die Gaserzeugung durch Karbid oder Beagid in transportablen Geräten auf Baustellen ist abgelöst worden durch Bezug von Flaschengas, weil dieses bequemer zu verwenden ist. Vorzugsweise wird im Rohrleitungsbau nach rechts geschweißt, um die Schweißhitze besser ausnutzen zu können. Ein kleines Schmelzbad gibt kleines Korn des Schweißgefüges und steigert die Schweißgüte.

Bei Wanddicken von mehr als 12 mm werden auch handelsübliche Rohre mit ihren Enden besser elektrisch zusammengeschweißt. Das Schmelzgut wird in einem Lichtbogen verflüssigt, der durch einen

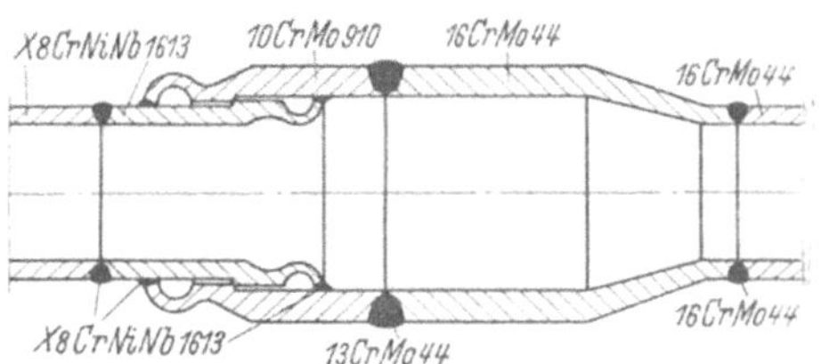

Abb. 7.06. Rohr-Schweißverbinder mit Bund zur Entlastung der Rundnaht Austenit-Ferrit (Lieferung VRB. Düsseldorf)

Transformator mittels Wechselstrom oder durch einen Umformer mittels Gleichstrom zustande kommt. Im Rohrleitungsbau wird zum Schweißen Gleichstrom bevorzugt, auf jeden Fall bei der Verschweißung legierter Rohre.

Rohre aus Werkstoffen verschiedener Qualität werden mit Schweißdraht oder Elektroden geschweißt, die der höherwertigen Werkstofflegierung entsprechen.

Rohre aus Ferritstählen sind mit Röhren aus Austenitstählen bei Verwendung von Zwischenstücken (Verbindern) zu kuppeln, die eine Verschweißung einerseits von Ferrit mit Ferrit und andererseits von Austenit mit Austenit ermöglichen (s. Abb. 7.05).

Ist die Kupplung „Ferrit mit Austenit" entlastet (s. Abb. 7.06) und ist nur eine Lippenschweißung zum Dichten der Verbindung erforderlich, so wird Ferrit mit Austenit direkt verschweißt.

7.2 Flanschverbindungen

Obgleich die Heißdampf-Hochdruckrohrleitungen und auch die Speisewasserleitungen der Großkraftwerke in den letzten Jahren durchweg geschweißt, also ohne Flanschverbindungen, verlegt werden, erhalten die Mitteldruck- und alle Niederdruckleitungen dieser Kraftwerke noch Flanschverbindungen für den Einbau der Armaturen, Regler, Dampfkühler und Meßgeräte.

Wenn auch die Temperatur des Dampfes in den Rohrleitungen zum Mitteldruckteil der Turbine durch Zwischenüberhitzung, oft der in der Heißdampf-Hochdruckleitung gleich ist, oder ihr nahe kommt, so liegt doch der Betriebsdruck viel niedriger, etwa bei 30 bis 40 kg/cm². Die Glieder der Flanschverbindung sind deshalb für diesen Druck schwächer gehalten. Damit sind die, sich aus dem Temperaturunterschied zwischen Flanschen und Schraubenbolzen ergebenden Spannungen, beim Übergang von Raum- auf Betriebstemperatur, und bei Wahl geeigneter Werkstoffe für die Herstellung der Flanschen, Bunde und Schraubenbolzen (s. Stahl-Eisen-Werkstoffblatt 620-51 und DIN 17 240, Blatt 2) besser zu beherrschen.

Mitteldruck-Rohrleitungen erhalten meistens für die Flanschabdichtung Membran- oder Schweißringdichtungen (Abb. 7.07). Eine Lippenschweißung macht beim Austausch von Armaturen, zwecks Überholung, wenig Umstände. Die Wiederverschweißung hat gewöhnlich etwas Zeit, denn vorübergehend halten Flanschverbindungen auch ohne Lippenverschweißung dicht, wenn ihre Schraubenmuttern für diese Zeit etwas kräftiger angezogen werden. Die Streckgrenze der Schrauben-Werkstoffe darf dabei jedoch nicht überschritten werden.

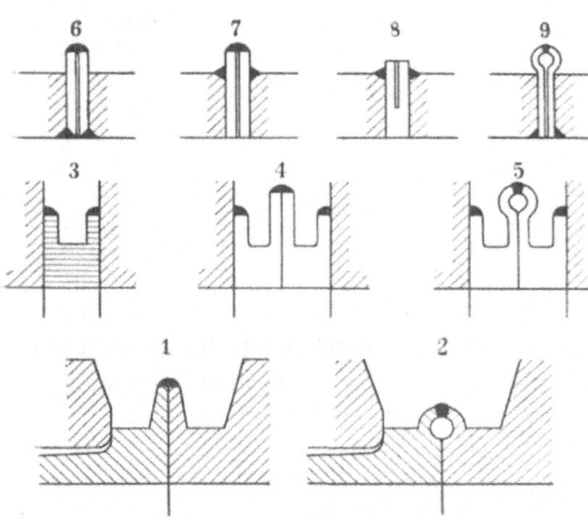

Abb. 7.07. Formen von Membran- und Schweißringdichtungen

1, *2* Lippen am Bund; *3* bis *5* Lippen am Schweißring; *6* bis *9* Membrandichtungen

Rohrleitungen mit weniger hohen Drücken und mit Betriebstemperaturen bis zu 450 °C erhalten zum Dichten der Flanschverbindung Metallweichstoffdichtungen, z.B. gewellte V2A-Dichtungen mit graphitierter Asbestauflage, Spiraldichtungen, die aus Metall mit Asbestauflage spiralförmig gewickelt sind und eine gewisse Federung zulassen, kammprofilierte Dichtungen nach DIN 2697 oder solche in ähnlicher Form, Linsendichtungen nach DIN 2696, auch in Sonderkonstruktion mit Schlitz, als Balglinse bezeichnet, und andere Formen.

Für Niederdruck-Flanschverbindungen wird im allgemeinen eine It-Weichdichtung aus Faserstoff, z.B. Klingerit, verwendet.

Die Flachdichtung nach DIN 2690 wird für Flanschen mit Dichtleiste, die nach DIN 2691 für Flanschen mit Nut und Feder, jene nach DIN 2692 für Flanschen mit Vor- und Rücksprung und solche nach DIN 2694 für eine direkte Abdichtung Rohr gegen Rohr verwendet.

Für große Kaltwasserleitungen sind Rundgummidichtungen nach DIN 2693 gebräuchlich.

Für alle Rohrnennweiten sind die Flanschabmessungen genormt. Die Normung, die sich auf verschiedene Ausführungsformen erstreckt, ist nach Druckstufen geordnet.

Liegt die Betriebstemperatur einer Rohrleitung über 400 °C, dann ist nachzuprüfen, ob der der Normung zugrunde liegende Flanschen- und Schraubenbolzenwerkstoff noch ausreicht. Erforderlichenfalls sind die Blattstärken der Flanschen und die Schaftdurchmesser und Gewinde der Bolzenschrauben zu ändern, oder es sind für sie höher legierte Werkstoffe zu verwenden.

Der Flanschennormung liegen nämlich die längst überholten Berechnungen nach DIN 2505 (feste Flanschen) und DIN 2506 (lose Flanschen) und der Stahl 42.11 zugrunde, für den der Wert $K/S = 23/1,6 = 14,4\ \mathrm{kg/mm^2}$ in die Berechnungsformel eingeführt wurde. Mit K ist hier die Streckgrenze bei 20 °C bezeichnet. Der Sicherheitsbeiwert S ist gleich 1,6.

Um, nach dem Vorschlag der VGB, genormte Abmessungen bei Verwendung legierter Stähle für die nächstfolgende Druckstufe verwenden zu können [61] oder sie für höhere Temperaturen zu benutzen, ist zu setzen

$$\mathrm{ND} = p_N = p\ 14{,}4/(K'/S) = p\ C. \tag{165}$$

Hierin bedeutet K' der neue Kennwert für den legierten Werkstoff.

Der Wärmeübergang vom Dampfstrom an die Flanschverbindung ist bis zur vollen Durchwärmung der Werkstoffe zeitabhängig, wie aus dem Temperaturkurvenverlauf von Abb. 7.08 für isolierte und von Abb. 7.09 für unisolierte Flanschverbindungen zu ersehen ist.

Massige Flanschen benötigen zum Durchwärmen längere Zeit und größere Wärmemengen. Ihre große Oberfläche gibt auch mehr Wärme nach außen ab. Das ist bei der Abstimmung der Werkstoffe zu beachten. Bei jeder Neuerwärmung einer Flanschverbindung ist der Temperaturkurvenverlauf anders, denn mitunter erfolgt das Anstellen einer Rohrleitung schnell, manchmal langsam. Nicht immer ist die Rohrleitung vor dem Wiederanstellen ganz abgekühlt. Schließlich ergibt sich durch stetigen Wärmeverlust der Flanschverbindung ein dauernder Temperaturunterschied zwischen den Flanschen und ihren Verbindungsbolzen, der für die Berechnung der Flanschverbindung nach AD-Merkblatt B 7 (s. Tab. 7.II) zu berücksichtigen ist.

Tabelle 7.II. Temperaturunterschiede zwischen Flansch und Bolzen
als Berechnungsgrundlage für Flanschverbindungen

Temperatur-Unterschied 30 °C bei Flansch-Verbindungen loser Flansch + loser Flansch
Temperatur-Unterschied 15 °C bei Flansch-Verbindungen fester Flansch + fester Flansch
Temperatur-Unterschied 25 °C bei Flansch-Verbindungen fester Flansch + loser Flansch

Als größte Temperaturdifferenz beim Anfahren (Abb. 7.08) ist für Flanschverbindungen, bei Dampf von 500 bis 550 °C, mit 100 °C zwischen Flansch und Schraubenbolzen zu rechnen. Daraus ergeben sich hohe Beanspruchungen der Verbindungsbolzen bei der Inbetriebnahme von Heißdampf-Hochdruckrohrleitungen.

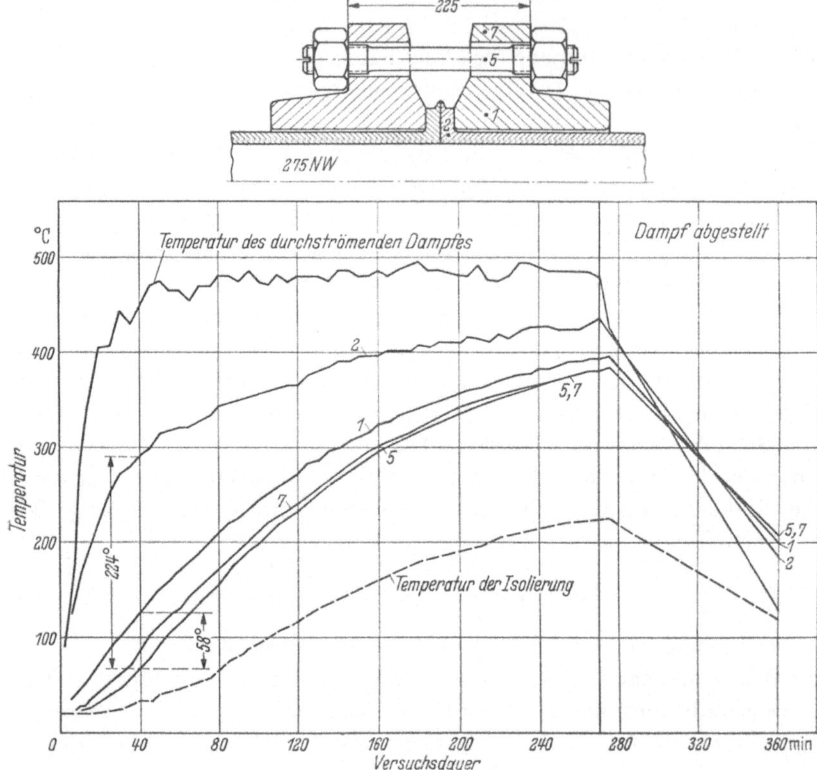

Abb. 7.08. Messungen über den Temperaturanstieg in den Werkstoffen von Bund, Flanschen und Schrauben-bolzen einer isolierten Flanschverbindung. Die Ziffern an den Kurven weisen auf die Meßpunkte in der Flanschverbindung hin.

Die Kraft, die die Verbindungsbolzen insgesamt auf die Flanschen, Dichtung und Flanschbefestigung übertragen, ist für die Bemessung dieser Teile maßgebend. Sie muß ausreichend sein für

a) den Einbauzustand,   b) den Anfahrzustand,   c) den Betriebszustand.

Für den Einbauzustand ist das Einbringen einer entsprechend abgestimmten Vorspannung zu beachten.

Nach dem Hookschen Gesetz ist $\Delta l = l\,\sigma/E$.

Demzufolge ist die Kraft, die jede Schraube ausübt,

$$P = E\,f\,\Delta l/l \quad \text{in kg.} \tag{166}$$

Es bedeuten:

E = Elastizitätsmodul   in kg/mm²,
f = Schaftquerschnitt   mm²,
Δl = Vorspanndehnlänge, oder Reckdehnlänge der Bolzen durch Erwärmung der Fl-Ver-
      bindung, in mm,
l = Bolzendehnlänge (Länge zwischen den Muttern)   in mm.

Der Elastizitätsmodul E nimmt mit steigender Temperatur ab. Der durch die Vorspannung eingebrachte Wert Δl nimmt beim Anwärmen zunächst zu, weil die

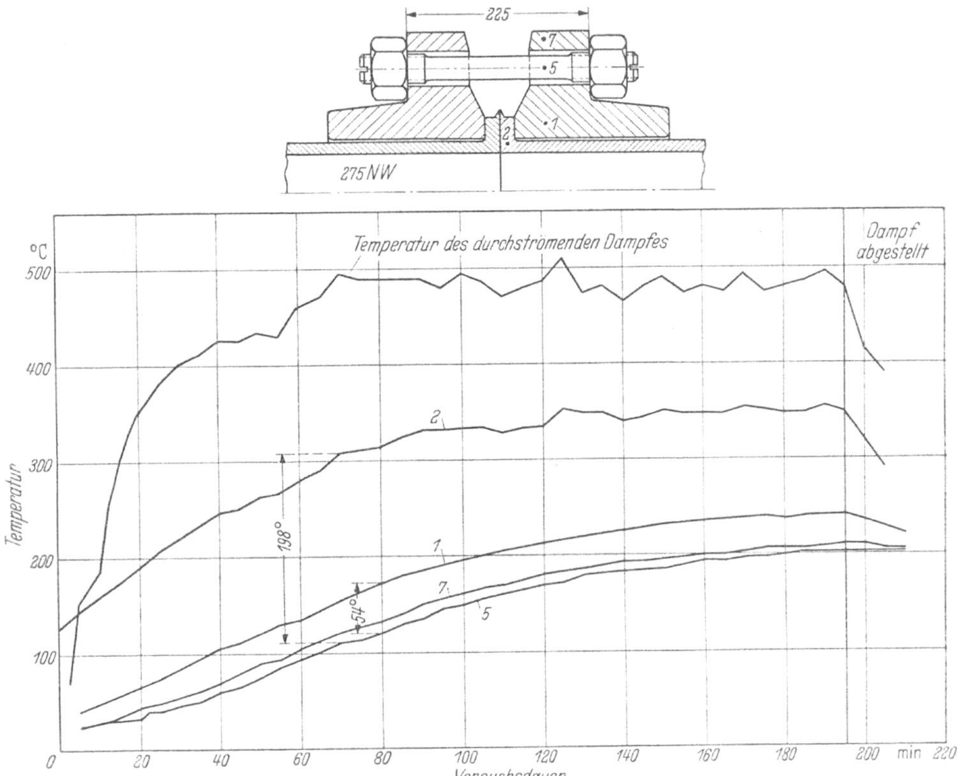

Abb. 7.09. Messungen über den Temperaturanstieg in den Werkstoffen von Bund, Flanschen und Schrauben-bolzen einer unisolierten Flanschverbindung. Die Ziffern an den Kurven weisen auf die Meßpunkte in der Flanschverbindung hin.

Blattstärken der Flanschen, infolge Volumenzunahme, dicker werden, und dann wieder ab, wenn die Schraubenbolzen, infolge Volumenzunahme, länger geworden sind. Der Wert Δl muß immer eine bestimmte Mindestgröße haben, sonst fehlt es der Flanschverbindung an der erforderlichen Dichtkraft.

Damit die Schraubenbolzen der Flanschverbindung gleichmäßig tragen, sollen ihr Werkstoff, ihre Werkstoffbehandlung (Vergütung, Anlassen), ihre Abmessungen und Herstellung von gleicher Art sein. Der Werkstoff sollte stets aus der gleichen Charge stammen.

Steht die Rohrleitung nach ihrer Durchwärmung unter vollem Betriebsdruck, dann entspricht die verbleibende Dehnung der Schraubenbolzen einer bestimmten Belastung der Flanschverbindung (s. Gl. (166)]. Die Schraubenkraft, die vorher durch Anzug der Bolzenmuttern als Vorspannkraft eingebracht wurde, bildet die Grundlage der Betriebsbelastung der Schraubenbolzen. Die eingebrachte Vorspannkraft, durch Anzug der Muttern, ändert sich mit dem Temperaturanstieg beim Anwärmen, je nach der Werkstofflegierung der Schraubenbolzen, durch Abnahme der Größe des Elastizitätsmoduls, sowie durch Verformung der Dichtung und Verbiegen der Flanschteller unter Einfluß der Bolzenbelastung, infolge Voreilens der Temperatur in den Flanschen, deren Volum dabei wächst. Die Schraubenbolzen werden selten gleichmäßig beansprucht, weil die Rohrschenkel Biegekräfte (s. Abb. 7.010) auf die Flanschverbindung übertragen.

Hat die Flanschverbindung eine Dichtung, so ist zum Vorpressen eine von der Formfestigkeit des Dichtungswerkstoffes abhängige Schraubenkraft erforderlich [*62* bis *66*].

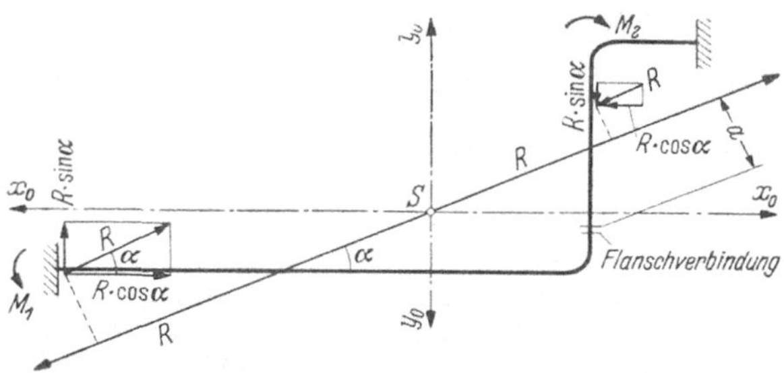

Abb. 7.010. Übertragung von Biegekräften auf eine Flanschverbindung beim Dehnen der Rohrschenkel durch Werkstofferwärmung, oder Vorspannung [*41*]

Tabelle 7.III. *Dichtungskennwerte*[1]

Profilform	k_1 mm	k_0 mm
Flachdichtung	Weichstoff-Dichtung[2]	
	$b_D\left(1 + \sqrt{\dfrac{h_D}{b_D}}\right)$	$\dfrac{b_D}{3}\sqrt{\dfrac{2\,\text{mm}}{h_D}} + 3\,\text{mm}$
$h_D = 1$ bis 2 mm	Metall-Dichtungen	
	$b_D\left(1 + \dfrac{5\,\text{mm}}{b_D}\right)$	$b_D\left(1 + 0{,}1\,\dfrac{b_D}{h_D}\right)$
3 mm	6,0	1,0
3 mm	6,0	2,0
3 mm	5,0	1,5
z = Anzahl der Kämme 3 mm	$3\sqrt{z}$ für $z > 3$	$0{,}5\sqrt{z}$
14 26	6,0	2,0

[1] Bei Flachdichtungen ist es üblich, das Verhältnis von spezifischer Pressung an der Dichtung zum Innendruck als Dichtungskennwert anzugeben. Für die meisten Dichtungsprofile ist jedoch die gedrückte Breite nicht bekannt. Es ist deshalb zweckmäßig, die auf die Dichtung wirkende Gesamtkraft P_D auf den mittleren Umfang der Dichtung zu beziehen, und somit als Dichtungskennwert k das Verhältnis von Dichtungskraft je Umfangs-Einheit zum Innendruck anzugeben. Der Dichtungskennwert hat so die Dimension einer Länge.

[2] Die Formeln gelten für gedrehte Flanschflächen und Dichtungen mit einwandfreier, glatter Oberfläche.

Ist der Betriebsdruck hoch, so hat diese Kraft die Größe

$$P_{D_0} = \pi\, d_D\, k_0\, K_D \quad \text{in kg.} \tag{167}$$

Für niedrige Drücke ist zu rechnen mit

$$P_{D_0} = \pi\, d_D\, \sqrt{(k_1 + d_D/4)\, k_0\, K_D\, p} \quad \text{in kg.} \tag{168}$$

In Gl. (167) und (168) bedeuten:

d_D = mittlerer Dichtungsdurchmesser (mm),
k_0 und k_1 = Dichtungskennwerte nach Tab. 7.III,
K_D = Formänderungsfestigkeit (kg/mm²) bei 20 °C und bei höheren Temperaturen K_D ($K_{0,2\text{-}t}/K_{0,2}$) nach Tab. 7.IV,
p = Druck in der Rohrleitung (kg/mm²).

Eine Schweißringdichtung (Membrandichtung) [67] benötigt keine besondere, durch Anzug der Schraubenmuttern einzubringende Vorpreßkraft, wenn der Betriebszustand eine Bolzenkraft für die Abdichtung von $P_D = $ rd. $0{,}2\,p\ (d_D^2\pi/4)$ bewirkt. Mit d_D ist hier der Durchmesser der Lippenschweißnaht in mm gemeint.

Die zusätzliche Pressung der Dichtung beim Anfahren der Rohrleitung hat eine vom Dichtungswerkstoff abhängige weitere Verformung zur Folge, wobei zu beachten ist, daß sich K_D mit dem Temperaturanstieg ändert.

Weicher Dichtungswerkstoff ergibt größere bleibende Verformungen.

Geht bei Flanschverbindungen mit Schweißringdichtung die Dichtungskraft durch bleibende Dehnungen der Schraubenbolzenschäfte ganz verloren, so dringt Kondensat zwischen die Membranen. Die Rundnaht der Membranen platzt, wenn das etwa eingeschlossene Kondensat später verdampft. Zur Vermeidung solcher Störungen wird der Rand für die Dichtschweißung röhrenförmig ausgebildet (s. Abb. 7.011).

Die im Abschn. 7 als Folge der Druck- und Temperatursteigerungen im Kraftwerkbetrieb geschilderten Schwierigkeiten gaben den Anlaß, auch die Flanschenform und deren Befestigungsart am Rohr zu verbessern.

Für Hochdruckrohrleitungen werden fast nur noch Vorschweißflanschen oder Hinterlegflanschen mit vorgeschweißten Bunden verwendet. Der Ansatz am Vorschweißflansch und Bund ist dem Rohrdurchmesser anzupassen. Dies trifft besonders zu für die Änderung der Rohraußendurchmesser nach DIN 2448, Ausgabe Juni 1960 (s. Tab. 6.I).

Mittel- und auch Niederdruckrohrleitungen erhalten vorzugsweise Vorschweißflanschen für alle Rohrgrößen.

Blechrohrleitungen werden noch mit aufgebördelten oder aufgesteckten und mit dem Rohr verschweißten Flanschen hergestellt.

Tabelle 7.IV. *Formänderungsfestigkeit von Dichtungswerkstoffen*

Dichtungs-Werkstoff	K_D kg/mm²
It-Werkstoffe (Gummi-Asbest)	3—5
Aluminium (weich)	10
Kupfer (weich)	20
Weicheisen	35
St 35	40
13 CrMo 44	45
Austenitischer Stahl	50

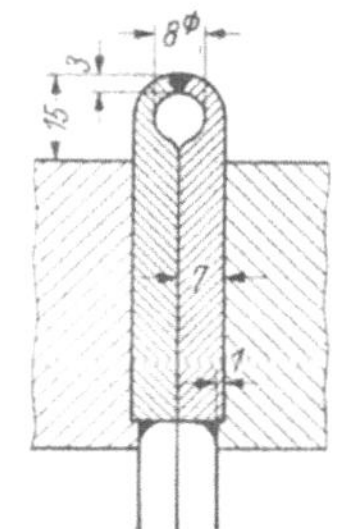

Abb. 7.011. Membrandichtung mit röhrenähnlicher Lippe zur Aufnahme von Sickerdampf

Für kleinere Rohrabmessungen kommen Gewindeflanschen in Betracht, die meistens an ihrem Kragen mit dem Rohr verschweißt werden.

Die glatte Dichtfläche an Flanschen und Bunden ist vorherrschend. Nut und Feder bzw. Vor- und Rücksprung erschweren das Einlegen der Dichtungen.

Damit die Schraubenbolzen durch den Innendruck nur Zugbeanspruchung erhalten, müssen die Auflageflächen ihrer Muttern an den Flanschen plan bearbeitet sein und parallel zueinander stehen.

Richtlinien für den Einbau der Schraubenbolzen enthält DIN 2510, Blatt 1 (1959).

Wenn damit zu rechnen ist, daß beim Anwärmen dicker Flanschen vorübergehend hohe Kräfte in den Schraubenbolzen auftreten und dafür die Dehnlänge der Schraubenbolzen nicht ausreicht, so sind nach DIN 2510, Blatt 1 (1959) Dehnhülsen unter die Muttern zu legen.

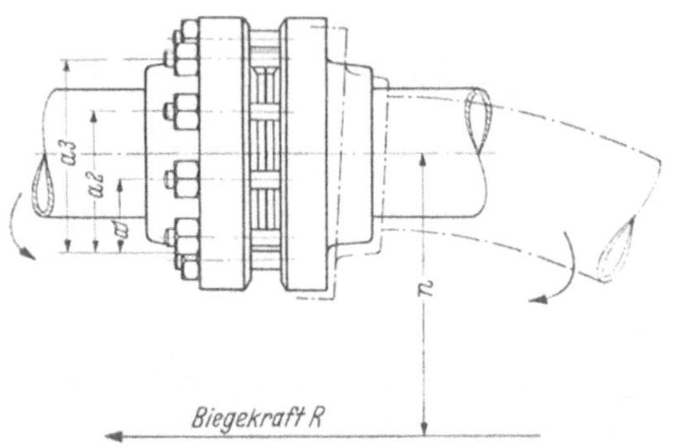

Abb. 7.012. Verwinden einer Flanschverbindung durch die Biegekraft des Rohrsystems [42]

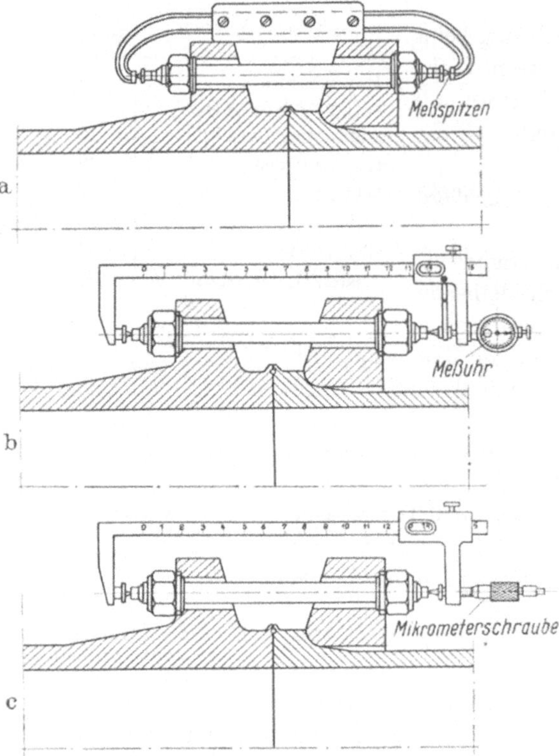

Abb. 7.013a–c. Kontrollgeräte zum Vorspannen von Schraubenbolzen
a) Rachenlehre und Meßspitzen, vorgeschraubt an der Stirnfläche der Bolzen[1]; b) Schublehre mit Meßuhr; c) Schublehre mit Mikrometerschraube

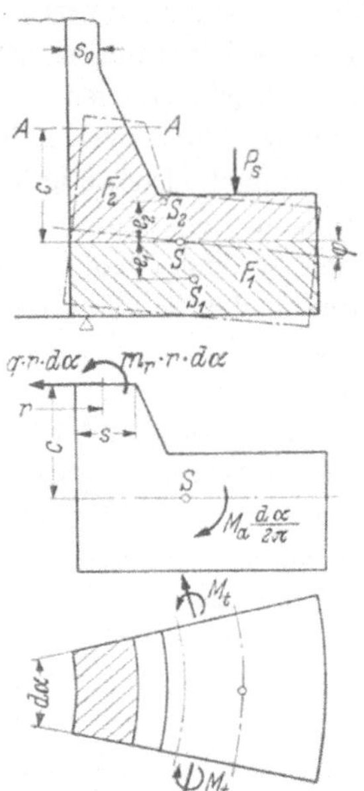

Abb. 7.014. Kraftwirkungen an einem Flanschelement [66]
[zur Erläuterung der Gln. (170) bis (172)]

____
[1] Die Vorspannlänge wird mittels Fühlerlehre festgelegt.

Die Schraubenkraft P_S ergibt sich aus der Vorspannung der Schrauben, den Werkstoffdehnungen der Schraubenbolzen, Flanschenteller und, wenn vorhanden, Bunde und Dichtung, dem Dampfdruck in der Rohrleitung und den etwa auf die

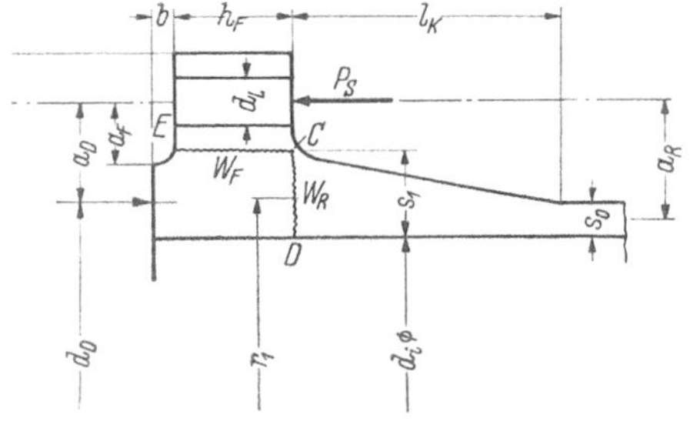

Abb. 7.015. Schnitt durch einen festen Flansch

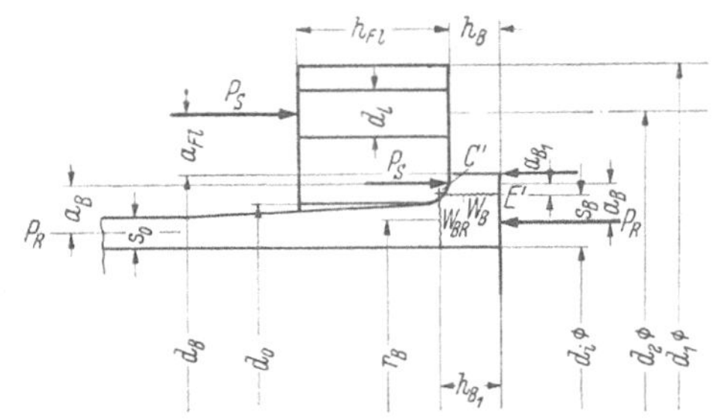

Abb. 7.016. Schnitt durch einen Bund mit Hinterlegflansch (loser Flansch)

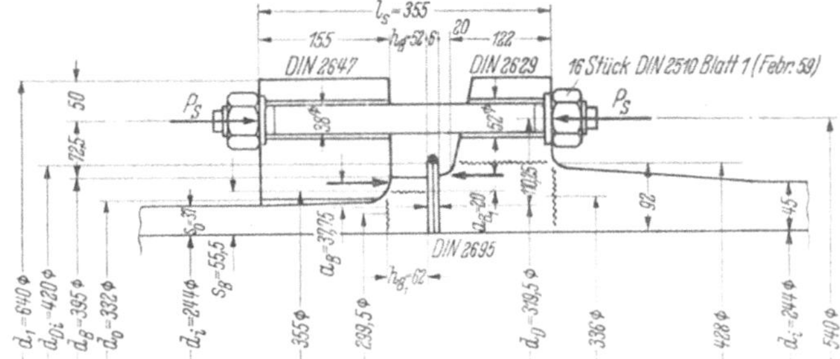

Abb. 7.017. Schnitt durch eine Flanschverbindung für das Berechnungsbeispiel Abschn. 7.22

Flanschverbindung von außen einwirkenden Biegemomente derRohrschenkel(Abb.7.012).

Die Größe der eingebrachten Vorspannkraft ist feststellbar, wenn die Vorspanndehnung des Schraubenbolzens bekannt ist. Da die Größe der Vorspannkraft einen wichtigen Einfluß auf die Beanspruchung der für die Flanschverbindung verwendeten Werkstoffe besitzt, kann bei hochbeanspruchten Rohrleitungen nicht das Gefühl des Monteurs, wie zuweilen angenommen wird, für den richtigen Anzug der Schraubenmuttern ausschlaggebend sein.

Grundsätzlich sollen die Dehnungen der Schraubenbolzen beim Anzug der Muttern mit Meßlehren festgestellt werden, wie sie als Beispiel in Abb. 7.013 dargestellt sind, (s. a. [68, 69]).

Die Ausführung der Schraubenbolzen, der Sechskantmuttern und U-Dehnhülsen für höherbeanspruchteFlanschverbindungen ist nach DIN 2510, Blatt 1 (Febr.1959), genormt. Siehe auch Abb. 7.019 bis 7.021.

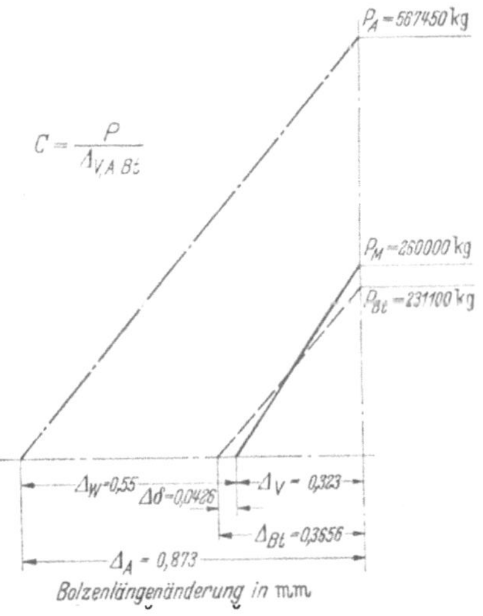

Abb. 7.018. Verspannungsschaubild einer Flanschverbindung

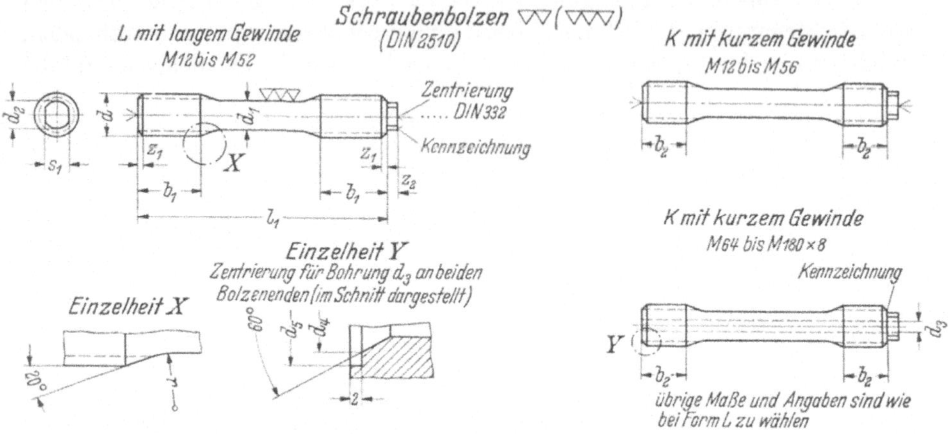

Abb. 7.019. Schraubenbolzen (DIN 2510)

Für die Bemessung des Schaftdurchmessers der Flanschenschrauben gilt nach amtlicher Vorschrift (TÜV) die Gleichung

$$d_s = d_1 = \sqrt{\frac{4\,P_s\,S}{\pi\,n\,K}} + c. \tag{169}$$

Hierin bedeuten:

n = Anzahl der Schrauben,
c = Zuschlag von 3 mm für den Betriebszustand,
S = Sicherheitsbeiwert (nach VGB, Merkblatt Nr. 4, Mai 1951),
K = Werkstoffkennwert, abhängig vom Werkstoff und Betriebstemperatur (s. Tab. 7.VIII und 7.IX bzw. DIN 17240, Blatt 2, Jan. 1959) in kg/mm².

Der Kerndurchmesser des Gewindes muß sein $d_K \geqq 1{,}1\,d_s$ in mm.

Für den *Einbauzustand* ist K = Streckgrenze bei 20 °C und $S = 1{,}1$ für den *Anwärmezustand* ist K = Streckgrenze bei der im Bolzen auftretenden höchsten Temperatur, wobei S nicht unter 1 liegen darf, für den *Betriebszustand* ist $K_{B/100\,000\text{-}t}$ = Zeitstandsfestigkeitswert bei Höchsttemperatur und $S = 1{,}5$.

Liegt der Berechnungswert $K_{B/100\,000\text{-}t}/S$ unter der Zeitdehngrenze $K_{1/100\,000\text{-}t}$, dann ist $K_{1/100\,000\text{-}t}$ = Zeitdehngrenzwert bei Höchsttemperatur und $S = 1$ einzusetzen.

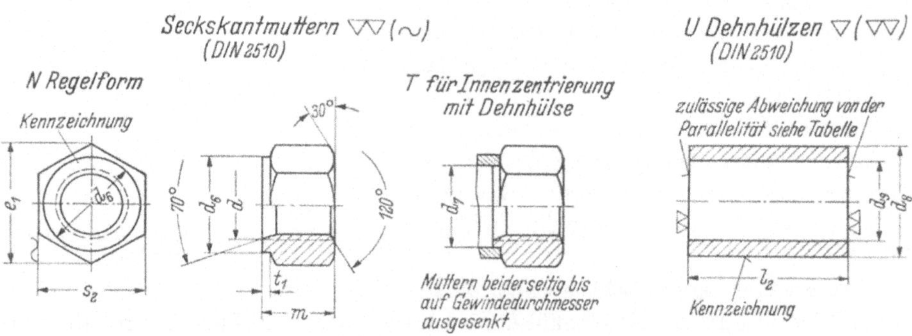

Abb. 7.020. Sechskantmuttern und U-Dehnhülsen (DIN 2510)

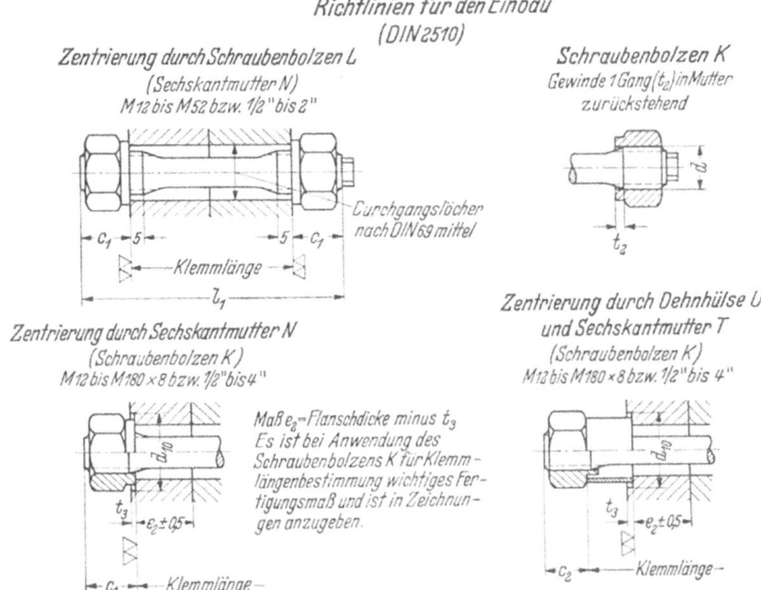

für Gewinde d	$M\,12$ $^1/_2''$	$M\,16$ $^5/_8''$	$M\,20$ $^3/_4''$	$M\,24$ $^7/_8''$	$M\,27$ $1''$	$M\,30$ $1^1/_8''$	$M\,33$ $1^1/_4''$	$M\,36$ $1^3/_8''$	$M\,39$ $1^1/_2''$	$M\,42$ $1^5/_8''$	$M\,45$ $1^3/_4''$	$M\,48$ $1^7/_8''$	$M\,52$ $2''$	$M\,56$ $2^1/_4''$
c_1	15	18	22,5	27	30	33,5	36,5	40	43	46,5	49,5	53	57	60,5
c_2	13	16	20,5	24	27	30,5	33,5	37	40	43,5	46,5	49	53	56,5
t_2	1,75	2	2,5	3	3	3,5	3,5	4	4	4,5	4,5	5	5	5,5
t_3	1,5	1,5	1,5	2	2	2	2	2	2	2	2	3	3	3
d_{10}	24	28	33	37	43	45	48	55	59	63	67	71	76	82

Gewinde: Metrisch oder Whitworth nach DIN 2510 Blatt 2 (z. Z. noch Entwurf). Schraubenbolzen und Sechskantmuttern mit Whitworth-Gewinde nur dann anwenden, wenn aus besonderen Gründen (z.B. Export) das Whitworth-Gewinde vorgeschrieben ist.

Abb. 7.021. Verschrauben einer Flanschverbindung (Richtlinien nach DIN 2510, neu)

Auf ein ausreichendes Spitzen- und Flankenspiel beim Gewinde ist sehr zu achten. Das Gewinde muß von Öl und Fett gereinigt werden, ehe seine Flächen mit Molybdän-Disulfid (Molykote), einem Hitze vertragenden Schmierstoff ohne Ölzusatz, bestrichen werden.

Passende Werkstoffe für Bolzen und Muttern sind in Tab. 7.X aufgeführt.

7.21 Berechnung der Flanschverbindungen

Welche Gleichungen anzuwenden sind, zeigt das Beispiel im folgenden Abschn. 7.22. Zunächst ist jedoch auf einen Vorschlag von S. SCHWAIGERER zur Neugestaltung der Normblätter für Flansche hinzuweisen [66].

SCHWAIGERER geht davon aus, daß sich in einer beliebigen Schnittstelle A-A (s. Abb. 7.014) des kegeligen Rohransatzes ein plastisches Gelenk ausbildet, wobei sich das unterhalb der Schnittstelle liegende Flanschprofil um den Schwerpunkt S dreht.

Für dieses Flanschelement unterhalb der Schnittlinie A-A ist die Gleichgewichtsbedingung der in einer Radialebene wirkenden Momente

$$\frac{M_a}{2\pi}\,d\alpha = M_t\,d\alpha + m_r\,r\,d\alpha + q\,r\,c\,d\alpha. \tag{170}$$

Für das tangentiale Biegemoment gilt die Beziehung

$$M_t = \sigma_t \,(F_1\,e_1 + F_2\,e_2) = 2\,\sigma_t F_1\,e_1 = 2\,\sigma_t F_2\,e_2 \,. \tag{171}$$

Gl. (171) gilt unter der Voraussetzung, daß in beiden durch die neutrale Achse getrennten Querschnitten gleiche Biegespannungen σ_t herrschen.

Für die mit σ_r bezeichnete mittlere radiale Biegespannung im kegeligen Rohransatz ergibt sich das Biegemoment, bei dem die größte Tragfähigkeit des Querschnitts erreicht ist, zu

$$m_r = 2\,\sigma_r \left(\frac{s}{2} - \frac{s_0}{4}\right)\left(\frac{s}{4} + \frac{s_0}{8}\right) = 0{,}25\,\sigma_r \left(s^2 - \frac{s_0^2}{4}\right). \tag{172}$$

Die von SCHWAIGERER mitberücksichtigte mittlere Schubspannung (τ) hat nur eine geringe Bedeutung für die Größe der Scherkraft je Längeneinheit nach der Gleichung $q = \tau\,s$.

Deshalb kann nach dem Vorschlag der MPA Stuttgart, im Jahre 1956, geschrieben werden:

$$\frac{P_s\,a}{2\,\pi\,K_{zul}} = \frac{1}{8}\left[(d_1 - d_i - 2\,d_L)h_F^2 + (d_i + s_1)(s_1^2 - s_0^2/4)\right], \tag{173}$$

oder

$$\frac{P_s\,a}{K/S_F} = \text{Biegewiderstand } B,$$

$$B = 2\,\pi\,W_f = \pi\left[0{,}25\,(d_1 - d_i - 2\,d_L)h_F^2 + 0{,}25\,(d_i + s_1)\left(s_1^2 - \frac{s_0^2}{4}\right)\right]. \tag{174}$$

Deckt sich der für einen bestimmten Nenndruck und für eine bestimmte Flanschengröße (NW) erforderliche Flanschbiegewiderstand (B) mit dem Flanschbiegewiderstand (B') irgendeiner genormten Flanschengröße, so können die genormten Abmessungen für die vorliegenden Betriebsverhältnisse bei Wahl der passenden Werkstoffe, ohne Rücksicht auf den DIN-Nenndruck, Verwendung finden (s. Tab. 7.V).

Tabelle 7.V. *Flanschbiegewiderstand (B') für feste Flanschen NW 200 und für die Druckstufen ND 16, 25, 40, 64 und 100, als Beispiel zur Änderung der Flanschen-Normblätter* (nach SCHWAIGERER)

Stufe	Rohr-wand-dicke s_0	Außen-durch-messer d_1	Schrauben-kreis-durchmesser d_2	Schrauben-loch-durchmesser d_L	Flansch-höhe h_F	Dicke am Über-gang s_1	Anzahl der Schrau-ben	Flansch-widerstand B' mm³
ND 16	12	340	295	23	24	18	12	109 000
ND 25	12	360	310	27	30	23	12	188 000
ND 40	14	375	320	30	34	26	12	254 000
ND 64	16	415	345	36	42	39	12	439 000
ND 100	21	430	360	36	52	39	12	658 000

Nach den Richtlinien der VGB [62] genügt folgende gekürzte und vereinfachte Form der Gl. (174):

$$\text{Flanschbiegewiderstand } B'' = \frac{P_s\,a}{K/S_F} = 2\,\pi\,(W_F + W_R). \tag{175}$$

W_F ist der Biegewiderstand des Flanschtellers im Radialschnitt $C - E$ der Abb. 7.015:

$$W_F = \frac{1}{8}\,(d_1 - d_i - 2\,d_L)\,h_F^2.\tag{176}$$

Der Biegewiderstand in der Rohrwand, am Übergang zum Flanschteller, im Schnitt $C - D$ der Abb. 7.015, ist:

$$W_R = \frac{1}{8}\,(d_i + s_1)\,s_1^2.\tag{177}$$

In den Gln. 173 bis 177 bedeuten:

P_S = Schraubenkraft in kg,
a = Hebelarm für P_S für den festen Flansch (aus $M_a = P_R\,a_R + P_D\,a_D$ mit dem Schraubenkreis als Bezugslinie) in mm,
P_R = Rohrkraft in kg,
P_D = innerer Dampfdruck und Dichtungskraft in kg,
d_1 = Flanschdurchmesser, außen in mm,
d_i = Flanschdurchmesser, innen in mm,
d_L = Lochdurchmesser für den Schraubenbolzen in mm,
h_F = Blattstärke des Flanschtellers in mm,
s_0 = Rohrwanddicke in mm,
s_1 = Rohransatzdicke am Flanschteller in mm,
W_f = Flanschbiegewiderstand plus Rohransatzwiderstand (nach SCHWAIGERER) in mm³,
W_F = Flanschbiegewiderstand (nach VGB) in mm³,
W_R = Rohransatzwiderstand (nach VGB) in mm³,
K = Festigkeitskennwert des Werkstoffes in kg/mm²,
S_F = Sicherheitsbeiwert gegen Verformen des Werkstoffes.

Für lose Flansche und für den Bund nach Abb. 7.016 ist die Gl. (175) sinngemäß anzuwenden.

Der kegelige Rohransatz bei festen Flanschen erhält eine Mindestlänge von

$$l_k = 0,8\,\sqrt{d_i\,s_1}.\tag{178}$$

Tabelle 7.VI. *C-Werte zum Umrechnen der Normdrücke bei Temperaturen von 200 bis zu 650 °C, und bei Verwendung höher legierter Stähle*

	C =								
	C 22	C 35	15 Mo 3	13 CrMo 44	10 CrMo 910	10 CrSi Mo V7	X 8 CrNi Nb 1613	X 8 CrNi MoNb 1616	X 8 CrNi MoV Nb 1613
200	1,12								
250	1,15	1,0							
300	1,35	1,05	1,15						
350	1,65	1,21	1,21	1,0					
400	2,09	1,55	1,35	1,1					
425		2,16	1,44	1,15					
450		3,08	1,62	1,21	1,21	1,24			
475		4,34	1,81	1,29	1,22	1,24			
500			2,09	1,39	1,55	1,44	1,53	1,44	1,00
525			2,86	2,12	2,32	2,00	1,59	1,49	1,05
550				4,32	3,35	3,08	1,64	1,53	1,08
575					4,45	4,45	1,98	1,86	1,29
600							2,70	2,4	1,54
625							3,44	2,96	1,9
650							4,33	3,6	2,4

Die Richtlinien der VGB gestatten, wie im Abschn. 7.2 erwähnt wurde, genormte Flanschen von bestimmter Nennweite bei Verarbeitung entsprechend hochwertiger Werkstoffe zu verwenden. Druck und Temperatur sind begrenzt nach Gl. (165).

Es ist $p = ND/C$.

Der Umrechnungswert (C) ist für den Werkstoff 13 CrMo 4 4 bei 525 °C, wenn $K'_{B/100\,000\text{-}525\,°C}$ = 10,1 kg/mm² und der Sicherheitsbeiwert $S = 1,5$, z.B.

$$C = 14,4/(K'/S) = 14,4/(10,1/1,5) = 2,12.$$

Für einen Flansch ND 320 ist der zulässige Betriebsdruck bei 525 °C dann

$$p = ND/C = 320/2,12 = 150\ \text{kg/cm}^2.$$

Umrechnungswerte C für Dampftemperaturen von 475 bis 650 °C s. Tab. 7.VI. Warmstreckgrenze von C-Stählen s. Tab. 7.VII.

Tabelle 7.VII. *Warmstreckgrenze von C-Stählen für geschmiedete Flansche*

Stahlsorte Kurzzeichen	Werkstoff Nr.	Zugfestigkeit kg/mm²	Streckgrenze bzw. 0,2-Grenze[3] in kg/mm² mind. bei °C									Bruchdehnung[1] ($L_0 = 5d_0$) % mind.	Kerbschl.-zähigkeit (DVM-Probe) kgm/cm² mind.	Verwendungstemp. bis etwa °C
			20	200	250	300	350	400	450	500	550			
C 22[1]	0611	45−55	25	21	20	17	14	11	−	−	−	19	6	450
C 35[2]	0651	55−65	29	24	23	22	19	15	−	−	−	17	6	450

[1] Geeignet für Vorschweißflansche.
[2] Geeignet für Hinterlegflansche (lose Flansche).
[3] Für Verwendungstemperaturen von über etwa 450 °C bis etwa 650 °C sind bis zum Erscheinen eines neuen Stahl-Eisen-Werkstoffblattes für die Stähle 15 Mo 3, 13 CrMo 44, 10 CrMo 910, 10 CrSiMoV 7, sowie für Austenitstähle, die Festigkeitswerte nach Tab. 3.V der Flanschberechnung zugrunde zu legen. Werte für Elastizitätsmodul nach Tab. 3.VIII, für die mittlere Wärmeausdehnung nach Tab. 3.VII.

7.22 Berechnungsbeispiel

Die diesem Beispiel zugrunde liegende Flanschverbindung 250 NW ist für 134 atü bei 525 °C vorgesehen. Abmessungen nach ND 320 (s. Abb. 7.017). Einerseits fester Flansch, andererseits Bund mit Hinterlegflansch, Schweißringdichtung nach DIN 2695 (Membrandichtung).

I. Äußere Kräfte

1. Angenommen der Dampf dringt bis zur Schweißraupe vor, welche die Lippen der beiden Membranen verbindet. Dann belastet der Dampfdruck von 134 atü die Flanschenschrauben mit

$$P_{R_2} = \frac{p}{100} \cdot \frac{\pi}{4}\, d^2_{D_i}\quad \text{in kg.} \tag{179}$$

Also ist hier

$$P_{R_2} = 1,34 \cdot 138\,544 = 186\,000\ \text{kg}.$$

Der Dichtungsdurchmesser d_{D_i} ist 420 mm.

2. Durch das Biegemoment $(R\,n)$ des Rohrsystems werden nach Abb. 7.012, Zugkräfte durch Hebelwirkung auf die Flanschverbindung übertragen, welche die Flanschschrauben durch Gegenmomente mit den Abständen a_1, a_2 und a_3 ungleichmäßig belasten.

Für den halben Rohrquerschnitt ergibt sich, beispielsweise angenommen aus dem Biegemoment des Rohrsystems, eine Zugkraft $P_{B_2} = 74\,000$ kg, wenn die Rohrleitung kalt und vorgespannt ist.

Die Vorspannung des Rohrsystems für das Beispiel ist so hoch gewählt, daß es nach seiner Durchwärmung keine Kräfte auf die Flanschverbindung überträgt. Dann ist $P_{B_1} = 0$.

3. Die Lippenschweißung verhindert, als Dichtschweißung, den Dampfaustritt auch dann, wenn die Membranen keine besondere Pressung erfahren. P_D ist dann Null.

4. Betriebszustand (erforderlich):

$$P_{S_B} = P_{B_2} + P_{B_1} + P_D = 186\,000 + 0 + 0 = 186\,000 \text{ kg} \tag{180}$$

Einbauzustand (erforderlich):

$$P_{SV} = P_{B_2} = 74\,000 \text{ kg.} \tag{181}$$

Damit ist die erforderliche Schraubenbolzenvorspannkraft:

$$P_M = P_{S_B} + P_{B_2} = 186\,000 + 74\,000 = 260\,000 \text{ kg.} \tag{182}$$

II. Temperaturverteilung

Schraubenbolzen:
Vorspannung 20 °C, Anwärmen 400/500 °C, Betrieb 500 °C.

Fester Flansch:
Vorspannung 20 °C, Anwärmen 525 °C, Betrieb 525 °C.

Loser Flansch:
Vorspannung 20 °C, Anwärmen 525 °C, Betrieb 525 °C.

Bund und Membranen:
Vorspannung 20 °C, Anwärmen 525 °C, Betrieb 525 °C.

Die größte Temperaturdifferenz von 100 °C zwischen Flanschen und Schraubenbolzen, die für den Anfahrzustand (s. Abschn. 7.02) bei der Berechnung einer Flanschverbindung in Betracht zu ziehen ist, ergibt vorübergehend durch Recken des Werkstoffes, eine zusätzliche Längung der Schraubenbolzenschäfte. Dabei erhöht sich die Schraubenbolzenkraft P_M.

Klemm- bzw. Dehnlänge der Schraubenbolzen:

$$l_S = h_{Fl} + h_F + h_D + h_B = 155 + 142 + 6 + 52 = 355 \text{ mm.}$$

Längenunterschied zwischen Flanschen und Schraubenbolzen beim Anwärmen:

$$\Delta_A = [(\alpha_{20\,°C\text{-}500\,°C}\, t_F) - (\alpha_{20\,°C\text{-}400\,°C}\, t_S)]\, l_S \quad \text{in mm,} \tag{183}$$

$$\Delta_A = \Delta_w = (13{,}9 \cdot 10^{-6} \cdot 500 - 13{,}5 \cdot 10^{-6} \cdot 400) \cdot 355 = 0{,}55 \text{ mm.}$$

Längenunterschied im Betrieb:

$$\Delta_B = [(\alpha_{20\,°C\text{-}525\,°C}\, t_F) - (\alpha_{20\,°C\text{-}500\,°C}\, t_S)]\, l_S \quad \text{in mm,} \tag{184}$$

$$\Delta_B = \Delta\delta = (0{,}00707 - 0{,}00695) \cdot 355 = 0{,}0426 \text{ mm.}$$

III. Federkonstanten C zur Aufstellung des Verspannungsschaubildes (s. Abb. 7.017)

a) Schrauben:

$$C_S = E\,\vartheta\, \frac{\pi\, d_S^2\, n}{4\, l_S} \quad \text{in kg/mm}^2, \tag{185}$$

bei $20\,°C = 21\,000\, \dfrac{\pi \cdot 38^2 \cdot 16}{4 \cdot 355} = 21\,000 \cdot 51{,}15 = 10{,}75 \cdot 10^5 \text{ kg/mm}^2,$

bei $400\,°C = 17\,500 \cdot 51{,}15 = 8{,}95 \cdot 10^5 \text{ kg/mm}^2,$

bei $500\,°C = 16\,500 \cdot 51{,}15 = 8{,}44 \cdot 10^5 \text{ kg/mm}^2.$

b) Fester Flansch:

$$C_{F_l} = \frac{5\,\pi\, h_F^3}{3\, a_F^2}\, \frac{d_1 - d_i}{d_1 + d_i}\, E\,\vartheta \quad \text{in kg/mm}^2, \tag{186}$$

$$\text{bei}\quad 20\,°\text{C} = \frac{5\,\pi \cdot 122^3}{3 \cdot 72{,}5^2}\,\frac{640 - 244}{640 + 244}\,21\,000$$

$$= 808 \cdot 21\,000 = 170 \cdot 10^5\ \text{kg/mm}^2,$$

$$\text{bei } 525\,°\text{C} = 808 \cdot 16\,250 = 131 \cdot 10^5\ \text{kg/mm}^2.$$

c) Loser Flansch: $\qquad C_{Fl} = \dfrac{\pi\,h_{Fl}^3}{3\,a_{Fl}^2}\,\dfrac{d_1 - d_0}{d_1 + d_0}\,E\,\vartheta\quad \text{in kg/mm}^2,$ $\hfill (187)$

$$\text{bei}\quad 20\,°\text{C} = \frac{\pi \cdot 155^3}{3\left(\dfrac{540 - 395}{2}\right)^2}\,\frac{640 - 332}{640 + 332}\,21\,000,$$

$$= 235 \cdot 21\,000 = 49{,}3 \cdot 10^5\ \text{kg/mm}^2,$$

$$\text{bei } 500\,°\text{C} = 235 \cdot 16\,500 = 38{,}8 \cdot 10^5\ \text{kg/mm}^2.$$

d) Bund, Flanschansatz b und Dichtung:

$$C_{BD} = \frac{E\,\vartheta}{h}\,\frac{\pi}{4}\,(D_B^2 - d_i^2)\quad \text{in kg/mm}^2, \hfill (188)$$

$$\text{bei}\quad 20\,°\text{C} = \frac{21\,000}{78}\,\frac{\pi}{4}\,(395^2 - 244^2),$$

$$= 21\,000 \cdot 975 = 205 \cdot 10^5\ \text{kg/mm}^2,$$

$$\text{bei } 525\,°\text{C} = 16\,250 \cdot 975 = 158 \cdot 10^5\ \text{kg/mm}^2.$$

Gesamte Federkonstante:

$$C = 1/(1/C_S + 1/C_{Fj} + 1/C_{Fl} + 1/C_{BD})\quad \text{in kg/mm}^2 \hfill (189)$$

$$C_V = 10^5/(1/10{,}75 + 1/170 + 1/49{,}3 + 1/205)$$
$$0{,}093 \quad 0{,}0059 \quad 0{,}0203 \quad 0{,}0049$$

$$C_V = 10^5/0{,}1241 = 8{,}05 \cdot 10^5\ \text{kg/mm},$$

$$C_A = 10^5/(1/8{,}95 + 1/38{,}8 + 1/131 + 1/158),$$
$$0{,}112 \quad 0{,}0258 \quad 0{,}0076 \quad 0{,}0063$$

$$C_A = 10^5/0{,}1537 = 6{,}5 \cdot 10^5\ \text{kg/mm},$$

$$C_{Bt} = 10^5/(1/8{,}4 + 1/38{,}5 + 1/131 + 1/158),$$
$$0{,}119 \quad 0{,}026 \quad 0{,}0076 \quad 0{,}0063$$

$$C_{Bt} = 10^5/0{,}159 = 6{,}3 \cdot 10^5\ \text{kg/mm}.$$

IV. Einfluß der Längung der Schraubenbolzen auf die Belastung der Flanschverbindung nach Verspannungs-Schaubild 7.018

Vorspannung der Schraubenbolzen bei der Montage mit der Schraubenbolzenkraft P_M nach dem Schaubild:

$$P_M = \Delta l_{20\,°\text{C}}\,C_V, \hfill (190)$$
$$P_M = P_V = 0{,}323 \cdot 8{,}05 \cdot 10^5 = 260\,000\ \text{kg}.$$

Schraubenbolzenkraft im Anfahrzustand:

$$P_A = (\Delta_w + \Delta l_{20\,°\text{C}})\,C_A, \hfill (191)$$
$$P_A = (0{,}55 + 0{,}323) \cdot 6{,}5 \cdot 10^5 = 567\,450\ \text{kg}.$$

Schraubenbolzenkraft im Betriebszustand:

$$P_{Bt} = (\Delta\,\delta + \Delta l_{20\,°\text{C}})\,C_{Bt} \hfill (192)$$
$$P_{Bt} = (0{,}0426 + 0{,}323) \cdot 6{,}3 \cdot 10^5 = 231\,100\ \text{kg}.$$

V. Spezifische Werkstoffbeanspruchungen und Sicherheit in bezug auf zulässige Werkstoffkennwerte K

Schrauben. Schaftdurchmesser 38 mm, Querschnitt $f = 1134{,}11 \text{ mm}^2$; Anzahl $n = 16$, Querschnitt insgesamt $f_{\text{zus}} = 18\,150 \text{ mm}^2$. Werkstoff 21 CrMoV 5 11, Zugfestigkeit 70···85 kg/mm², Bruchdehnung $(L = 5\,d)$ 17%, Kerbschlagzähigkeit 8 kgm/cm². Streckgrenze bei 20 °C = 55 kg/mm², Streckgrenze bei 500 °C = 38 kg/mm², 100 000 h-Zeitstandfestigkeit bei 500 °C = 21,6 kg/mm², 100 000 h-Zeitdehngrenze bei 500 °C = 16,9 kg/mm².

Kaltbeanspruchung:

$$\sigma_{V_{20°\text{C}}} = P_V/f_{\text{zus}} = 260\,000/18\,150 = 14{,}3 \text{ kg/mm}^2.$$

Anwärmbeanspruchung:

$$\sigma_{A_{500°\text{C}}} = P_A/f_{\text{zus}} = 567\,450/18\,150 = 31{,}3 \text{ kg/mm}^2.$$

Betriebsbeanspruchung:

$$\sigma_{Bt_{500°\text{C}}} = P_{Bt}/f_{\text{zus}} = 231\,000/18\,150 = 12{,}75 \text{ kg/mm}^2,$$

Sicherheitsfaktor bei vorgespannter Schraube:

$$S_V = K_{0,2/20°\text{C}}/14{,}3 = 55/14{,}3 = 3{,}8, \text{ erforderlich } S = 1{,}1.$$

Sicherheitsfaktor bei angewärmter Flanschverbindung:

$$S_A = K_{0,2/500°\text{C}}/31{,}3 = 38/31{,}3 = 1{,}2, \text{ erforderlich } S = 1.$$

Sicherheitsfaktor der Schraubenbeanspruchung, bezogen auf Zeitstandbruchgrenze:

$$S_{Bt} = K_{B/100\,000\text{-}500°\text{C}}/12{,}75 = 21{,}6/12{,}75 = 1{,}7, \text{ erforderlich } S = 1{,}5.$$

Sicherheitsfaktor der Schraubenbeanspruchung, bezogen auf Zeitdehngrenze des Schraubenbolzenwerkstoffs:

$$S_{Bt} = K_{1/100\,000\text{-}500°\text{C}}/12{,}75 = 16{,}9/12{,}75 = 1{,}3, \text{ erforderlich } S = 1.$$

Nach Gl. (169) ergibt sich für den Betriebszustand der Flanschverbindung ein Schraubenschaftdurchmesser von

$$d_s = \sqrt{4\,P_{S_{Bt}}\,S/\pi\,n\,K_{B/100\,000\text{-t}}} + c \quad \text{in mm}, \tag{193}$$

$$d_s = \sqrt{4 \cdot 231\,000 \cdot 1{,}5/\pi \cdot 16 \cdot 21{,}6} + 3 = 35 + 3 = 38 \text{ mm}.$$

Der Zuschlag „c" wurde berücksichtigt zum Ausgleich unkontrollierbarer zusätzlicher Zugkräfte aus Biegemomenten des Rohrsystems, die für das Beispiel nur überschlägig bekannt sind. Liegen die genauen Schraubenkräfte vor, so darf c Null sein.

Fester Flansch nach Abb. 7.015 und 7.017.

Werkstoff 13 CrMo 4 4,

Kaltstreckgrenze $K_{0,2/20°\text{C}} = 30 \text{ kg/mm}^2$,

Warmstreckgrenze bei 525 °C: $K_{0,2/525°\text{C}} = 17{,}5 \text{ kg/mm}^2$,

Zeitstandfestigkeit bei 525 °C: $K_{B/100\,000\text{-}525°\text{C}} = 10{,}1 \text{ kg/mm}^2$,

Zeitdehngrenze bei 525 °C: $K_{1/100\,000\text{-}525°\text{C}} = 7{,}4 \text{ kg/mm}^2$,

Berechnungswert $K_{B/100\,000}/S = K_{\text{zul}} = 10{,}1/1{,}5 = 6{,}8 \text{ kg/mm}^2$.

Nach Gl. (165) ist der Norm-Nenndruck für Dampf von 525 °C

$$p_N = p\,C = 134 \cdot 2{,}12 = 284 \text{ atü},$$

$$p_N = \text{ND (aufgerundet zum Norm-Nenndruck)} = 320.$$

Tabelle 7.VIII. *Streckgrenze warmfester Stähle für Schrauben und Muttern* (entnommen aus DIN 17240, Blatt 1) [1]

Stahlsorte		Zugfestigkeit [2]	Streckgrenze bei								Bruchdehnung $(L_0 = 5\,d_0)$ bei 20 °C	Kerbschlag-zähigkeit [4] bei 20 °C
Kurzname nach DIN 17006	Stoffnummer nach DIN 17007 [3]	bei 20 °C kg/mm	20 °C	200 °C	250 °C	300 °C	350 °C	400 °C	450 °C	500 °C	% mindestens	kg/cm² % mindestens
			kg/mm² mindestens									
C 35	1.0501	50—60	28	22	21	19	17	15			22	—
Ck 35	1.1181	50—60	28	22	21	19	17	15			22	6
C 45	1,0503	60—72	36	29	27	25	22	19			18	—
Ck 45	1,1191	60—72	36	29	27	25	22	19			18	5
24 CrMo 5	1.7258	60—75	45	42	40	37	34	31	28	24	18	8
24 CrMoV 55	1.7733	70—85	55	50	48	46	44	41	38	35	17	8
21 CrMoV 511	1.8070	70—85	55	52	51	49	47	44	41	38	17	8

Bruchdehnung (mittlere Spalte): $\dfrac{1200}{\text{Zugfestigkeit}}$, mindestens aber (18, 18, 18, 17, 17).

Der *Elastizitätsmodul* der Stähle ändert sich mit der Temperatur etwa wie folgt:

bei	20 °C	300 °C	400 °C	500 °C	600 °C
kg/mm²	21000	18500	17500	16500	15500

Der mittlere *Wärmeausdehnungsbeiwert* beträgt etwa:

zwischen 20 °C und	100 °C	200 °C	300 °C	400 °C	500 °C	600 °C
10^{-6} m je m · °C	11,1	12,1	12,9	13,5	13,9	14,1

[1] Auf Grund von Erfahrungen, nach denen es günstiger ist, zum Vermeiden einer Versprödung nach langdauernder Beanspruchung bei hohen Temperaturen die Festigkeitseigenschaften der Stähle bei Raumtemperatur niedriger zu halten, sind die Werte gegenüber Stahl-Eisen-Werkstoffblatt 630-51 durch Änderung der Temperaturen bei der Vergütung herabgesetzt worden. Die Änderung der Werte ist auch beim Anziehen der Schrauben beim Zusammenbau zu beachten, damit ein schädliches Überrecken der Schrauben vermieden wird.

[2] Die obere Grenze der Zugfestigkeitsspanne darf *nicht über*schritten werden; eine geringfügige *Unter*schreitung der unteren Grenze der Zugfestigkeitsspanne ist zulässig, falls der Mindestwert der Streckgrenze erreicht ist.

[3] Z. Zt. noch Entwurf.

[4] Geprüft an der DVM-Probe.

Gewährleistete Prüfwerte für die in Tab. 7.IX angegebenen Werkstoffe, die für Temperaturen über 540 °C bestimmt sind, müssen beim Lieferwerk angefragt werden.

Tabelle 7.IX. *Langzeit-Warmfestigkeitswerte für Schrauben und Muttern*
(Die Werte sind DIN 17240, Blatt 2, Seite 4 entnommen.)

Stahlsorte		Temperatur	0,2%-Zeitdehngrenze[2] für		1%-Zeitdehngrenze[2] für		Zeitstandfestigkeit[3] für	
Kurzname nach DIN 17006	Stoffnummer nach DIN 17007[1]	°C	10000 h	100000 h	10000 h	100000 h	10000 h	100000 h
			kg/mm²		kg/mm²		kg/mm²	
C 35, Ck 35 C 45, Ck 45 (bis 400 °C)	1.0501 oder 1.1181	350	20,3	13,5	21,2	15,4	25,0	22,1
		360	18,6	12,4	20,1	14,2	24,0	20,5
		370	17,0	11,4	18,9	13,2	22,8	18,8
		380	15,2	10,2	17,7	12,2	21,6	17,2
		390	13,6	9,2	16,4	11,1	20,4	15,6
	1.0503 oder 1.1191	400	12	8	15	10	19	14
		410	10,5	7	13,5	8,9	17,6	12,4
		420	9,2	6	11,8	7,8	15,9	10,8
		430	8	5,2	10,4	6,8	14	9,4
24 CrMo 5 (bis 450 °C)	1.7258	420	20,8	16,8	27,9	22,5	39,5	31,4
		430	19,2	15,4	26,3	20,7	37,1	28,6
		440	17,8	14,1	24,7	19	34,5	25,8
		450	16,5	12,8	23,1	17,4	31,7	23
		460	15,2	11,5	21,4	15,8	28,9	20,4
		470	13,8	10,2	19,9	14,4	26	18,2
		480	12,6	8,9	18,3	12,9	23,1	16
		490	11,4	7,6	16,6	11,4	20,4	13,9
24 CrMoV 5 5 (bis 500 °C)	1.7733	430	26,7	22,4	33,4	27,8	45,2	37,4
		440	25,7	21,2	32,2	26,2	43,4	35,2
		450	24,4	19,7	30,9	24,4	41,2	32,8
		460	23,0	18,1	29,2	22,2	38,8	30,3
		470	21,4	16,1	27,3	19,9	36,1	27,7
		480	19,7	13,7	25,0	17,5	33,1	24,8
		490	17,8	11,2	22,3	15,2	29,6	21,9
		500	15,9	9,4	19,7	13,1	26,2	18,7
		510	14,0	8,1	17,5	11,3	23,5	15,9
		520	12,2	6,8	15,4	9,8	21,0	13,4
		530	10,5	5,7	13,4	8,2	18,5	11,2
21 CrMoV 5 11 (bis 540 °C)	1.8070	450	28,2	21,6	34,7	28,2	43,1	35,6
		460	26,5	19,4	32,2	26,0	41,0	33,0
		470	24,8	17,4	30	23,9	38,8	30,3
		480	22,8	15,5	27,7	21,6	36,4	27,4
		490	20,8	13,9	25,6	19,2	33,7	24,5
		500	18,7	12,2	23,4	16,9	30,9	21,6
		510	16,3	10,7	21,2	14,6	28,0	18,8
		520	14,2	9,2	18,9	12,3	24,9	16,3
		530	12,1	7,7	16,7	10,2	22,0	13,9
		540	10,2	6,2	14,5	8,3	18,9	11,5
		550	8,4	4,7	12,2	6,6	15,9	9,4

[1] Z. Zt. noch Entwurf.

[2] Das ist die auf den Ausgangsquerschnitt bezogene Spannung, die zu einer bleibenden Dehnung von 0,2 bzw. 1% nach 10000 oder 100000 h führt.

[3] Das ist die auf den Ausgangsquerschnitt bezogene Spannung, die zum Bruch nach 10000 oder 100000 h führt.

Alle Werte sind ungefähre Mittelwerte. Für die Stähle, die für Temperaturen über 540 °C bestimmt sind, müssen Mittelwerte beim Lieferwerk angefragt werden.

Tabelle 7.X. *Warmfeste Stähle für Schrauben und Muttern* (s. DIN 17 240, Blatt 2)[1]

Temperatur[8] °C	Schraubenwerkstoff[4]		Mutternwerkstoff[4]	
	Kurzname nach DIN 17 006	Stoffnummer nach DIN 17 007[2]	Kurzname nach DIN 17 006	Stoffnummer nach DIN 17 007[2]
bis 400	C 35 o. Ck 35	1.0501 o. 1.1181	St 50-2[3]	1.0532
	C 45 o. Ck 45	1.0503 o. 1.1191	St 50-2 o. C 35	1.0532 o. 1.0501
450	24 CrMo 5	1.7258	St 50-2 o. C 35	1.0532 o. 1.0501
500	24 CrMoV 55	1.7733	24 CrMo 5	1.7258
540	21 CrMoV 5 11	1.8070	24 CrMo 5	1.7258
	Schraubenwerkstoff[7]		Mutternwerkstoff[7]	
580	X 22 CrMoV 12 1[5]	1.4933	X 15 CrMo 12 1[5]	1.4921
600	(X 22 CrMoWV 12 1)[5]	1.4935		
650	X 8 CrNiMoBNb 16 16 K[6]	1.4986	X 15 CrMo 12 1[5]	1.4921

[1] Die zueinander passenden Stähle für Schrauben und Muttern erleichtern den Anzug und das Lösen der Muttern.

[2] Z. Zt. noch Entwurf.

[3] Nach DIN 17 100.

[4] Diese Stähle für Schrauben und Muttern sind für Temperaturen bis etwa 540 °C vorgesehen.

[5] Ferritischer Stahl.

[6] Warm-kalt-verformter (K) austenitischer Stahl.

[7] Diese Stähle für Schrauben und Muttern sind für Temperaturen über etwa 540 °C bis etwa 650 °C vorgesehen.

[8] Anhaltsangaben. Berechnungstemperatur s. AD-Merkblatt B 7.

Nachzuprüfen sind die Flanschabmessungen nach Abb. 7.017.

Innendurchmesser $\qquad d_i = 244$ mm,
Außendurchmesser $\qquad d_1 = 640$ mm,
Wanddicke des zyl. Ansatzes $\qquad s_0 = 45$ mm,
Lochkreisdurchmesser $\qquad d_2 = 540$ mm,
Flanschhöhe $\qquad h_F = 122$ mm,
Wanddicke am Flanschübergang $S_1 = 92$ mm,

Gewählte Dichtung: Membranen, verschweißt, DIN 2695.

Durchmesser der äußeren Schweißraupe am Innenrand $d_{D_i} = 420$ mm,
Höhe der beiden Membranen $\qquad h_D = 6$ mm,
Hebelarm zur Schraubenkraft $a_D = (d_2 - d_D)/2 = 110{,}25$ mm.

Nach Gl. (173) und (174) ist die spezifische Werkstoffbeanspruchung auf Biegung

$$\sigma_b = P_S\, a_D/(\pi/4)\,(d_1 - d_i - 2\,d_L)\,h_F^2 + (d_i + s_1)\,(s_1^2 - s_0^2/4) \quad \text{in kg/mm}^2, \tag{194}$$

$$\sigma_V = 260\,000 \cdot 110{,}25/(\pi/4) \cdot [(640 - 244 - 2\cdot 52)\cdot 122^2 + (244 + 92)\cdot(92^2 - 45^2/4)],$$

$$\sigma_V = 260\,000 \cdot 0{,}2 \cdot 10^{-4} = 5{,}2 \text{ kg/mm}^2,$$

$$\sigma_A = 567\,450 \cdot 0{,}2 \cdot 10^{-4} = 11{,}35 \text{ kg/mm}^2,$$

$$\sigma_{Bt} = 231\,100 \cdot 0{,}2 \cdot 10^{-4} = 4{,}62 \text{ kg/mm}^2.$$

Die Sicherheit gegenüber der Werkstoffanstrengung ist

bei kalter Rohrleitung $\quad S_V = K_{0{,}2\text{-}20\,°C}/\sigma_V = 30/5{,}2 = 5{,}8,$
beim Anwärmen $\quad S_A = K_{0{,}2\text{-}525\,°C}/\sigma_A = 17{,}5/11{,}35 = 1{,}5,$
bei vollem Betrieb $\quad S_{Bt} = K_{B/100\,000\text{-}525\,°C}/\sigma_{Bt} = 10{,}1/4{,}62 = 2{,}2,$
bzw. $\quad S_{Bt} = K_{1/100\,000\text{-}525\,°C}/\sigma_{Bt} = 7{,}4/4{,}62 = 1{,}6.$

Loser Flansch nach Abb. 7.016 und 7.017

Werkstoff 13 CrMo 4 4,

$$K_{0,2/20\,°C} = 30 \text{ kg/mm}^2, \quad K_{0,2/500\,°C} = 18 \text{ kg/mm}^2,$$

$$K_{B/100\,000\text{-}500\,°C} = 17 \text{ kg/mm}^2, \quad K_{1/100\,000\text{-}500\,°C} = 12 \text{ kg/mm}^2,$$

Berechnungswert $K_{B/100\,000\text{-}500\,°C}/S = 17/1,5 = 11,3 \text{ kg/mm}^2$.

Nach Abb. 7.017 ist:

$$d_0 = 332 \text{ mm}, \quad d_1 = 640 \text{ mm}, \quad d_2 = 540 \text{ mm}, \quad h_{Fl} = 155 \text{ mm}.$$

Die Gleichung für die Berechnung der spezifischen Werkstoffbeanspruchung auf Biegung ist von Gl. (194) abzuleiten; sie lautet:

$$\sigma_b = P_S\, a_{Fl}/(\pi/4)\,(d_1 - d_0 - 2\,d_L)\, h_{Fl}^2 \quad \text{in kg/mm}^2 \tag{195}$$

$$\sigma_V = 260\,000 \cdot 72,5/(\pi/4)\,(640 - 332 - 2 \cdot 52) \cdot 155^2,$$

$$\sigma_V = 260\,000 \cdot 0,188 \cdot 10^{-4} = 4,9 \text{ kg/mm}^2,$$

$$\sigma_A = 567\,450 \cdot 0,188 \cdot 10^{-4} = 10,65 \text{ kg/mm}^2,$$

$$\sigma_{Bt} = 231\,100 \cdot 0,188 \cdot 10^{-4} = 4,35 \text{ kg/mm}^2,$$

Die Sicherheitswerte betragen:

$$S_V = K_{0,2\text{-}20\,°C}/\sigma_V = 30/4,9 = 6,1,$$

$$S_A = K_{0,2\text{-}500\,°C}/\sigma_A = 18/10,65 = 1,7,$$

$$S_{Bt} = K_{B/100\,000\text{-}500\,°C}/\sigma_{Bt} = 17,4/35 = 3,9,$$

bzw. $\qquad S_{Bt} = K_{1/100\,000\text{-}500\,°C}/\sigma_{Bt} = 12/4,35 = 2,76.$

Bund nach Abb. 7.016 und 7.017

Werkstoff 13 CrMo 4 4, wie für den festen Flansch.
Bunddurchmesser, innen, $d_i = 244$ mm,
Bunddurchmesser, außen, $d_B = 395$ mm,
Wanddicke des Bundansatzes am Rohr $s_B = 55,5$ mm,
Bundhöhe 52 mm.

Bei der Montage der Flanschverbindung dieses Beispiels ist zunächst das Rohrsystem vorzuspannen. Hierfür ist die Schraubenbolzenkraft $P_{B_2} = 74\,000$ kg $= P_R$ erforderlich, die über den Hinterlegflansch gegen die Rückseite des Bundes wirksam ist.

Liegen die einerseits am Bund und andererseits am festen Flansch angeschweißten Membranen miteinander auf, dann wird der Bund über seinen Hinterlegflansch durch die Schraubenbolzen-Vorspannkraft $P_{R_2} = 186\,000$ kg mit seiner Stirnseite gegen die Schweißringdichtung gepreßt. Dabei wird der Bund auf Druck beansprucht.

Die spezifische Werkstoffbeanspruchung auf Biegung beträgt nach Gl. (174):

$$\sigma_B = P_R\, a_B/(\pi/4)(d_B - d_i)\, h_B^2 + (d_i + s_B)(s_B^2 - s_0^2/4) \quad \text{in kg/mm}^2, \tag{196}$$

$$\sigma_{BV} = 74\,000 \cdot 47/0,785 \cdot (395 - 244) \cdot 52^2 + (244 + 55,5) \cdot (55,5 - 37^2/4),$$

$$= 74\,000 \cdot 47/1\,052\,000 = 74\,000 \cdot 0,116 \cdot 10^{-4} = 3,3 \text{ kg mm}^2.$$

Wenn die Bundhöhe h_B kleiner ist als die Übergangsdicke s_B zum Rohr, dann besteht die Möglichkeit der Bildung eines plastischen Gelenks im Schnitt $C' - E'$ (s. Abb. 7.016) des Bundtellers. Hierfür gilt die Gleichung

$$\sigma_B' = P_R\, a_{B_1}/(\pi/4)(d_B - d_i)\, h_B^2 + (d_i + s_B)\, h_{B_1}^2 \quad \text{in kg/mm}^2, \tag{197}$$

$$\sigma_{BV}' = 74\,000 \cdot 20/0,785 \cdot (395 - 244) \cdot 52^2 + (244 + 55,5) \cdot 62^2,$$

$$= 74\,000 \cdot 20/1\,312\,000 = 74\,000 \cdot 0,152 \cdot 10^{-4} = 1,2 \text{ kg/mm}^2.$$

Die spezifische Druckbeanspruchung des Werkstoffs ist für $P_{R_2} = P_{dV} = 186\,000$ kg,

$$\sigma_d = P_{dV}(d_B^2 - d_0^2)\,\pi/4,$$

$$\sigma_{dV} = 186\,000/0{,}785 \cdot 96\,489 = 2{,}5\ \text{kg/mm}^2.$$

Die Dehnungen der Rohrschenkel beim Anwärmen des Rohrsystems entlasten die Schraubenbolzen. Die Schraubenbolzenkraft $P_{B_2} = P_R$ wird Null.

Das Voreilen der Temperatur im Bund, in den Membranen, im festen und im losen Flansch erzwingt beim Anwärmen, durch Volumenvergrößerung dieser Teile der Flanschverbindung, eine entsprechende Verlängerung der Schraubenbolzenschäfte, wodurch die Schraubenbolzenkraft P_A, nach dem Verspannungsschaubild Abb. 7.018, ihren Höchstwert von 567\,450 kg erhält.

Der in der Rohrleitung ansteigende Dampfdruck bewirkt, daß beim Anwärmen die Rohrkraft P_R wieder von Null auf $P_{R_1} = p/100 \cdot \pi/4 \cdot d_i^2 = 1{,}34 \cdot 46\,760 = 62\,600$ kg ansteigt. P_{R_1} ruft im Bund eine spezifische Werkstoffbeanspruchung auf Biegung hervor. Sie beträgt nach Gl. (196):

$$\sigma_{B_A} = 62\,600 \cdot 0{,}446 \cdot 10^{-4} = 2{,}8\ \text{kg/mm}^2.$$

Die Schraubenbolzenkraft $P_{d_A} = P_A - P_{R_1} = 567\,450 - 62\,600 = 504\,850$ kg verursacht eine spezifische Druckbeanspruchung des Werkstoffs von

$$\sigma_{d_A} = P_{d_A}/(d_B^2 - d_0^2)\,\pi/4 = 504\,850/0{,}785 \cdot 96\,489 = 6{,}65\ \text{kg/mm}^2.$$

Besitzen alle Teile der Flanschverbindung ihre Betriebstemperatur, dann ist die Schraubenbolzenkraft, nach dem Verspannungsschaubild, durch Nacherwärmung der Schraubenbolzen und Verlängerung der Schraubenschaftlänge auf $P_{Bt} = 231\,000$ kg abgefallen. Bleibende Dehnungen der Werkstoffe durch Verformen sind hier nicht berücksichtigt.

Bei Schweißdichtungen wird eine Betriebsdichtungskraft von $P_{D_1} = 0{,}2\ p/100\ \pi/4\ d_{Dt}^2$ als ausreichend angesehen. Sie beträgt für das Beispiel $P_{D_1} = 0{,}2 \cdot 1{,}34 \cdot 138\,544 = 37\,200$ kg. Der Wirkungskreis d_{Dt} für den Dampfdruck entspricht dem Durchmesser der äußeren Membran-Schweißnaht. Hier hat d_{Dt} einen Durchmesser von 420 mm.

Der Schraubenbolzenkraft $P_{Bt} = 231\,100$ kg wirkt die Rohrkraft $P_{R_1} = 62\,600$ kg entgegen, die der Innendruck der Rohrleitung hervorruft, wobei Voraussetzung ist, daß die vorliegende Betriebsdichtungskraft von $231\,100 - 62\,600 = 168\,500$ kg nicht unter den Wert von 37\,200 kg absinkt. Die spezifische Werkstoffbeanspruchung auf Biegung ist hier nach Gl. (196): $\sigma_{Bt} = \sigma_{B_A} = 2{,}8\ \text{kg/mm}^2$. Die spezifische Druckbeanspruchung des Werkstoffs beträgt

$$\sigma_{d_{Bt}} = P_{d_{Bt}}/(d_B^2 - d_0^2)\,\pi/4 = 168\,500/0{,}785 \cdot 96\,489 = 2{,}22\ \text{kg/mm}^2.$$

Die Sicherheit gegenüber der Werkstoffbeanspruchung ist

bei kalter Rohrleitung $\quad S_V = K_{0{,}2\text{-}20\,°C}/\sigma_V = 30/3{,}3 = 9,$

$\qquad\qquad\qquad\qquad\quad S_{dV} = K_{0{,}2\text{-}20\,°C}/\sigma_{dV} = 30/2{,}5 = 12,$

beim Anwärmen $\qquad\quad S_A = K_{0{,}2\text{-}525\,°C}/\sigma_{B_A} = 17{,}5/2{,}8 = 6,$

$\qquad\qquad\qquad\qquad\quad S_{dA} = K_{0{,}2\text{-}525\,°C}/\sigma_{d_A} = 17{,}5/6{,}65 = 2{,}6,$

bei vollem Betrieb $\qquad S_{Bt} = K_{B/100\,000\text{-}525\,°C}/\sigma_{Bt} = 10{,}1/2{,}8 = 3{,}6,$

bzw. $\qquad\qquad\qquad\quad S_{Bt} = K_{1/100\,000\text{-}525\,°C}/\sigma_{Bt} = 7{,}4/2{,}8 = 2{,}7.$

Zusammenstellung der Sicherheitswerte, der als Beispiel berechneten Flanschverbindung nach Abb. 7.017:

Teil	Einbau b. 20 °C	Anwärmen	Betrieb
Schraubenbolzen	$S = 3{,}8$	1,2	1,3
Fester Flansch	$S = 5{,}8$	1,5	1,6
Loser Flansch	$S = 6{,}1$	1,7	2,7
Bund am Rohr	$S = 9$	2,6	2,7

7.3 Klammerverbindungen

Zur Vermeidung von Flanschenschraubenbrüchen bei gleichzeitiger Werkstoffeinsparung an lösbaren Rohrverbindungen für Hochdruck-Heißdampf-Rohrleitungen, entwickelte eine Zulieferfirma Klammerverbindungen [70]. Sie bestehen aus einer, zweiteilig oder dreiteilig aufgespaltenen Muffe, deren Einzelteile einerseits hinter einem Bund auf der Rohrseite und andererseits mit Sägegewinde auf der Armaturenseite durch Spannschrauben bzw. Spannringe zusammengehalten werden (s. Abb. 7.022 u. 7.023). Armatur und Bund am Rohr sind durch Auftrennen der Membran-Schweißdichtung zu lösen. Die Dichtschweißung verhindert das Blasen dieser Verbindung, wenn die Dichtflächen der Membranen durchBiegekräfte, die die Rohrdehnungen hervorrufen, von einander abgehoben werden. Die Dichtflächen kommen bei der Montage durch Drehen der Muffe im Sägegewinde zur Auflage, so daß die beiden Membranen auch dicht aneinander liegen, wenn die Rohrverbindung der Einwirkung von Biegekräften ausgesetzt ist.

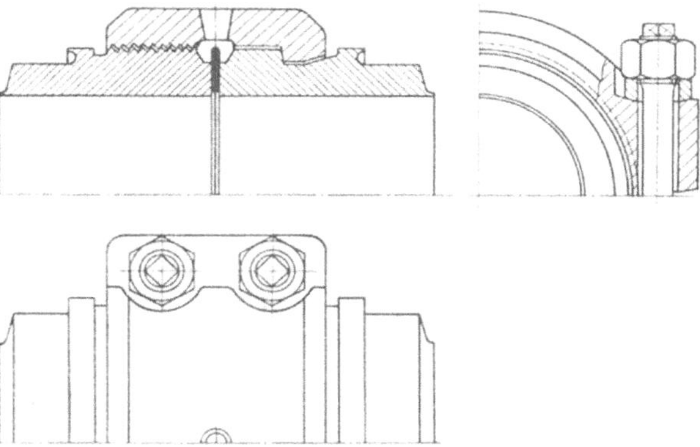

Abb. 7.022. Klammerverbindung, zweiteilig (Lieferung Zikesch, Wesel)

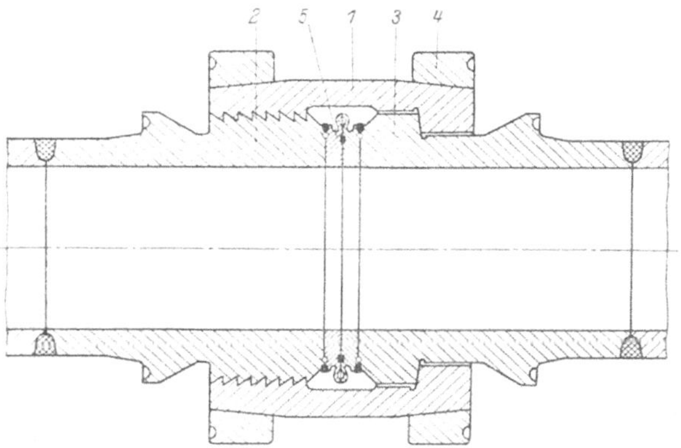

Abb. 7.023. Klammerverbindung, dreiteilig
1 Klammer, dreiteilig; *2* Anschlußstück mit Sägegewinde, Austenit; *3* Anschlußstück mit Bund, Ferrit, hintere Druckfläche konisch; *4* Spannringe, nach der Montage miteinander durch Stege gegen Verrutschen gesichert (nicht eingezeichnet); *5* Rundlippen-Schweißringdichtung

7.4 Sonstige Rohrverbindungen

Sowohl die einfache Gewindemuffe, beiderseits verschweißt, als auch Rohrverschraubungen, Stemm- und Schraubmuffen, finden in Rohrnetzen von Wärmekraftanlagen Verwendung zur Verbindung von Rohren für bestimmte Zwecke. Solche gängigen Verbindungsteile sind, normgerecht ausgeführt, im Handel ab Lager zu haben.

8. Dehnungsausgleicher

Im Abschn. 5 ist bereits auf die Bedeutung hingewiesen worden, die dem Dehnungsausgleich einer Rohrleitung zukommt. Die Rohrschenkel und die zusätzlich in die Rohrstrecke eingebauten Rohrgebilde, wie Etagen, Schwanenhalsbogen, Umbogen, Lyrabogen und andere, sind bevorzugte Dehnungsausgleicher [*44*].

In Wärmekraftwerken fehlt es oft an Raum, um Rohrleitungen mit größerem Durchmesser so zu verlegen, daß ihre Rohrschenkel für den Dehnungsausgleich genügen. Dann ist der Einbau von Dehnungsausgleichern (Kompensatoren) erforderlich.

In den nachfolgenden Teilabschnitten wird die Bauart und die Arbeitsweise dieser Dehnungsausgleicher beschrieben. Weiter wird angegeben, für welche Rohrleitungen sie sich eignen.

8.1 Lyra-Kompensator und U-Bogenausgleicher

Diese Rohrbogenausgleicher erhalten entweder Glatt- oder Faltenbiegungen. Ihre Form ist aus den Abb. 8.01 bis 8.02 zu ersehen. Der Dehnungsausgleich durch

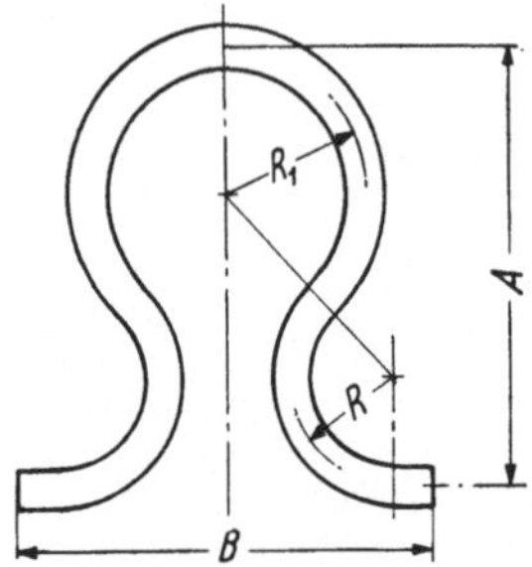

Abb. 8.01. Lyra-Kompensator
A Ausladung; *B* Baulänge

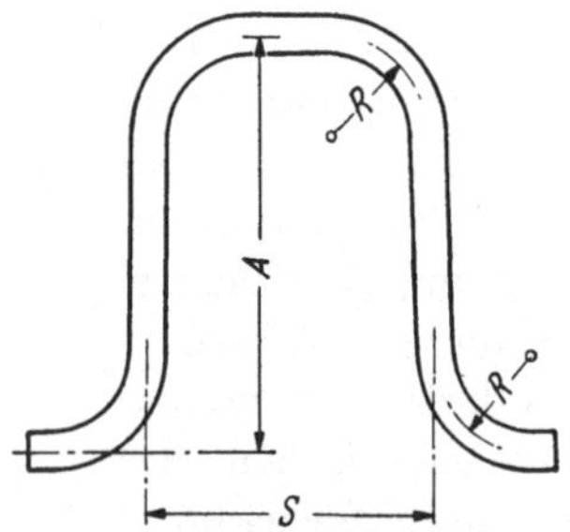

Abb. 8.02. U-Bogenausgleicher
S Spreizung

diese Ausgleicher ist um so größer, je weiter ihre Schenkel ausladen. Mit Faltenbiegungen versehene Ausgleicher haben bei gleicher Dehnungsaufnahme geringere Ausladungen als solche mit glatten Biegungen.

In glatter Ausführung sind diese Ausgleicher für alle Drücke und Rohrwandtemperaturen zu verwenden. In gefalteter Ausführung ist ihre Verwendung dadurch eingeschränkt, daß höher legierte Rohre bei der Herstellung der Falten zur Haarrißbildung neigen. Die mögliche Ausladung von Glattrohr-U-Bogen-Ausgleichern für höhere Drücke (30 bis 240 atü) und Temperaturen (250 bis 650 °C) läßt sich mit Benutzung der Arbeitsblätter „BWK Arbeitsblatt 67a und 67b" ermitteln. Für Glattrohr-U-Bogen-Ausgleicher aus Werkstoff, St 35.8, die für Betriebsdrücke bis zu 20 atü und für Betriebstemperaturen bis zu 400 °C bestimmt sind, hat eine Arbeitsgemeinschaft von Fachingenieuren die in Tab. 8.I zusammengestellten Werte berechnet. Die Tabelle erstreckt sich auf Rohrweiten von 50 bis zu 250 NW.

Größere Rohrweiten erfordern Faltenbiegungen. Angaben für diese Ausführung sind von den Herstellern einzuholen.

8.2 Metallschläuche

Der Dehnungsausgleich durch einen Metallschlauch erfordert einen Richtungswechsel in der Rohrführung. Für den Einbau eines Metallschlauches muß daher entweder ein Rohrbogenschenkel oder eine Rohretage zur Verfügung stehen, oder

Tabelle 8.I. *Glattrohr-U-Kompensatoren für Drücke bis zu 20 atü, Baumaße und Dehnungsaufnahme*

Werkstoff: St 35.29
St 35.8

Für Betriebsdrücke $\leq$ 20 atü

Δ = ZulässigeGesamt-Dehnungs-
aufnahme mit Vorspannung
P_R = Reaktionskraft im Betriebszustand
δ_V = zulässige Vorspannlänge
P_V = Vorspannkraft
$t\,°C$ = Betriebstemperatur

Maße in mm

| NW | Rohr | | R | Aus-ladung A | Vorspannung | | Dehnung und Reaktionskraft bei t °C | | | | | | | |
| | Außen-durch-messer | Wand-dicke | | | | | $t = 200°$ | | $t = 300°$ | | $t = 350°$ | | $t = 400°$ | |
					δ_V mm	P_V kg	Δ mm	P_R kg	Δ mm	P_R kg	Δ mm	P_R kg	Δ mm	P_R kg
50	57	2,75	200	800 1000	26 37	155 130	47 66	120 100	43 61	95 80	41 58	80 65	39 56	65 55
80	89	3,25	320	1280 1600	46 63	260 210	82 112	195 160	75 120	150 120	72 98	125 105	68 94	100 85
100	108	3,75	400	1600 2000	60 81	355 285	106 144	260 215	97 132	200 165	93 126	170 140	89 120	140 115
125	133	4	500	2000 2500	76 109	420 360	134 192	305 260	122 175	230 200	117 168	195 170	111 159	160 135
150	159	4,5	600	2400 3000	92 125	545 445	161 219	390 320	147 200	295 240	141 191	250 200	134 182	200 165
250	267	6,5	1000	3000 4000	108 153	1640 1200	184 265	1100 835	168 242	825 630	161 231	690 525	153 219	555 420

die notwendige Ausladung wird durch einen U-Bogen bewirkt, wie dies Abb. 8.03 zeigt. Die Wand des Metallschlauches ist sehr flexibel. Sie besteht aus profilierten Stahlbändern in zwei oder mehreren Lagen, die gewindeähnlich gewickelt, außen

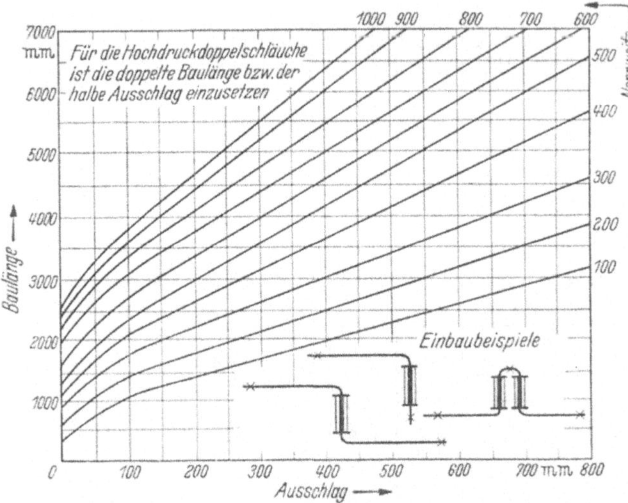

Abb. 8.03. Einbau von Metallschlauch-Kompensatoren

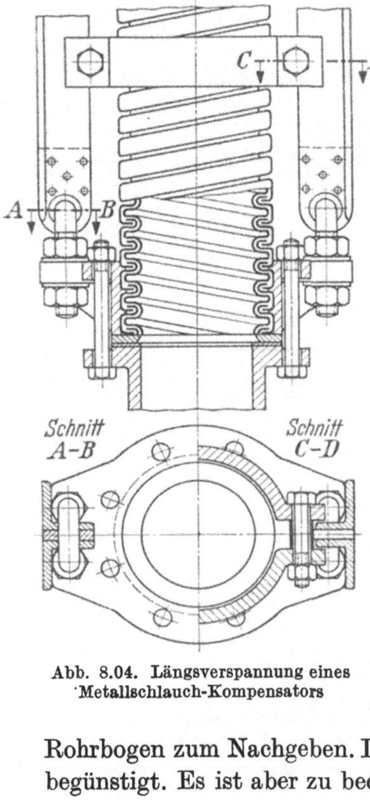

mit einer aufgeteilten, ineinander übergreifenden Ummantelung versehen und innen mit einer Spirale zum Überdecken der Vertiefungen ausgestattet sind. *Drucklos* oder bei *niedrigem* Innendruck sind Metallschläuche mit geringem Kraftaufwand in weiten Grenzen wirksam. Bei hohem Innendruck strafft sich ihre wellenförmige Wand, in der dann nicht nur Zug- sondern auch Biegekräfte auftreten, wodurch sich ein erhöhter Kraftaufwand ergibt. Die Güte der Schweißnähte, die die gewundenen, Stahlbänder miteinander verbinden, ist für die Sicherheit der Konstruktion maßgebend. Zur Entlastung der Wandung gegenüber dem Innendruck dient eine Verspannung nach Abb. 8.04. Sie ermöglicht einen allseitigen Ausschlag. Bei hohen Dampftemperaturen ist u. U. die Dehnung der Spanneisen, infolge Abstrahlung und Überleitung der Wärme des Metallschlauches, und ferner die durch Innendruck, zu beachten. Die Verstellkräfte betragen 1 bis 5 kg je mm Lichtweite des Metallschlauches, je nach seiner Baulänge und dem Innendruck.

Gegen eine Überschreitung der zulässigen Ausschläge sind Metallschläuche sehr empfindlich. Für höhere Drücke und Temperaturen sind vom Lieferwerk jeweils Angaben einzufordern über Baulänge, Vorspann- und Reaktionskraft, bei Einschluß einer Zugabe für erhöhten Dehnungsausgleich zwecks Sicherung der Rohrleitung gegen Temperaturüberschreitung.

Vorspann- und Reaktionskraft des Metallschlauches zwingen die, für den Richtungswechsel notwendigen, am Metallschlauch anschließenden

Abb. 8.04. Längsverspannung eines
Metallschlauch-Kompensators

Rohrbogen zum Nachgeben. Die Wirksamkeit des Metallschlauches wird dadurch begünstigt. Es ist aber zu bedenken, daß die Anschlußteile nur in beschränktem

Umfang durch Biegespannungen in Anspruch genommen werden dürfen. Damit ist wiederum die Größe der Vorspann- und Reaktionskraft eines Metallschlauchkompensators begrenzt. Der zulässige Wert für das Biegemoment an den Stellen, wo der Metallschlauch eingeflanscht oder eingeschweißt wird, kann mit den im Abschn. 5 entwickelten Gleichungen festgestellt werden. Zeigt die Berechnung, daß die Vorspann- oder Reaktionskraft zu hoch ist, so ist die Länge des Metallschlauchkompensators zu kurz und muß vergrößert werden. Eine passende Abstimmung ist der Sicherheit wegen ratsam.

Kondensat, das sich in den Wellen des Metallschlauches ansammelt und dann von der Spirale bei der Inbetriebsetzung eingeschlossen wird, kann sich nachteilig auswirken. Kleine Bohrungen in der Spirale bieten für diesen Fall genügend Sicherheit.

8.3 Linsen- oder Membran-Dehnungsausgleicher

Die einfache Linse eignet sich nicht als Dehnungsaugleicher für hochbeanspruchte Rohrleitungen. Linsen, ein- oder mehrwellig, werden in Wärmekraftwerken für Generatorgasleitungen, Kühlwasserleitungen und für Dampfleitungen, die leicht überhitzten Dampf bis zu 250 °C bei höchstens 5 atü führen, verwendet.

Jede Linse besteht aus zwei gepreßten Blechschalen, die in ihrem Scheitel eine Rundnaht besitzen. Die Linsen erhielten früher in diesem Scheitel Einkerbungen, um ihnen eine gewissen Steifigkeit zu geben, damit die Biegung in der Blechschale stabil bleibt. Bei mehrwelliger Ausführung erhielt auch die innenliegende Rundnaht Einkerbungen, wie dies aus der Abb. 8.05 ersichtlich ist. Gebräuchlich ist die einfache Bauart, ohne oder mit Leitrohr, eingeflanscht oder eingeschweißt, nach Abb. 8.06. In dieser Ausführung werden Linsen als Axial-Kompensatoren für Rohrleitungen bis zu 2000 NW geliefert. Die zulässige axiale Federung ist abhängig vom Linsendurchmesser, der Wanddicke, der Wellenanzahl, dem Werkstoff und der Wandtemperatur. Die Lebensdauer derartiger Kompensatoren richtet sich nach der Zahl der Lastspiele. In der Regel sind Linsen-Axial-Kompensatoren um die Hälfte des für sie vorgesehenen Dehnungsausgleiches vorzuspannen. Die Vorspannkraft, die etwa der der Pressung entspricht, nimmt mit der Anzahl der Linsen ab. Die Schubkraft, die der Betriebsdruck in der Linse

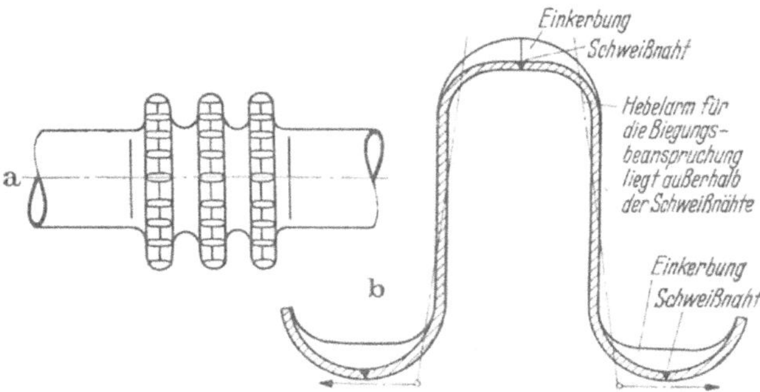

Abb. 8.05 a u. b. Linse mit Kerben zur Rundnahtversteifung
a) Ansicht eines 3welligen Linsen-Kompensators; b) Schnitt durch eine Linse mit gekerbter Rundnaht
(Lieferung Wagner, Crimmitschau)

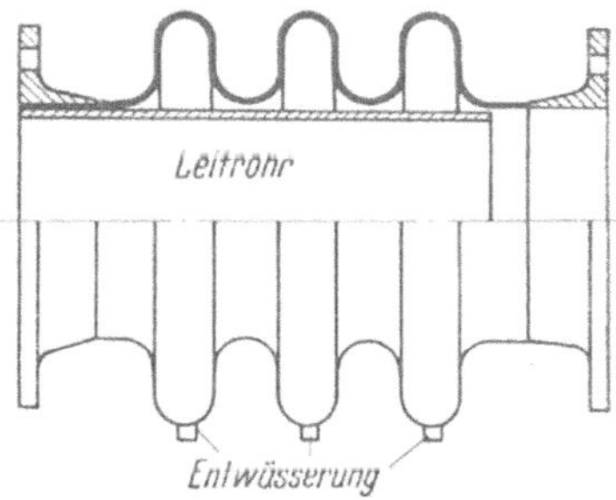

Abb. 8.06. Linsen-Axial-Kompensator mit Leitrohr

hervorruft, wächst mit der Ringfläche der Linse. Ihre Größe ist, nach Abb. 8.07, mit der Gleichung

$$P_{Sk}\, a = p\,\pi \int_0^a x\,(D_a - 2\,x)\,\mathrm{d}x \qquad (198)$$

zu ermitteln. Die Auflösung dieser Gleichung ergibt

$$P_{Sk} = \pi\,(D_a^2 + D_a\,d_i - 2\,d_i^2)\,p/12 \quad \text{in kg.} \qquad (199)$$

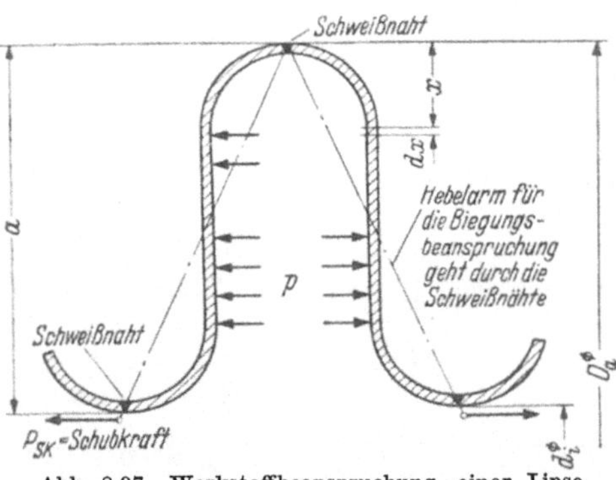

Abb. 8.07. Werkstoffbeanspruchung einer Linse und Festpunkt-Schubkraft

In Gl. (199) bedeuten:

D_a = Linsendurchmesser   in cm,
d_i = Rohranschlußweite   in cm,
p = Betriebsdruck   in kg/cm².

Für die Festpunktbelastung kommt noch der Betriebsdruck in Betracht, der auf der Kreisfläche im Rohrinnern ruht. Diese Festpunktbelastung bewirkt einen Zug nur auf die Endfestpunkte, wenn in einer geraden Rohrstrecke mehrere Linsen-Dehnungsausgleicher bei Verwendung von Zwischenfestpunkten eingebaut sind. Für die Konstruktion der Endfestpunkte ist der Innendruck in der Rohrleitung eine Zugkraft P_{Zk}, die die Rohrwand auf die Konstruktion überträgt. Die über die Rohrwand auf die Festpunkte übertragene Druckkraft P_{Sk} ist mit der Zugkraft P_{Zk} zu addieren, da P_{Zk} in gleicher Richtung wirksam ist.

Die Zugkraft durch den Innendruck beträgt

$$P_{Zk} = (d_i^2\,\pi/4)\,p \quad \text{in kg.} \qquad (200)$$

Es kann gesetzt werden:

$$P_{Zk} = \pi\,(3\,d_i^2)\,p/12 \quad \text{in kg} \qquad (201)$$

womit sich ergibt

$$P_{Sk} + P_{Zk} = \pi\,(D_a^2 + D_a\,d_i + d_i^2)\,p/12 \quad \text{in kg.} \qquad (202)$$

Die Festpunktbelastung durch $P_{Sk} + P_{Zk}$ ist weiterhin zu ergänzen durch die Verstellkraft, die die Linsen zum Nachgeben zwingt, und deren Größe jeweils vom Lieferwerk bekannt zu geben ist.

So ist, beispielsweise, die Festpunktbelastung für einen Linsen-Axial-Kompensator von 600 NW, mit einem Linsendurchmesser von 860 mm, bei 1 atü Betriebsdruck, nach Gl. (202) durch den Innendruck $(P_{Sk} + P_{Zk}) = 4250$ kg. Dazu kommt die Verstellkraft von etwa 2880 kg für einwellige Ausführung, bei einer Blechstärke von 2,5 mm, einer Dehnungsaufnahme von 17 mm und bei etwa 1000 Lastspielen.

Steigt der Betriebsdruck auf 3,5 atü, dann hat der Festpunkt, bzw. dessen Verankerung, eine Kraft von 17 755 kg aufzunehmen. Das Ausknicken der Rohrstrecke durch die Kraft P_{Sk} ist durch eine geeignete Rohrhalterung zu verhindern.

Für mittlere Drücke und für Wandtemperaturen bis zu 400 °C eignet sich der, für axiale Dehnungsaufnahme entwickelte Stahlbalg-Dehnungsausgleicher nach

Abb. 8.08, der auch mit Flanschen und Leitrohr geliefert wird. Für seine Herstellung werden dünnwandige Rohre aus warmfesten Werkstoffen bei A, B, C vorgewellt [71]. Diese Rohre haben eine geschweißte Längsnaht. Die Verformungsstelle D wird erhitzt, und eine Verformungsrolle (E) drückt so gegen das umlaufende Rohr, daß eine Linsenform entsteht, wie sie Abb. 8.09 darstellt.

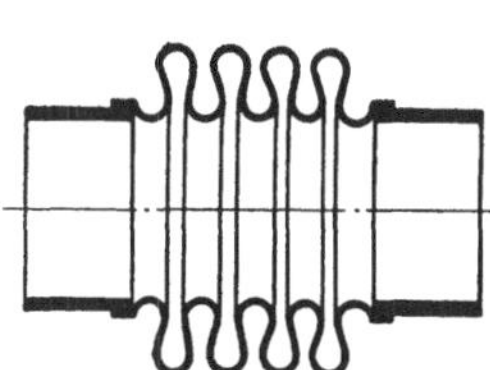

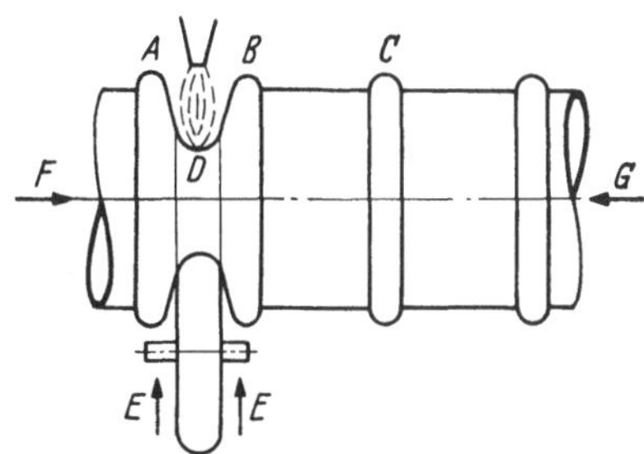

Abb. 8.08. Stahlbalg-Axial-Kompensator [71]

Abb. 8.09. Vorrichtung zum Verformen eines dünnwandigen Stahlrohres zu einem Stahlbalg-Axial-Kompensator [71]

Der Stahlbalgdurchmesser ist kleiner als der einer Linse. Deshalb ist der Dehnungsausgleich je Balg geringer. Wie Abb. 8.010 zeigt, ist die Anordnung eines Stahlbalg-Kompensators im Rohrnetz genau so, wie die eines Linsenkompensators. Der Festpunktdruck ist nach den für die Linse entwickelten Gleichungen zu berechnen. Die Verstellkraft ist beim Lieferwerk zu erfragen. Die äußeren Festpunkte (in Abb. 8.010 mit A und C bezeichnet) erhalten ebenfalls eine zusätzliche Belastung durch eine Zugkraft, die dem freien Rohrquerschnitt mal Betriebsdruck entspricht. Lieferbar sind nach Angaben der Hersteller, je nach Rohrnennweite, die Größen 100 bis 1000 NW, für Drücke bis zu 32 atü und Temperaturen bis zu 400 °C.

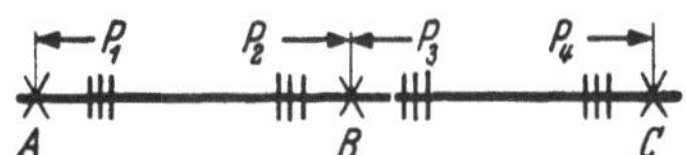

Abb. 8.010. Festpunkt-Schubkräfte von Axial-Kompensatoren längs der Rohrstrecke

(Bei A und C wirkt eine Kraft aus $P_{Sk} + P_{Zk}$ + Verstellkraft, bei B ist nur die Verstellkraft*differenz* auszugleichen, die etwa links bzw. rechts von B ausgelöst wird.)

8.4 Gelenk-Kompensatoren

Die Drucksteigerung in den Versorgungsleitungen industrieller Wärmekraftanlagen, die früher, als der Druck in diesen Leitungen noch bei 0,5 bis zu etwa 2,5 atü lag, mit Axialkompensatoren in der im Abschn. 8.3 beschriebenen Ausführung (Linse, aus zwei Blechschalen geschweißt) ausgerüstet wurden, brachte zunächst erhebliche Betriebsstörungen mit sich. Die Festpunkte wurden weggedrückt, und die Linsen kamen zum Bersten. Ein Ausweg wurde durch eine Verspannung von Festpunkt zu Festpunkt gefunden. Bei langen Rohrstrecken wurde dabei anfangs nicht beachtet, daß die Rundeisen der Verspannung Dehnungen durch den Innendruck der Rohrleitung ausgesetzt sind, und daß die Erwärmung der Verspannung eine weitere Dehnung zur Folge hat. Damit stellten sich neue Schwierigkeiten ein.

Eine als Gelenk-Kompensator bezeichnete Bauart mit Linsen oder Bälgen ist für einen größeren Dehnungsausgleich besser geeignet. Seine Wirkungsweise ähnelt der eines Metallschlauches, mit Verspannung nach Abb. 8.04. Als Gelenk sind zu beiden Seiten des Rohrschenkels Linsen oder Bälge angebracht, die eine Winkeldrehung des Schenkels zulassen, wie dies die Abb. 8.011 bis 8.013 zeigen. Die zulässige Winkeldrehung je Linse oder Balg ist gering. Je mehr Linsen oder Bälge je Gelenk wirksam sind, und je länger der Rohrschenkel a ist, desto größer wird

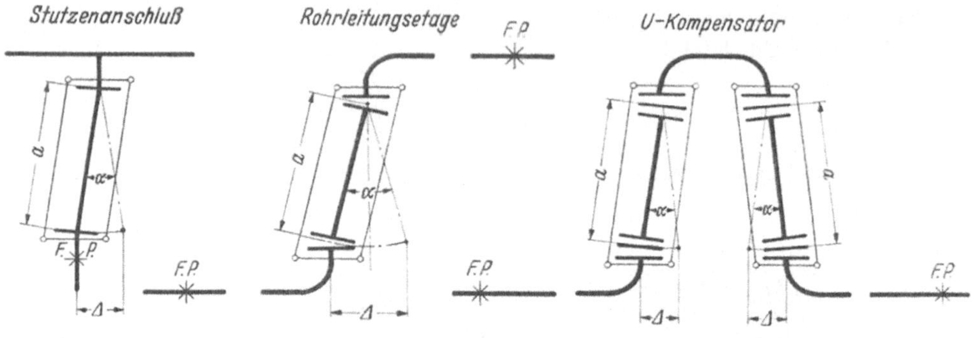

Abb. 8.011. Linsen-Gelenk-Kompensator

Abb. 8.012. Etage mit Linsen-Gelenk-Kompensator

Abb. 8.013. U-Linsen-Gelenk-Kompensator

der Dehnungsausgleich. Die Größe des Dehnungsausgleichs ist aber auch abhängig vom Innendruck, von der Wandtemperatur, der Rohrweite und dem zu verarbeitenden Werkstoff.

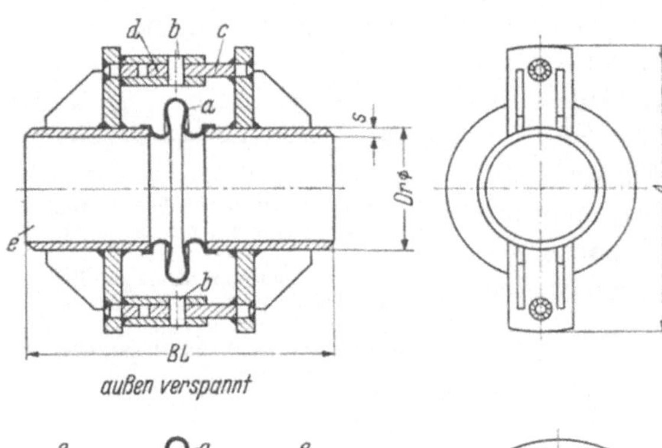

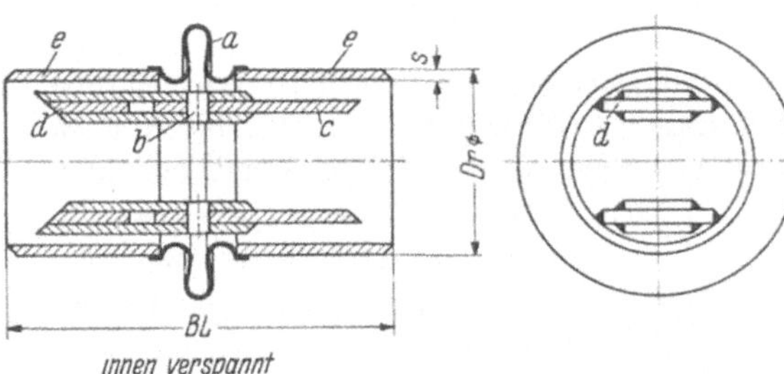

Abb. 8.014. Balggelenk, innen oder außen verspannt (Lieferung Industriewerke, Karlsruhe)

Die Größe der Verstellkraft eines Gelenk-Kompensators ergibt sich aus dem Verstellmoment. Sie wächst bei Verwendung mehrerer Linsen bzw. Bälge. Die Schenkellänge „a" in den Abb. 8.011 bis 8.013 ist bei gleichem Dehnungsausgleich kürzer, wenn für das Gelenk mehrere Linsen bzw. Bälge Verwendung finden.

Außen oder auch innen verspannte Balggelenke, wie sie in Abb. 8.014 dargestellt sind, bilden ein Gelenksystem nach Abb. 8.015, das einen Ausschlag der Rohrschenkel nach allen Richtungen ermöglicht.

Zu beachten sind die Wärmedehnung der Rohrschenkel und die Wirkung der Verstellmomente auf die Anschlußstellen.

Die zulässigen Werkstoffbeanspruchungen, die der Einbau von Balggelenken in einem Rohrsystem hervorruft, ergeben sich aus der Festigkeitsberechnung des Rohrsystems. Um diese durchführen zu können, müssen die Angaben des Lieferwerkes über Konstruktion und Anordnung der Gelenke innerhalb des Rohrsystems, mit Angabe der Verstellmomente, vorliegen.

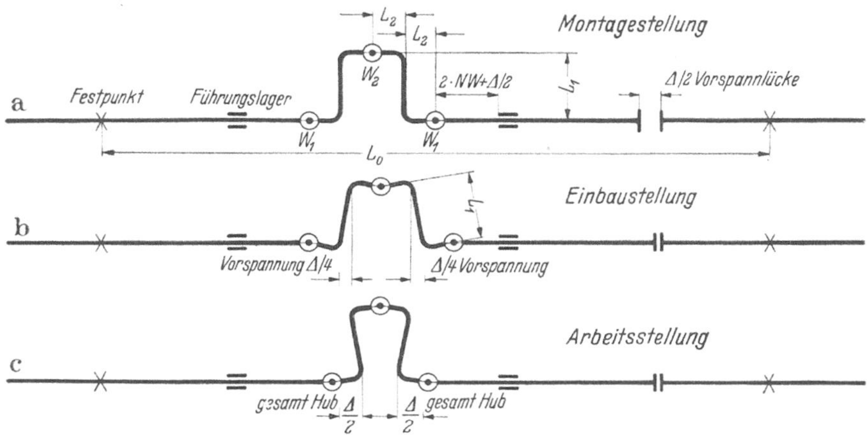

Abb. 8.015a–c. Balggelenksystem zum Dehnungsausgleich durch Rohrschenkel L_1, L_2 für die Rohrstrecke L_0
W_1, W_2 sind Balggelenke nach Abb. 8.014, ein- oder mehrwellig

8.5 Stopfbuchsdehnungsausgleicher oder Schubstopfbuchsen

Die als nicht entlastete Dehnungsstopfbuchse bekannte und genormte Bauart dient dem Dehnungsausgleich gerader Rohrstrecken. Bei ihr wird ein Gleit- oder Degenrohr in einem Gehäuse aus Gußeisen, Stahlguß, oder aus Rohr geschweißt, verschoben, wobei eine Stopfbuchsabdichtung Verwendung findet. Vorteilhaft ist der geringe Platzbedarf, nachteilig die notwendige Wartung. Der Verschleiß der Stopfbuchspackung erfordert von Zeit zu Zeit ein Nachziehen der Stopfbuchsschrauben oder den Einbau einer neuen Stopfbuchspackung, sonst bläst der Ausgleicher sobald die Packung nicht mehr dichtet. Bei sorgfältiger Verlegung ist diese einfache Bauart (s. Abb. 8.016) für Drücke bis zu 18 atü und Temperaturen bis zu 375 °C verwendbar. Der Festpunktdruck ist gleich der Kreis-

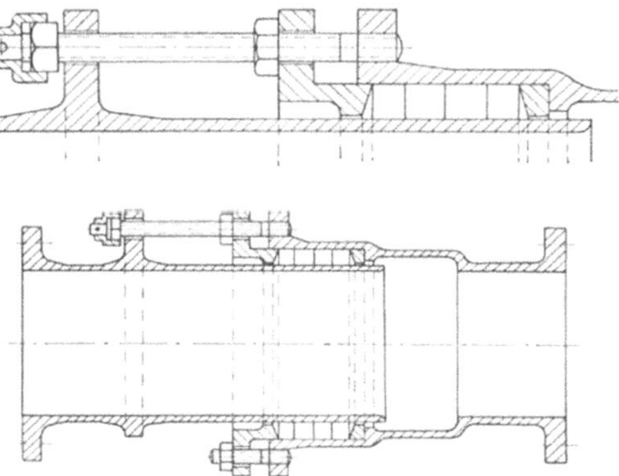

Abb. 8.016. Stopfbuchse, einfache Bauart. Ausführung siehe DIN 3340. Keine Entlastung, daher starke Festpunkte notwendig. Werkstoff: Gußeisen oder Stahlguß, auch aus Rohr geschweißt
Oberes Bild: Sicherung gegen Herausdrücken des Degenrohres

fläche mit dem Außendurchmesser des Degenrohres mal dem Innendruck. Gibt der Festpunkt nach, so wird das Degenrohr bis an den Hemmring vorgezogen, was sich auf die Rohrleitung gefährlich auswirken kann.

In höher beanspruchten Rohrleitungen werden deshalb *entlastete* Dehnungsstopfbuchsen eingebaut. Sie besitzen einen Entlastungskolben, der einen Gegendruck gegenüber dem Festpunktdruck einer nicht entlasteten Dehnungsstopfbuchse hervorruft, wie dies aus der Abb. 8.017 zu ersehen ist. Hier sind aber drei Stopfbuchsen erforderlich.

Einen entlasteten Dehnungsausgleicher mit nur zwei Stopfbuchsen zeigt Abb. 8.018. Die Umlenkung der Strömung im Gleitrohr wird durch Lenkbleche bewirkt. Damit verringert sich der Druckverlust. An dem Gehäuse können Anschlüsse in beliebiger Zahl angebracht werden.

Eine Sonderkonstruktion nach Abb. 8.019 für axiale Strömung gestattet einen größeren Abstand der dritten Stopfbuchs-Packung. Ein Kolben in dem geteilten Gehäuse bewirkt einen Vorschub c für die sich dehnende Rohrstrecke durch Dampf, Luft oder irgendeiner geeigneten Flüssigkeit, unabhängig von dem zunächst langsam ansteigenden Innendruck in der Rohrleitung.

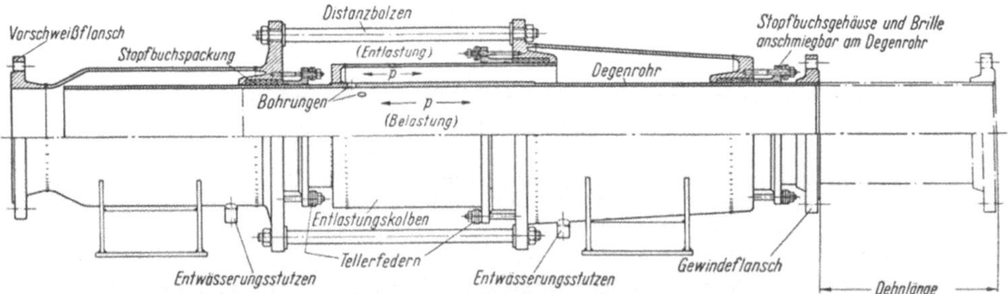

Abb. 8.017. Stopfbuchsdehnungsausgleicher mit Entlastungskolben. Die 3 Stopfbuchsen müssen ganz genau gerichtet sein, andernfalls klemmt das Degenrohr. Die Tragfüße am Mantel bilden einen Festpunkt.

Rohrleitungen mit axial wirkenden Stopfbuchs-Dehnungsausgleichern müssen sorgfältig gerichtet sein und Rohrhalterungen haben, die eine gute Führung der Rohrstrecke ermöglichen. Die Festpunkte erhalten nur beim Anfahren der Rohrleitung Schubkräfte, die aber hoch sind, wenn die Stopfbuchspackung noch kalt ist. Die Gleitrohre können dann klemmen, wie es die Erfahrung mit entlasteten Dehnungsausgleichern gezeigt hat. Für die Festpunktverankerung entlasteter Stopfbuchsdehnungsausgleicher sind Kräfte zugrunde zu legen, die etwa die Größe des *halben* Rohrquerschnitts mal Betriebsdruck besitzen.

Die Gleitflächen dieser Dehnungsausgleicher sind zu verchromen. Sie sind nicht zu ölen, sondern mit trockenem Molybdän-Disulfid als Schmiermittel zu bestreichen.

Die entlastete Form der Stopfbuchsdehnungsausgleicher ist für jeden Druck und auch für höhere Betriebstemperaturen verwendbar, wenn die Rohrleitung nicht zu häufig an- und abgestellt werden muß. Eine Überwachung bei ihrer Inbetriebsetzung ist unbedingt erforderlich.

Die Lebensdauer einer Schubstopfbuchse ist fast unbegrenzt. Sie muß wie eine Armatur, jeweils nach einjähriger Benutzung, gründlich gesäubert werden und u. U. Ersatzpackungen erhalten. Ratsam ist es, für ihren Einbau und evtl. Austausch lösbare Rohrverbindungen zu verwenden.

9. Armaturen

Der Übergang zu hohen Drücken und hohen Temperaturen bei der Planung neuer Wärmekraftwerke, in den Jahren nach 1945, brachte den Armaturenherstellern viel Entwicklungsarbeit. Anfangs wurden die Gehäusedichtungsringe der

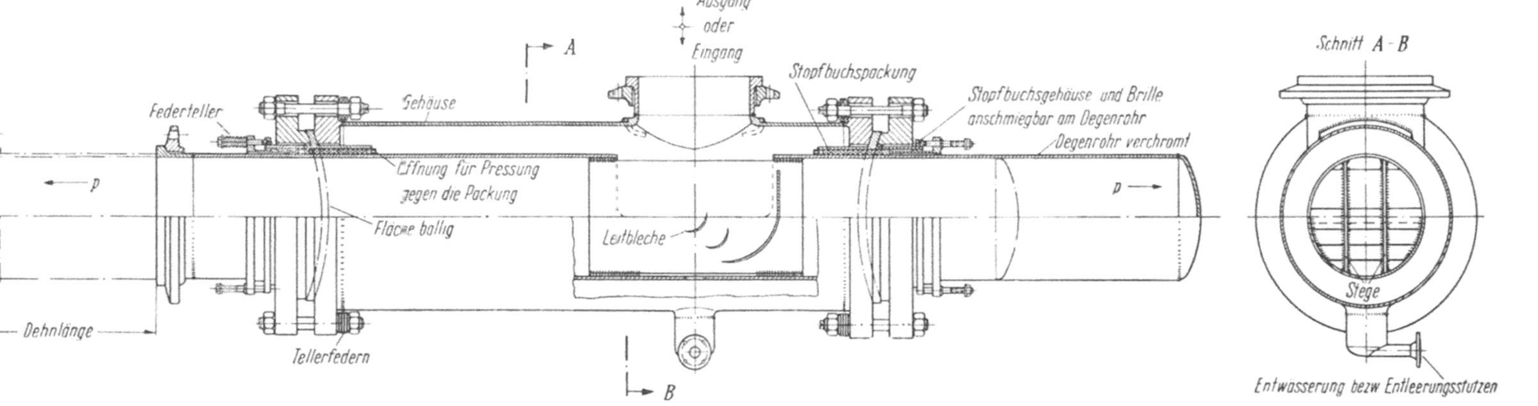

Abb. 8.018. Entlasteter Dehnungsausgleicher[1]. Die beiden Stopfbuchsgehäuse sind durch eine ballige Auflage in Gehäuseflanschverbindungen gelagert. Das erleichtert die Zentrierung. Die Packungen stehen unter Federdruck. Die Dehnlänge darf 3- bis 4mal Rohrweite betragen. Sie ist so einzustellen, daß das Degenrohr mit seiner Öffnung dem Ein- bzw. Austrittsstutzen gegenüberliegt, wenn die Rohrleitung durchwärmt ist. Leitbleche im Degenrohr verringern den Druckverlust.

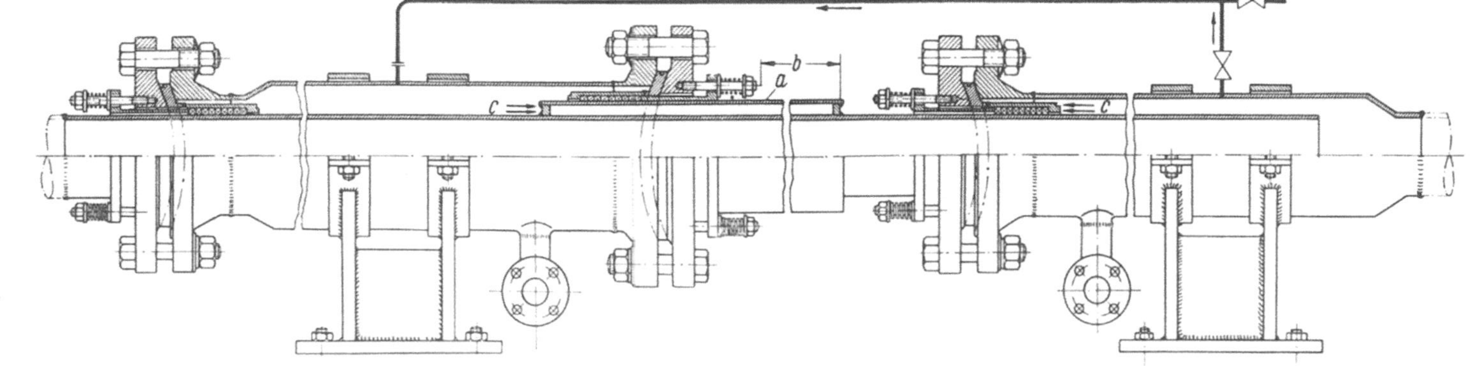

Abb. 8.019. Stopfbuchs-Dehnungsausgleicher[2], entlastet, und mit Vorschub für lange Degenrohre

a Gleitrohr zur Entlastung, als Kolben; *b* Dehnlänge des Ausgleichers; *c* Druckfläche zur Entlastung und für den Vorschub. Stopfbuchsgehäuse, lenkbar, Packung unter Federdruck. Entlastung durch Innendruck. Vorschub durch Fremddruck, beispielsweise Luftdruck aus Flasche

[1] DP 926217, 907006, 937500.　[2] DP 911797.

Armaturen hinterspült, weil der Stahlguß an diesen Stellen häufig ein poröses Gefüge aufwies. Die Dichtungsplatten der Armaturen, obwohl sie aus harten Nitrierstählen hergestellt waren, verzogen sich bei plötzlichem Temperaturwechsel. Die Deckeldichtungen hielten nicht dicht, weil der Schraubenbolzenwerkstoff ermüdete und dann die Pressung fehlte. Die Stopfbuchsenpackungen mußten häufig erneuert werden, weil ihr Werkstoff den hohen Temperaturen nicht gewachsen war. Laufend mußten alle Armaturenteile verbessert werden.

Der Armaturen-Stahlguß wurde durch Schmiede- und Röhrenstahl ersetzt. Die Armatur-Gehäuseform wurde verändert. Der Gehäusedeckel erhielt entweder einen Bajonett-, Steck-, Klammer- oder BREDTSCHNEIDER-Verschluß.

Der Keilschieber mit Leitrohr, und auch ohne, wird bevorzugt. Seine Schieberdichtflächen werden durch Auftragen verschleißfester Werkstoffe mittels Schmelzschweißung gepanzert. Nitrierstahl fällt bei Temperaturen über 550 °C als Werkstoff aus, da er dann erosionsanfällig wird.

Der Spindelaufsatz überträgt heute den Spindeldruck unmittelbar auf das Gehäuse. Der Gehäusedeckel ist dadurch entlastet.

Später wurde bei Keilschiebern das Leitrohr weggelassen.

Die Einschnürung der Rohranschlußweite zur Schieberdurchlaßweite wurde günstiger gestaltet. Der Schieber selbst ist für eine bestimmte Nennweite konstruiert. Da der Rohranschluß vom Rohraußendurchmesser und der Rohrwanddicke abhängig ist, wird der Übergang vom Schieber zur Rohrleitung auch durch einen Konus bewirkt, der außerhalb des Schiebergehäuses angebracht wird.

Die Fortschritte der Schweißtechnik sind dem Armaturenbau zugute gekommen. So führte das Einschweißen der Armaturen in Hochdruck-Rohrleitungen zu einer beträchtlichen Kosteneinsparung durch den Fortfall der schweren Flanschverbindungen [72]. Aber alle hochwertigen Werkstoffe haben einen hohen Preis. Die Genauigkeit in der Armaturen-Fertigung erfordert den Einsatz teurer Werkstatteinrichtungen und bedingt hohe Löhne. Deshalb spielen die Armaturenkosten einer Hochdruck-Rohrleitung eine bedeutende Rolle.

9.1 Absperrschieber und Ventile

In Rohrleitungen über 80 NW werden Absperrschieber bevorzugt, weil Absperrventile über 80 NW nicht mehr mit Sicherheit dichten, wenn der Druck unter dem Ventilkegel wirkt. Liegt der Druck über dem Ventilkegel, dann kann das Ventil nur nach vorheriger Betätigung einer Entlastung geöffnet werden.

Absperrschieber gestatten eine glatt durchlaufende Strömung. Absperrventile bewirken eine Umlenkung der Strömung.

Für hohe Drücke und hohe Temperaturen erhalten Absperrschieber und auch die für die gleichen Betriebsverhältnisse erforderlichen Absperrventile verschleißfeste Dichtflächen [31, 73 bis 76]. Als Werkstoff hierfür wird eine Legierung aus CoCrWMo, mit wenig Eisengehalt, bei Verwendung von Zwischenlagen für den Übergang von dem sich weniger dehnenden Grundwerkstoff zu dem sich in der Schweißflamme mehr dehnenden und bei der Abkühlung stark schrumpfenden Stellit, benutzt.

Für Absperrventile, die der Entwässerung, Entlüftung und für Meßzwecke dienen, genügt eine weniger teure Cr-Legierung.

Stellit ist sehr hart und nur durch Schleifen zu bearbeiten. Das Nachschleifen von Absperrschiebern am Einbauort ist, nach Ausbau der Spindel mit Keil und den Dichtplatten, mit einem Schleifgerät, das am Schiebergehäuse befestigt wird, durchführbar. Es ist also nicht notwendig, in die Rohrleitung eingeschweißte Schiebergehäuse zum Nachschleifen der Dichtflächen herauszuschneiden.

Einige Armaturenfirmen liefern Hochdruck-Absperrschieber mit auswechselbaren Dichtungsringen im Gehäuse. Ihre Abdichtung erfolgt durch Keilpressung.

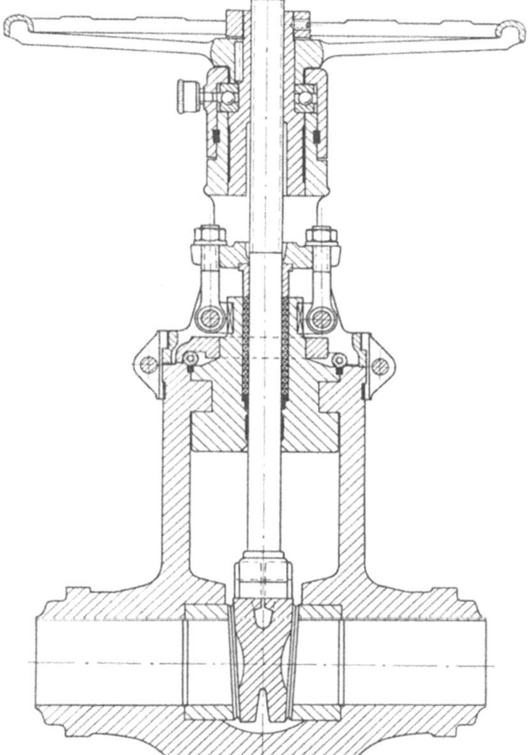

Abb. 9.01. Schmiedestahl-Absperrschieber mit Spreizkeil und auswechselbaren Dichtringen[1]. Deckelbefestigung durch Bajonettverschluß. Deckeldichtung durch Rundlippe

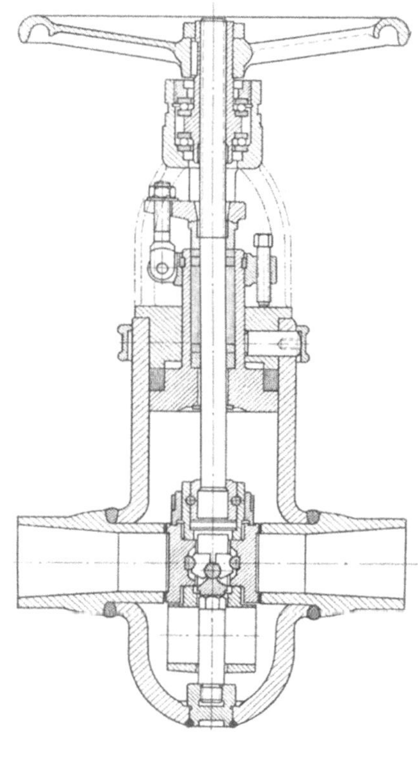

Abb. 9.02. Schmiedestahl-Parallel-Absperrschieber mit Kniehebelanpressung und Leitrohr[2]. Gehäuseabdichtung: Nitrierstahl, Gehäusedeckel selbstdichtend, durch Innendruck

Damit der Keil nicht klemmt und die Dichtflächen satt aufeinander liegen, wird er geteilt. Die beiden Keilplatten erhalten zur Abstützung ein Druckstück, auf das die Spindelkraft wirkt.

Mit einem einteiligen Spreizkeil (s. Abb. 9.01) ist auszukommen, wenn zwar ein einigermaßen dichter, aber nicht ein absoluter Abschluß nach beiden Seiten bewirkt werden soll.

Der Parallelschieber mit zusätzlicher Anpressung durch Kniehebeldruckstücke nach Abb. 9.02 wird für höhere Drücke in Verbindung mit hohen Temperaturen gebaut. Die Schieberplatten werden durch diesen Mechanismus zum Schließen und

---

[1] Sempel-Garant-SE-Schieber. [2] Babcock-Pressador-Schieber.

Öffnen zunächst axial zur Rohrmitte bewegt. Die hohen Reibkräfte selbstdichtender Schieber durch Innendruck beim Öffnen und Schließen fallen damit fort.

Der selbstdichtende Einplattenparallelschieber nach Abb. 9.03 ist eine Absperrung einfachster Bauart. Den Schieberabschluß bewerkstelligt der hohe Innen-

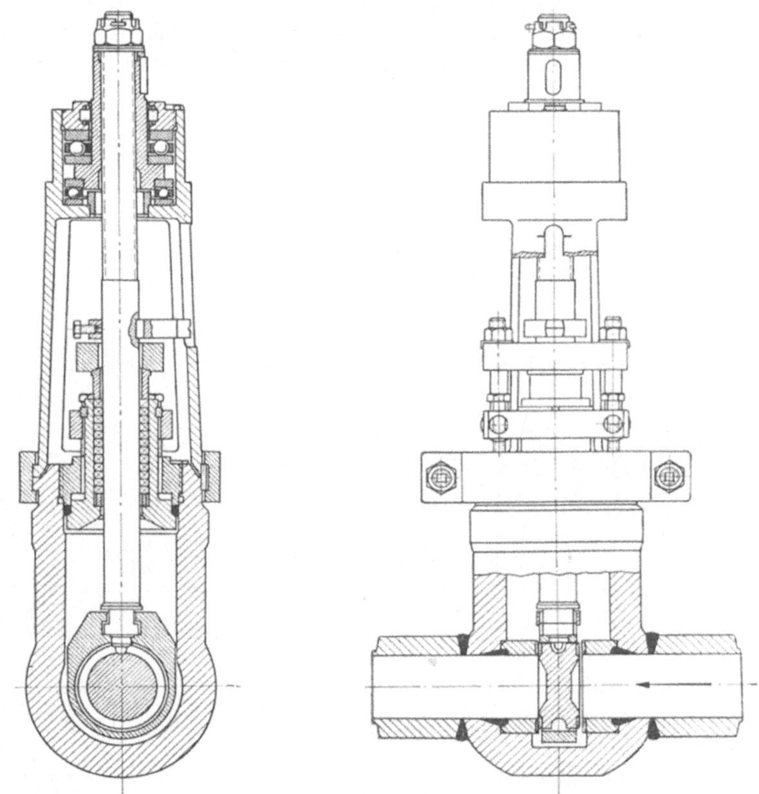

Abb. 9.03. Schmiedestahl-Einplatten-Parallel-Absperrschieber[1]. Gehäuseabdichtung: Sitzringe und Schieberplatte gepanzert. Gehäusedeckel selbstdichtend, durch Innendruck gegen einen Dichtungsring

druck durch Pressung der einen Plattenseite gegen die Gehäusedichtung. Die Dichtpressung erfolgt demnach nur von einer Seite. Die Reibkraft bei der Spindeldrehung ist hoch.

Bei hochbeanspruchten Keil-Absperrschiebern haben die Armaturenhersteller auf das Leitrohr verzichtet, weil die Keilabdichtung einen Spalt zu beiden Seiten des Leitrohres abgibt. Damit wird im Leitrohr eine Wirbelbildung verursacht, wodurch ein Druckverlust entsteht, der dem eines Schiebers ohne Leitrohr nahekommt.

Bei Schiebern mit paralleler Abdichtung muß das Leitrohr genau zentrisch sitzen, damit der Übergang der Strömung von Rohr zu Rohr ohne zusätzliche Wirbelbildung erfolgt.

Die durch Pressung und Reibkraft der Dichtflächen entstehende Spindelbelastung wird bei Hochdruck-Absperrschiebern über eine Kugellagerung im Auf-

---

[1] Borsig-HES-Schieber.

satz unmittelbar auf das Schiebergehäuse übertragen. Damit wird der Gehäuse-deckel entlastet, wie eingangs erwähnt wurde. Er wird nur noch für die Spindel-führung und die Stopfbuchsabdichtung der Spindel gebraucht. Der Gehäusedeckel erhält vorzugsweise einen BREDTSCHNEIDER-Verschluß, bei dem der Innendruck gegen den Dichtungsring drückt, oder einen einfachen Bajonettverschluß mit Schweißringdichtung, oder auch einen Klammerverschluß mit Abdichtung von Gehäuse und Deckel durch verschweißte Lippen.

Für das Gehäuse werden Schmiedestücke oder entsprechend geformte naht-lose Stahlrohre verwendet. Ob für Schiebergehäuse wieder Stahlguß in Betracht kommen wird, ist eine Frage der weiteren Verbesserung seiner Qualität und seiner Bewährung bei hohen Drücken und Temperaturen. Für gegossene Gehäuse spricht seine günstigere Formgebung.

Die Legierung der Gehäuse-Werkstoffe entspricht der der Röhrenstähle. Sie richtet sich nach den Betriebsbedingungen.

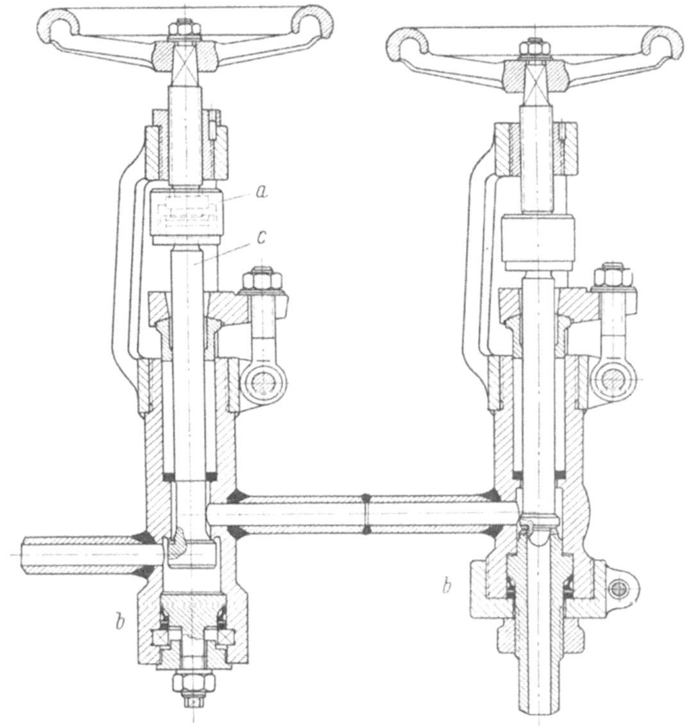

Abb. 9.04. Absperrventil-Kombination

Links: Druck unter dem Kegel, Ventil entweder geschlossen oder ganz geöffnet; *rechts:* Druck über dem Kegel, Ventil dient zum Drosseln

a Kupplung; *b* selbstdichtender Verschluß durch Innendruck; *c* Auf- und abgleitende Spindel

Die Gehäuse der kleinen für höhere Drücke notwendigen Ventile werden aus Stahlblöcken geschmiedet oder gepreßt. Die Gehäuseform ist dem Verwendungs-zweck anzupassen. Die Spindel zieht oder drückt den Ventilkegel gegen den Ventil-sitz. Eine Kombination zeigt Abb. 9.04, die Entwässerungszwecken dient. Als

Beispiel einer Ventilkonstruktion, die die im Abschn. 9 erwähnten Merkmale einer verbesserten Ausführung für hohe Ansprüche aufweist, ist die nach Abb. 9.05 anzusehen.

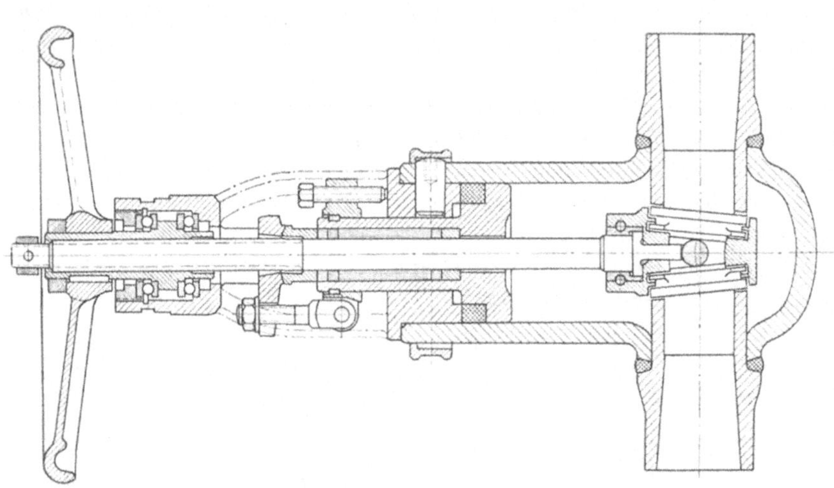

Abb. 9.06. Keilplatten-Absperrschieber[2]. Die Spindelführung hebt beim Öffnen des Schiebers zunächst den Anpreßdruck auf; erst dann werden die gepanzerten Platten von den gepanzerten Gehäusedichtflächen abgezogen.

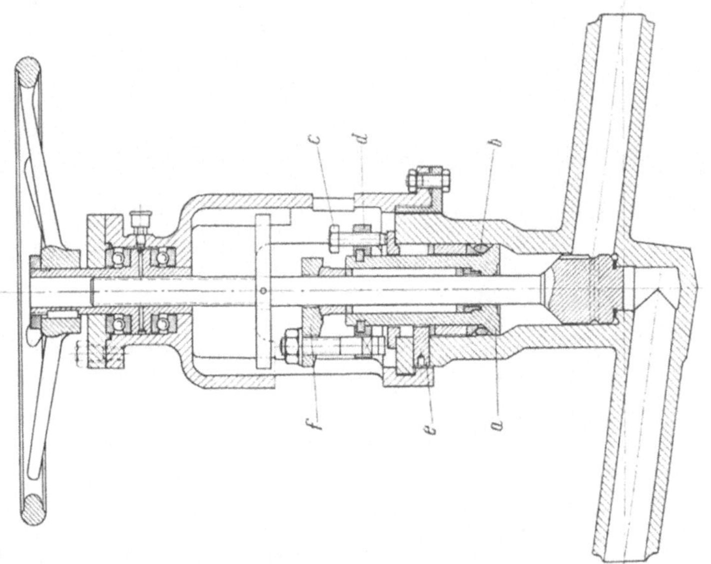

Abb. 9.05. Schmiedestahl-Absperrventil[1] *a* Einsatzstück; *b* Linsendichtung; *c* Bolzen zum Vorspannen der Dichtung *b*; *d* Haltering; *e* Haltestücke; *f* Stopfbuchsbrille; Sitz am Kegel und am Gehäuse gepanzert

Neuzeitliche für Hochdruck-Heißdampfrohrleitungen verwendete Schieberbauarten zeigen die Abb. 9.06 bis 9.011. Die Schnittzeichnungen lassen alle Einzelheiten erkennen. Von einer Beschreibung der verschiedenen Bauarten, die den Firmenprospekten zu entnehmen ist, wird abgesehen.

---

[1] Amag-Panzer-Höchstdruckarmatur.   [2] Babcock-Permador-Absperrschieber.

In der Regel ist eine Armaturen-Bauüberwachung durch die VGB in Verbindung mit dem TÜV vorgesehen. Dafür gelten die in den VGB-Richtlinien [52] unter Abschn. 6 „Armaturen" festgelegten Anforderungen, die an die Ausführung betriebssicherer Absperrorgane gestellt werden müssen.

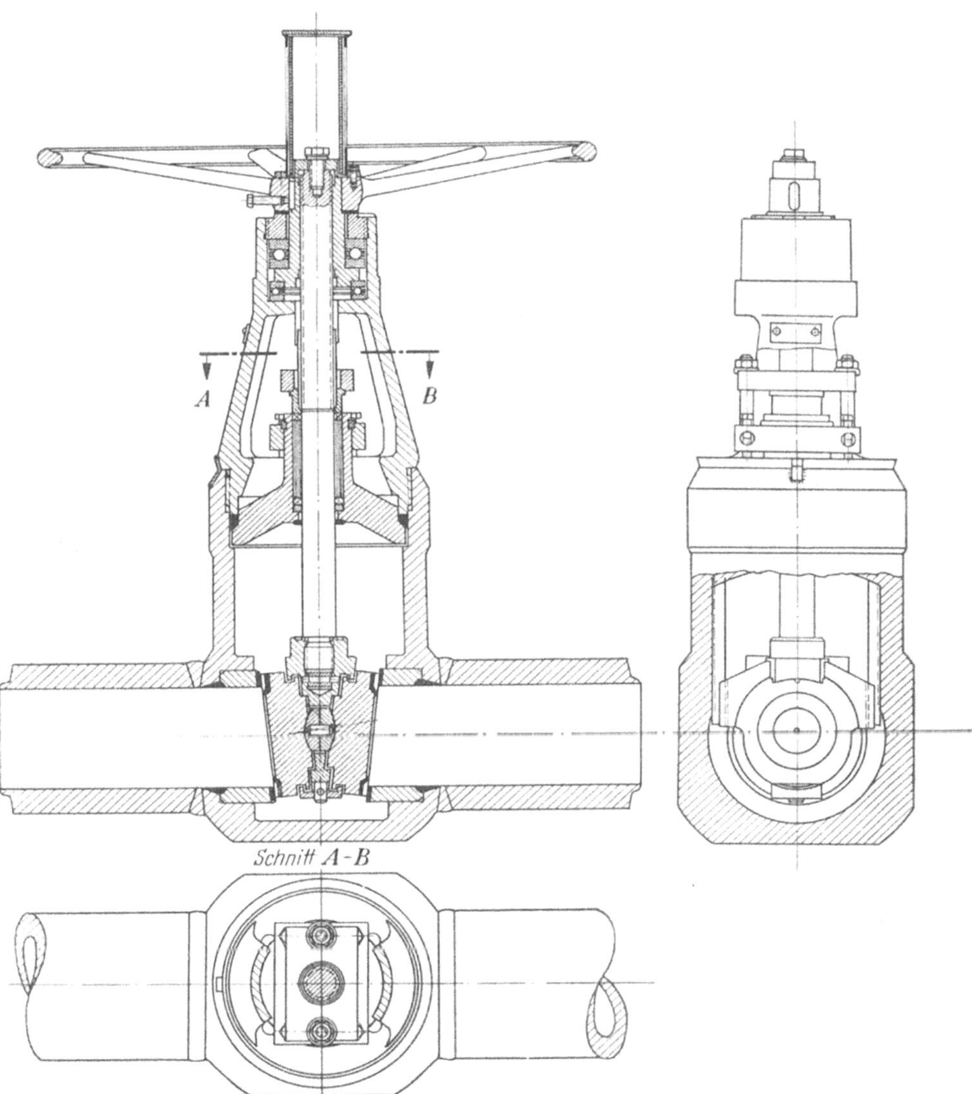

Abb. 9.07. Schmiedestahl-Keilplatten-Absperrschieber[1]. Gehäusedichtungsringe und Keilplatten gepanzert. Dichtungsdruck gegen die Keilplatten durch Kalotten

Die in den Abb. 9.012 bis 9.016 dargestellten Schieberbauarten kommen für größere Rohrweiten und mittlere Drücke und für Betriebstemperaturen bis zu etwa 535 °C in Betracht. Diese Bauarten werden mit Gehäuse aus Stahlguß oder Stahlrohr zum Einflanschen oder Einschweißen geliefert.

---

[1] Borsig-KES-Schieber.

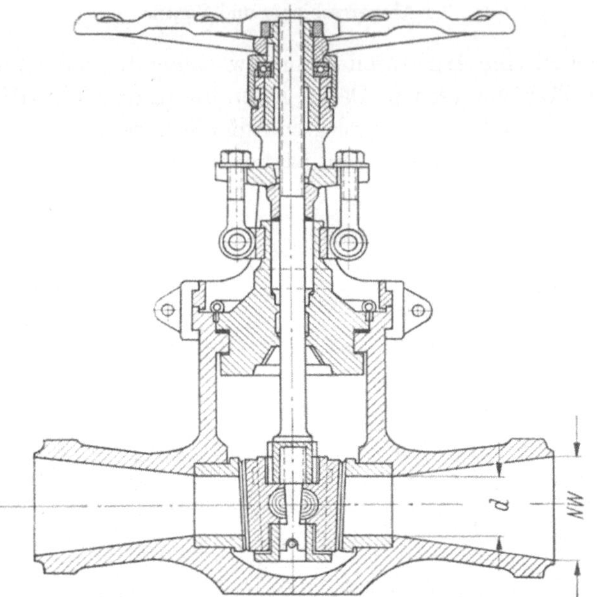

Abb. 9.08. Schmiedestahl-Keilplatten-Absperrschieber mit Einschnürung[1]
d eingeschnürter Durchlaß; NW Rohranschlußweite

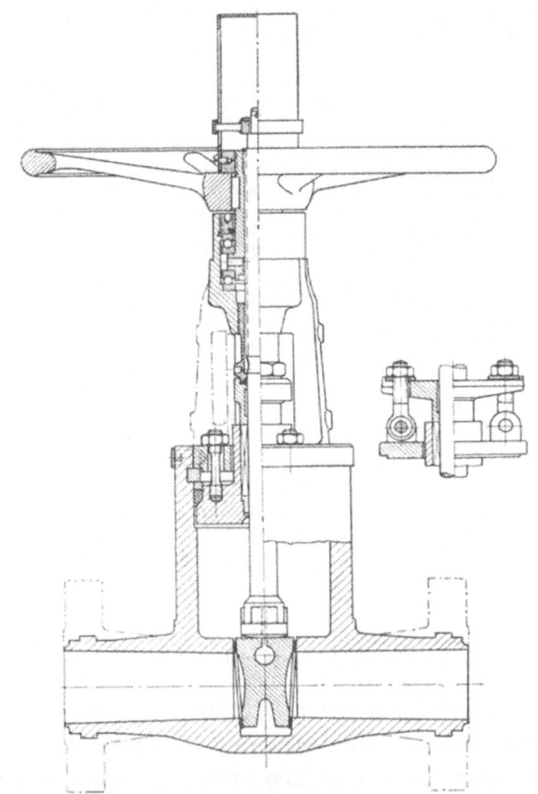

Abb. 9.09. Spreizkeil-Absperrschieber[2]. Der Keil ist elastisch.

---

[1] Sempel-Garant-SL-Schieber.　　[2] Dingler-EK-Stahlblockschieber.

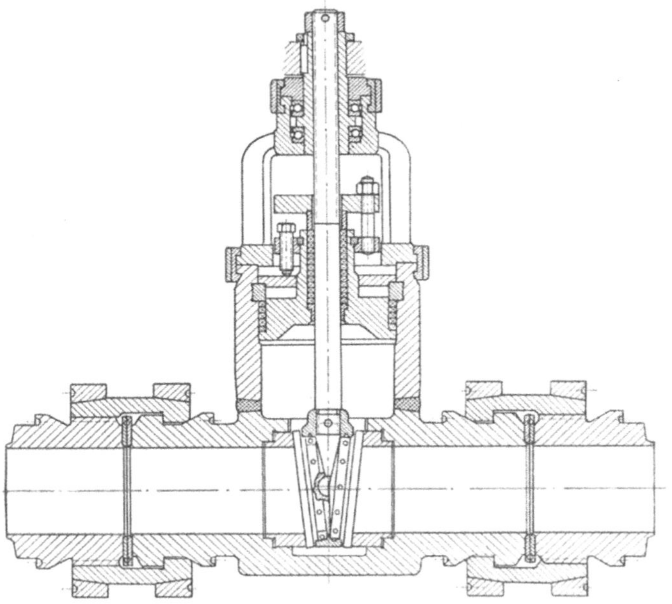

Abb. 9.010. Schmiedestahl-Keilplatten-Absperrschieber für Klammerverbindungen[1]. Gehäusedichtungsringe auswechselbar

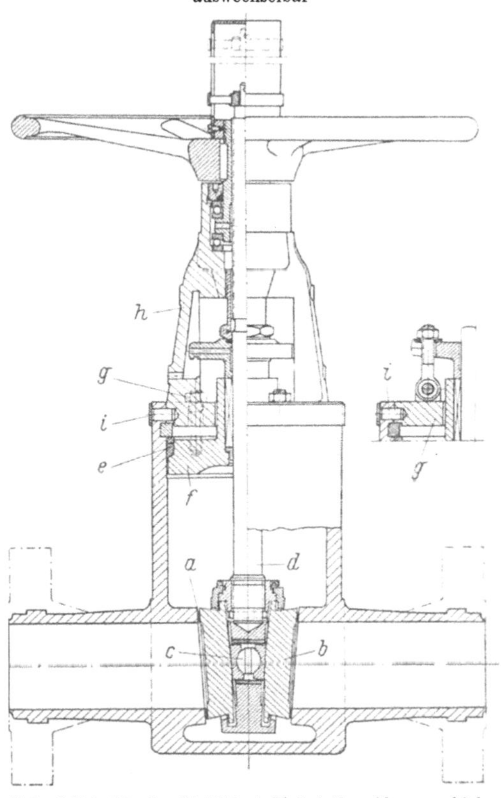

Abb. 9.011. Dingler-Stahlblock-Keilplatten-Absperrschieber

a Gehäuseabdichtung; *b* Schieberplatte; *c* Kalotte; *d* Spindel; *e* Dichtungsring; *f* Deckel; *g* Aufsatzdeckel; *h* Aufsatz; *i* Sicherungsbolzen

[1] Hasta-Doppelplatten-Keilschieber von Zickesch.

Bei Verwendung von Schweißringdichtungen traten bei mittleren Drücken von 30 bis 70 atü nur noch in Ausnahmefällen Störungen an den Flanschverbindungen auf. Deshalb ist im allgemeinen das Einflanschen der Armaturen in Mitteldruck-Heißdampfrohrleitungen beibehalten worden.

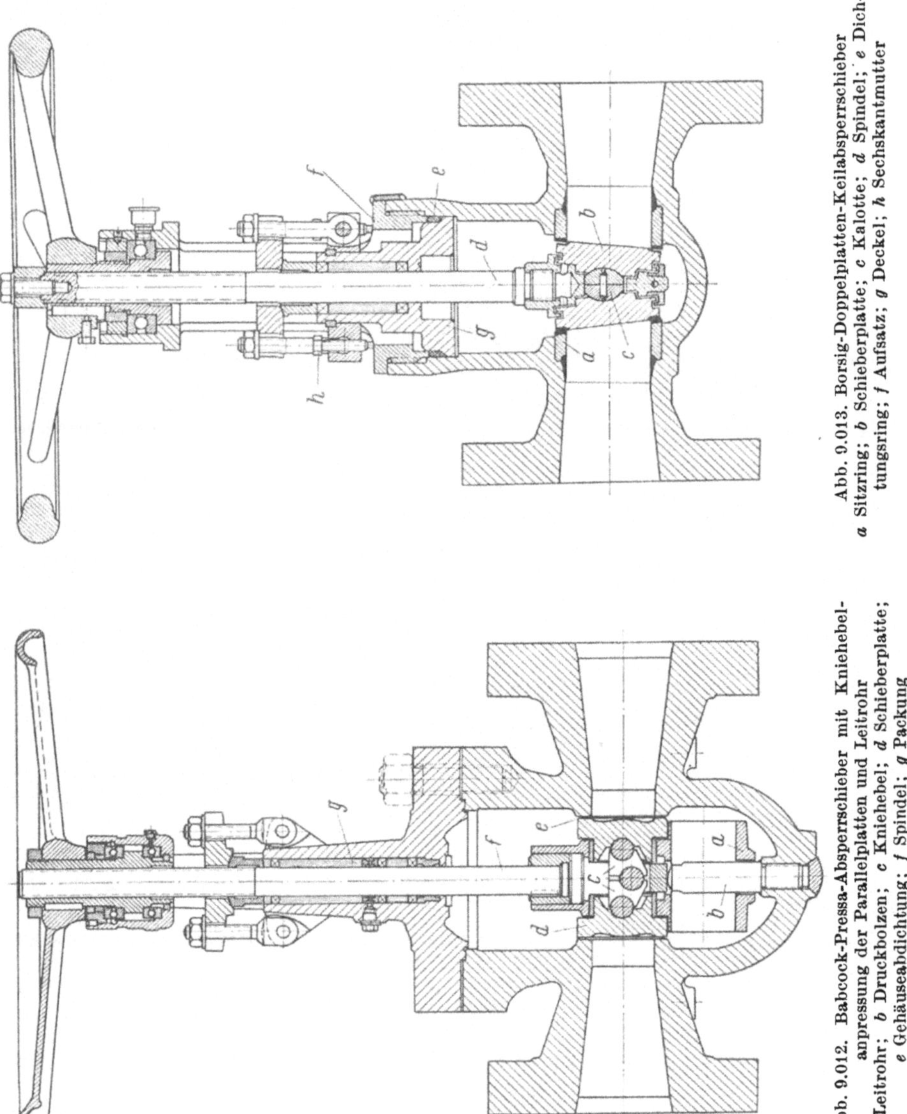

Abb. 9.013. Borsig-Doppelplatten-Keilabsperrschieber
a Sitzring; *b* Schieberplatte; *c* Kalotte; *d* Spindel; *e* Dichtungsring; *f* Aufsatz; *g* Deckel; *h* Sechskantmutter

Abb. 9.012. Babcock-Pressa-Absperrschieber mit Kniehebelanpressung der Parallelplatten und Leitrohr
a Leitrohr; *b* Druckbolzen; *c* Kniehebel; *d* Schieberplatte; *e* Gehäuseabdichtung; *f* Spindel; *g* Packung

Im Mitteldruckbereich muß auf geringen Druckabfall in der Rohrleitung geachtet werden. Deshalb hat hier der Absperrschieber mit Leitrohr u. U. eine größere Bedeutung.

Der niedrigere Preis, zu dem Schieber mit eingezogenem Querschnitt bei großen Schiebernennweiten zu erhalten sind, ergibt bei der Vielzahl von Armaturen eine erhebliche Kosteneinsparung und verbilligt die Anlagekosten. Jedoch geht der höhere Druckverlust, den Schieber mit eingezogenem Querschnitt verursachen, zu Lasten des Betriebsaufwandes. In welcher Größe der Druckverlust anfällt, ist aus Abschn. 4.43 zu ersehen. Vorteile und Nachteile sind gegeneinander abzuwägen.

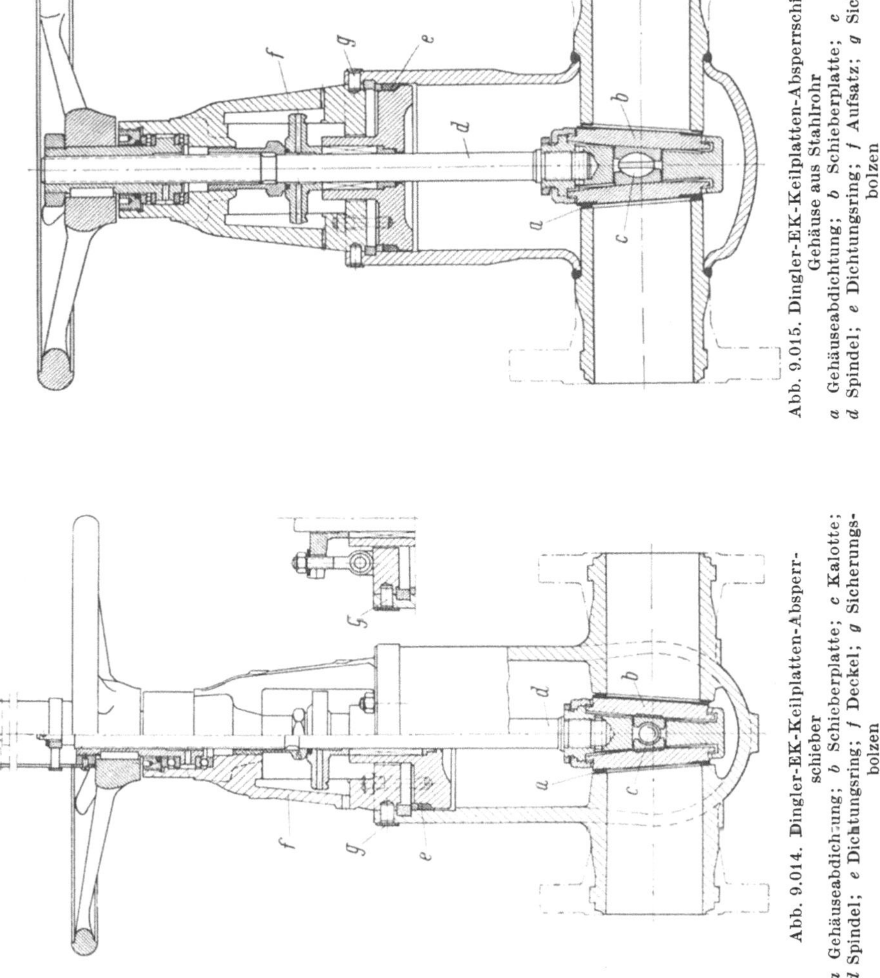

Abb. 9.015. Dingler-EK-Keilplatten-Absperrschieber mit Gehäuse aus Stahlrohr

a Gehäuseabdichtung; b Schieberplatte; c Kalotte; d Spindel; e Dichtungsring; f Aufsatz; g Sicherungsbolzen

Abb. 9.014. Dingler-EK-Keilplatten-Absperrschieber

a Gehäuseabdichtung; b Schieberplatte; c Kalotte; d Spindel; e Dichtungsring; f Deckel; g Sicherungsbolzen

Für nicht so hohe Drücke und Temperaturen wird das Schiebergehäuse aus Blechschalen zusammengeschweißt [77]. Ausführungsbeispiele zeigen die Abb. 9.017 und 9.018. Eine maschinelle Herstellung verbilligt seinen Preis. Verbesserte Schweißverfahren und Überwachung mit neuzeitlichen Prüfgeräten gewährleisten die Sicherheit dieser Armaturen.

Als zeitgemäß ist der, mit selbstdichtendem Deckelverschluß versehene und mit dem Gehäuse durch Bajonettverschluß verbundene Keilplattenschieber

(Abb. 9.017) anzusehen. Die Keilplatten dichten nach beiden Seiten. Dieser Schieber wird auch mit eingeschnürtem Querschnitt geliefert und zwar sowohl zum Einflanschen als auch zum Einschweißen.

Für Niederdruck-Rohrleitungen, wie sie im Kraftwerkrohrleitungsbau für Dampf, Speisewasserzulauf, Kondensat und andere Zwecke gebraucht werden,

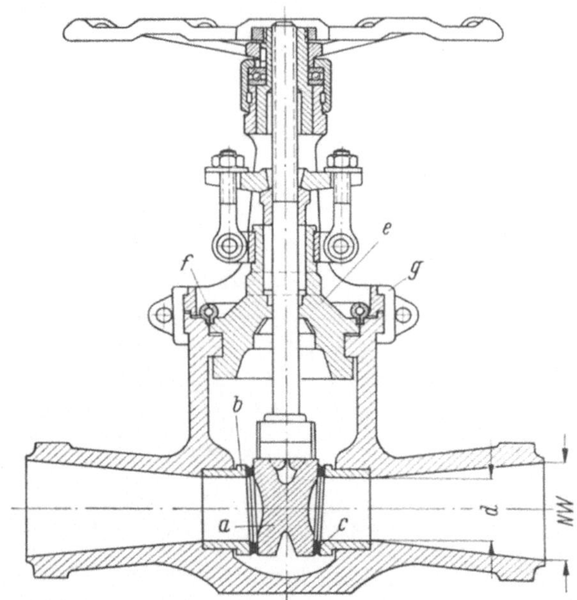

Abb. 9.016. Sempel-Garant-SE-Spreizkeil-Absperrschieber
a Spreizkeil; *b* Sitzring; *c* Gehäuseabdichtung; *d* Einschnürung; *e* Deckel; *f* Lippendichtung; *g* Bügel für Aufsatz

werden Parallel- und Keilschieber mit Stahlguß- oder Grauguß-Gehäuse in bekannten Ausführungsformen verwendet.

Auch Ventile, mit einer der Strömung angepaßten Form, Gehäuse aus Stahlguß und auch aus Grauguß, mit gerader oder schräggestellter Spindel werden noch an passenden Stellen in Niederdruck-Rohrleitungen mit größerer Nennweite als 80 NW, aber selten über 250 NW, eingebaut.

Schieber aus Gußeisen mit flachem Gehäuse und mit Keilabdichtung werden bis zu 6 atü, Schieber mit ovalem Gehäuse bis zu 10 atü, Schieber mit zylindrischem Gehäuse bis zu 16 atü, besonders für Wasserleitungen, verwendet. Hierbei ist zu beachten, daß die Lieferwerke nur eine Gewähr für dichten Abschluß bis zu einem bestimmten Druck, in Abhängigkeit vom Schieberquerschnitt, leisten.

Große Kühlwasserschieber mit flachem Gehäuse erhalten Rippenverstärkungen, eine gute Keilführung, Entlüftungsventil am Gehäuse, Fuß zum Abstützen, Spindel aus geschmiedeter Bronze, Abdrückbolzen zum Lösen festsitzender Keile und für den leichten Ein- und Ausbau der Schiebergehäuse zur Vermeidung von Gußbruch, an der einen Flanschseite einen wenigstens einwelligen Axial-Dehnungsausgleicher oder ähnliche Kompensationsstücke. Diese Schieber werden entweder durch ein Handrad oder durch einen Motor mit Getriebe bedient.

Kühlwasserschieber aus Stahlblech sind gegen Bruch weniger empfindlich als solche aus Gußeisen. Ein Beispiel für eine derartige Ausführung zeigt Abb. 9.019.

Kolbenventile, Wechselventile, Durchgangs- und Dreiwegehähne, Schwimmerventile, Drosselklappen, Membranventile und Schieber mit Wassertasse sind be-

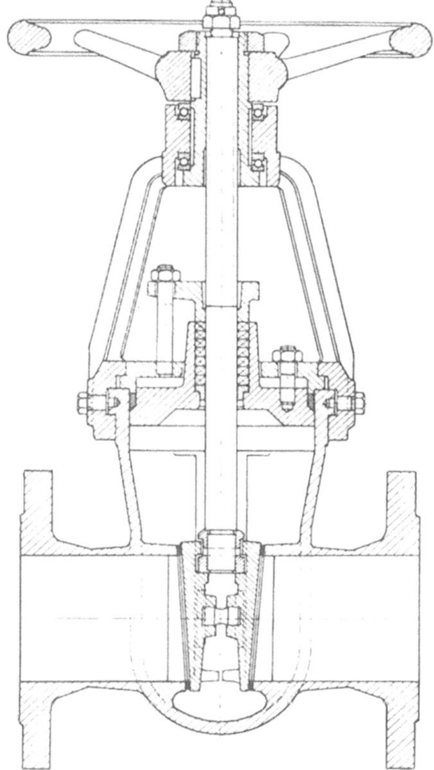

Abb. 9.017. Keilplatten-Absperrschieber[1].
Gehäuse aus schalengeschmiedeten Hälften zusammengeschweißt. Dichtflächen im Gehäuse und auf den Keilplatten mit Niropanzerung. Deckelverschluß selbstdichtend. Bügelaufsatz hat Bajonettverschluß.

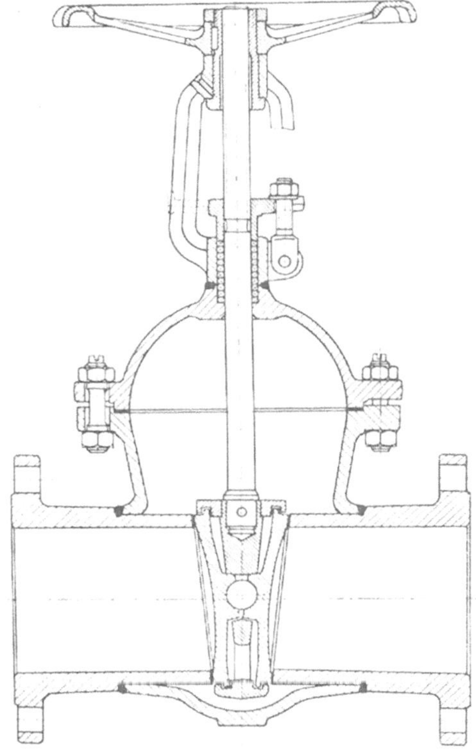

Abb. 9.018. Keilplatten-Rundschieber mit Gehäuse aus im Gesenk geformten Schalen geschweißt [74]

kannte Armaturen, die für den Einbau in Kraftwerkrohrleitungen in Betracht kommen.

Schieber und Ventile erhalten zur Entlastung der Stopfbuchse eine Spindelrückdichtung. Ihre Dichtfläche muß voll am Gehäusedeckel aufliegen, was nur bei vollkommen frei gegebenem Durchfluß möglich ist.

Für die Betätigung der Schieber und Ventile sind vielfach Spindelverlängerungen und eine Handradsäule notwendig. Zur Fernbedienung gehören Stirn- oder Kegelradgetriebe nebst Gestänge mit Kugelgelenken und Dehnhülsen. Der Gestängeausgleich ist erforderlich, wenn das Absperrorgan wandert, also nicht festgelegt ist. Schließlich unterliegt das Gestänge auch Temperaturschwankungen

---

[1] Panzer-Keilplattenschieber AKG aus Schmiedestahl ND 10 … 40 der Amag-Hilpert-Pegnitzhütte.

durch Wärmeüberleitung von der Armatur oder durch Abstrahlen von Wärme benachbarter Rohrleitungen.

Da die Steuerung neuzeitlicher Kraftwerke von einer Wärmewarte aus erfolgt, erhalten alle wichtigen Trennschieber zum An- und Abfahren der Anlage und zu ihrer schnellen Abschaltung bei Betriebsstörungen Elektroantrieb. Der Elektro-

Abb. 9.019. Keilplatten-Absperrschieber[1]. Für große Nennweiten geschweißt, mit Rippen am Gehäuse und auf der Dichtplatte, mit Motorantrieb

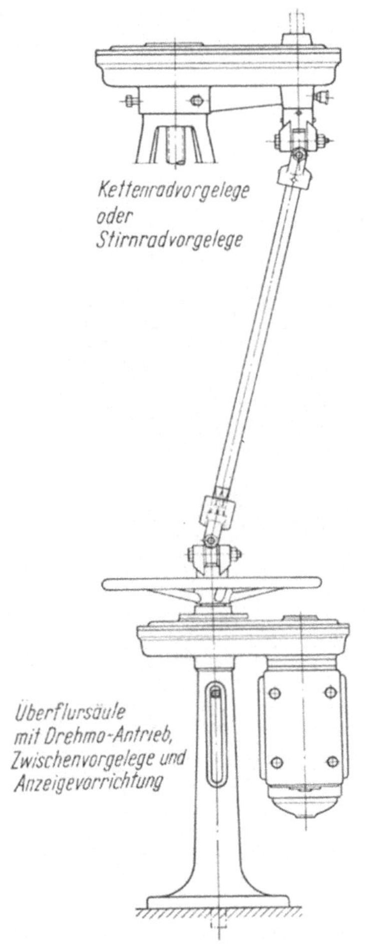

Abb. 9.020. Handradsäule mit Motor für Schieberfernbedienung

motor sitzt bei den in Heißdampfrohrleitungen eingebauten Absperrorganen an der Steuersäule, weil auf die Handradbetätigung im Notfall nicht verzichtet werden kann. Diese wird durch eine Hebelumstellung gesichert.

Wird der Elektromotor von der Warte aus betätigt, so bleibt der Schieber zunächst in der Anwärmestellung. Ein Druck auf einen zweiten Knopf öffnet ihn. Abgeschaltet wird der Motor durch ein mit Hilfe einer Kupplung ausgeübtes Drehmoment. Durch ein Leuchtsignal kann in der Warte festgestellt werden, ob der Schieber offen oder geschlossen ist. An der Flur- bzw. Handradsäule ist die Schieberstellung durch einen mit der Spindel wandernden Zeiger erkenntlich, wie dies Abb. 9.020 zeigt. Die Schließzeit des Schiebers liegt innerhalb einer Minute. Wird Schnellschluß verlangt, so läßt sie sich abkürzen.

---

[1] Werkphoto: Joh. Ehrhard, Heidenheim/Brenz.

9.2 Regler

Reduzier- oder Überströmventile, die als Einbauten in Dampfleitungen in Betracht kommen, verbinden die HD-Schiene sowohl mit der MD- als auch ND-Schiene. Sie regeln den Dampfübertritt automatisch. Je nach Anordnung der Regler wird überschüssiger Dampf aus dem Netz mit dem höheren Druck in das nachgeschaltete Netz abgeleitet oder das nachgeschaltete Netz mit Dampf aus dem vorgeschalteten versorgt.

Bei großer Leistung und hoher Druckdifferenz kommt es bei unvermeidbaren Schwankungen manchmal zur Bildung von Schwingungen. Die Erschütterungen der Werkstoffe durch den schnellen Wechsel der Strömungsgeschwindigkeit bedeuten eine Gefahr für den Betrieb. Deshalb sind alle Teile aus Stählen zu fertigen, die höchsten Ansprüchen gerecht werden.

Sitz und Kegel der Reduzierventile sind aus verschleißfestem Material herzustellen. Doppelsitzventile erfordern eine weniger hohe Verstellkraft als Einsitzventile.

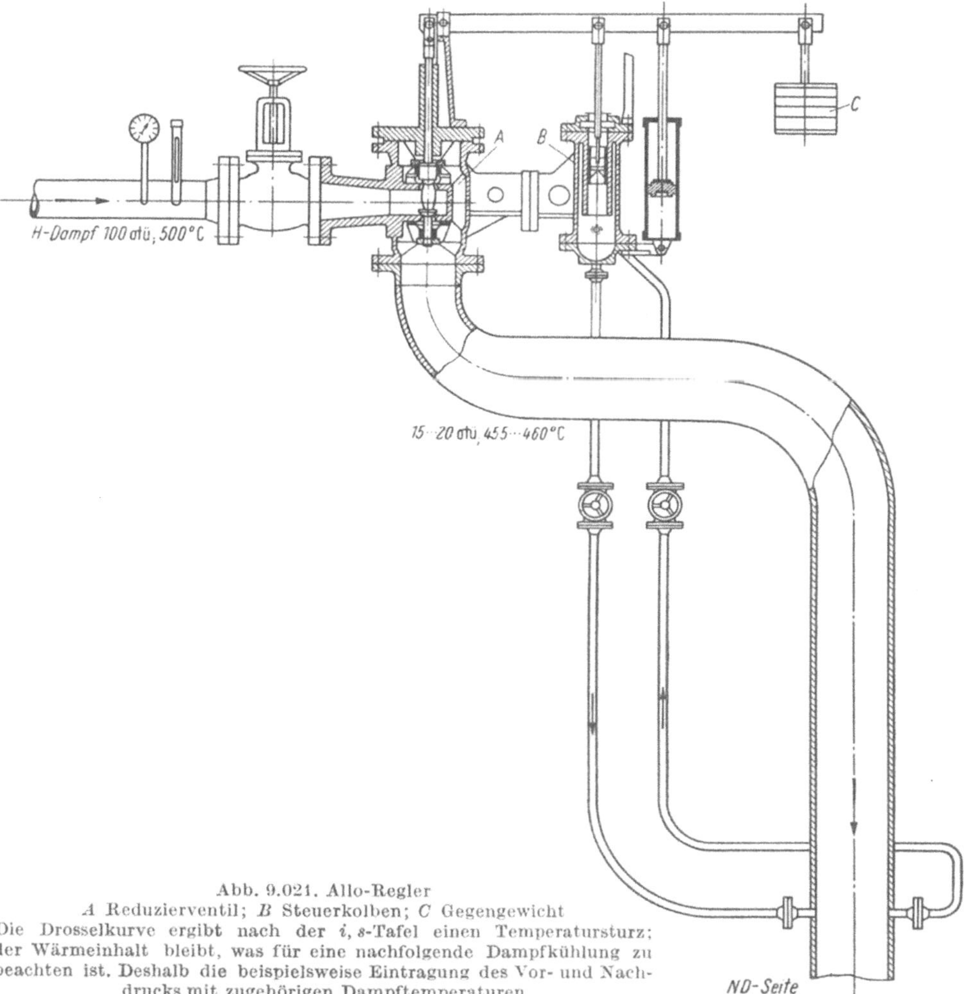

Abb. 9.021. Allo-Regler
A Reduzierventil; *B* Steuerkolben; *C* Gegengewicht
Die Drosselkurve ergibt nach der *i, s*-Tafel einen Temperatursturz; der Wärmeinhalt bleibt, was für eine nachfolgende Dampfkühlung zu beachten ist. Deshalb die beispielsweise Eintragung des Vor- und Nachdrucks mit zugehörigen Dampftemperaturen

Die Spindelpackung muß absolut dichten. Sie darf die Spindel nicht beim Auf-
und Abgleiten behindern, weil die Verstellkraft sonst nicht ausreicht den Ventilkegel zu betätigen.

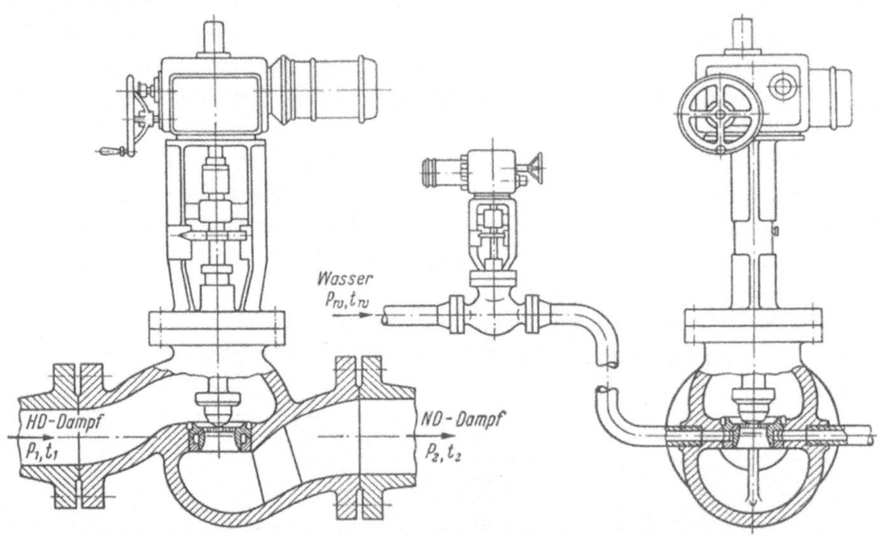

Abb. 9.022. Siemens-Dampfumformventil. Ventilsteuerung durch Motor. Zudampfmenge und Wasserzugabe
sind aufeinander abgestimmt. Ventilsitz aus verschleißfestem Werkstoff. Einbau s. Abb. 9.026

Werden zur Abdichtung des Gehäusedeckels Schrauben verwendet, dann ist
eine sehr sorgfältige Überwachung bei der Herstellung dieser Teile durchzuführen,
denn Brüche im Gewinde der Bolzen treten verformungslos und selten einzeln auf.

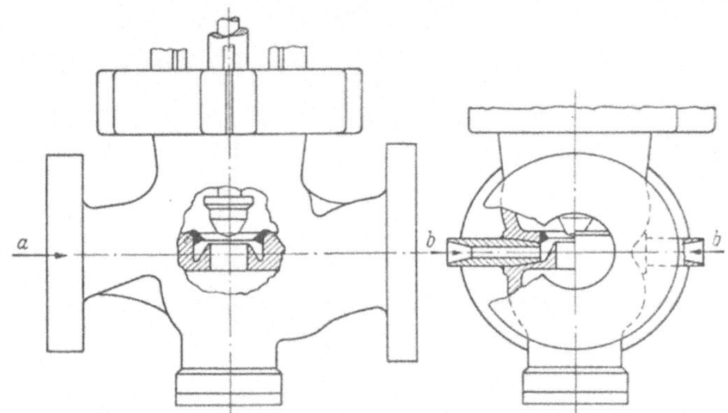

Abb. 9.023. Ventilsitz für Dampfdrosselung und Kühlwasserzusatz im Siemens-Dampfumformventil
a Dampfzugang; b Kühlwasserzufluß

Die Regelung der Drosselventile erfolgt durch Druck oder Temperaturimpulse.
Ab- oder Anstieg von Druck oder Temperatur werden dem Regelgerät durch Impulsleitungen oder durch elektrische Übertragung mitgeteilt. Die Impulsleitungen
führen dem Regelgerät Öl, Luft, Wasser oder ein anderes Betriebsmittel von einem
bestimmten Druck zu, das auf eine Membran oder einen Kolben im Reduzierventil
wirkt, wodurch die Ventilspindel entweder unmittelbar oder durch einen besonderen Zylinder über ein Gestänge auf und ab bewegt wird.

Ein Reduzier- oder Druckminderventil, das selbständig arbeitet und von der Niederdruckseite her gesteuert wird, ist beispielsweise der Alloregler nach Abb. 9.021. Fällt der Druck auf der Niederdruckseite, also hinter dem Reduzierventil, dann

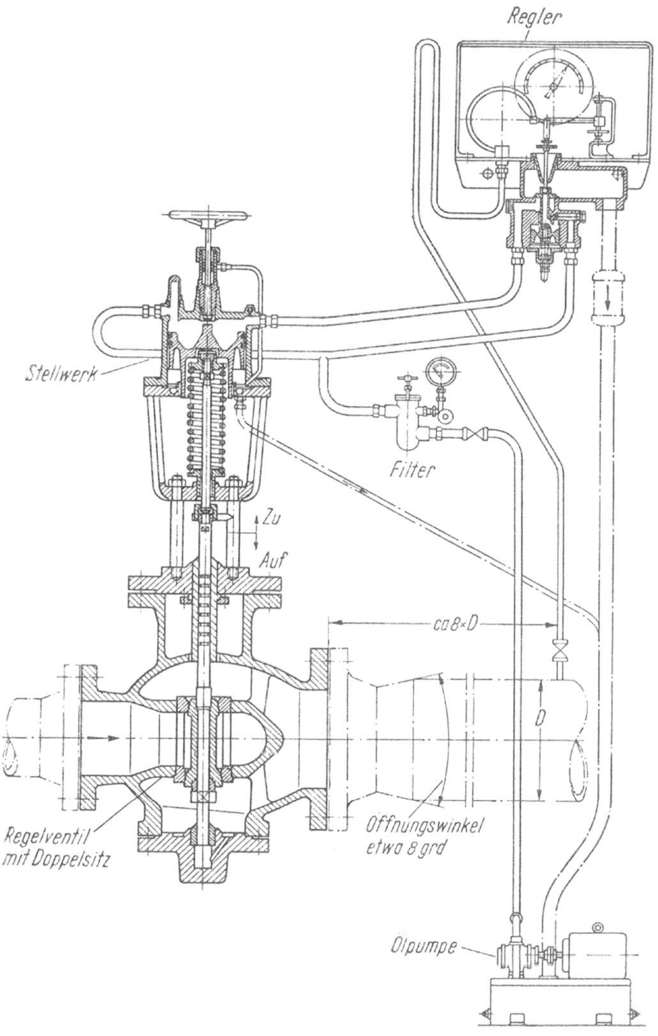

Abb. 9.024. Spuhr-Druckregelanlage. Sinkt der Druck hinter dem Regelventil, dann erhält der Regler einen Impuls. Durch Öldruck öffnet das Stellwerk den Durchlaß im Regelventil. Steigt der Druck wieder, so zieht die Feder die Spindel hoch und blockiert den Durchlaß.
D Rohranschluß hinter dem Regelventil, abhängig von Dampfmenge und Gegendruck

zieht das Gewicht „*C*" den Steuerkolben „*B*" abwärts, und damit öffnet das Reduzierventil „*A*". Steigt der Druck auf der Niederdruckseite, so wird der Steuerkolben angehoben und das Reduzierventil geschlossen. Der Sollwert auf der Niederdruckseite wird durch Verschieben des Gewichts auf dem Gestänge eingestellt. Ein Bremskolben bietet Schutz gegen plötzliche Druckschwankungen.

Die Betätigung der Ventilspindel in Druckminder- oder Überströmventilen erfolgt beim Siemensregler durch einen Elektromotor. Abb. 9.022 zeigt diesen

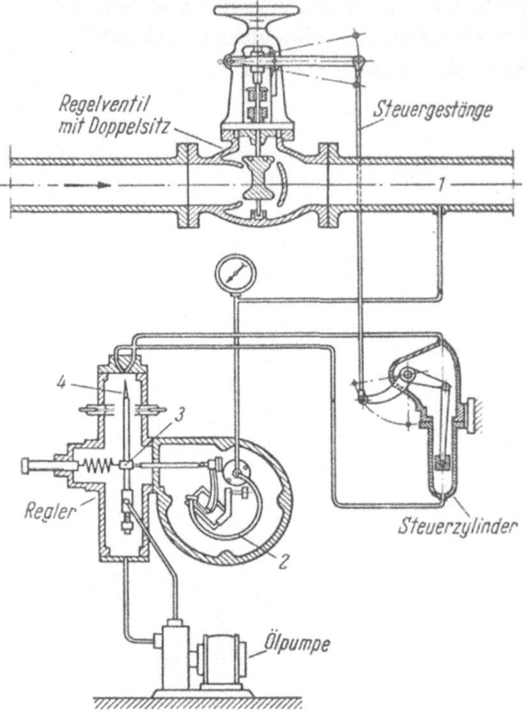

Abb. 9.025. Askania-Druckregelanlage
1 Entnahme von Dampf hinter dem Regelventil für den Reglerimpuls; *2* Röhrenfeder; *3* Druckstift; *4* Strahlrohr. (Bei Mittellage ist der Steuerzylinder in Ruhe.)
Das Drucköl wird je nach Stellung des Strahlrohres vor oder hinter den Steuerkolben geleitet, der über ein Steuergestänge die Spindel im Regelventil hebt oder senkt und den Durchlaß freigibt oder blockiert.

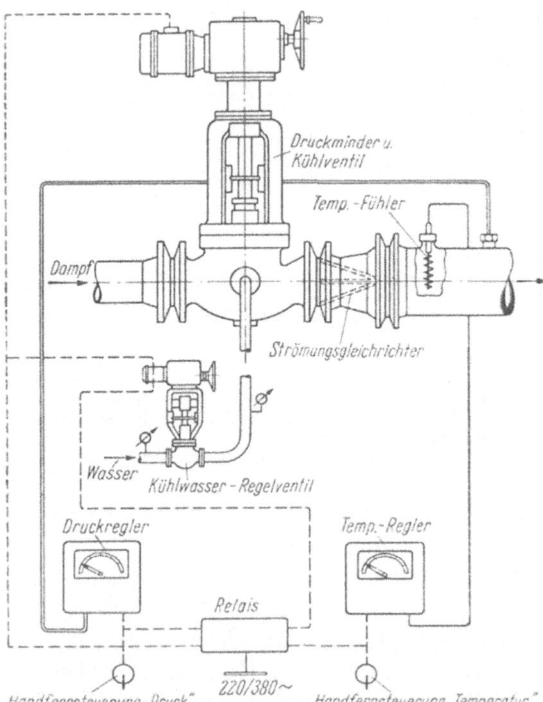

Abb. 9.026. Siemens-Regelanlage für Druck und Temperatur

Regler als Dampfumformventil [*78, 79*]. Der Ventilsitz ist so ausgebildet, daß gleichzeitig gedrosselt und der Dampf durch Kondensatzufuhr über einen zweiten Regler gekühlt werden kann (s. Abb. 9.023).

Die lästigen Drosselgeräusche können durch gelochte Bleche gemildert werden, die in zweckmäßiger Form in die Rohrleitung hinter dem Reduzierventil als Drosselscheiben einzubauen sind. Die Drosselung geht dann stufenweise vor sich.

Bei Aufteilung eines großen Druckgefälles durch Hintereinanderschaltung mehrerer Druckminderer, oder Aufteilung großer Dampfmengen durch Parallelschaltung, ist ebenfalls eine Geräuschminderung zu erreichen.

Für den Einbau von Reduzier- und Überströmventilen werden Flanschverbindungen bevorzugt, weil von Zeit zu Zeit Überholungen dieser Ventile wegen ihres starken Verschleißes im Ventilsitz beim Drosseln erforderlich werden, selbst bei Verwendung härtester Stähle.

In den Abb. 9.024 bis 9.026 sind Regelanlagen dargestellt, die für den Rohrleitungsbau in Wärmekraftwerken Bedeutung haben und die für die Überleitung von Dampf aus einer Hochdruck- zu einer Mitteldruck- und von dort zu einer Niederdruckschiene gebraucht werden.

Eine Sonderkonstruktion stellt der Düsenregelschieber dar. Seine Konstruktion ist seit Jahren bekannt [80]; er hat sich aber früher nicht durchsetzen können. Neuerdings wird er aber wieder verwendet um mit ihm den Druck bzw. den Durchfluß in Speisewasserleitungen zu regeln. Der Düsenregelschieber wird durch einen Elektromotor in Abhängigkeit vom Bedarf der Dampferzeuger an Speisewasser betätigt, der besonders beim Anfahren einer Dampferzeugeranlage schwankt und erst bei Vollbetrieb dieser annähernd konstant bleibt. Stockt die Dampfentnahme aus der Kesselanlage, so treten Wassermengenschwankungen durch Drucksteigerung in der Speisewasserleitung auf. Diese fängt der Regler ab, indem der Schieberbalken des Düsenregelschiebers durch einen Elektromotor gesenkt und ein Teil seiner Düsen verschlossen wird. Abb. 9.027 zeigt einen Düsenregelschieber im Schnitt. Er läßt sich auch ebenso gut für eine Dampfmengenregulierung verwenden.

Der Aufbau und die zu verwendenden Werkstoffe der Regler haben den Anforderungen zu entsprechen, die Druck und Temperatur in der Rohrleitung erfordern.

Druckregler für Kesselspeisepumpen und vor den Dampferzeugern, sowie Speisewasserregler vor diesen, werden in der Regel nicht als Rohrleitungszubehör angesehen. Sie gehören zur Dampferzeugeranlageausrüstung.

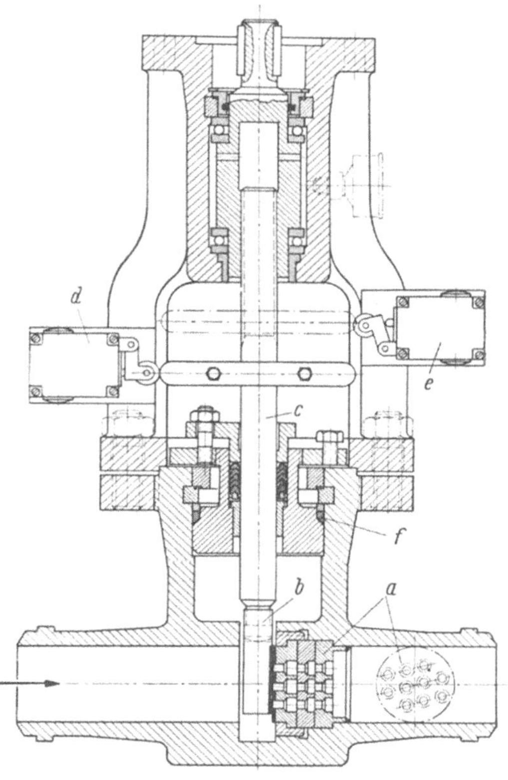

Abb. 9.027. Dingler-Düsen-Regelschieber
a Platten mit Düsen-Bohrungen; *b* Schieberplatte;
c Spindel; *d, e* Durchflußregeleinrichtung; *f* Dichtungsring

9.3 Sicherheitsventile

Nach den „Richtlinien für die Anforderungen an Sicherheitsventile für Dampfkessel, November 1957" [39] sind Vollhubsicherheitsventile und Hochhubsicherheitsventile, gewichtsbelastet, federbelastet oder hilfgesteuert, zugelassen.

Vollhubventile sind Sicherheitsventile, bei denen bei weniger als $1{,}1\,p$ ($p =$ höchstzulässiger Betriebsdruck = Einstelldruck) der konstruktiv bedingte volle Hub eintritt, wobei sich ein freier Strömungsquerschnitt über dem Ventilsitz einstellen muß, der mindestens 10% größer ist als der engste freie Strömungsquerschnitt vor oder an diesem Sitz.

Hochhubventile sind Sicherheitsventile mit einer Einrichtung, die auf eine Hubvergrößerung hinwirkt, ohne daß der höchstmögliche Hub bei weniger als $1,1\,p$ zwangsweise erreicht wird.

Alle übrigen Sicherheitsventile, die den vorstehenden Bedingungen nicht entsprechen, sind Niederhubventile.

Der engste freie Querschnitt ist beim Abblasen in die freie Atmosphäre nach der Formel zu berechnen:

$$F_0 = K\,D/(p + 1). \tag{203}$$

Darin ist:

F_0 = engster freier Strömungsquerschnitt vor oder an dem Ventilsitz nach Abzug von Verengungen durch die Kegelführung　in mm²,

D = Dampfleistung　in kg/h,

p = höchstzulässiger Betriebsdruck　in atü,

K = Berechnungsbeiwert $= \dfrac{x}{(\alpha/1,1)}$,

x = Druckmittelbeiwert, abhängig von dem Dampfzustand. Nach dem BWK Arbeitsblatt 68 ist z. B. bei 200 ata, 600 °C: $x = 2,55$; bei 150 ata, 550 °C: $x = 2,49$; bei 100 ata, 500 °C: $x = 2,42$,

$\alpha/1,1$ = Ausflußziffer, abhängig von der Bauart, z. B. für gewichtbelastete Vollhubventile und hilfsgesteuerte Sicherheitsventile $= 0,66$.

Der Querschnitt der Zuführungsleitung zum Sicherheitsventil muß so groß bemessen sein, daß dessen Abblaseleistung innerhalb des zulässigen Abblasedrucks nicht beeinträchtigt wird. Abblaseleitungen müssen so verlegt werden, daß Personen durch den austretenden Dampf nicht gefährdet werden.

Die Vorschrift, nach der der Dampfdruck auf den Sitz eines gewichtsbelasteten Sicherheitsventils 600 kg nicht überschreiten soll, ergibt für eine Dampferzeugeranlage großer Leistung bei hohem Betriebsdruck eine Serie parallel geschalteter Sicherheitsventile. Von ihnen wird erwartet, daß sie beim Überschreiten des zulässigen Druckes gleichzeitig ansprechen.

Die eingangs erwähnten Richtlinien lassen heute die Verwendung hilfsgesteuerter Sicherheitsventile zu. Für Dampfrohrleitungen, die nicht den behördlichen Bestimmungen unterliegen, wie sie für Dampferzeuger gelten, sind hilfsgesteuerte Sicherheitsventile bereits jahrelang in Gebrauch. Sie werden hinter Reduzierventilen eingebaut und sind dann imstande, die maximal durch den Querschnitt des Reduzierventils strömende Dampfmenge ins Freie abzublasen. Bei diesen Ventilen für das Abblasen großer Dampfmengen dauert es jedoch nicht lange, bis Leckverluste durch Dampfschwaden eintreten, die allmählich größer werden und schließlich die Abdichtung zwischen Kegel und Gehäuse zerstören. Die großen Dichtungsringe verziehen sich.

Hohe Drücke und hohe Betriebstemperaturen und die Zulassung hilfsgesteuerter Sicherheitsventile für neuzeitliche große Dampferzeugungsanlagen haben zu einer Weiterentwicklung dieser Konstruktionen geführt, die noch nicht abgeschlossen ist [81, 82, 83, 75]. Alle Neuentwicklungen haben Fernsteuerung; sie dienen gleichzeitig zum An- und Abfahren der Dampferzeuger.

Abb. 9.028 zeigt ein federbelastetes Steuersicherheitsventil, dessen Kegel bei Überdruck angehoben wird. Dieses automatisch wirkende Ventil kann auch durch ein Getriebe von der Wärmewarte aus betätigt werden. Der durch die Steuerleitung b strömende Dampf drückt auf den Kraftkolben c und schiebt den Kegel d

gegen den nunmehr durch den Ventilquerschnitt abströmenden Dampf, bis der
Überdruck beseitigt ist. Dann hat das Steuerventil unter Federdruck abgedichtet,
und damit ist der Kraftkolben unbelastet. Er wird nun durch die Feder h nach
oben und damit der Ventilkegel gegen den Sitz e gezogen, so daß der Dampf
wieder auf den Kegel d drückt und einen dichten Abschluß bewirkt.

Die Konstruktion nach Abb. 9.029 hat einen freien Ventilquerschnitt, der nicht
durch die Spindel, wie bei der vorbeschriebenen Bauart, zu einem Ringspalt wird.
Der Dampfdruck liegt hier nicht über sondern unter dem Durchlaßkegel. Dieser
wird durch eine Druckfeder auf seinen Sitz gepreßt. Wird der Durchlaß des Steuer-

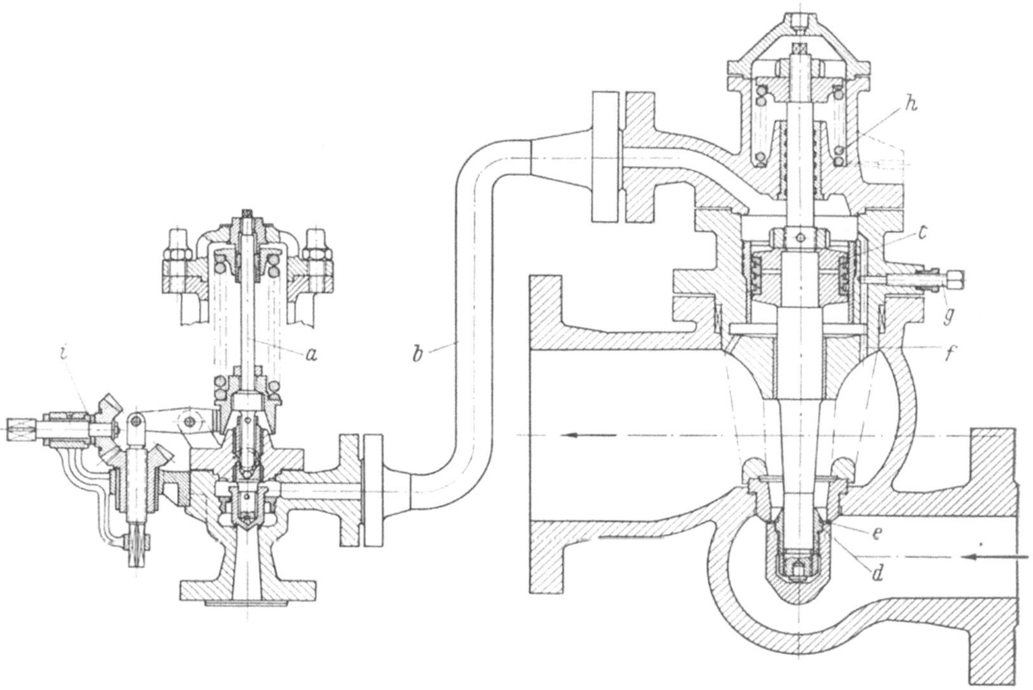

Abb. 9.028. Vorgesteuertes Hochleistungs-Sicherheitsventil[1]
a Steuerventil; b Steuerleitung; c Kraftkolben; d Absperrkegel des Hauptventils (Druck unter dem Kegel);
e Gepanzerte Dichtfläche; f Ausgleichbohrung; g Regulierung für Schließdruck; h Feder für Schließdruck;
i Anlüftevorrichtung
Bei Überdruck öffnet zuerst das Hilfsventil (links gezeichnet) und dann das Hauptventil.

ventils a durch Dampfüberdruck freigelegt, so tritt der Dampf über die Steuerleitung b unter den Hubkolben c, überwindet den Druck der Feder d und gibt den
Durchlaß e frei.

Es gibt noch eine Reihe weiterer Konstruktionen, bei denen durch Druck auf
einen Kolben an der Spindel des Hauptventils gegen den Dampfdruck unter dem
Durchlaßkegel gedichtet wird. Bei Überdruck erfolgt eine Entlastung des Kolbens,
wenn das Steuerventil den über dem Kolben liegenden Gegendruck ins Freie ab-
leitet und somit eine Drucksenkung herbeiführt.

---

[1] Bauart SB-Erben, DRP.

Schließlich kann mit Druckluft, Öl oder einem anderen Hilfsmittel, wie bei einer Presse, ein Spindelkolben gedrückt oder gehoben werden, wobei der Überdruck in einer Rohrleitung oder das Absinken des Rohrnetzdruckes das Steuerventil betätigt.

Die Abb. 9.028 und 9.029 zeigen als Beispiele das Prinzip hilfsgesteuerter Sicherheitsventile.

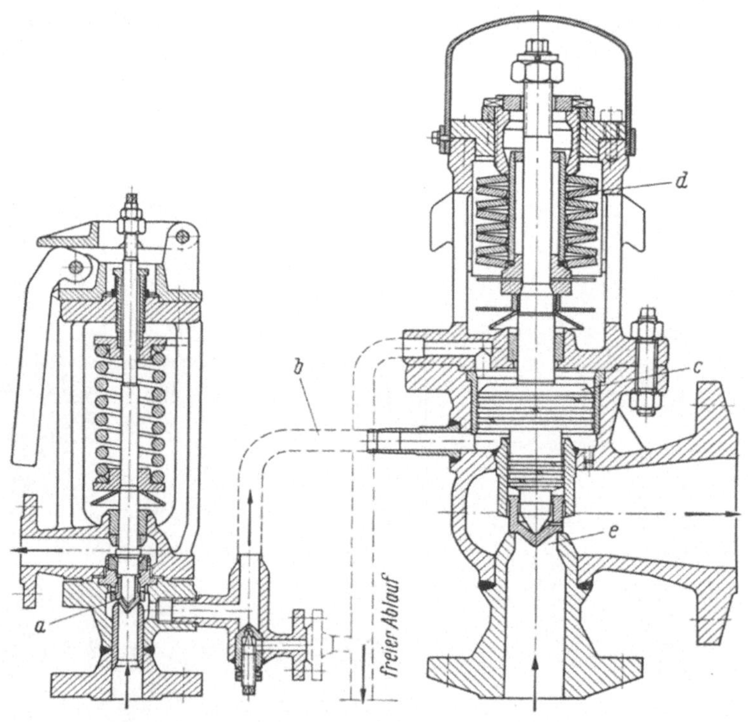

Abb. 9.029. Vorgesteuertes Hochleistungs-Sicherheitsventil[1]
a Steuerventil; *b* Steuerleitung; *c* Kraftkolben; *d* Druckfeder; *e* Hauptdurchlaß (Druck auf dem Ventilkegel)

Entscheidend für den Aufbau der Sicherheitsventile und die dafür zu verwendenden Werkstoffe ist die betriebliche Anforderung. Durch die starke Drosselung im Durchlaß ergeben sich hohe Strömungsgeschwindigkeiten, die die gleichen Schwierigkeiten mit sich bringen, wie bei den Reduzierventilen.

9.4 Rückschlagventile und Rückschlagklappen

Der Einbau von Rückschlagventilen (Abb. 9.030) soll den Rückdruck aus einer Rohrleitung in eine andere verhindern. Arbeiten Dampferzeuger, die für verschiedene Drücke konzessioniert sind, auf ein gemeinsames Rohrnetz, so kann es vorkommen, daß aus Unachtsamkeit höher gespannter Dampf in einen nicht für diesen Druck ausreichenden Anlageteil übertritt. Hierfür und für Speisewasseranschlüsse der Dampferzeuger bestehen amtliche Vorschriften, die den Lieferer

---

[1] Bauart Bopp & Reuter.

zwingen, durch Einbau von Rückschlagventilen eine rückläufige Strömung zu verhindern.

Innerhalb einer Rohrleitungsanlage mit gleichem Frischdampfdruck und annähernd gleicher Betriebstemperatur werden vor den Reduzierventilen, oder dahinter, keine Rückschlagventile eingebaut. Ist die vorgeschaltete Rohrleitung für höheren Druck gebaut, kann ein eventueller Rücktritt von Dampf mit geringerem Druck aus der nachgeschalteten Rohrleitung keinen Schaden anrichten.

Bei Parallelschaltung von Dampferzeugern und Dampfverbrauchern ist der Übertritt von Sickerdampf in den Querverbindungen durch undichte Absperrungen meistens eine Gefahrenquelle. Sie kann, wie im Abschn. 2 erwähnt wurde, durch zwei hintereinandergeschaltete Absperrschieber (s. Abb. 2.08) vermieden werden, zwischen denen eine Entlüftung angebracht wird.

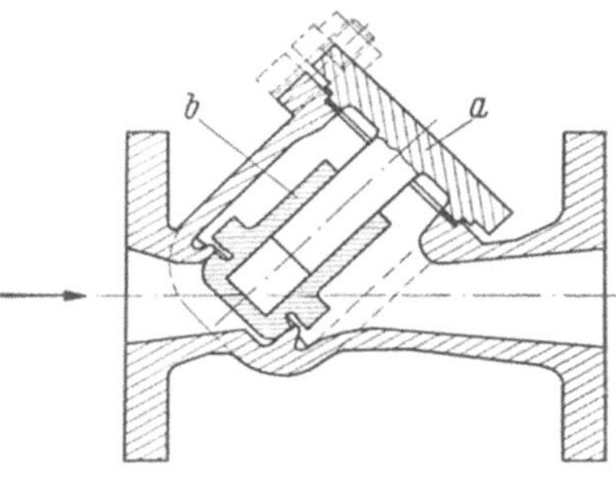

Abb. 9.030. Schrägsitz-Rückschlagventil
a Deckel mit Führung; *b* loser Ventilkegel

Rückschlagorgane sind nur in einer Richtung selbsttätig wirksam. Bei wechselnder Dampfströmung ist der Schutz einer stillgelegten Rohrleitungsstrecke gegen Sickerdampf auch zu erreichen, wenn ein Schieber, der nach beiden Seiten hin einwandfrei dichtet und am Gehäuse ein Entlüftungsventil aufweist, eingebaut wird.

Zwischendampfentnahmeleitungen werden stets nur in einer Richtung vom Dampf durchströmt. Arbeiten mehrere Turbinen auf ein Rohrnetz, dann ist hinter jedem Entnahmestutzen ein Rückschlagventil in die Entnahmeleitung zur Sicherung der Turbine einzubauen.

Rückschlagventile werden hinter Kondenswasserableitern und vor den Stutzen der Kondenswassersammler eingebaut, um zu verhindern, daß Kondenswasser in stillgelegte Leitungen dringt.

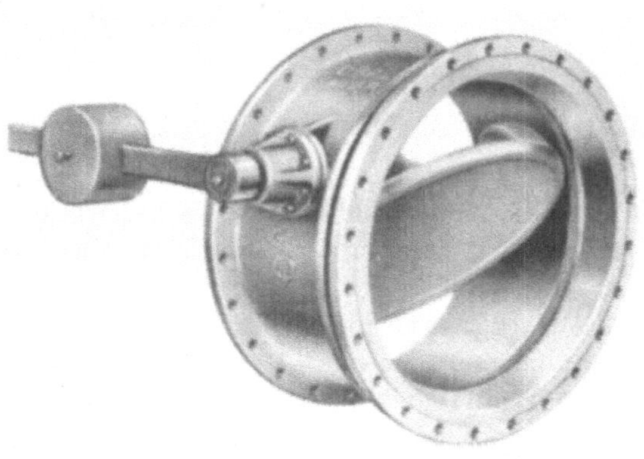

Abb. 9.031. Ehrhard-Rückschlagklappe mit Hebel und Gewicht für große Nennweiten

Rückschlagventile und Rückschlagklappen sitzen auch in den Saugkörben. Sie verhindern den Rückfluß der angesaugten Flüssigkeit bei Stillstand der Pumpen.

Alle Speisewasser- und Kondensatpumpen sind mit einer Rückschlagklappe oberhalb der Druckstutzen auszurüsten.

Rückschlagventile werden mit Grad- oder Schrägsitz geliefert.

Rückschlagklappen haben einen geraden Durchfluß. Größere Nennweiten erhalten eine Gewichts- oder Federbelastung, um einen ausreichenden Schließdruck zu bekommen (s. Abb. 9.031).

Öl-, Feder- oder Luftbremse an den Rückschlagorganen dienen zur Dämpfung. Das Gehäuse der Rückschlagorgane besteht entweder aus Gußeisen, Stahlguß oder Schmiedestahl. Für ihren Einbau in Rohrleitungen ist die Flanschverbindung gebräuchlich.

Das Innere der Rückschlagorgane muß schmutzfrei gehalten werden, weil sonst ihre Wirkung vermindert oder aufgehoben wird.

9.5 Sonstige Armaturen

Rohrbruchventile, die eine stark undicht gewordene Rohrstrecke selbsttätig abschalten, werden heute selten verlangt. Sie sind durch Schnellschlußschieber verdrängt worden, die von der Wärmewarte oder auch von anderen Stellen aus bedient werden können, wenn es zu einer Betriebsstörung kommt. Auch Schnellschlußhähne dienen diesem Zweck.

Abb. 9.032. Erhard-Absperrklappe (für große Nennweiten auch mit Motorantrieb)

Drosselklappen für große Kühlwasserleitungen sind so verbessert worden, daß sie auch als Absperrorgane Verwendung finden. Sie sind mit einem Handrad oder durch einen Elektromotor zu betätigen. Ein Ausführungsbeispiel zeigt Abb. 9.032.

10. Abzweigstücke

Für die Zusammenführung von Teilstrecken einer Rohrleitung (Vereinigung) oder bei der Aufteilung einer Rohrleitung in Teilstrecken (Trennung) werden Sammel- oder Verteilungsstücke gebraucht. Diese als T-Stücke bekannten Abzweigstücke werden aus Gußeisen oder Stahlguß geliefert. Sie werden mit Flanschen versehen und sind genormt.

Für Dampf- und Speisewasserleitungen werden Zu- und Abgänge für die Vereinigung oder Trennung von Dampf- und Wasserströmen in Form von Stutzen hergestellt. Diese werden entweder auf die Rohrleitung geschweißt oder in sie eingeschweißt. Wird das Grundrohr für den Stutzen ausgehalst, dann wird ein besonderer Stutzen vorgeschweißt. Es gibt Grad-, Schräg-, Sattel- und Schuhstutzen. Verteiler bzw. Sammler sind Rohre mit mehreren nahe beieinander liegenden Stutzen.

Kreuz- und Hosenstücke erhalten meistens Rippen zur Rohrwand-Verstärkung gegen Biegespannungen. Auch Abzweigstücke, deren Querschnitt durch mehr als eine Stutzenöffnung geschwächt ist, erhalten Rippen. Zu den durch Innendruck erzeugten Biegespannungen treten noch die hinzu, die u. U. Rohrschenkel auf die Stutzen übertragen.

Die in der Hohlkehle ausgehalster Stutzen durch Innendruck entstehenden Spannungsspitzen werden teilweise durch Verformung des Werkstoffes abgebaut [84, 52]. Eine Verstärkung dieser Stutzen wird notwendig, wenn höhere Betriebsdrücke und höhere Betriebstemperaturen vorliegen, was zu beachten ist. Hierfür gilt das AD-Merkblatt B 9.

Ergibt sich für das Grundrohr, an dem Stutzenöffnungen angebracht werden sollen, eine Wanddicke von mehr als 35 mm, so ist ein aus dem Vollen geschmiedetes Abzweigstück einer Aushalsung vorzuziehen. Gespreizte Abzweigstücke sollten stets geschmiedet sein. Die Stutzenöffnungen sind so auszuschmieden, daß die dafür in Betracht kommende Nahtform für das Vorschweißen von kurzen Rohrstutzen geeignet ist und der Stutzen betriebssicher vorgeschweißt werden kann. Das fertige Stück ist zu glühen. Für den Einbau in die Rohrleitung ist eine weitere Schweißrundnaht erforderlich, die den Stutzen am Abzweigstück mit dem Anschlußrohr verbindet. Deren Wärmebehandlung bleibt dann ohne Einfluß auf das Werkstoffgefüge des dickwandigen Schmiedestückes.

Kugel-, T- oder Kreuzstücke aus Austenitstählen, aus Kugelhalbschalen geschweißt, finden für Heißdampfrohrleitungen bevorzugt Verwendung, weil die Wanddicke einer Kugel (s. AD-Merkblatt B 9 Jan. 1960) bei gleichem Innendruck kleiner ist als die eines Zylinders [s. Gl. (208)].

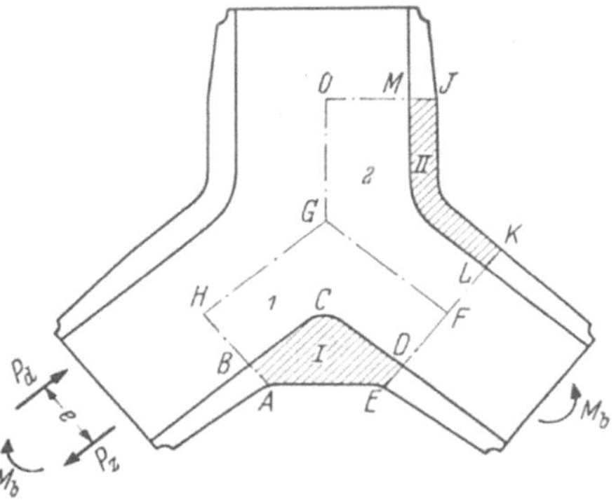

Abb. 10.01. Schmiedestahl-Hosenstück

Zur Vermeidung von Rißbildungen im Innern von Rohrzylindern bei übermäßig dicker Wand wird die Wand in zwei oder mehr Lagen aufgeteilt. Risse in der Rohrwand entstehen durch Wärmespannungen beim An- und Abfahren einer Wärmekraftanlage und durch Thermoschock, d.h. durch plötzliche Abkühlung. Bei aufgeteilter Wand wird das nahtlose, vom Dampf im Innern berührte Grundrohr mit etwa der halben, nach DIN 2413 zu berechnenden Wanddicke, hergestellt und dann durch ein darüber gezogenes nahtloses Rohr ummantelt. Auch Manschetten werden zur Verstärkung des Grundrohres verwendet.

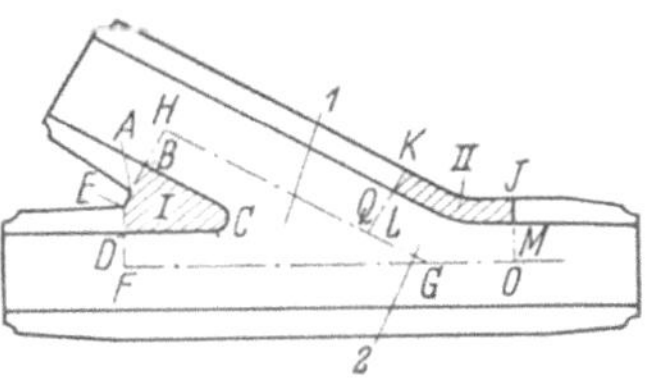

Abb. 10.02. Schmiedestahl-T-Stück mit Schrägstutzen

Die Berechnung der Wanddicke von geschmiedeten Abzweigstücken, beispielsweise für Abzweigstücke mit Schrägstutzen nach Abb. 10.01 und 10.02, kann einfach durchgeführt werden. Der Innendruck p (in kg/cm²) auf der Fläche $BCDFGH$ (in mm²) des Hosenstückes Abb. 10.01 belastet den Querschnitt $ABCDE$ (in mm²). Der Querschnittsbelastung $JKLM$ (s. Abb. 10.01) steht der Innendruck auf der Fläche $LMOGF$ gegenüber. Die Werkstoffbeanspruchung (in kg/mm²) ist damit annähernd genau bestimmbar, insoweit sie nur durch den Innendruck hervorgerufen wird.

Die Umfangsspannung in der Rohrwand ist

$$\sigma_{tm} = \frac{p\,d\,L}{100\,(D-d)\,L} = \frac{p\,d}{200\,s}\ \text{in kg/mm}^2 . \tag{204}$$

Bei sehr dicker Wand ist sie abhängig vom Verhältnis s/d. Der Werkstoffkennwert K als Berechnungsgrundlage für die mittlere Werkstoffanstrengung ist dann entsprechend abzuwerten. Nach Abb. 10.03 nehmen bei gleichbleibender Rohrweite mit zunehmender Wanddicke die Höchstwerte der Umfangsspannung von der Innenfaser nach der Außenfaser zu ab. Die Radialspannung σ_r ist an der Innenseite der Rohrwand negativ und an ihrer Außenseite Null. Im Mittel ist $\sigma_{r_m} = -p/2$. Nach der Schubspannungshypothese, die den Einfluß der Querspannungen ausreichend berücksichtigt, ist nach SIEBEL [8]

$$\sigma_V = \sigma_{t_m} - \sigma_{r_m} = \frac{p\,(d + s)}{2\,S} \quad \text{in kg/mm}^2\,, \tag{205}$$

wenn p in kg/mm² in die Gl. (205) eingesetzt wird.

Der Zwickel in Abb. 10.01, dessen Fläche f_z mit „I“ bezeichnet ist, wird durch den Innendruck auf die Fläche f_p „1“ beansprucht. Ist beispielsweise der Innendruck $p = 1{,}15$ kg/mm², die Dampftemperatur 540 °C, der Werkstoff 10 CrMo 9 10 mit $\sigma_{1\%/100\,000\,h/540\,°C} = 6{,}4$ kg/mm² und mit $\sigma_{B/100\,000/540\,°C} = 8{,}7$ kg/mm, so ist

$$K = \frac{\sigma_{B/100\,000/t\,°C}}{S} = \frac{8{,}7}{1{,}5} = 5{,}8\,\text{kg/mm}^2\,.$$

Beträgt für das Beispiel der Querschnitt $f_z = 9200$ mm² und $f_p = 26000$ mm², $s/d = 50/250 = 0{,}2$ und $\sigma_{t_i}/\sigma_{t_m} = 1{,}22$ (nach Abb. 10.03), dann ist $\sigma_{t_m} = \sigma_V + (-p/2) = 8{,}7 - 0{,}575 = 8{,}125$ kg/mm².

Die Sicherheit bezogen auf die mittlere Umfangsspannung σ_{t_m} ist damit

$$S = \frac{K\,f_z}{p\,f_p}\,, \tag{206}$$

$$= \frac{8{,}125 \cdot 9\,200}{1{,}15 \cdot 26\,000} = 2{,}5\,.$$

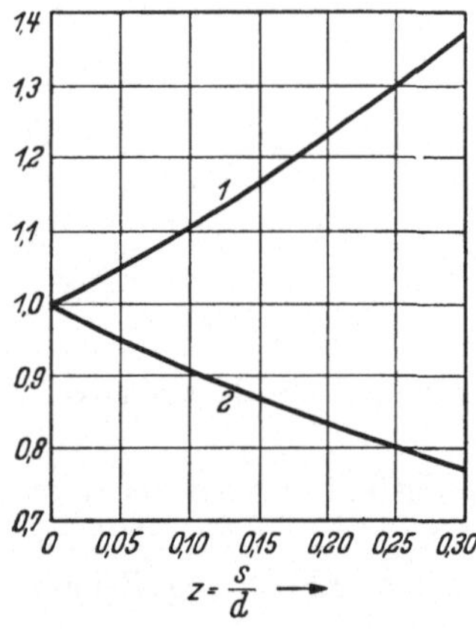

Abb. 10.03. Verhältnis der mittleren Umfangsspannung n. Gl. (204) zu den Umfangsspannungen an der Innenbzw. Außenseite der Rohrwand [46]

$\sigma_{t_m} = p\,d_i/200\,s$ n. Gl. (204);

$\sigma_{t_i} = p\,d_i^2/200\,(d_i + s)\,s + p/100$;

$\sigma_{t_a} = p\,d_i^2/200\,(d_i + s)\,s$.

Kurve 1 zeigt das Verhältnis $\sigma_{t_i}/\sigma_{t_m}$ und Kurve 2 das von $\sigma_{t_a}/\sigma_{t_m}$, in Abhängigkeit von $z = s/d_i$.

Mit Hilfe der Gl. (206) sind die erforderlichen Querschnittsflächen „II“ (s. Abb. 10.01) und „I“, „II“ (s. Abb. 10.02) zu ermitteln und mit ihnen die Wanddicken zu bestimmen. Die Wanddicken der geraden, zylindrisch geformten Enden ergeben sich aus den Gleichungen in Tab. 3.II. In allen Teilflächen soll die gleiche Sicherheit vorhanden sein, um zu einer möglichst einheitlichen Werkstoffanstrengung zu gelangen. Zug- und Druckspannungen seitens der Rohrschenkel auf die Anschlußenden der Abzweigstücke in der Schnittebene aus den Momenten $P_z\,e$ und $P_d\,e$, wie sie auf Abb. 10.01 eingezeichnet sind, dürfen nicht höher sein als $0{,}5\,\sigma_{t_m}$. Der Abstand e ist die Entfernung der beiden Rohrhälftenschwerpunkte. Die Größe der Kraft P_z und die der Kraft P_d ergibt sich aus dem Biegemoment M_b des Rohrsystems (s. Abschn. 5).

Abzweigstücke mit ausgehalstem Ausschnitt oder mit „rohrförmig verstärktem Ausschnitt“ sind nach den Gleichungen des AD-Merkblattes B 9 (Jan. 1960) zu berechnen.

Liegt die Wandtemperatur über 120 °C, so ist die Mindestwanddicke im Grundrohr an der Aushalsung oder am Ausschnitt

$$\text{a) für Zylinder} \qquad s_A = \frac{D_a\,p}{2\,(K/S)\,V_A + p} + c \quad \text{in mm,} \tag{207}$$

b) für Kugeln $\qquad s_A = \dfrac{D_a\,p}{4\,(K/S)\,V_A + p} + c \quad \text{in mm}.$ $\qquad\qquad$ (208)

Für ausgehalste Stutzen (Abb. 10.04 und 10.05) gilt die Kurve „B" der Abb. 10.06 zur Feststellung des Verschwächungsbeiwertes V_A. Die Wanddicke der Aushalsung s_1 und die des angeschweißten Stutzens soll sein

$$s_1 \gtreqless s_A \left(\frac{d_A}{D_a} \right) \quad \text{in mm}. \qquad (209)$$

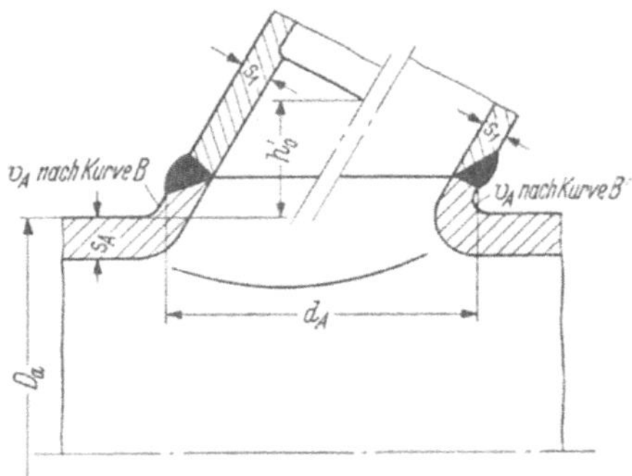

Abb.10.04. Ausgehalster Ausschnitt (rechter Schnitt gilt für $s_1 < s_A\,d_A/D_a$)

Abb.10.05. Ausgehalster Ausschnitt (rechter Schnitt gilt für $s_1 < s_A\,d_A/D_a$)

In den Gln. (207) bis (209) bedeuten:

D_a = äußerer Durchmesser des auszuhalsenden Zylinders (Grundrohr) oder Kugel in mm,

d_A = äußerer Durchmesser des ausgehalsten oder eingeschweißten Stutzens und bei Schrägstutzen Länge der Ellipsenachse in der Schnittebene in mm,

p = der höchstzulässige Betriebsdruck in kg/mm².

Die Mindesthöhe des Stutzens muß betragen:

$$h_0' = \sqrt{d_A\,(s_1 - c)} \quad \text{in mm}. \qquad (210)$$

Hier ist c der Gesamtzuschlag zur Wanddicke nach dem AD-Merkblatt B 11.

Die Kurve „B" der Abb. 10.06, berechnet für ein Verhältnis $D_a/D_i \leqq 1,5$ im Bereich der Streckgrenze und für $D_a/D_i \leqq 2$ im Bereich nach Langzeitwerten, gilt auch für ein Verhältnis $d_A/D_a \leqq 0,4$.

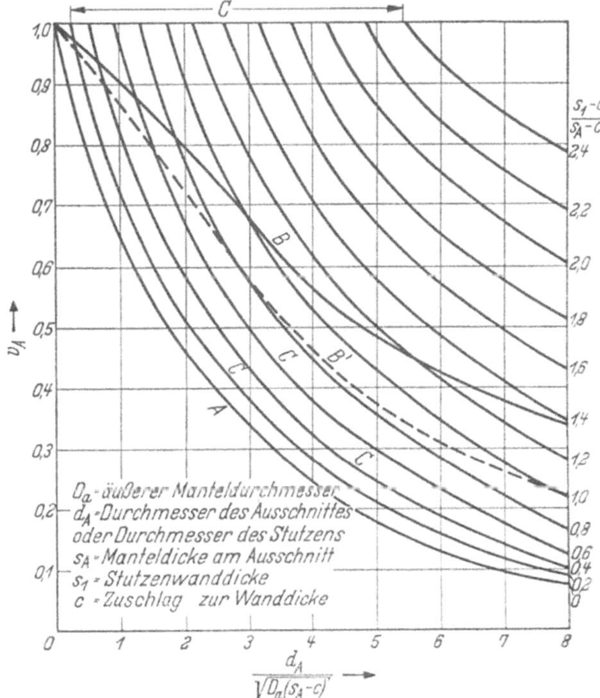

Abb. 10.06. Verschwächungsbeiwert V_A für Rohrausschnitte und Aushalsungen

Nach Kurve A, Beiwert V_A für Ausschnitte der Rohrwand bei ausreichender Wanddicke. *Nach Kurve B*, Beiwert V_A für ausgehalste Ausschnitte (s. Abb. 10.04 und 10.05), wenn $s_1/s_A = d_A/D_a$. *Nach Kurve B'*, Beiwert V_A für ausgehalste Ausschnitte (s. Abb. 10.04 und 10.05, rechter Schnitt), bei $d_A/D_a = 1$. *Nach Kurve C*, Beiwert V_A allgemein für aufgeschweißte Stutzen mit Wanddickenverhältnis $s_1 - c/s_A - c$

Bei $d_A/D_a \leqq 1$ gilt die Kurve B'. Zwischenwerte für $0,4 < d_A/D_a < 1$ können linear interpoliert werden. Für röhrenförmige Verstärkungen (Abb. 10.07 und 10.08) ist der Verschwächungsbeiwert V_A für nicht durchgesteckte und für aufgeschweißte Stutzen der Kurve „C" der Abb. 10.06 zu entnehmen. Auszugehen ist dabei von dem Wanddickenverhältnis $s_1 - c/s_A - c$, in Abhängigkeit vom Verhältnis $d_A/\sqrt{D_a\,(s_A - c)}$.

Die Wanddicke durchgesteckter Stutzen kann 20% geringer sein, wenn ein Überstand nach innen von $m \geqq s_1$ vorhanden ist. Das Wanddickenverhältnis soll

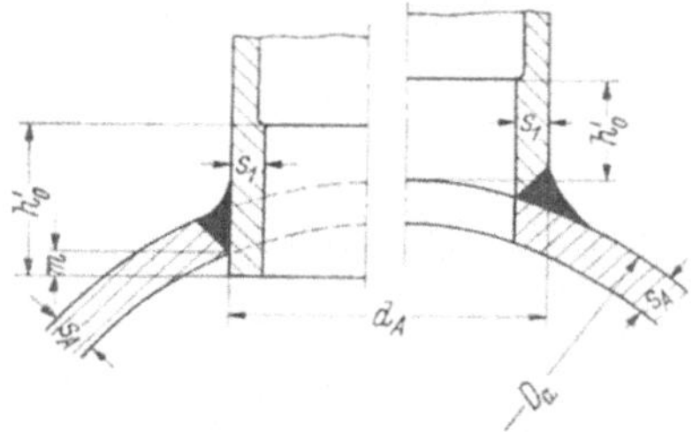

Abb. 10.07. Rohrförmig verstärkter Ausschnitt

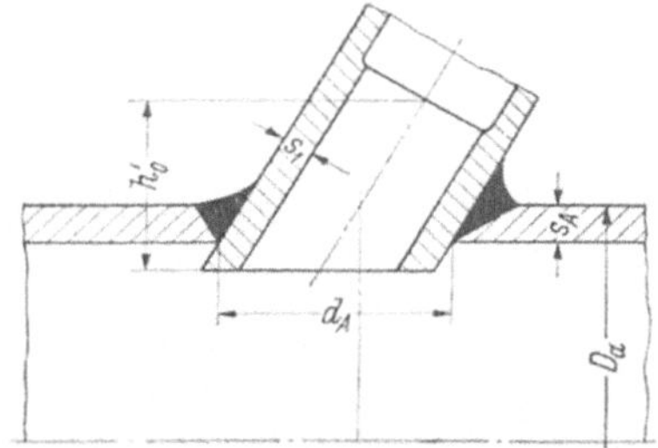

Abb. 10.08. Rohrförmig verstärkter Ausschnitt mit schrägem Stutzenanschluß

den Wert 2,0 nicht überschreiten. Stutzenhöhe h_0' nach Gl. (210). Ist die ausgeführte Stutzenhöhe h_0 kleiner als die nach Gl. (210) zu berechnende h_0', so muß der Stutzen eine im Verhältnis h_0'/h_0 stärkere Wanddicke erhalten.

Abb. 10.09 zeigt benachbarte Stutzen in Längsrichtung des Rohrzylinders

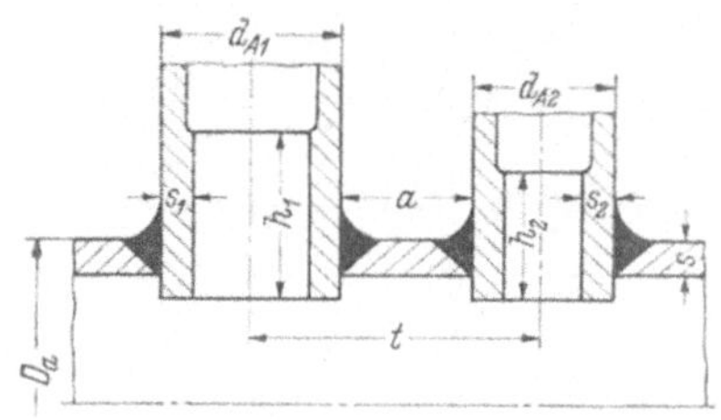

Abb. 10.09. Benachbarte Stutzen in Längsrichtung des Schusses

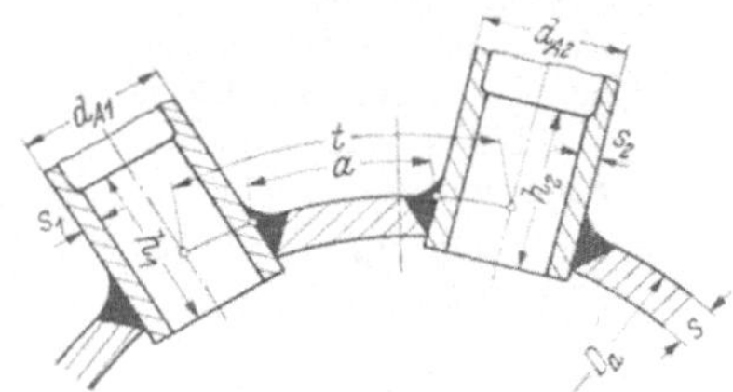

Abb. 10.010. Benachbarte Stutzen in Umfangsrichtung des Schusses oder bei Kugeln

(Grundrohr), Abb. 10.010 zeigt sie in Umfangsrichtung. Die Anordnung nach Abb. 10.010 gilt auch für Kugelgehäuse. Ist der Randabstand zweier Ausschnitte größer als

$$a = 3\,\sqrt{D_a\,(s - c)} \quad \text{in mm,} \tag{211}$$

so ist die gegenseitige Beeinflussung der Ausschnitte zu vernachlässigen, ist er kleiner, so ist zu prüfen, ob der verbleibende Querschnitt zwischen den Rändern der Ausschnitte die auf ihn fallende Belastung aushält.

Im Bereich t (s. Abb. 10.09 und 10.010) ist bei rohrförmigen Verstärkungen ein Querschnitt vorhanden von

$$F \geqq a\,(s - c) + 0,5\,[h_1\,(s_1 - c) + h_2\,(s_2 - c)] \quad \text{in mm}^2. \tag{212}$$

Bei in Reihe angebrachten ausgehaltenen Stutzen ist zu prüfen, ob der Verschwächungsbeiwert $V_A = (t - d_i)/t$ nicht kleiner wird als der Wert für V_A des Einzelstutzens nach den Kurven der Abb. 10.06. Stets ist der kleinere V_A-Wert der Berechnung der Wanddicke zugrunde zu legen.

Bei Lage der Ausschnitte nach Abb. 10.09 in Längsrichtung des Rohrzylinders ist die Belastung

$$P_L = D_i\, p\, t/2 \quad \text{in kg.} \tag{213}$$

Der Abstand von Mitte zu Mitte Stutzen ist

$$t = a + (d_{A_1} + d_{A_2})/2 \quad \text{in mm.} \tag{214}$$

In Gl. (214) bedeuten d_{A_1} und d_{A_2} die äußeren Durchmesser der Stutzen in mm. Der Innendruck p ist in kg/mm² in die Gl. (213) einzusetzen. Bei Lage der Ausschnitte nach Abb. 10.010 in Umfangsrichtung des Rohrzylinders oder bei kugeligem Gehäuse ist die Belastung

$$P_U = D_i\, p\, t/4 \quad \text{in kg} \tag{215}$$

wobei t in Umfangsrichtung außenseitig zu bestimmen ist. Die Mehrbeanspruchung der Werkstoffe durch die gegenseitige Beeinflussung der Stutzen ist zulässig, wenn die Bedingung

$$\frac{P}{F} \leqq \frac{K}{S} \quad \text{in kg/mm}^2 \tag{216}$$

erfüllt ist.

Kugelstücke und Verteiler aus Austenitrohren für sehr hohe Drücke und hohe Temperaturen sind so ausgeführt worden, wie dies die Abb. 10.011 und 10.012 zeigen.

Zufriedenstellende Ergebnisse mit neuen Stahlgußlegierungen, die Zunderbeständigkeit bis zu 600 °C bei ferritischem Gefüge mit 11,5% Cr + Mo + V

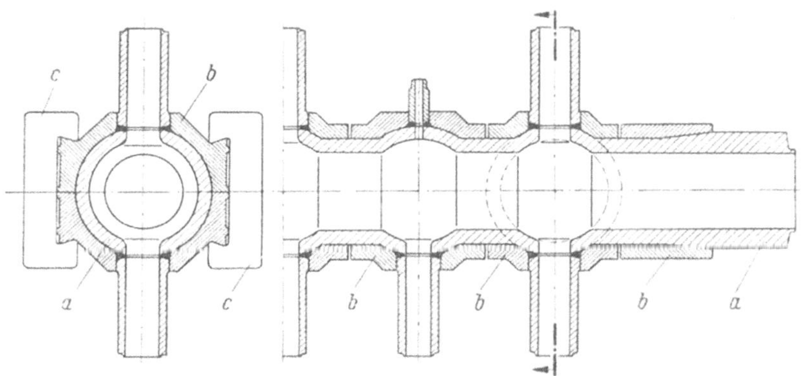

Abb. 10.011. Kugelformstück mit zwei Lagen für hohe Drücke[1]
a Grundrohr; b Ummantelung; c Spanneisen

aufweisen und die ausreichende Zeitstandeigenschaften besitzen, lassen hoffen, daß später auch wieder Abzweigstücke aus Stahlguß für höher beanspruchte Rohrleitungen betriebssicher geliefert werden können. Die Herstellung lunker- und rißfreier Gußstücke wird durch Aufteilung schwierigerer Formen in Einzelteile erleichtert, die zusammengeschweißt werden. Die Verschweißung von Stahl-

---

[1] Lieferung VRB, Düsseldorf.

guß mit Stahlguß oder mit Schmiedestahl ist kein Problem mehr. Die Formgebung von Stahlgußteilen läßt sich strömungstechnisch günstiger auslegen als

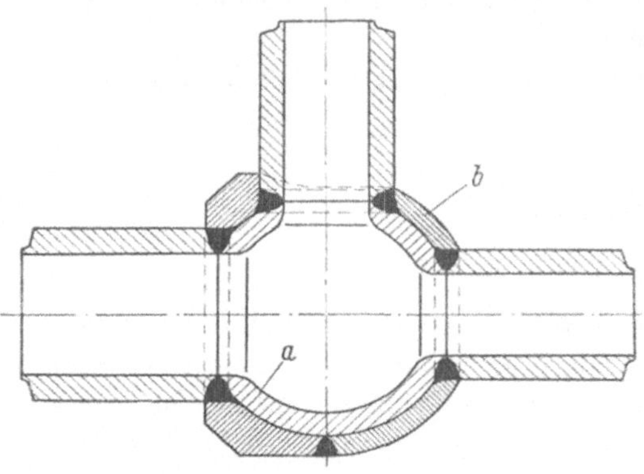

für geschmiedete Stücke. Gute Übergänge von stärkeren zu schwächeren Wandungen bei großen Durchgangs- und kleinen Stutzweiten der Abzweigstücke sind vorteilhaft für die Elastizität der Rohrleitung. Der Beiwert für die Druckverlustberechnung liegt bei günstiger Formgebung von Abzweigstücken bedeutend niedriger als sonst. Eine notwendig werdende Wandverstärkung durch Rippen ist beim Stahlguß ebenfalls günstiger als es aufgeschweißte Rippen bei Rohr- oder Schmiedestücken sind [85].

Abb. 10.012. Kugel-T-Stück, aus Schalen gepreßt mit Mantel für hohe Drücke[1]
a Kugelschalen, innen, aus zwei Hälften zusammengeschweißt; *b* Mantelschalen, verschweißt

11. Kondensatabscheider, Schmutzfänger und Kühler

Kondensat- bzw. Wasserabscheider sind Sammelstellen für das durch Abkühlung an den beim Anstellen zuerst kalten Wandungen einer Rohrleitung entstehende Kondensat. Der nach der Inbetriebsetzung einer Rohrleitung durch sie

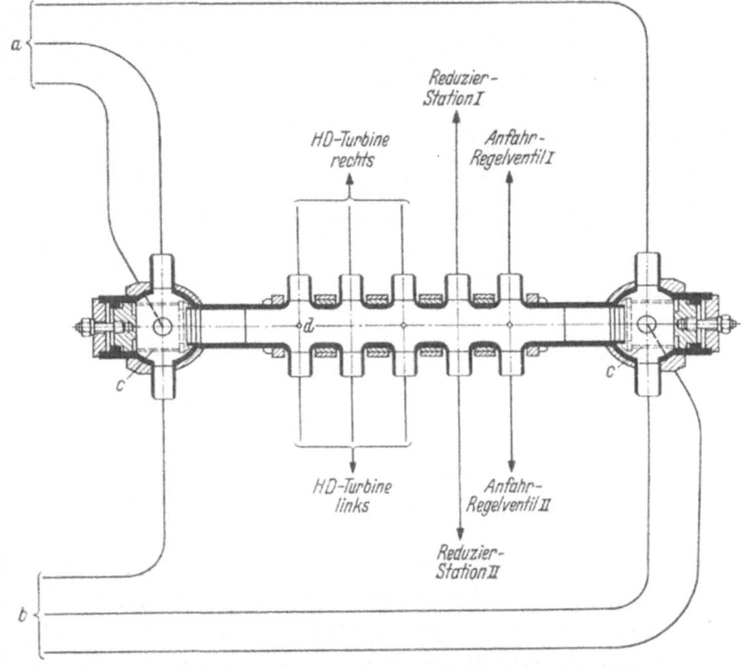

Abb. 11.01. Schmutzfänger vor der Dampfverteilung einer Turbine[1]
a, b Dampfzugang; *c* Schmutzfang (Siebform SSW)

<hr>

[1] Lieferung VRB, Düsseldorf.

strömende Dampf ist in der Regel mehr oder weniger überhitzt. Das Mitreißen von Speisewasser, womit noch bei älteren Kraftanlagen zu rechnen ist, wird heute durch die zunehmende Automatisierung der Dampferzeugungsanlage unterbunden. Wasserfänger in der Größe, wie sie früher verwendet wurden, sind bei vollem Betrieb der Anlage nur noch als Kondensatbildner anzusehen, weil durch ihre großen Oberflächen bedeutende Wärmeverluste entstehen.

Wichtiger ist der Einbau von Schmutzfängern vor den Dampfverbrauchern, und zwar stets vor jeder Turbine. Auch vor Verteilern ist der Einbau von Schmutzfängern zum Schutz der nachfolgenden Armaturen angebracht. Alle Schmutzfänger besitzen ein Sieb, das in bestimmten Zeitabständen zu reinigen ist. Eine gebräuchliche Bauart eines Schmutzfängers für hochüberhitzten Dampf bei hohem Druck zeigt Abb. 11.01.

Das Schmutzfängersieb muß kräftig ausgebildet sein. Der Einbau einfacher, gelochter Siebbleche, wie sie für Speisewasserzuflußleitungen zu den Pumpen und für nicht zu hohe Dampfdrücke gebraucht werden, ist nicht anzuraten. Eine Wicklung des Siebes aus Formstahl nach „Siemens" ist der besseren Stabilität wegen vorzuziehen. Bei dieser Bauart erfolgt die Strömung von außen nach innen.

Die Überleitung von Dampf aus einer zur anderen Rohrschiene durch Reduzierventile (s. Abschn. 9.2) ist meistens mit einer Temperaturregelung verbunden. Die Temperaturabsenkung des Dampfes erfolgt durch Einspritzen von Kondensat in die Rohrleitung hinter dem Reduzierventil. Das Kondensat verdampft in der

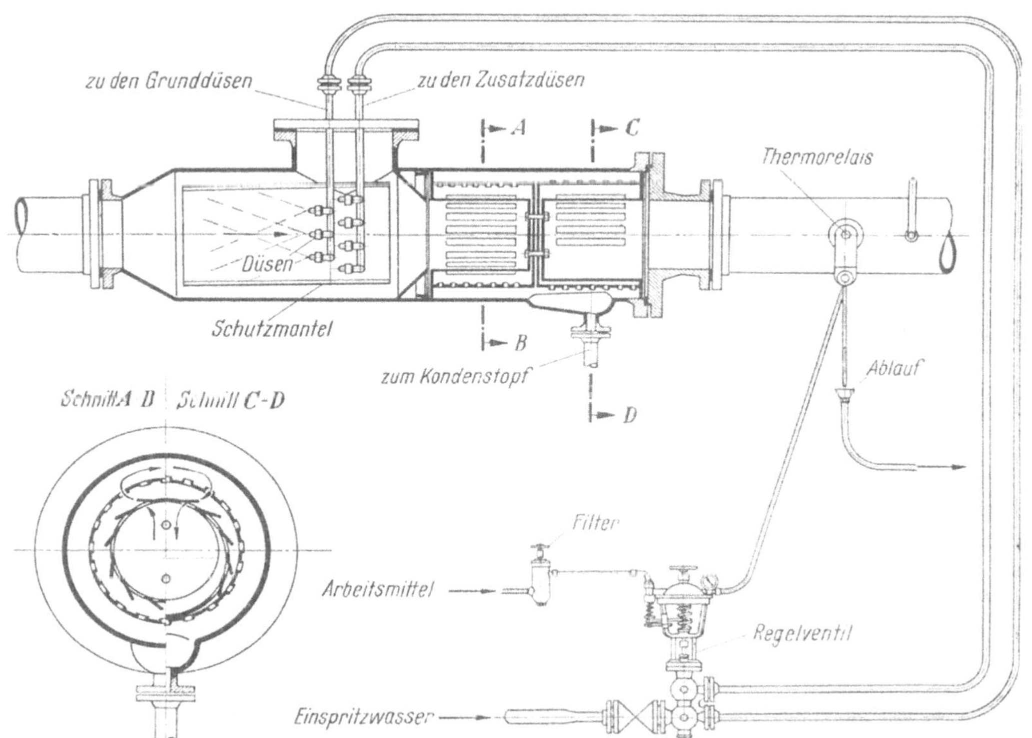

Abb. 11.02. Spuhr-Einspritzwasser-Dampfkühlanlage mit Kühlwasser-Regelventil für Druckluft- oder Flüssigkeitssteuerung durch Thermorelais

Rohrleitung. Es muß mit einem Druck zugeführt werden, der einige Atmosphären über dem in der Rohrleitung herrschenden Dampfdruck liegt. Die Kondensatzufuhr wird durch ein Thermorelais in Verbindung mit einem Regelventil gesteuert. Das Thermorelais erhält seinen Impuls von der Dampftemperatur in einem ausreichenden Abstand hinter der Kühlstelle.

Der Regler für das Kühlwasser zum Dampfkühler steuert ein Druckmittel (Öl, Luft, Wasser), mit dem ein Spindelkolben in einem Drosselventil (wie bei den Reduzierventilen, s. Abschn. 9.2) gehoben und gesenkt wird.

Bei Verwendung eines besonderen Steuerzylinders wird die Spindel über ein Gestänge betätigt und auf diese Weise die Kondensatzufuhrmenge durch den Ventilkegel reguliert.

Die Anordnung einer Kühlanlage zeigt Abb. 11.02. Sie benötigt im Kühlergehäuse einen Düsenstock mit Mantel.

Der Siemensregler (s. Abschn. 9.2) wird durch einen Temperaturfühler elektrisch gesteuert. Der Regler betätigt durch Ein- und Abschalten eines Motors das Regelventil (s. Abb. 9.022) für die Kondensatzuführung zu den Ringdüsen im Sitz des Reduzierventils. Diese Bauart wird als Dampfumformer bezeichnet, wie im Abschn. 9 erwähnt wurde.

Durch Aufprall der in den Düsen zerstäubten Kondensatmenge (s. Abb. 11.02) erfolgt ein Abschrecken des Werkstoffes. Es ist deshalb zweckmäßig, einen Mantel aus dünnem austenitischen Werkstoff im Kühlergehäuse anzubringen. Er hält die Wassertropfen zurück und schützt somit das Kühlergehäuse. Stehbleche für eine Verankerung des Kühlers

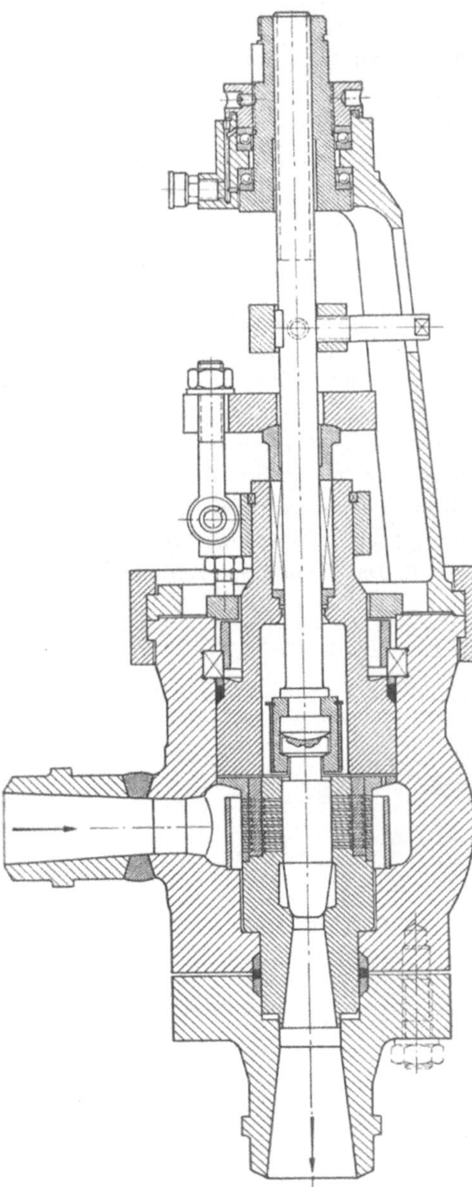

Abb. 11.03. Regelventil für Kühlwasser zur Temperatursenkung von überhitztem Dampf mit aufgeteiltem Durchlaß[1]

oder Warzen für Meßzwecke sind nicht am Kühlergehäuse anzuschweißen, um in ihm Risse zu vermeiden.

---

[1] Lieferung Sempell, M.-Gladbach.

Beim Einspritzventil der Abb. 11.03 wird eine verschleißgünstige Reduzierung der Einspritzkühlwassermenge, die der Speisewasserleitung mit wesentlich höherem Druck als den für die Einspritzung in die Dampfleitung benötigten entnommen wird, dadurch erreicht, daß die Länge eines der für die Aufteilung des Zulaufquerschnitts angebrachten Rohre von z.B. 1 mm² lichtem Querschnitt die zulässige Druckdifferenz bestimmt, und die Zahl der Rohre den Durchfluß. Ein Kolben deckt zur Regelung des Durchflusses mehr oder weniger Rohre ab. Zur Vermeidung von Verschmutzungen ist eine Fangvorrichtung angebracht.

Wird die dem Kühler in einem bestimmten Zeitraum zugeführte Dampfmenge mit G_1, die Kühlwassermenge mit G_w und die Menge, die sich durch Mischen von reduziertem Heißdampf mit verdampftem Kühlwasser (Kondensat) ergibt mit G_2, die zugehörigen Enthalpien (Wärmeinhalte) mit i_1, i_w und i_2 bezeichnet, so gilt die Gleichung

$$G_1 i_1 + G_w i_w = G_2 i_2 \quad \text{in kcal.} \tag{217}$$

Darin bedeuten

$$G = \text{Gewicht} \quad \text{in kg,}$$

$$i = \text{Enthalpie} \quad \text{in kcal/kg.}$$

Werden beispielsweise 120 t/h Dampf von 20,5 ata, 285 °C, gebraucht, die mit Kondensat oder Speisewasser von $i_w = 190$ kcal/kg durch Vernebelung im Kühler und durch Mischen mit Dampf von 455 °C zu erzeugen sind, dann werden 17,2 t/h Kondensat oder Speisewasser und 102,8 t/h Dampf gebraucht.

Das in den Kühler eingespritzte Wasser bewirkt wegen seines höheren Drucks eine kleine Druckerhöhung im Mischdampf, die aber kaum erkennbar ist. Sie gibt einen geringen Ausgleich für den Druckabfall im Kühler. Diese Druckerhöhung kann gemessen werden, wenn das Einspritzwasser in eine Dampfrohrleitung mit gleichbeibender Lichtweite eingeführt wird.

Die Verdampfung eingespritzter Kühlwassermengen wird durch eine möglichst hohe Kühlwasservorwärmung begünstigt. Es wird aber dann entsprechend mehr Kühlwasser gebraucht.

12. Entwässerungs- und Entlüftungseinrichtungen, Schalldämpfer, Anfahrentspanner

Kondensat bildet sich meistens nur bei der Inbetriebsetzung von Heißdampfrohrleitungen.

Ist die Dampfüberhitzung noch gering und gleichzeitig die Dampfströmung stark gedrosselt, so muß das sich in der Rohrleitung bildende Kondensat entfernt werden.

Wieviel Wärme je kg Dampf verloren geht bis die Kondensatbildung in der Rohrleitung beendet ist und welche Kondensatmenge bei ihrer Inbetriebnahme anfällt, kann mit Hilfe des i, s-Diagramms berechnet werden.

Die Wärmemenge, die Rohrwand und Rohrisolierung während der Inbetriebsetzung aufnehmen, ist die Speicherwärme. Sie hält eine große und gut isolierte Rohrleitung, nachdem sie abgestellt ist, noch längere Zeit warm. Die Anwärmezeit der Rohrleitung kann deshalb kürzer gehalten werden, wenn diese nach ihrer Stilllegung nicht zu lange außer Betrieb war.

Kondensat in Verbindung mit gepreßter Luft oder mit Unterdruck sind in einer Rohrleitung die Ursache für das Entstehen von Wasserschlägen. Um diese zu vermeiden, müssen vor der Inbetriebnahme einer Rohrleitung alle Abgänge, die der

Entwässerung, Ent- und Belüftung dienen, solange geöffnet werden, bis Dampf aus ihnen strömt.

Die einzelnen Rohrstrecken sind bei ihrer Stillegung zu belüften, denn der Dampf in stillgelegten Rohrstrecken wird zu Kondensat. Damit bildet sich ein Unterdruck in der Rohrleitung, wenn in sie nicht Außenluft eintreten kann. Durch den Unterdruck kann über Entwässerungsleitungen, deren Austritt unter einem Wasserspiegel liegt, Wasser in die abgestellte Leitung eingesaugt werden.

Heißdampfleitungen für hohe Drücke und hohe Dampftemperaturen erhalten unmittelbar hinter der Entwässerungsstelle (Tiefstpunkt, Wassersack) ein in die Entwässerungsleitung eingeschweißtes Ventil, das einen sicheren Abschluß geben muß. Mit einem zweiten in diese Leitung eingebauten Ventil wird die Kondensat-ableitung geregelt. Dieses zweite Ventil hat deshalb einen Drosselkegel. Das erste Ventil (s. Abb. 9.04) muß stets entweder ganz geöffnet oder ganz geschlossen sein. Die Entwässerungsleitung – durchweg geschweißt – wird zu einem Absetzbehälter geführt, der gleichzeitig Entspanner ist.

Zur Kontrolle wird eine Nebenleitung als freie Entwässerung gelegt, die auch zur Belüftung bei Stillegung der Dampfleitung dient.

Das Ventil in dieser Nebenleitung ist kleiner zu wählen als das in der Entwässerungsleitung. Der Ausfluß der Nebenleitung erfolgt in einen kräftig ausgeführten Trichter, der fest verankert sein muß. Die Ableitung vom Trichter führt zu einem Tiefbehälter, in dem alles drucklose Kondenswasser gesammelt wird.

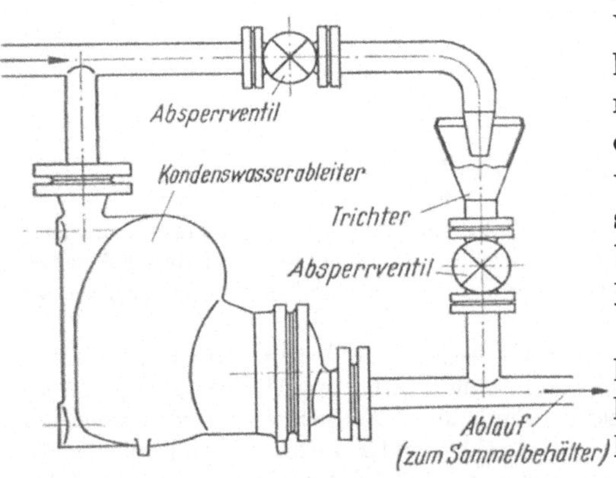

Abb. 12.01. Kondenswasserableiter-Umgehung mit offenem Trichter

Dampfleitungen für weniger hohe Drücke und leicht überhitzten Dampf erhalten Entwässerungsleitungen mit Abfluß über einen Kondenswasserableiter. Eine Kontrolleinrichtung durch freien Abfluß in einen Trichter ist stets anzubringen (s. Abb. 12.01). Die Kondenswasserableiter öffnen, wenn sie mit Kondensat gefüllt sind. Der Druck in der Dampfleitung preßt das Kondensat durch den Kondenswasserableiter in seine Ableitung, bis das Auslaßorgan des Ableiters die Auslaßöffnung wieder abdeckt. Dabei kann das Kondensat auf Höhen gefördert werden, die annähernd dem Dampfdruck entsprechen. Mitunter kann eine zu lange Zuleitung zum Kondenstopf dauernde Kondensatbildung während des Betriebes hervorrufen. Deshalb sollte der Ableiter stets in unmittelbarer Nähe der Entwässerungsstelle liegen. Besser ist es, ihn nach Inbetriebsetzung der Dampfleitung abzuschalten. Alle Entwässerungsstellen einer Rohrstrecke sind, wenn keine Absperrung dazwischen liegt, ohne Armaturen zusammen zu fassen [*86*]. Voraussetzung dafür ist, daß sie nicht zu weit auseinander liegen (hierzu s. Abb. 12.02).

Hinter Kondenswasserableitern sind nur diejenigen Ableitungen zu vereinigen, die gleichen Vordruck haben. In jede Abflußleitung gehört aber trotzdem ein Rückschlagventil. Rückschlagventile sind auch absperrbar zu erhalten. Diese Bauart wird als Absperrventil mit losem Kegel, als Rückschlagventil wirkend, bezeichnet.

Rückschlagventile verschmutzen leicht und halten dann nicht mehr dicht. Sie sind öfter als andere Armaturen nachzusehen.

Zur Überwachung der Kondenswasserableiter dienen Schaugläser vor der Sammelstelle.

Die älteste Bauart eines Kondensatableiters ist die mit einem Schwimmer [87]. Sie wurde laufend verbessert. Ein Ausführungsbeispiel mit geschlossenem Schwimmer zeigt Abb. 12.03. Der Schwimmer hebt sich, wenn Kondensat in das Gehäuse eintritt. Er steuert das Abschlußorgan.

Beim Kondensatableiter nach Abb. 12.03/4 wird der Auslaß geöffnet, wenn die Temperatur in seinem Gehäuse unter etwa 65 °C sinkt, und zwar unabhängig von der Schwimmerstellung. Damit entfällt die Handentlüftung während des Anfahrvorgangs der Rohrleitung, bzw. beim Abstellen der Dampfzufuhr zur Rohrleitung.

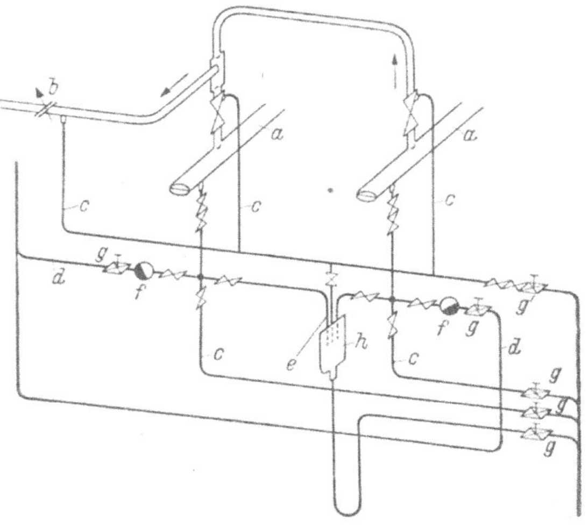

Abb. 12.02. Entwässerung einer Dampfrohrleitung
a Dampfverteiler; *b* Drosselscheibe; *c* Ableitungen für vollen Betriebsdruck; *d* Druckleitung hinter dem Ableiter *f*; *e* drucklose Ableitung; *g* absperrbares Rückschlagventil (Absperrventil mit losem Kegel); *h* Ablauftrichter, drucklos, mit Ableitung zum Tiefbehälter
Hauptabsperrung s. Abb. 9.04. Umschaltventil nach Abb. 9.05

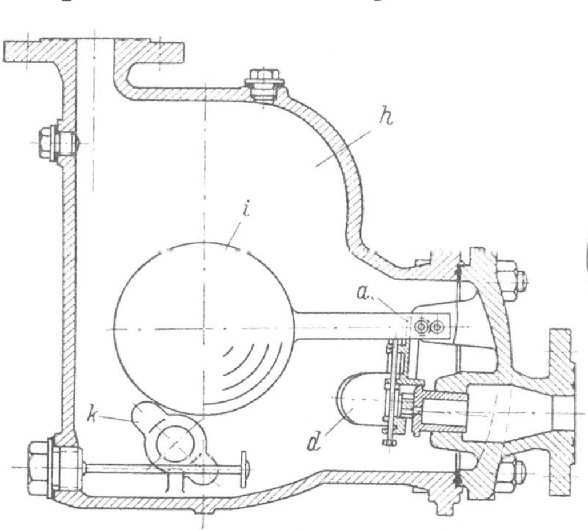

Abb. 12.03. Una-KSB-Spezial-Kondenswasserableiter mit Schwimmersteuerung und Abschlußbegrenzung durch Bi-Metall-Bügel nach Abb. 12.04

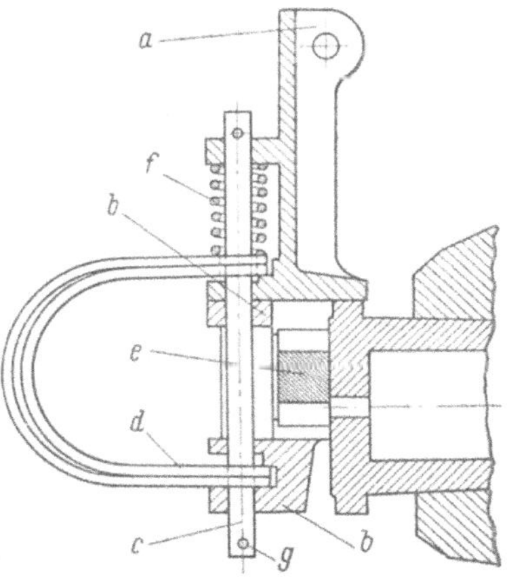

Abb. 12.04. Durchlaßsteuerung des Una-KSB-Spezial Kondenswasserableiters[1]
a Vom Schwimmer gesteuertes Gestänge; *b* Nebensteuerung durch Bi-Metall-Bügel *d*; *c* Führungsstange; *e* Abschlußschieber; *f* Hubbegrenzungsfeder für Bi-Metall-Bügel *d*; *g* Anschlag des Gestänges *b* bei Dehnung des Bügels *d*

---

[1] Es ist die Einstellung gezeichnet, bei der der Schwimmer den Abfluß blockiert, wenn ihn der Bügel *d* nicht daran hindern würde. Bei Temperaturen unter 65 °C bleibt der **Abfluß** demnach offen.

Für wärmetechnische Anlagen sind eine Reihe von Sonderkonstruktionen für Kondensatwasserableiter entwickelt worden. Sie dienen der Dampfstauung, damit die Dampfwärme an die, die Heizregister oder Rohrschlangen umgebenden Medien solange abgegeben wird, bis Flüssigkeit vor dem Ableiter vorhanden ist. Diese Kondenswasserableiter können große Mengen Kondensat abführen. Ein Beispiel einer derartigen Sonderkonstruktion zeigt Abb. 12.05. Maßgebend für die Leistung dieser Ableiter ist der Arbeitsdruck (Wirkdruck), also die Druckdifferenz vor und hinter der Stufendüse, und der frei gegebene Düsenquerschnitt. Die Gefälleaufteilung verursacht in den hintereinander geschalteten Drosseldüsen eine Sperrwirkung durch Bildung von Schwadendampf infolge der Druckabsenkung, wenn heißes Kondensat anfällt. Mit dem Handrad des Ableiters, kann bei Beobachtung der Strömung durch das Schauglas, die kontinuierlich abzuführende Kondensatmenge eingestellt werden.

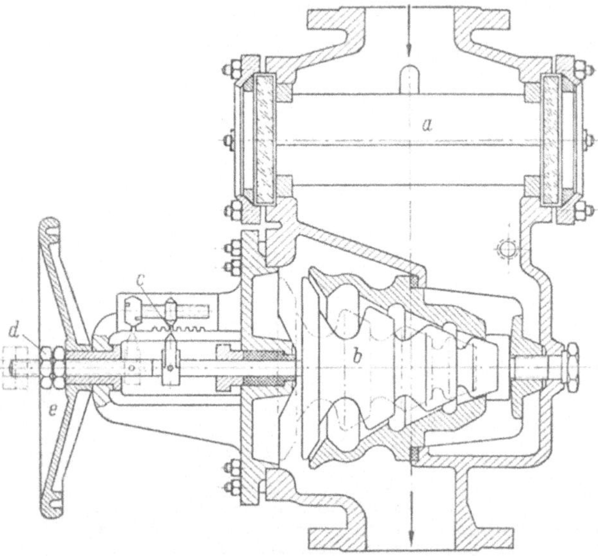

Abb. 12.05. Gestra-Stufendüsen-Super-Kondensomat zur Ableitung großer Kondensatmengen[1]
a Schauglas; b Stufendüse; c Skala zur Handeinstellung des Düsenkegels; d Anschlag; e Handrad zur Regulierung der Kondensatableitung

Eine andere Ableiterbauart mit Stufendüsen nach Abb. 12.06 wird für eine bestimmte Leistung eingestellt. Eine Steigerung der Leistung bei Anfall größerer Kondensatmengen wird selbsttätig durch einen Metallthermostaten erzielt, der den Auslaßquerschnitt vergrößert.

Die Ableiterbauart nach Abb. 12.07 öffnet mit zunehmendem Druck und schließt mit zunehmender Temperatur. Sie wird bis zu 25 atü und 460 °C geliefert. Der Druck lastet ständig auf dem Ventilkegel b. Tritt Kondensat in das Gehäuse ein, dann läßt die Anzugskraft des Thermo-Bimetallpakets d nach, und der Auslaß wird freigegeben. Folgt Heißdampf, dann löst die ansteigende Temperatur eine den Dampfdruck überwindende Anzugskraft

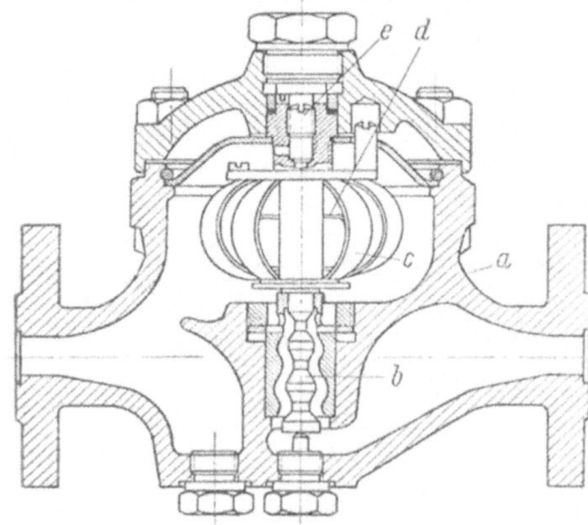

Abb. 12.06. Gestra-Stufendüsen-Bi-Kondensat[1]
a Gehäuse; b Stufendüse; c Bi-Metall-Bügel; d Bimetallpaket; e Stellstiftschraube

---

[1] Lieferung Gerdts, Bremen.

des Bimetallpakets aus. Der Ventilabschluß ist bereits vollkommen, wenn die Sattdampftemperatur im Bimetall erreicht ist. Das Ventil schließt zügig und gleichmäßig. Dem Kondenswasserableiter ist ein Schmutzfilter vorgeschaltet. Die Abführung von Kondenswasser ist durch ein Schauglas zu beobachten. Der Einbau des Ableiters erfolgt horizontal oder auch vertikal.

Zur Vereinfachung der Lagerhaltung werden für Kraftwerkrohrleitungen gewöhnlich die Ableitergrößen NW 15 bis zur Rohrleitungsgröße von NW 100, NW 25 bis zu der von NW 350, NW 50 und NW 80 bei Rohrgrößen über NW 350 verwendet.

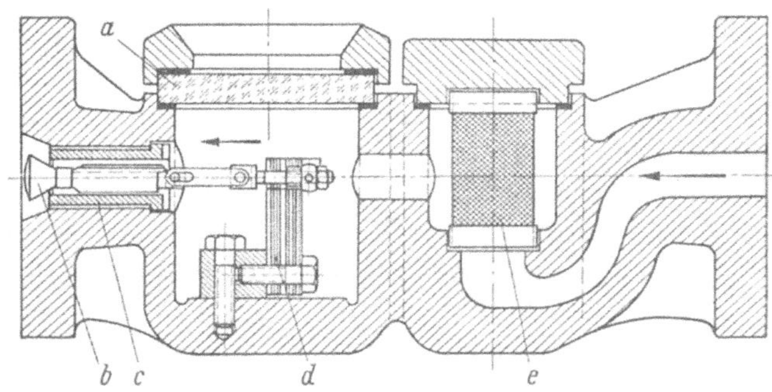

Abb. 12.07. Bitter-Kondenstopf [1]
a Schauglas; *b* Ventilkegel; *c* Ventilsitz; *d* Bi-Metall-Paket; *e* Filter

Für die Gehäuse von Kondenswasserableitern wird bis zu 300 °C Grauguß und bis 450 °C Elektrostahlguß bevorzugt verwendet. Für noch höhere Temperaturen wird Cr-Mo-legierter Stahlguß gewählt oder Schmiedestahl verarbeitet.

Wenn die Abflußleitungen hinter dicht abschließenden Kondenswasserableitern steigen, muß an ihren Tiefpunkten eine Entleerung angebracht werden. Die Ableiter verschmutzen bald und müssen öfter gereinigt werden. Deshalb sind sie in die Rohrleitung einzuflanschen.

Für die Entwässerung von Auspuffleitungen für das Abströmen von Dampf geringen Überdrucks in die Atmosphäre, werden hinter den Abblaseventilen Rohrschleifen nach Abb. 12.08 benutzt. Die Tauchlänge der Schleife ergibt sich aus dem höchsten Dampfüberdruck in mWS mit einem Zuschlag von 0,5 m.

Alle Rohrleitungen sind an den Stellen zu entwässern, wo sich in ihnen Kondensat stauen kann. Das ist der Fall vor horizontal eingebauten Blenden, vor Absperrorganen in waagerecht verlegten Rohrleitungen, vor Steigungen in der Rohrführung, oberhalb von Absperrorganen, die in Steigesträngen sitzen, und an den Enden abgeblindeter Rohrstrecken. Weiter sind zu entwässern alle Sammler, Verteiler, Dampfsiebe, Dampfkühler, Wasserabscheider und Wassersäcke.

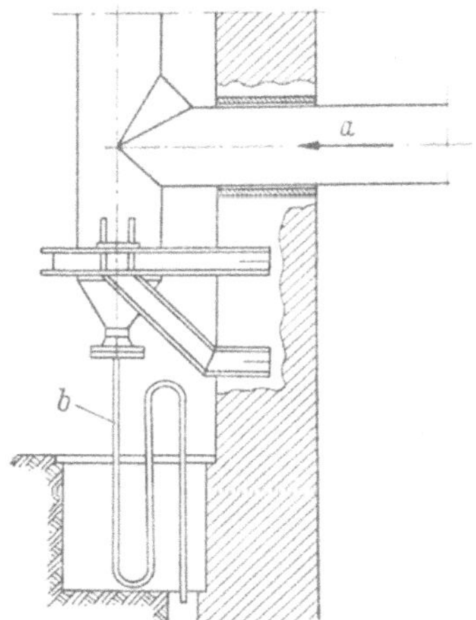

Abb. 12.08. Wasserschleife
a Abdampf; *b* Schleife von einer Tiefe, die dem Überdruck in *a* entspricht

Ferndampfleitungen erhalten Tiefpunkte in Abständen von etwa 200 bis 300 m. An diesen Tiefpunkten wird das Kondensat einer Wasserblase zugeführt, die groß genug sein muß, um es zu speichern, bis nach dem Anstellen der Rohrleitung ausreichend Druck vorhanden ist. Erst dann werden die der Entleerung der Wasserblase dienenden Kondenswasserableiter wirksam.

---

[1] Lieferung Bitter, Bielefeld.

Bei der Anwärmung einer Ferndampfleitung fällt neben dem Kondensat viel Luft an, die der einströmende Dampf vor sich hertreibt. Diese Luft wird verdichtet, wenn nicht für ihr schnelles Abströmen gesorgt wird. Die auf der Rohrstrecke anzubringenden Entlüftungen erhalten gewöhnlich einen Rohranschluß von mindestens 80 NW.

Speisewasserleitungen und alle übrigen Wasserleitungen sind überall da, wo sich in ihnen Luft ansammeln kann, zur Vermeidung von Wasserschlag, zu entlüften. Eine zweckmäßige Rohrführung und richtige Ausbildung der Übergänge bei Änderung der Rohrnennweiten ermöglichen es, beim Anstellen der Rohrleitung die Luft mit der Strömung an die höchstgelegene Stelle der Rohrstrecke zu leiten, wo sie abströmen kann.

Dampf- und Entwässerungsleitungen sind mit einem *Gefälle* 1 : 200 bis zu 1 : 500, Wasser- und Entlüftungsleitungen sind dagegen mit *Steigung* zu verlegen.

Kondensat- und Speisewasserleitungen erhalten zur Entlüftung einen Auslaßstutzen mit Absperrventil und eine Ableitung, die in einen Trichter mündet, damit das mitgehende Wasser aufgefangen und zurückgewonnen werden kann.

Längere und größere Kaltwasserleitungen, die selbsttätige Entlüftungseinrichtungen besitzen, erhalten an ihren höchstgelegenen Punkten Windkessel oder Hauben zur Luftsammlung. In ihnen sitzt ein Tauchkörper, der den Auslaß freigibt, wenn der Auftrieb des Tauchkörpers durch das ihn tragende Wasser wegfällt. Die Arbeitsweise ähnelt der eines Kondenswasserableiters mit entgegengesetzter Wirkung.

12.1 Heberleitungen, Entlüftung

Heberleitungen müssen mit einer Vakuumpumpe dauernd entlüftet werden.

12.2 Druckluftleitungen zum Druckwindkessel

Arbeitet eine Wasserpumpe auf einen Druckwindkessel, so muß das darin befindliche Luftpolster einen bestimmten Druck haben. Um diesen zu halten, ist dem Druckwindkessel Luft durch einen Kompressor zuzuführen. Die Pumpe wird gesteuert durch Absinken und Steigen des Wasserspiegels im Windkessel. Der Kompressor wird durch ein am Windkessel angebrachtes Manometer selbsttätig ein- und ausgeschaltet.

12.3 Belüftung von Kühlwassersaugeleitungen

Für die Belüftung großer dünnwandiger Rohrleitungen dienen Schnüffelventile, damit die Rohrleitung nicht einbeult, wenn das Innere dieser Leitung Unterdruck erhält. Als Beispiel soll eine eingebeulte Kühlwassersaugeleitung erwähnt werden, deren Sieb im Fußventil durch Algen aus einem Fluß verstopft war.

12.4 Vakuumleitungen, Abdichtung der Schieber durch Wassertasse

Leitungen, die unter Vakuum stehen müssen, sind gegen jeden Luftzutrit zu sichern. Alle Stopfbuchsen ihrer Absperrschieber erhalten deshalb eine Wassertasse. Da Wasser verdunstet, sind diese Wassertassen rechtzeitig nachzufüllen.

Wird die Wasserfüllung in den Schieber eingesogen, dann ist die Stopfbuchspackung nicht in Ordnung.

12.5 Schalldämpfer, Anfahrentspanner

Das Abströmen von Dampf in die Atmosphäre ist meistens mit einer unerträglichen Geräuschbildung verknüpft, besonders dann, wenn Hochdruckdampf ohne Einschaltung von Schalldämpfern durch die Ausblaseleitungen ins Freie abgeblasen wird.

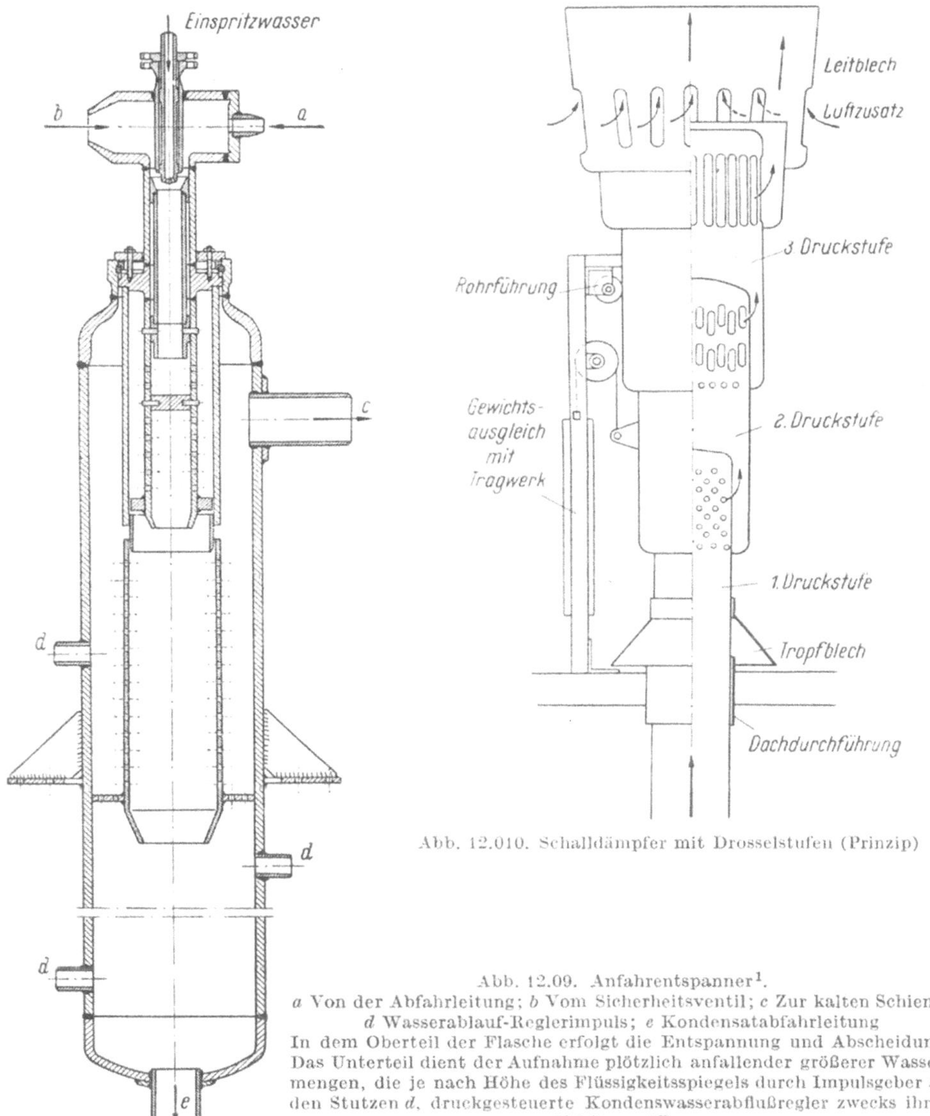

Abb. 12.010. Schalldämpfer mit Drosselstufen (Prinzip)

Abb. 12.09. Anfahrentspanner[1].
a Von der Abfahrleitung; *b* Vom Sicherheitsventil; *c* Zur kalten Schiene; *d* Wasserablauf-Reglerimpuls; *e* Kondensatabfahrleitung
In dem Oberteil der Flasche erfolgt die Entspannung und Abscheidung. Das Unterteil dient der Aufnahme plötzlich anfallender größerer Wassermengen, die je nach Höhe des Flüssigkeitsspiegels durch Impulsgeber an den Stutzen *d*, druckgesteuerte Kondenswasserabflußregler zwecks ihrer Ableitung öffnen

---

[1] Lieferung Fischer, Frankfurt.

Die Lautstärke in der Nähe der ins Freie abströmenden Dampfmenge sollte 80 phon nicht überschreiten.

Wird Dampf beim Anfahren einer Dampferzeugeranlage [88] nach Ausstoß des Wasserpfropfens in einen Anfahrspanner (s. Abb. 12.09), nicht über einen Kondensator, sondern direkt ins Freie abgeleitet oder werden Dampfverbraucher durch Schnellschluß plötzlich abgeriegelt, dann sind meistens große Dampfmengen bei hohem Wirkdruck durch die Sicherheitsorgane über Dach abzublasen.

Die Strömungsgeschwindigkeit in der Ableitung läßt sich in solchen Fällen zwar durch Einbau von Drosselstellen verringern, aber der Wirkdruck für den Auslaß des Dampfes im Ventilquerschnitt des Sicherheitsventils nimmt ab. Dann

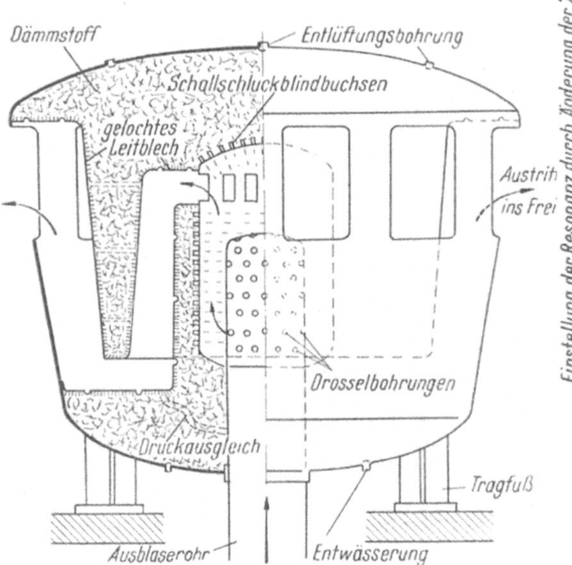

Abb. 12.011. Schallschlucker (Prinzip für Absorption)

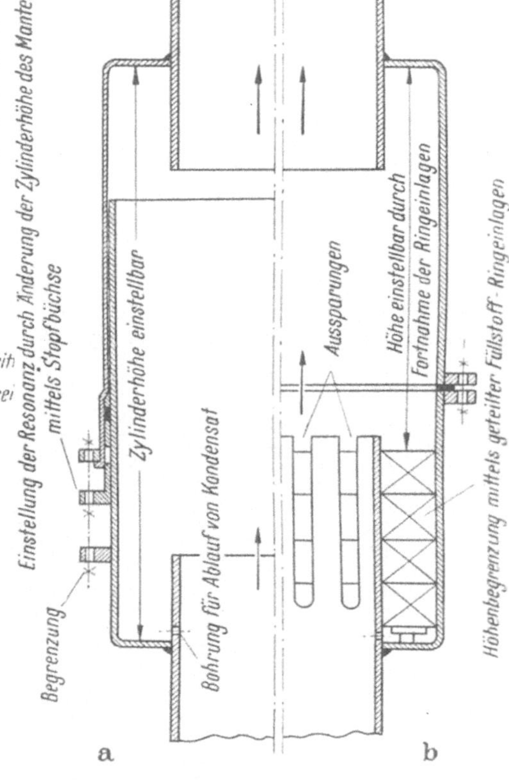

Abb. 12.012a u. b. Schallschwingungsdämpfer
(Prinzip für Resonanz)
a mit Gleitrohr; b) mit Futter

wird u. U. die vorgesehene Abblaseleistung nicht erreicht. Demnach dürfen nicht ohne Vorprüfung Drosselstufen zur Schalldämpfung in die Ausblaseleitung von Sicherheitsventilen eingebaut werden. Die Schalldämpfung durch Drosselung erfordert entweder einen größeren Durchlaßquerschnitt im Sicherheitsventil, oder die Aufteilung der Abblaseleistung durch Verwendung von mehreren Sicherheitsventilen, die von einer Stelle aus hilfsgesteuert werden.

Durch Aufprall der Dampfströmung gegen Stoffe, die Schall schlucken (Absorption) und durch plötzliche Querschnittserweiterung der Ausblaseleitung (Resonanz) wird eine Schalldämpfung erreicht, die den Wirkdruck (Arbeitsdruck) des Sicherheitsventils weniger beeinträchtigt. Abb. 12.010 bis 12.012 zeigen Beispiele der Wirkungsweise verschiedener Schalldämpfer-Bauarten im Prinzip.

13. Meßinstrumente

In jeder Dampfkraftanlage, die wirtschaftlich arbeiten soll, ist die laufende Überwachung von Druck, Temperatur, Wasser- und Dampfverbrauch und der pH-Wert des Wassers erforderlich. Die dafür notwendigen Meßinstrumente, bzw. deren Impuls für die automatische Steuerung von Meßgeräten müssen einen geeigneten Platz in oder an der Rohrleitung erhalten.

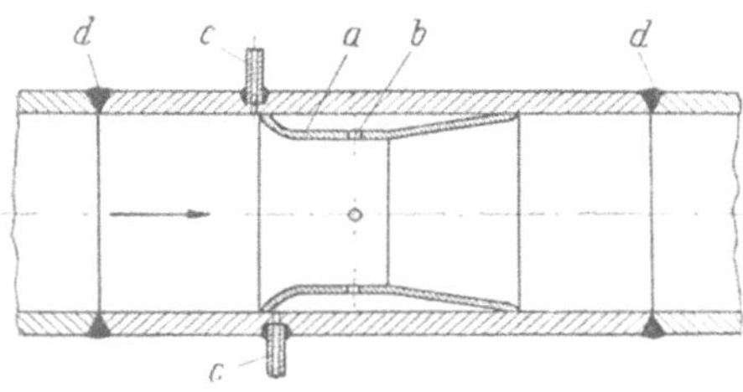
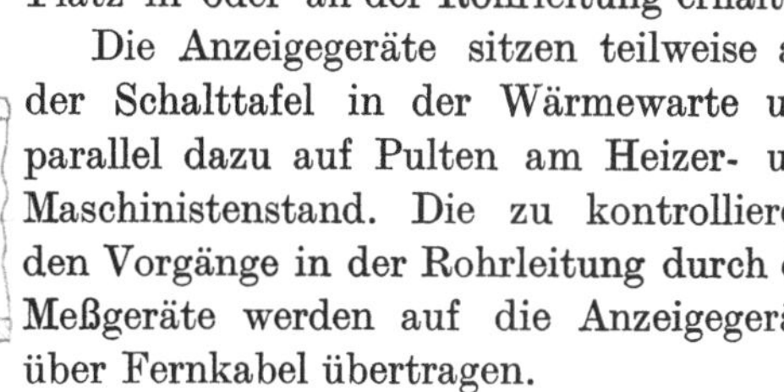

Abb. 13.01. Meßdüse, eingeschweißt
a Düse; *b* Bohrung; *c* Entnahme; *d* Rundnaht

Die Anzeigegeräte sitzen teilweise auf der Schalttafel in der Wärmewarte und parallel dazu auf Pulten am Heizer- und Maschinenstand. Die zu kontrollierenden Vorgänge in der Rohrleitung durch die Meßgeräte werden auf die Anzeigegeräte über Fernkabel übertragen.

Für die Druckmessung werden Rohrstutzen aufgeschweißt.

Für die Temperaturmessung dienen Tauchhülsen, die eingeschweißt, eingeschraubt oder eingeflanscht werden.

Die Durchflußmengenmessung [*89*] erfordert den Einbau von Meßblenden oder Meßdüsen mit einer geraden Rohrstrecke von 10 bis $20\,d_i$ vor, und $5\,d_i$ hinter dem Meßgerät (s. Abb. 13.01). Der Differenzdruck (vor und hinter der Drosselstelle gemessen) wird auf ein Anzeigegerät (s. Abb. 13.02) übertragen, auf dem die Durchflußmenge abzulesen ist.

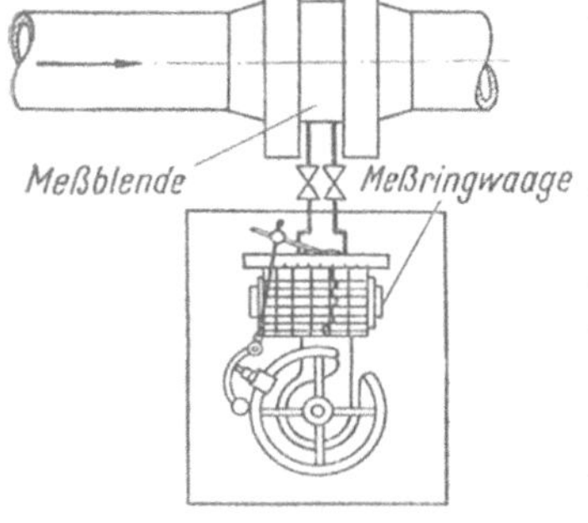

Abb. 13.02. Meßringwaage für Mengenmessung

Die Meßgeräte zur Überwachung des Kreislaufs **Wasser-Dampf-Wasser** registrieren laufend die Meßergebnisse. Durch Gegenüberstellung dieser Meßergebnisse kann festgestellt werden, wo Störungen aufgetreten sind.

Für die zur Analyse erforderliche Wasser- oder Dampfentnahme sind nur kleine Stutzen auf die Rohrleitung aufzuschweißen.

Die Mengenmessung von Zusatzwasser und Kondensat wird mit Flügelrad-, Woltmann-, Hub- oder Ringkolbenmesser und auch mit Ovalradzähler vorgenommen, die in die Rohrleitung eingebaut werden.

14. Werkstoffprüfung und Abnahmevorschriften

Sind Rohrleitungen in einem Wärmekraftwerk ein Teil der Dampferzeugungsanlage (Dampfkessel), dann sind für die Prüfungen die „Werkstoff- und Bauvorschriften für Dampfkessel, Ausgabe 1953" mit den Änderungen und Ergänzungen des Deutschen Dampfkessel- und Druckgefäß-Ausschusses (DDA) maßgebend. Mit den Prüfungen ist der zuständige Technische Überwachungsverein (TÜV) zu beauftragen.

Großkesselbesitzer fordern von den Rohrleitungsfirmen die Einhaltung ihrer „Richtlinien für den Bau und die Bestellung von Heißdampfrohrleitungen" und betrauen auch die „Vereinigung der Großkesselbesitzer e. V., Essen" mit der Überwachung nach ihren Richtlinien.

Die Prüfung und Abnahme der Werkstoffe werden beim Hersteller vorgenommen. Über das Prüfergebnis stellt der Abnehmer ein Abnahmezeugnis III C nach DIN 50049 aus, in dem auch die Art und Anzahl der festgestellten Fehler anzugeben ist. Für unlegierte Werkstoffe genügt das Abnahmezeugnis B nach DIN 50049.

Für hochwertige nahtlose Röhren wird zusätzlich eine Ultraschallprüfung gefordert. Vorher sind die Röhren in Beizwannen zu säubern. Der Zunder, der sich an der Rohroberfläche bei der Warmbehandlung bildet, löst sich unter Einwirkung der Beize ab.

Die Richtlinien der VGB sehen auch eine Bauaufsicht vor. Diese erstreckt sich auf die Fertigung in den Herstellerwerkstätten und auf die Montage. Dem Überwachungsingenieur sind alle Prüfgeräte, soweit sie bei dem Lieferwerk verfügbar sind, zu überlassen. Gegebenenfalls sind für die Untersuchungen auch die Materialprüfanstalten (T. H. Stuttgart, Berlin-Dahlem, u. a.) heranzuziehen.

Die Bauaufsicht beschränkt sich auf alle hochbeanspruchten Heißdampfrohrleitungen, zu denen die Frischdampf- und Zwischenüberhitzer-Rohrleitungen gehören, wenn die Dampftemperatur über 475 °C beträgt, und auf die Speisewasserleitungen zwischen Pumpe und Kessel.

In welcher Weise die Überwachung vorzunehmen ist, wird zwischen dem Überwacher und der Lieferfirma festgelegt. Diese Vereinbarungen bedürfen der Zustimmung des Bauherrn.

Die Überwachung soll bereits bei der Planung einsetzen. Sie hat sich auf die Einhaltung aller Bestimmungen zu erstrecken, die der Sicherheit der Anlage dienen. Dazu gehört u. U. auch die Überprüfung der Festigkeitsberechnungen. Diese Berechnungen lassen erkennen, wo die stärksten Beanspruchungen auftreten. Ausbesserungen von Herstellungsfehlern an Einzelteilen und Schweißnähten werden nur bedingt zugelassen. Der Überwacher trifft hier die Entscheidung. Er und die Lieferfirma haben zu prüfen, ob es die Sicherheit der Anlage zuläßt, ein fehlerhaftes Stück nach dessen Ausbesserung zu verwenden.

Zerstörungsfreie Prüfungen (s. DIN 7090) [*90* bis *92*] an Werkstoffen und Schweißnähten – nach dem Glühen – durch Röntgengerät oder mit Isotopen, oder einem sonstigen elektronischen Verfahren auf Rißbildung hin und zur Feststellung von Hohlstellen und Einschlüssen von Zunder, erfordern viel Zeit. Sorgfältig durchgeführte Prüfungen sind aber erforderlich und dürfen nicht zugunsten einer schnelleren Fertigstellung der Anlage unterbleiben.

15. Rohrhalterungen

Die Befestigung und Abstützung der Rohrleitungen an Gebäudewänden, Decken, Pfeilern, Dachbindern, Eisengerüsten, Bühnen usw. belasten diese Gebäudeteile zusätzlich. Das Gewicht dickwandiger Rohrleitungen und von Rohrleitungen mit sehr großem Durchmesser und ihrer Einbauten, z. B. Abzweigstücke, Armaturen, sowie der Wärmeschutz, ist beachtenswert. Einzellasten von mehr als 5 t Gewicht sind nicht selten. Hinzu kommen die Schübe der Rohrleitung auf die an den Gebäudeteilen abgestützten Festpunkte. Auch dynamische Beanspruchungen durch etwa auftretende Wasserschläge in den Rohrleitungen sind bei ihrer Halterung zu berücksichtigen. Mitunter treten Schwingungen an der Rohrleitung auf, die auf die Halterung übertragen werden. Jeder Statiker muß mit diesen Erscheinungen rechnen.

Kosten für Stemmarbeiten sind einzusparen, wenn Gebäudeteile aus Beton für die Verankerung von Rohrhalterungen bereits bei ihrem Bau entsprechend ausgespart werden.

15.1 Festpunkte

Der Festpunkt soll der Rohrleitung einen festen Halt geben. Er besteht aus einer Umklammerung des Rohres durch kräftige Rohrschellen ohne wärmedämmende Zwischenlage. Liegen hohe Festpunktdrücke vor, dann reicht die Reibung, die Rohrschellen abgeben, nicht mehr aus, um ein Hindurchdrücken der Rohrleitung durch die Schellen zu verhindern. Dann werden zu beiden Seiten der Schelle am Rohr Nocken in Form von Vierkant- oder Flacheisen aufgeschweißt. Die Festlegung der Rohrleitung kann auch ohne Schellen durch Abstützung mittels Fuß, mit am Rohr aufgeschweißten Blechrippen erfolgen.

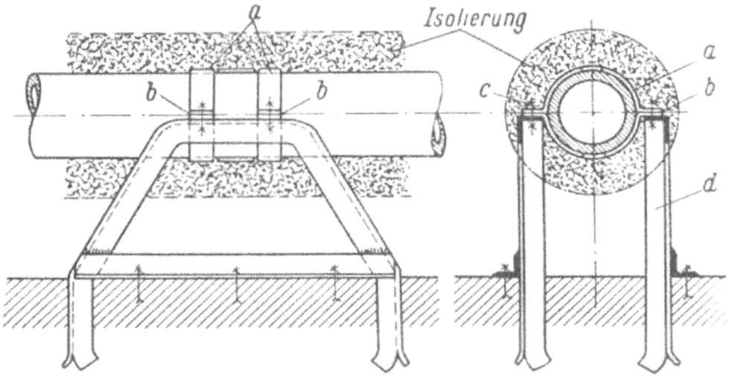

Rohrwand und Blechrippe werden beim Anstellen der Rohrleitung nicht gleichmäßig erwärmt. Durch Temperaturdifferenzen treten bekanntlich Wärmespannungen auf, die hier Risse

Abb. 15.01. Rohrschellen-Festpunkt
a Schelle; b Nase; c Schraube; d Halteeisen

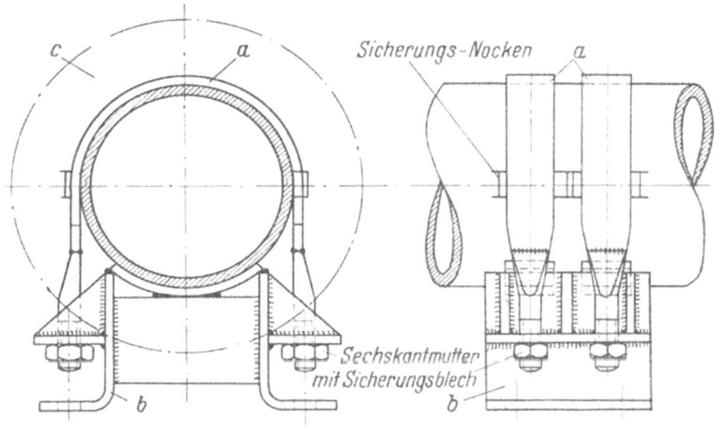

Abb. 15.02. Rohrbügel-Festpunkt
a Bügel; b Auflager; c Wärmeschutz

in den Schweißnähten hervorrufen können. Bei hochtemperierten Rohrleitungen wird deshalb besser davon abgesehen, eine Umklammerung der Rohrleitung durch einen Fuß zu ersetzen.

Die Abb. 15.01 bis 15.05 zeigen Ausführungsbeispiele für die Ausbildung von Festpunkten.

Die Abstützung der Festpunkte an Gebäudeteilen ist den örtlichen Verhält-

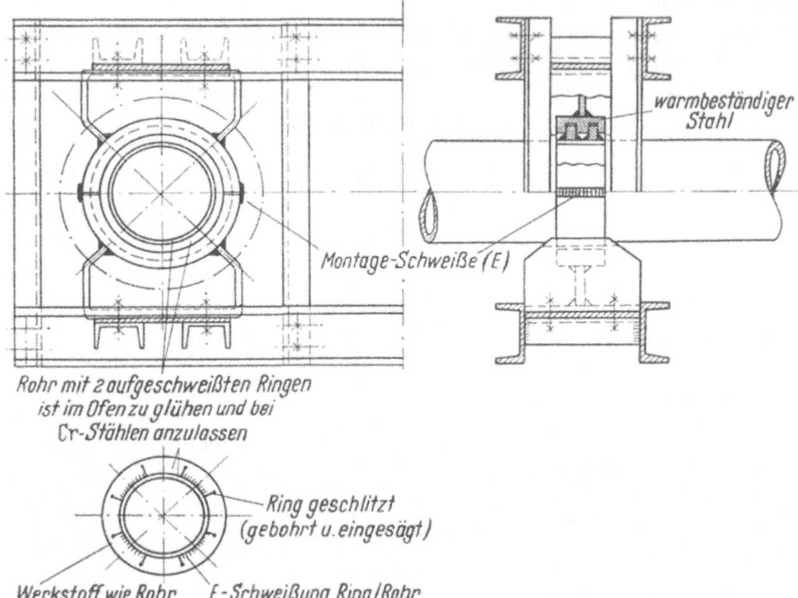

Abb. 15.03. **Rohrbund-Festpunkt.** (Die Bunde können sich in der genuteten Hülse je nach Werkstofftemperatur dehnen)

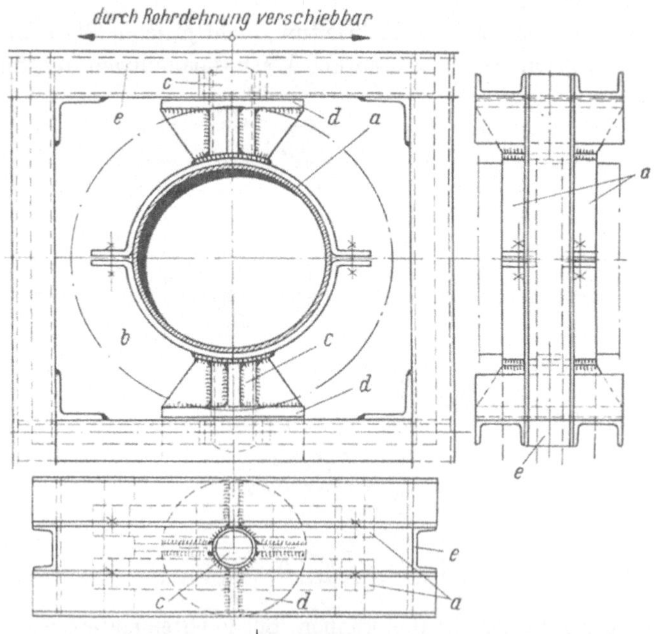

Abb. 15.04. **Rohrschellen-Festpunkt mit Zapfenführung.** (Die Rohrleitung kann seitlich wandern; der Zapfen bildet ein Gelenk)
a Rohrschelle; b Wärmeschutz; c Zapfen; d Stützplatte; e Abstand-Profileisen für Zapfenführung

nissen anzupassen. Es ist zu beachten, daß beim Anwärmen einer Rohrleitung nicht alle Abstützungen gleichzeitig tragen, weil sich dabei die Rohrleitung wirft.

Axial wirkende Dehnungsausgleicher übertragen bei guter Rohrführung nur Zug- und Druckkräfte auf den Festpunkt.

Rohrschenkel und alle übrigen Dehnungsausgleicher beanspruchen den Festpunkt zusätzlich durch Auftreten von Biege- und Drehmomenten infolge Werkstoffdehnung beim Anwärmen der Rohrleitung.

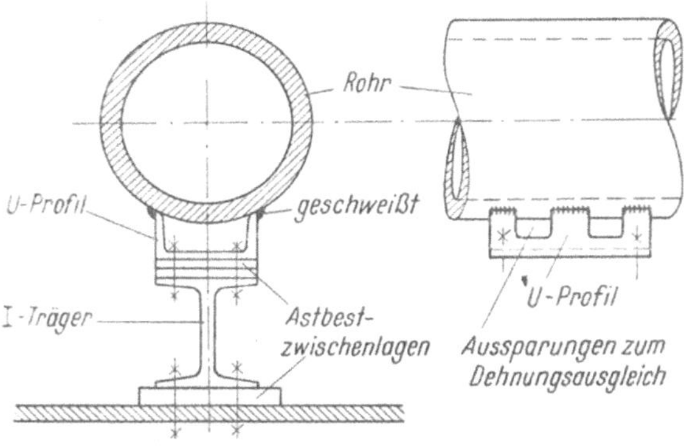

Eine Verlagerung der Rohrleitung in den Festpunkten radial zur Rohrachse, entweder seitlich oder nach oben oder unten hin, ist bei Verschiebungen mangels ausreichender Kompensation zu berücksichtigen.

Mitunter ergeben drehbar gelagerte Festpunkte kleinere Biegemomente, weil dann die resultierende Kraft eine andere Richtung einnimmt.

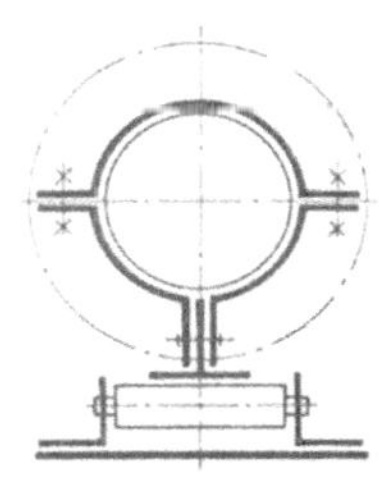

Abb. 15.05. Profileisen-Festpunkt, am Rohr angeschweißt

Die Festpunkte übertragen das Eigengewicht der Rohrleitung einschließlich ihrer Füllung und ihrem Wärmeschutz vertikal auf ihre Abstützung. Zu diesen Belastungen tritt, sowohl in horizontaler als auch in vertikaler Richtung, der Schub hinzu, den das Rohrsystem beim Anwärmen hervorruft.

Die Größe der etwa durch Wasserschlag oder durch Schwingungen (hinter Reduzierventilen) auftretenden dynamischen Beanspruchungen der Festpunkte ist zu schätzen, um ihre Abstützung und Verankerung kräftig genug zu bemessen.

15.2 Gleitlager

Gleitlager dienen zum Tragen der Rohrleitung. Die Last ruht auf einem Gleitschuh aus Profileisen (s. Abb. 15.06). Für seine Befestigung am Rohr werden Schellen mit Asbestzwischenlage verwendet. Er rutscht entweder auf einer Gleitplatte oder auf Rund- bzw. Halbrundeisen. Längere Rohrstrecken erhalten für eine rollende Bewegung der Gleitlager Walzen oder Kugeln.

Leitungen mit großem Rohrdurchmesser werden auf angeschweißten Stehblechen mit Fußplatte gelagert, die eine Verschiebung der Last auf deren Abstützung erlaubt.

Für Fernleitungen finden auch Räder Verwendung, wenn die Bewegung der Last axial verläuft.

Abb. 15.06. Gleitschuh mit Rolle und Zapfen, drehbar gelagert. (Die Rolle dreht sich nur, wenn die Reibung durch den Gleitschuh größer ist als die der Zapfen)

Die Konstruktion der Gleitlager und deren Abstützung auf Konsolen, Bühnen oder Stützen (Masten) muß den Verhältnissen angepaßt werden. Die Reibung bei der Verschiebung der Lasten soll möglichst gering sein; sie darf das Rohrsystem nicht daran hindern, sich so auszudehnen, wie das für die Berechnung der Biegespannungen in der Rohrwand Voraussetzung ist.

Die Reibkräfte sind nach den Gleichungen der Mechanik zu ermitteln. Sie rufen Biegemomente, bezogen auf die Einspannstellen der Abstützungen, hervor.

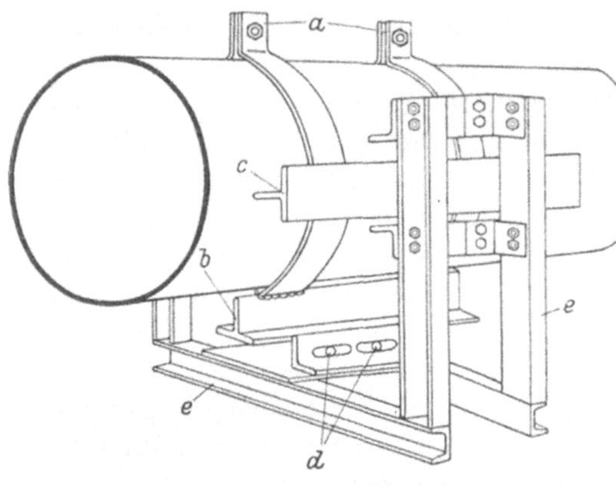

Abb. 15.07. Gleitlager mit Gleitschuh-Rohrführung
a Rohrschelle; *b* Gleitschuh auf Walzen; *c* Gleitschuh zur Führung; *d* Walzen mit Zapfen im Schlitz geführt; *e* Abstützeisen

Hohe Masten, auf denen Gleitlager ruhen, müssen Fundamente erhalten, die der Reibkraft widerstehen, da sie sonst umkippen.

Bei Bemessung der Länge der Gleitschuhe ist zu beachten, daß sich die Rohrleitung beim Anwärmen u. U. von ihrem Lager abhebt. Die untere Rohrhälfte wird durch Kondensatanfall erst später durchwärmt, die obere dehnt sich also vorzeitig aus, und dabei krümmt sich das Rohr. Die zur Auflage der Gleitschuhe dienenden Rollen, Walzen oder Kugeln bleiben dann stehen, da sich die Rohrleitung von ihnen abhebt, während der Gleitschuh mit dem Rohr wandert. Senkt sich der Gleitschuh später, so ist nur dann mit seiner Abstützung zu rechnen, wenn er lang genug ist.

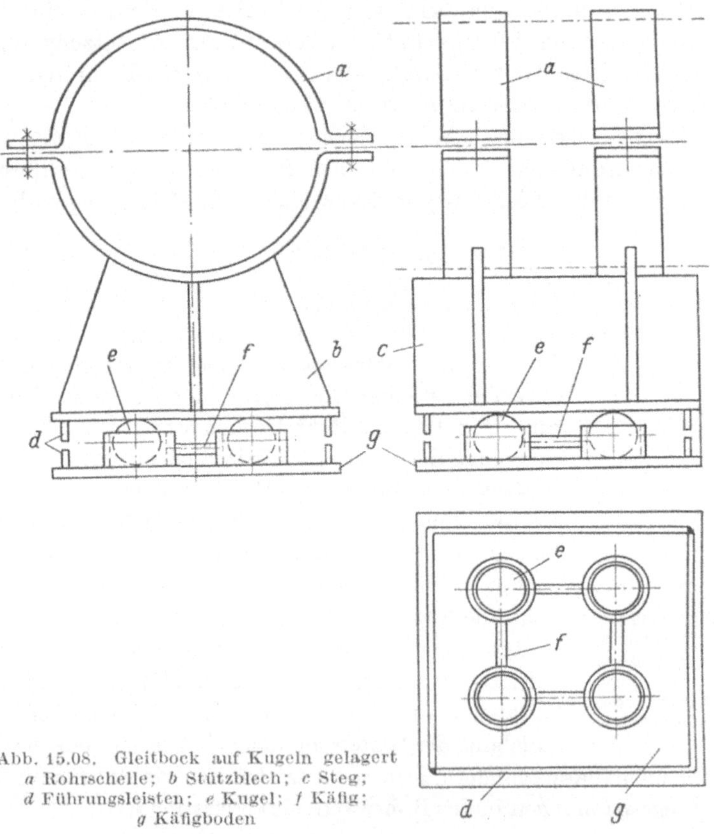

Abb. 15.08. Gleitbock auf Kugeln gelagert
a Rohrschelle; *b* Stützblech; *c* Steg; *d* Führungsleisten; *e* Kugel; *f* Käfig; *g* Käfigboden

Ein Wasserschlag dehnt eine längere Rohrstrecke zusätzlich. Durch den Aufprall federt der Rohrwerkstoff längs der Rohrachse. Auch etwaige Übertemperaturen in der Rohrleitung sind bei Bemessung der Gleitschuhlänge zu berücksichtigen.

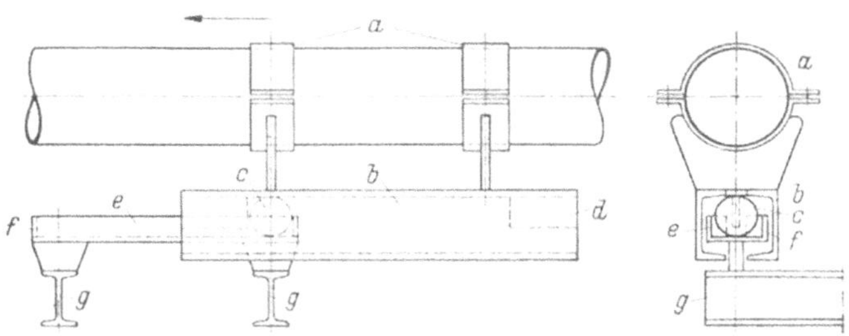

Abb. 15.09. Gleitschuh auf rollender Kugel
a Rohrschelle; b Gleitschuh, mittels Stehbleche, mit den Rohrschellen verschweißt; c Kugel (Keramik); d Mitnehmer und Begrenzungsleiste; e Laufschiene der Kugel; f Begrenzung; g Konsole

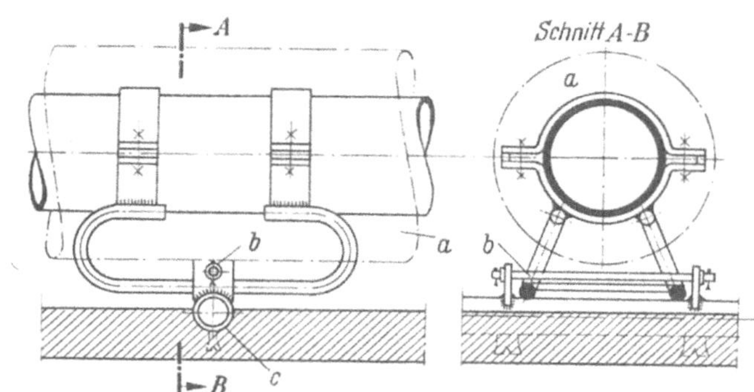

Abb. 15.010. Rohrschlitten
a Rohrschelle im Wärmeschutz; b Führungsbolzen; c Gleitrohr-Schlittenabstützung

Rollen, die sich in Zapfen drehen, oder Achsen mit Rädern sind zu pflegen, da sie sonst entweder zum Festsitzen kommen oder bei Freileitungen festrosten. Ausführungsbeispiele für Gleitlager zeigen die Abb. 15.07 bis 15.011.

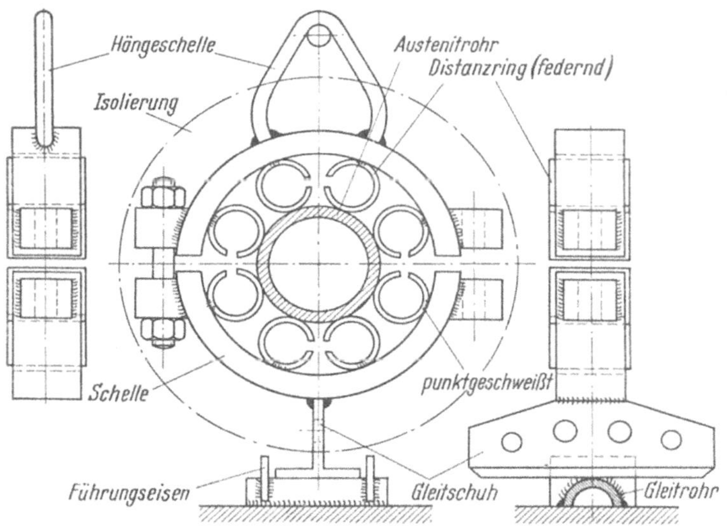

Abb. 15.011. Rohrschelle mit Distanzringen. Distanzringe aus geschlitzten Rohrstücken; obere Schellenhälfte zur Verwendung als Hängeschelle, untere mit Gleitschuh und Gleitlager dargestellt

15.3 Rohrführungen

Rohrführungen begrenzen die Bewegung einer Rohrleitung radial zu ihrer Achse. Sie verhindern damit ein Ausknicken längerer Rohrstrecken, die den Reaktionsdruck der Dehnungsausgleicher auf die Festpunkte übertragen. Weiterhin regulieren sie die Verschiebung der Rohrschenkel, so daß die Rohrleitung nicht

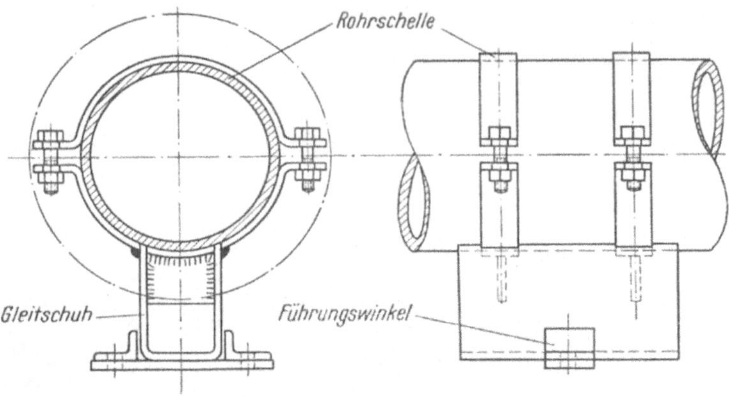

Abb. 15.012. Gleitlager mit Führungswinkel

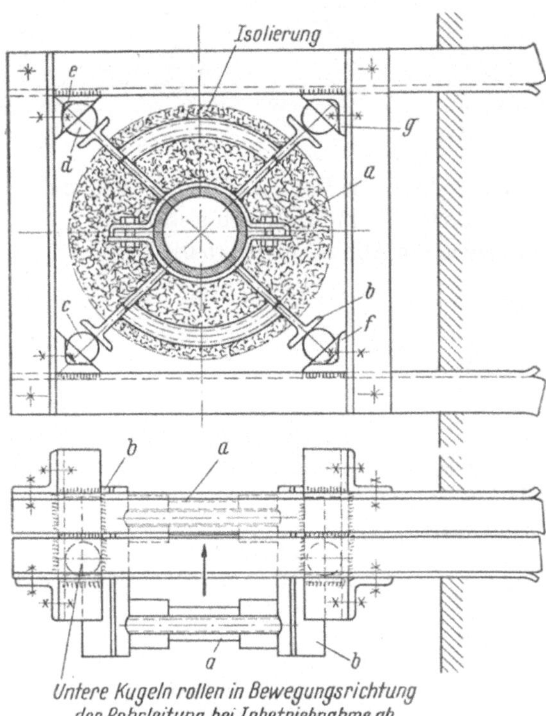

Abb. 15.013. Rohrführung mit Abstützung der Gleitschuhe durch Kugeln
a Rohrschelle; *b* Gleitschuh; *c* Kugel, rollend; *d* Kugel, sich drehend; *e* Kugelauflage-Leiste in der Laufschiene
(Die Rohrführung dient der axialen Bewegung einer sich dehnenden Leitung)

von ihren Lagern rutscht. Ihre Bauart erfordert ein sorgfältiges Studium der Werkstoffdehnung und Werkstoffschrumpfung, der durch solche Führungen zu sichernden Rohrleitungen.

Ausführungsbeispiele zeigen die Abb. 15.012 bis 15.014.

15.4 Hängeschellen

Die Aufhängung einer Rohrleitung ist die billigste und am meisten angewandte Halterung einer Rohrleitung. Sie besteht aus einer Rohrschelle mit Gestänge oder Kette und wird durch Haken, Ösen oder Klauen an Decken, Trägern, Dachbindern, Bühnen usw. befestigt. Ein Spannschloß oder ein Gewinde mit Mutter am Gestänge erleichtern das Ausrichten der Rohrleitung bei der Montage. Die Verschiebung der Schelle ist abhängig von ihrem Gestänge und dessen Pendellänge. Reicht die Pendellänge nicht aus, dann muß das Gestänge mitgehen. Die Profile für Schelle und Gestänge sind so zu bemessen, daß zusätzliche Lasten durch Ausfall einer Aufhängung beim Anwärmen und durch Begehen der Rohrleitung bei Vornahme von Reparaturen nicht zu einer Gefahr

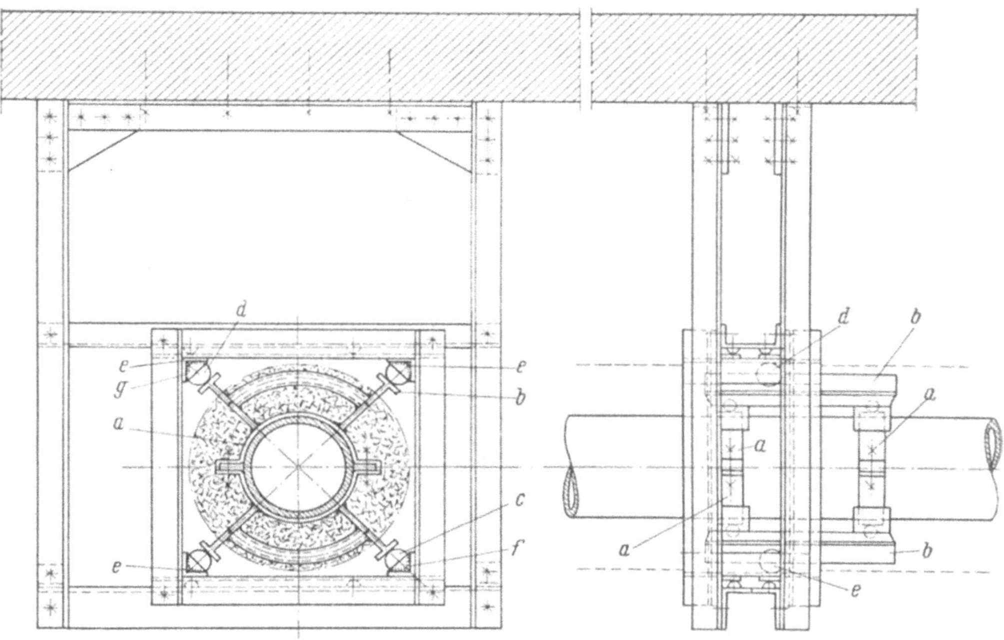

Abb. 15.014. Rohrführung mit Abstützung der Gleitschuhe durch Kugeln in seitlich verschiebbaren Rahmen
a Rohrschelle; *b* Gleitschuh; *c* Kugel, rollend; *d* Kugel, sich drehend; *e* Kugelauflage-Leiste in der Laufschiene; *f* Laufschiene; *g* Kugelführung

werden. Eine Asbesteinlage zwischen Rohr und Schelle vermindert den Wärmeübergang. Alle Ösen und Gelenkbolzen sind außerhalb der Isolierung anzubringen.

15.5 Federungen

Steigestränge heben oder senken die anschließenden Rohrschenkel. Dadurch darf bei Dampfleitungen nicht das Gefälle und bei Wasserleitungen nicht die Steigung leiden. Alle Lagerungen und Aufhängungen müssen die Last in jeder ihrer Stellung tragen können. Sie dürfen die Bewegung der Rohrleitung beim Anwärmen oder Abkühlen nicht behindern.

Deshalb muß bei Verwendung von Rohraufhängungen und Gleitlagern mit Gewichts- oder Feder-

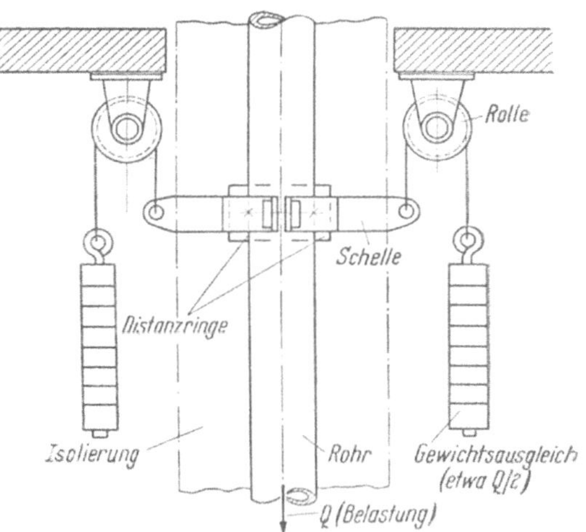

Abb. 15.015. Steigestrangabstützung durch Gewichtsausgleich

kraftausgleich Gleichgewicht herrschen. Gleichgewicht liegt vor, wenn nach Abb. 15.018 Rohrlast Q mal Hebellänge m gleich Kraft P mal Hebellänge n ist.

Für eine geringe Ab- und Aufwärtsbewegung der Rohrleitung ist eine Konstruktion mit Hebel und Gewicht zum Tragen der Schelle verwendbar. Für größere

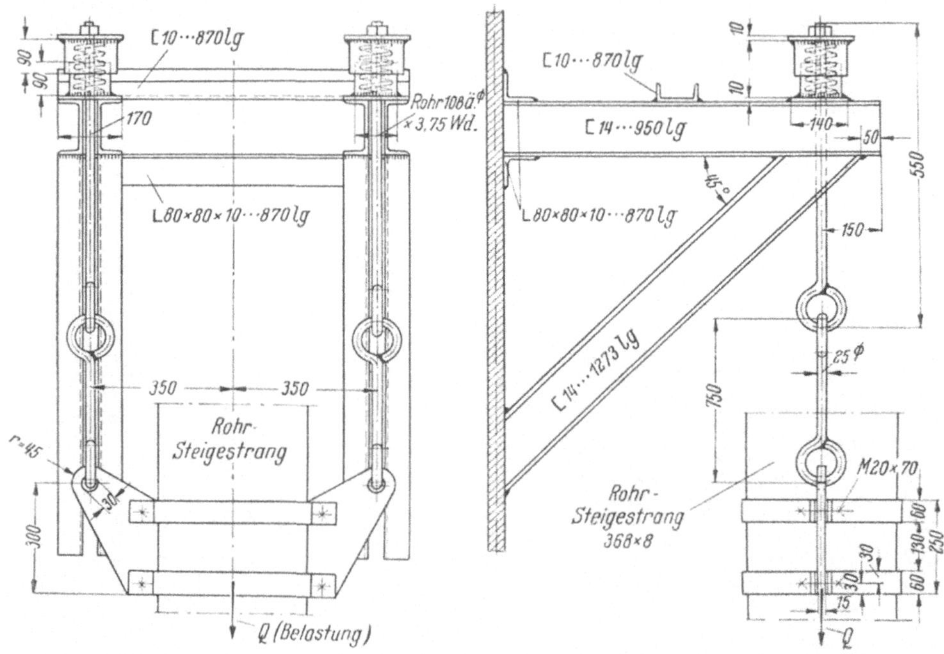

Abb. 15.016. Steigestrangabstützung durch Druckfedern (Ausführungsbeispiel für einen Rohrstrang 350 NW)

Bewegungen dient eine Rolle als Hebel. In der Rolle läuft ein Seil, an dem einerseits die Last und andererseits das Gewicht hängt, wie dies Abb. 15.015 zeigt. Hemmend wirkt die Reibung im Drehpunkt der Rolle.

Bei direkter Abfederung drückt eine Federkraft von bestimmter Größe ständig gegen die Rohrschenkel. Ein Beispiel hierfür zeigt Abb. 15.016. Für einfache Hängeschellen wird ein Federkorb nach Abb. 15.017 verwendet, der das Gestänge senkt und hebt.

Wird an einem Hebel eine Zugfeder befestigt, so gilt die Gleichung

$$P\,n = Q\,m \quad \text{in kgm}, \quad (218)$$

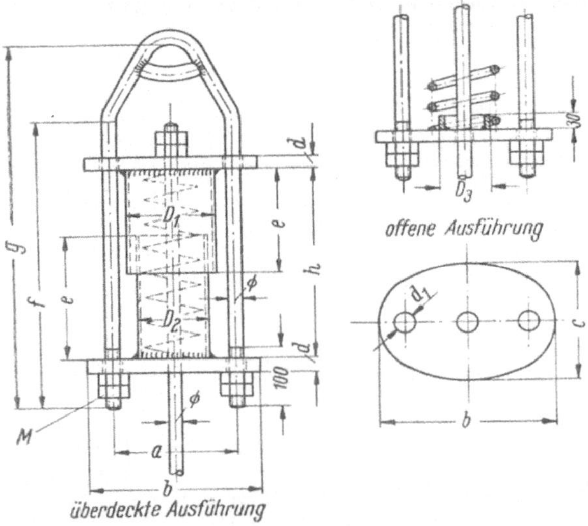

Abb. 15.017. Druck-Federkörbe für Rohraufhängungen.
Links: überdeckte Ausführung; *rechts:* offene Ausführung

wenn am anderen Ende des Hebels eine Last über einen Drehpunkt für das Gleichgewicht sorgt.

Abb. 15.018 zeigt die Anordnung eines gekrümmten Hebels mit Feder. Die Abwinkelung muß abgestimmt sein. Der günstigste Wert für α liegt bei 50 °C. Federkraft und Federung haben dann das richtige Verhältnis zueinander. Der Abstand k

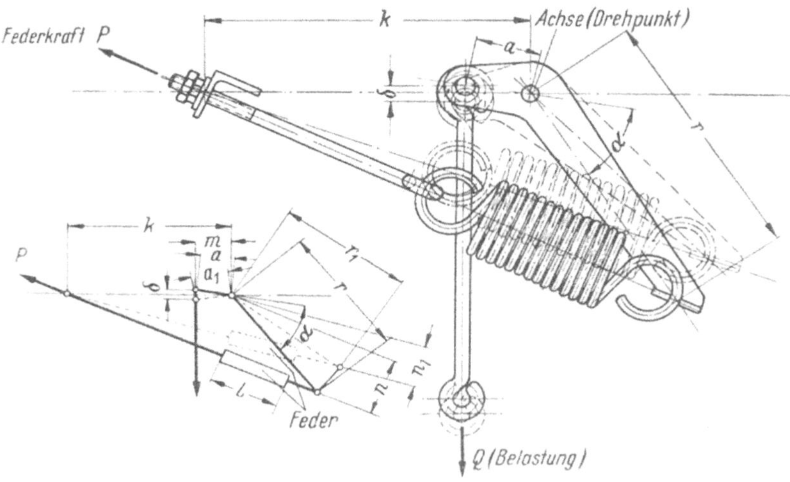

Abb. 15.018. Zugfeder- und Hebel-Anordnung für Gewichtsausgleich von angehobenen und sinkenden Eigengewichten einer sich dehnenden Rohrleitung

soll 1,25 r sein. Diese Anordnung trägt die Rohrlast Q ohne ständig gegen die Rohrschenkel zu drücken. Es bedeutet δ den Lasthub. Ausführungsbeispiel für eine *Aufhängung* s. Abb. 15.019.

Tabelle 15.I. *Lasthub, Lasthebel- und Federhebelarm-Abmessungen für Lasten von 200 bis 3000 kg*

Q = Last (kg)	δ = Lasthub (mm)								
	10	25	50	75	100	125	150	175	200
	a = Lasthebelarm (mm)								
	100	100	100	150	200	250	300	350	400
	r = Federhebelarm (mm)								
200	400	400	400	400	400	400	400	400	400
400	400	400	400	400	400	400	400	400	400
600	400	400	400	400	400	400	400	400	500
800	400	400	400	400	400	400	500	500	500
1000	400	400	400	400	400	500	500	640	640
1500	400	400	400	500	500	640	800	960	960
2000	400	400	400	500	640	800	960	640	640
2500	500	500	500	640	800	960	640	800	800
3000	500	500	500	800	960	640	800	960	960

$k = 1{,}25\,r$; $\alpha = 50°$; stark umrandete Felder: für Doppelfeder.

Tabelle 15.II. *Abmessungen der Federn für verschiedene Belastungen und Hübe.* (Zu 15.018 Feder-Hebel-Anordnung)

Gewicht Q in kg		Hub δ in mm								
		10	25	50	75	100	125	150	175	200
200	$d \times D$ mm	5×40	5×36	6×52	7×56	8×64	9×72	10×80	10×72	11×80
	$i -$	33	46	29	29	26	23	20	25	23
	L mm	165	230	174	203	208	207	200	250	253
400	$d \times D$ mm	7×52	7×48	8×64	9×60	11×80	12×84	14×112	14×116	16×124
	$i -$	27	35	26	32	23	22	15	15	14
	L mm	189	245	208	288	253	264	210	225	224
600	$d \times D$ mm	9×76	9×68	10×80	12×96	14×112	15×108	16×112	16×96	16×108
	$i -$	16	23	20	17	15	17	17	23	22
	L mm	144	207	200	204	210	255	272	368	352
800	$d \times D$ mm	10×76	10×72	11×80	14×112	16×124	16×100	16×104	17×108	17×92
	$i -$	18	23	23	15	14	21	24	24	33
	L mm	180	230	253	210	244	336	384	408	561
1000	$d \times D$ mm	11×84	11×76	12×84	15×108	16×100	16×100	17×100	16×92	17×96
	$i -$	16	22	22	17	21	26	28	39	38
	L mm	176	242	264	255	336	416	476	624	646

1500	$d \times D$ mm	14 × 116	14 × 104	15 × 108	16 × 112	17 × 100	17 × 104	17 × 108	16 × 92	17 × 96
	i –	11	15	17	21	28	33	38	59	57
	L mm	154	210	255	336	476	561	646	944	969
2000	$d \times D$ mm	16 × 128	16 × 116	16 × 100	17 × 100	17 × 96	17 × 96	17 × 96	16 × 92	17 × 96
	i –	10	14	21	28	38	48	57	39	38
	L mm	160	224	336	476	646	816	969	624	646
2500	$d \times D$ mm	16 × 128	16 × 116	16 × 100	17 × 104	17 × 96	17 × 92	17 × 104	16 × 92	17 × 96
	i –	13	17	26	33	48	62	33	49	48
	L mm	208	272	416	561	816	1054	561	784	816
3000	$d \times D$ mm	16 × 108	16 × 96	17 × 100	17 × 108	17 × 96	17 × 104	17 × 108	16 × 92	17 × 96
	i –	18	25	28	38	57	33	38	59	57
	L mm	288	400	476	646	969	561	646	944	969

$Q =$ Gesamtgewicht in kg, $D =$ mittlerer Windungsdurchmesser in mm,

$\delta =$ Hub der Rohrleitung in mm, $i =$ Anzahl der Windungen,

$d =$ Federdrahtdurchmesser in mm, $L =$ Länge der Feder in ungespanntem Zustand in mm.

Das Gewicht Q verteilt sich auf 2 Federn, die beiderseits der Rohraufhängung[1] angebracht sind. Bei den stark umrandeten Feldern der Tabelle sind auf jeder Seite 2 Federn, insgesamt also 4 Federn erforderlich.

---

[1] siehe Abb. 15.019.

Ausführungsbeispiele für indirekte Abfederung einer seitlich ausweichbaren
Kugelgleitlagerung und einer Sonderkonstruktion zeigen die Abb. 15.020 und 15.021.

Die passenden Federabmessungen und Hebelarme zu Abb. 15.018 für Q und P
(Last und Federkraft) sind in den Tab. 15.I und 15.II aufgeführt.

Für die Berechnung der Federkraft gelten die bekannten Gleichungen.

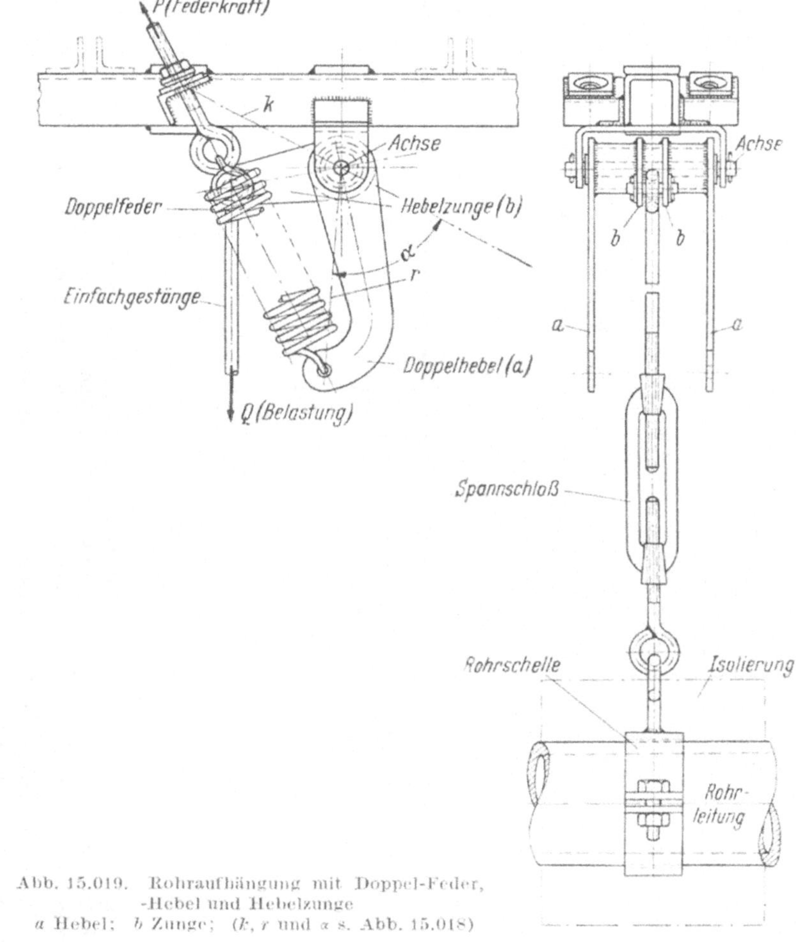

Abb. 15.019.　Rohraufhängung mit Doppel-Feder,
-Hebel und Hebelzunge
a Hebel; *b* Zunge; (*k*, *r* und *α* s. Abb. 15.018)

15.6 Stützpunktabstand

Die Abstützung einer Rohrleitung gleicht der eines „durchlaufenden Trägers".
Ein gleichmäßiger Stützenabstand, wie im Hochbau, ist jedoch hier selten anzutreffen.

In Gebäuden, wo mehrere Rohrleitungen dicht bei- oder übereinander liegen,
werden zum Abstützen der Rohrhalterungen Konsole und Eisenträger verwendet,
die in der Gebäudewand, in Decken, an Gebäudestützen, an Bedienungsbühnen
und Dachbindern verankert werden. Der Stützpunktabstand ergibt sich demnach
für die in den Kraftwerkgebäuden unterzubringenden Rohrleitungen aus den örtlichen Verhältnissen.

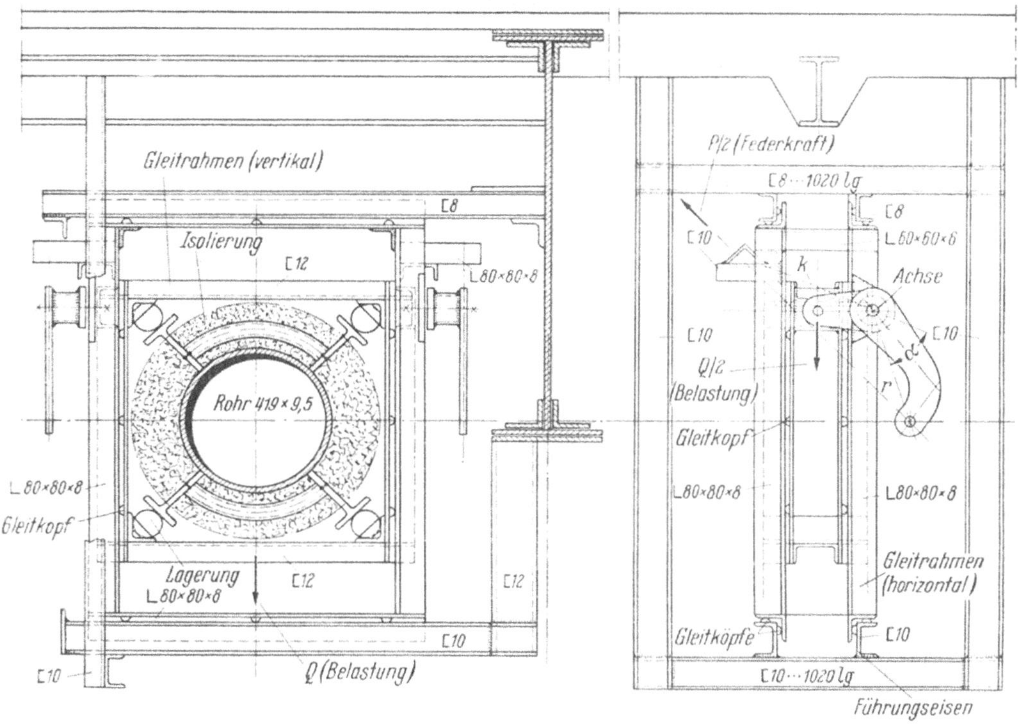

Abb. 15.020. Gleitlager mit Doppel-Feder, -Hebel und Hebelzunge, Rahmen seitlich verschiebbar (Ausführungsbeispiel für 400 NW k, r und 3 s. Abb. 15.018)

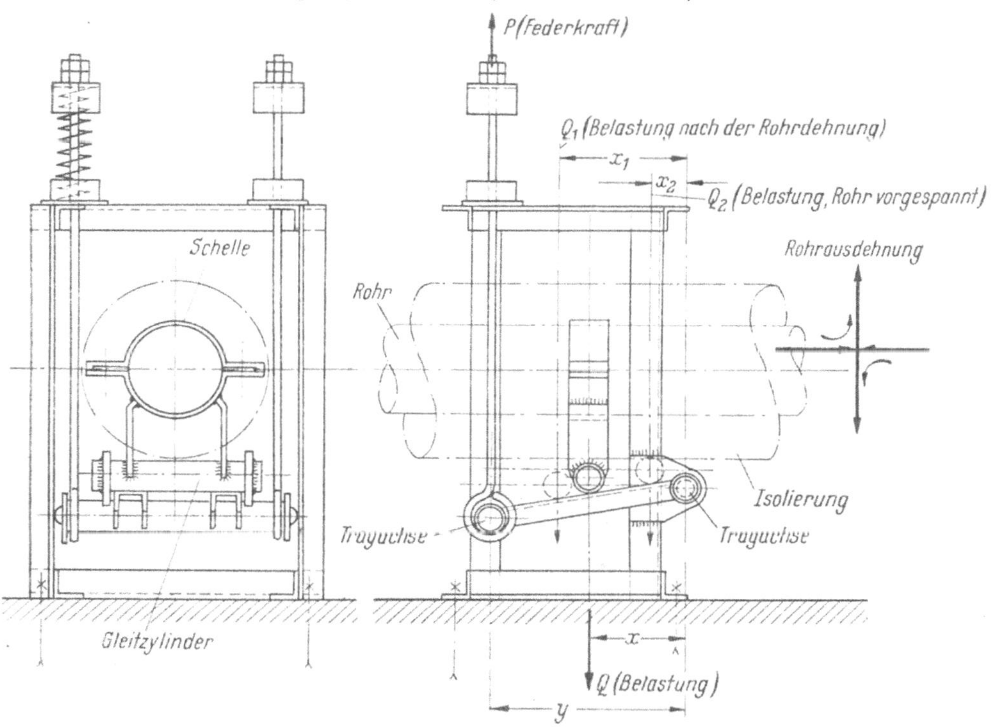

Abb. 15.021. Gleitlager mit Druckfeder und Hebelbelastung für Lastenausgleich nach der Gleichung $Q\,x = P\,y$

Die Größe der für die Abstützung zu verwendenden Eisenprofile ist nach den Gleichungen der Mechanik und Festigkeitslehre zu bestimmen.

Die Belastung der Stützpunkte erstreckt sich auf das auf sie übertragene Rohrgewicht, die Gewichte der Isolierung und Füllung. Zusätzlich ist das Begehen einer Rohrleitung bei Vornahme von Reparaturen in Betracht zu ziehen. Ferner ist u. U., wie bereits im Abschn. 15.2 erwähnt wurde, der Schub durch Reibkräfte zu berücksichtigen, die in Richtung der Rohrachse und radial zu ihr wirksam sein können. Sie stellen keine Lasten, sondern Kräfte dar, die auf die Abstützung einwirken.

Das Eigengewicht der Rohrleitung (Rohr, Isolierung, Füllung, Einbauten, Begehung) verursacht einen Durchhang der Rohrstrecke zwischen den Stützpunkten. Dieser Durchhang soll höchstens 1/600 des Stützabstandes betragen. Die Beanspruchung der Rohrwand durch das Eigengewicht ist nicht in die Festigkeitsberechnung nach Abschn. 5 einbezogen. In der Regel ist nämlich das Widerstandsmoment des Rohrquerschnitts diesen Beanspruchungen gegenüber sehr hoch und der Stützenabstand für das Abfangen der Rohrleitung im Verhältnis zu ihrem Gewicht klein, so daß der

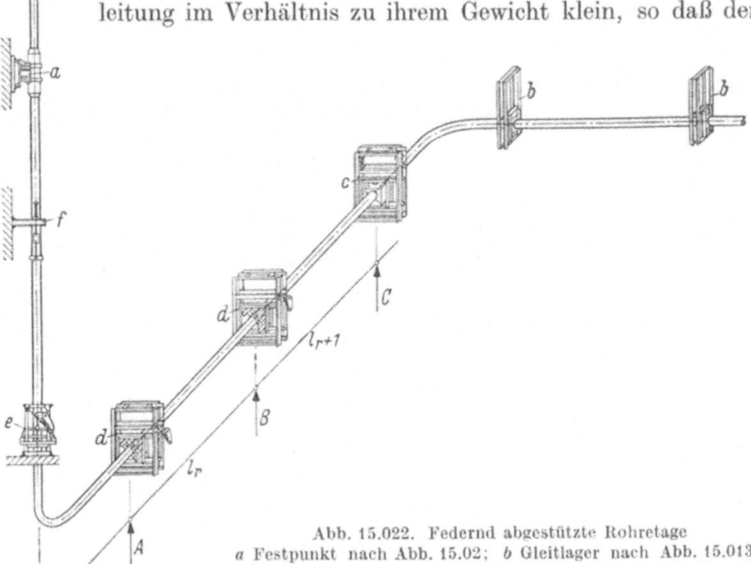

Abb. 15.022. Federnd abgestützte Rohretage
a Festpunkt nach Abb. 15.02; *b* Gleitlager nach Abb. 15.013; *c* Rohrführung nach Abb. 15.014; *d* Gleitlager mit Doppel-Feder, -Hebel und Hebelzunge nach Abb. 15.020; *e* Stützlager mit Doppel-Feder, -Hebel und Hebelzunge; *f* Rohraufhängung für Steigestrangabstützung nach Abb. 15.016; *g* Rohraufhängung nach Abb. 15.019

Durchhang der auf Stützpunkten gelagerten Rohrstrecke im allgemeinen unberücksichtigt bleiben kann.

Von größerer Bedeutung ist der Schenkeldruck der Steigestränge auf die horizontal gelagerten Rohrstrecken. Das nachfolgende Beispiel zeigt die Abhängigkeit der Stützpunktbelastung von der Bauart der Rohrhalter bei direkter (s. Abb. 15.016), bzw. indirekter (s. Abb. 15.019) Federung.

15.61 Berechnungsbeispiel

Der für das Berechnungsbeispiel in Abb. 15.022 dargestellte Steigestrang ist in der Mitte so festgelegt, daß er seitlich ausweichen kann. Dehnt sich sein vertikaler Teil (Etagenhöhe), so drückt er teils nach oben und teils nach unten. Das untere Bogenstück leistet Widerstand in Richtung A_0. Sein horizontal gelagerter Schenkel wird abgestützt durch die Rohrstrecken l_{r-1}, l_r und l_{r+1}, die auf den Stützen A, B, C gelagert sind. Die Dehnung des vertikalen Teils nach oben entlastet die Lager der oberen Rohrstrecke. Oben findet eine Belastung der Lager statt, wenn der vertikale Teil des Steigestranges erkaltet und dabei der Rohrwerkstoff schrumpft.

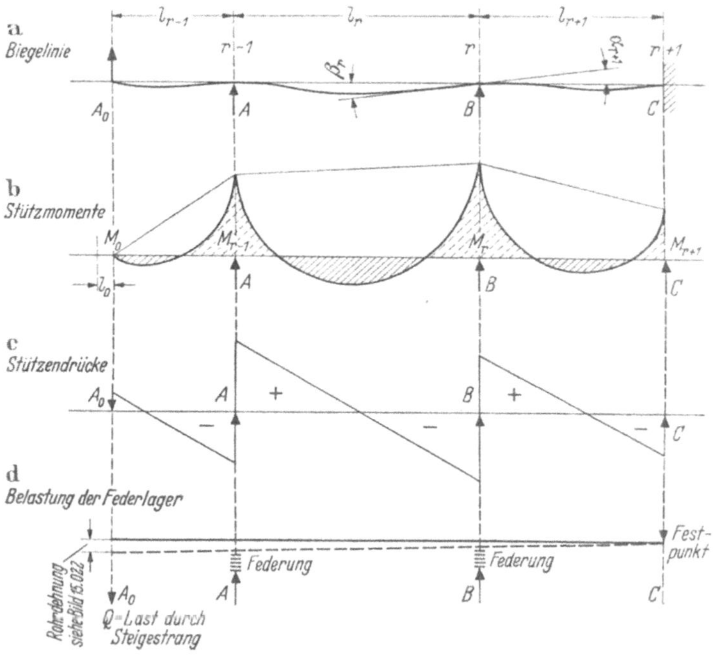

Abb. 15.023. Abstützung von Steigeleitungen, bei Übertragung der Last auf den unteren horizontal liegenden Rohrschenkel

A_0 Stützendruck durch die Rohrstrecke l_{r-1}; A, B Stützendruck durch alle Rohrstrecken; C Stützendruck durch die Rohrstrecke l_{r+1}; Q Last durch Steigestrang; sie bewirkt dann einen Druck auf die Stützen A, B, wenn sich der Steigestrang dehnt. Dabei wird die Stütze C entlastet; M Stützenmomente nach der CLAPEYRONschen Gleichung; α_{r+1}, β_r Neigungswinkel durch Achsendrehung der Rohrstrecke an den Stützpunkten

Angenommen der untere Rohrschenkel liegt bei A lose auf und ist dort geschnitten. Dann hängt die das Lager A nach links überragende Rohrstrecke l_{r-1} mit ihrem Bogen zum Steigestrang an diesem. Das Gewicht der Rohrstrecke l_{r-1} ist demnach nicht als Kragarmlast anzusehen. Also stellt die Rohrstrecke l_{r-1} einen gleichmäßig belasteten Träger dar. Die gleichmäßige Last sei q in kg/m oder t/m.

Wenn nach Abb. 15.023a der Biegewinkel $\beta_r = -\alpha_{r+1}$ ist, so ergibt sich ein stetiger Übergang der Biegelinie. Durch Gleichsetzen von β_r und α_{r+1} entsteht die bekannte Dreimomentengleichung, die als CLAPEYRONsche Gleichung für die Berechnung der Stützenmomente eines durchlaufenden Trägers in der Statik Verwendung findet [47]. Die Rohrstrecke nach Abb. 15.023a entspricht einem durchlaufenden Träger [93]. Die gleichmäßige Last q ist das Eigengewicht der Rohrleitung und ihrer Isolierung je Meter Länge. Für das Beispiel sei $q = 0,3$ t/m. Die CLAPEYRONsche Gleichung für die Berechnung der Stützenmomente lautet:

$$M_{(r-1)}\, l_r + 2\,M_r(l_r + l_{(r+1)}) + M_{(r+1)}\, l_{(r+1)} = -6\,\frac{L_r}{l_r} - 6\,\frac{R_{(r+1)}}{l_{(r+1)}}\,. \tag{219}$$

Der Ansatz wird für zwei beliebig angrenzende Rohrstrecken gemacht. Bezogen auf die Stützenlotrechte r (Stütze B Abb. 15.023) ist L_r das statische Moment der Momentenfläche links von r. Das statische Moment der Momentenfläche rechts von r ist $R_{(r+1)}$.

Der Wert $1/E\,I$ fällt weg, wenn wie in diesem Beispiel, I konstant ist. In dem Beispiel ist q gleichmäßig über alle Rohrstrecken verteilt.

Damit wird

$$6\,\frac{L_r}{l_r} = \frac{q\,l_r^3}{4} \quad \text{und} \quad 6\,\frac{R_{(r+1)}}{l_{(r+1)}} = \frac{q\,l_{(r+1)}^3}{4}\,.$$

Es ergibt sich

$$M_{(r-1)}\,l_r + 2\,M_r\,(l_r + l_{(r+1)}) + M_{(r+1)}\,l_{(r+1)} = -\frac{q}{4}\,(l_r^3 + l_{(r+1)}^3)\,. \tag{220}$$

Es sei $l_{(r-1)} = 3\,\mathrm{m}$, $l_r = 6\,\mathrm{m}$ und $l_{(r+1)} = 4{,}5\,\mathrm{m}$.

Über A_0 ist die am Steigestrang hängende Rohrstrecke $l_{(r-1)}$ frei gelagert zu denken. Damit ist das Stützenmoment bei $A_0 = 0$.

Über der Endstütze C ist das Rohr festgelegt. Es kann sich durch die Dehnung des Steigestranges nach unten nicht von der Endstütze C nach oben abheben.

Für die Lotrechte r gilt dann

$$M_{(r-1)} \cdot 6 + 2\,M_r \cdot (6 + 4{,}5) + M_{(r+1)} \cdot 4{,}5 = -0{,}3/4 \cdot (6^3 + 4{,}5^3), \tag{221}$$

oder

$$6\,M_{(r-1)} + 21\,M_r + 4{,}5\,M_{(r+1)} = -23{,}034\,\mathrm{tm}.$$

Für die Lotrechte $(r-1)$ ergibt sich

$$M_0 \cdot 3 + 2\,M_{(r-1)}\,(3 + 6) + M_r\,6 = -0{,}3/4\,(3^3 + 6^3) \tag{222}$$

Weil $M_0 = 0$ ist, so ist

$$18\,M_{(r-1]} + 6\,M_r = -18{,}225\,\mathrm{tm}.$$

Für die Lotrechte $l_{(r+1)}$ ist

$$M_r \cdot 4{,}5 + 2\,M_{(r+1)} \cdot 4{,}5 = -4{,}5^3 \cdot 0{,}3/4, \tag{223}$$

oder

$$4{,}5\,M_r + 9\,M_{(r+1)} = -6{,}834\,\mathrm{tm}.$$

Die Addition der Gln. (221) und (223) ergibt nach ihrer Auflösung

$$M_r = -0{,}808 \quad \text{in tm}.$$

Dieser Wert für M_r wird nun in die Gl. (222) eingesetzt. Damit wird

$$M_{(r-1)} = -0{,}743 \quad \text{in tm}.$$

Der Wert M_r in Gl. (223) eingesetzt, ergibt

$$M_{(r+1)} = -0{,}355 \quad \text{in tm}.$$

Um die Auflagerkräfte bestimmen zu können, denkt man sich das Rohr über den Stützen durchschnitten. Werden die Auflagerkräfte sinngemäß mit A'_0, A', B' und C' bezeichnet, so ist

$$A'_0 = q\,\frac{l_{(r-1)}}{2}\,, \tag{224}$$

$$A'_0 = 0{,}3 \cdot 3/2 = 0{,}45\,t\,,$$

$$A' = q\,\frac{l_{(r-1)} + l_r}{2}\,, \tag{225}$$

$$A' = 0{,}3\,(3 + 6)/2 = 1{,}35\,t\,,$$

$$B' = q\,\frac{l_r + l_{(r+1)}}{2}\,, \tag{226}$$

$$B' = 0{,}3\,(6 + 4{,}5)/2 = 1{,}575\,t\,,$$

$$C' = q\,\frac{l_{(r+1)}}{2}\,, \tag{227}$$

$$C' = 0{,}3 \cdot 4{,}5/2 = 0{,}675\,t\,.$$

Die negativen Momente der Nachbarstützen (s. Abb. 15.023b) wirken mindernd, die der Stütze vergrößernd. Die negativ ermittelten Werte für

$$M_{(r-1)} = -0{,}743 \text{ tm}, \quad M_r = -0{,}808 \text{ tm} \quad \text{und} \quad M_{(r+1)} = -0{,}355 \text{ tm}$$

sind in die nachfolgenden Gleichungen für die Berechnung der Stützendrücke positiv einzufügen.

Stützendrücke

$$A_0 = A_0' - M_{(r-1)}/l_{(r-1)}. \tag{228}$$

Also hier

$$A_0 = 0{,}45 - 0{,}743/3 = 0{,}203 \text{ t}.$$

$$A = A' + M_{(r-1)}/l_{(r-1)} + (M_{(r-1)} - M_r)/l_r, \tag{229}$$

$$A = 1{,}35 + 0{,}247 - 0{,}0107 = 1{,}586 \text{ t},$$

$$B = B' + (M_r - M_{(r-1)})/l_r + (M_r + M_{(r+1)})/l_{(r+1)}, \tag{230}$$

$$B = 1{,}575 - 0{,}0107 + 0{,}101 = 1{,}687 \text{ t}$$

und

$$C = C' + (M_{(r+1)} - M_r)/l_{(r+1)}, \tag{231}$$

$$C = 0{,}675 - 0{,}101 = 0{,}574 \text{ t}.$$

Alle Stützdrücke ergeben zusammen

$$0{,}203 + 1{,}586 + 1{,}687 + 0{,}574 = 4{,}05 \text{ t}.$$

Die Gesamtlänge der Rohrstrecken ist $3 + 6 + 4{,}5 = 13{,}5$ m.

Mit 0,3 t/m beträgt das Gesamtgewicht der Rohrstrecken $0{,}3 \cdot 13{,}5 = 4{,}05$ t in Übereinstimmung mit vorstehender Berechnung.

Die Stützendrücke A und B sind auch die Belastungen der abzufedernden Gleitlager auf den Stützen A und B.

Aus Abb. 15.023 c ist ersichtlich, in welcher Weise die Dehnung des Steigestranges auf die der Abstützung des unteren Rohrschenkels dienenden abgefederten Gleitlager wirkt.

Nach Abb. 15.023d muß die Federung auf Stütze A weicher sein als die auf Stütze B.

Bei direkter Federung nimmt die Belastung der Stützen zu. Die Federn leisten Widerstand, wenn sie durchgedrückt werden. Die beim Sinken des Rohrschenkels proportional mit der Abnahme der Federhöhe wachsende Federkraft drückt gegen die Rohrleitung und will sie nach oben durchbiegen. Eine indirekt wirkende Feder (Hebelfederung) behindert nicht die Senkung des unteren Rohrschenkels bei der Dehnung des Steigestranges. Sie überträgt die sich senkende Last auf die Stütze A bzw. B nahezu konstant, die über der Stütze A zu 1,586 t und über der Stütze B zu 1,687 t berechnet wurde.

16. Hinweise für die Verlegung von Rohrleitungen

Die große Zahl der Einzelteile, aus denen eine Rohrleitungsanlage zusammenzufügen ist, erfordert den Einsatz eines guten Sachbearbeiterteams für ihre Planung und Ausführung. Die Fertigung der Einzelteile erfolgt in verschiedenen, meist weit voneinander liegenden Werkstätten. Die Beschaffung der Rohstoffe und Halbfabrikate durch die Hersteller, für die in Größe und Konstruktion sehr unterschiedlichen Einzelteile, ist eine der vordringlichsten Aufgaben.

Beispielsweise müssen für die Herstellung der Röhren einer Heißdampfhochdruckrohrleitung zunächst die Blöcke vom Stahlwerk vorliegen, die geschält werden, ehe sie ins Rohrwalzwerk kommen. Sind die Rohre gewalzt und gerichtet, so werden sie gebeizt. Nun erfolgt ihre Prüfung und Abnahme und schließlich ihr Versand zur Rohrwerkstatt. Die Rohrlängen sind unterschiedlich. Die Rohre müssen deshalb so in die Rohrstraße eingefügt werden, daß dabei möglichst wenig Verschnitt entsteht. Ein Teil der Rohre ist zu biegen. Dann folgt deren Warmbehandlung und das nochmalige Beizen. Bis auf die Paßenden werden die Rohrenden zum Verschweißen vorgerichtet. Die gedrehten Flächen der Rohrenden müssen einen Rostschutz erhalten und sind durch Holzplättchen gegen Transportschäden zu schützen. Um eine Verschmutzung des Rohrinneren zu vermeiden, werden Holzpfropfen in die Rohrenden eingeschlagen. Diese nacheinander vorzunehmenden Arbeitsgänge erfordern viel Zeit.

Der Kraftwerkplaner muß die notwendige Zeit für die Fertigung und Montage einer jeden Rohrstrecke in seinem Terminplan berücksichtigen.

Die Montage umfaßt den Transport der Einzelteile vom Lagerplatz bis zur Einbaustelle, den Einbau und das Richten und Haltern der Rohrleitung. Dabei ist eine Reihe von Fertigungsarbeiten durchzuführen.

Das Richten einer Rohrleitung erstreckt sich auf das Einbringen von Vorspannungen bei Beachtung von Gefälle bzw. Steigung bei Berücksichtigung der Dehnungen von Steigesträngen.

Heißdampfrohrleitungen, die Temperaturen von mehr als 500 °C ausgesetzt sind, verlieren mit der Zeit ihre Vorspannung. Es ist daher zwecklos ihre Vorspannung zu hoch zu wählen.

Die Ausführung der Schweißarbeiten auf der Baustelle erfordert nüchterne und fachlich besonders gut ausgebildete Schweißer (Schweißerprüfung s. DIN 8560). Auf der Baustelle muß der Schweißer unter schwierigen Bedingungen arbeiten. Ein sicheres Gerüst und ein gutes Schweißgerät erleichtern ihm seine Aufgabe. Gegen Luftzug schützt eine Abschirmung aus leicht transportablem Material.

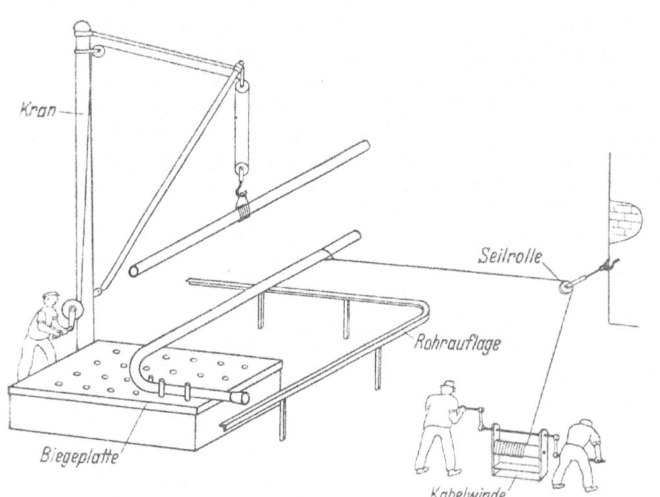

Abb. 16.01. Biegen von Rohren auf der Baustelle

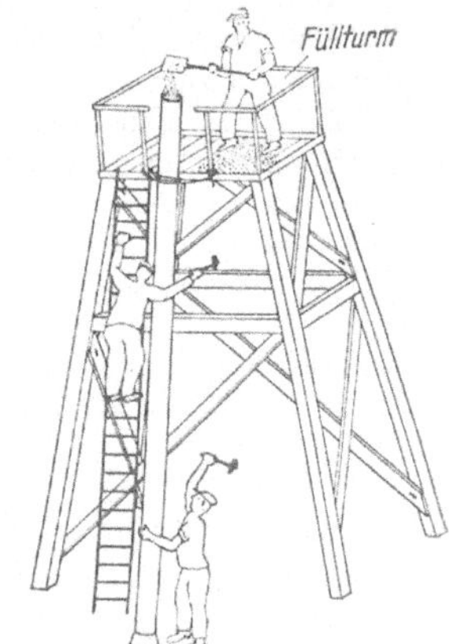

Abb. 16.02. Füllen der Rohre mit trockenem Sand

Die Überwachung der Schweißarbeiten muß auch die Sorge um die Freizeit des Schweißers enthalten. Seine Nachtruhe muß gewährleistet sein. Die Quartierfrage ist demnach nicht ohne Einfluß auf die gute Ausführung der Schweißnähte in der Rohrleitung. Der Mangel an Montagehelfern erfordert den Einsatz leicht zu handhabender Transportgeräte und leicht zu transportierender Gerüste. Nützlich ist ein Maschinenpark auf der Baustelle, der es ermöglicht, alle Paßarbeiten und durch Transportschäden notwendige Nacharbeiten auszuführen.

Die Konsole und Unterzüge für die Rohrlagerungen müssen in vorhandene Bauteile eingefügt und da angebracht werden, wo genügend Platz für diese Konstruktionen vorhanden ist. Änderungen zu diesen Teilen lassen sich vermeiden, wenn die Profileisen dafür auf der Baustelle zugeschnitten und zusammengeschweißt werden.

Kleinere Rohrleitungen werden üblicherweise nach dem Ermessen des Baustellenleiters verlegt. Die Rohre dafür werden auf der Baustelle gebogen. Hierfür ist eine Biegeplatte (s. Abb. 16.01) erforderlich. Sind die Rohrdurchmesser größer als 40 NW, so sind die zu biegenden Rohre vorher mit Sand zu füllen. Dafür wird ein Füllturm (s. Abb. 16.02) gebraucht.

Rohre mit einem Durchmesser von 40 NW und weniger, erhitzt der Monteur vor dem Biegen mit dem Schweißbrenner.

Der Einsatz von einem Biegegerät mit Motorantrieb ist zweckmäßig, wenn sehr viel Biegungen auf der Baustelle anzufertigen sind.

Abb. 16.03. Erwärmen der Rohrwand bis zur Verarbeitungstemperatur. (In der Werkstatt wird Gas verwendet)

Das Nachbiegen größerer Rohre sollte nicht mit Erwärmung der Rohrwand durch Schweißbrenner erfolgen. Legierte Rohre sind zum Nachrichten in Holzkohle

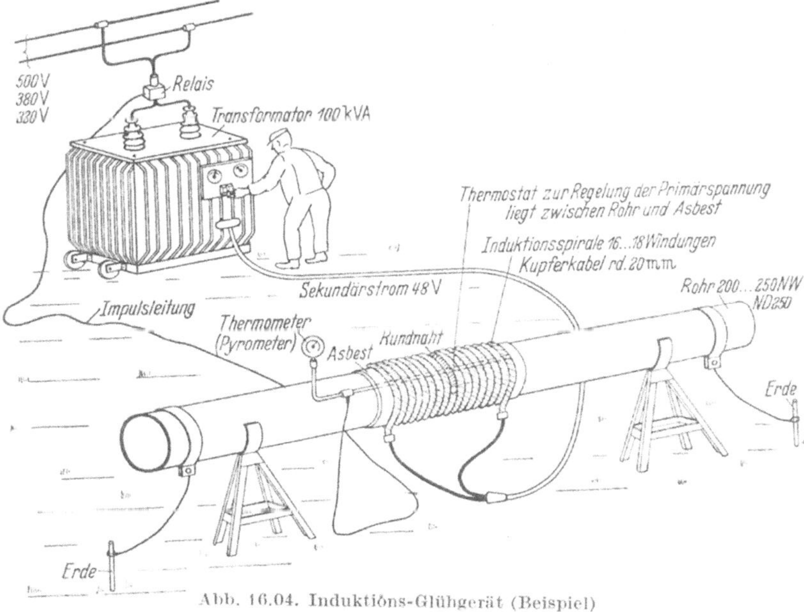

Abb. 16.04. Induktions-Glühgerät (Beispiel)

(Abb. 16.03) oder besser durch Induktion (s. Abb. 16.04) zu glühen. Das Induktionsglühgerät gehört sowieso zur Baustellenbestückung für die Warmbehandlung der Baustellenrundnähte.

Als Ersatz wird noch mit Propangas im Muffelofen (s. Abb. 16.05) geglüht.

Die Schweißelektrode mit Ummantelung ist in einem Heizofen (s. Abb. 16.06) zu trocknen. Dieser wurde entwickelt, um zu verhindern, daß sich Gasbläschen beim Abbrennen der Ummantelung in der Schweiße bilden. Sie machen im Röntgenphoto einen unsicheren Eindruck, weil sie dort nebeneinander erscheinen, obwohl sie räumlich verteilt sind.

Fehlt Strom auf der Montagestelle, auf der zu schweißen ist, dann kommen Elektroschweißgeräte mit Dieselmotorantrieb zum Einsatz.

Es ist ratsam, den Schweißstrom durch Fernregler vom Elektroschweißer regulieren zu lassen und dem Schweißer Angaben zu machen über Polung, Spannung und Stromstärke, mit der die ihm zugeteilten Elektroden zu verschweißen sind. Gewöhnlich sind diese Daten auf der Elektrodenverpackung gedruckt.

Für das Ausblasen vor Inbetriebnahme der Rohrleitungen

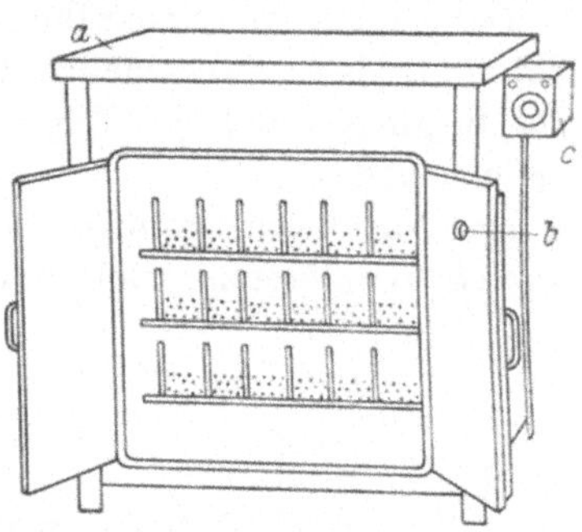

Abb. 16.05. Glühmuffel für Propangas   Abb. 16.06. Heizofen, elektrisch, für Elektroden-Trocknung

müssen meistens besondere, provisorisch verlegte Rohrstrecken hergerichtet werden, worauf von vornherein Rücksicht zu nehmen ist, um dafür Platz zu haben und um sie an passender Stelle anschließen zu können.

Rohrleitungen für hohe Drücke sind erstmalig aus Sicherheitsgründen so langsam anzufahren, daß über die Entwässerungen zunächst die volle Temperatur bei niedrigstem Druck erreicht wird. Dabei ist vor allem die Bewegung der sich dehnenden Rohrschenkel und Rohrstrecken zu beobachten. Die Isolierung muß dabei vollständig aufgebracht sein. Flanschenkappen dürfen nicht fehlen, weil die Flanschenschraubenbolzen sonst zu hoch beansprucht werden. Mängel an der Rohrstrecke sind erst nach ihrem Abstellen zu beheben. Ein plötzliches Abkühlen hoch erwärmter Werkstoffe durch Zugluft, oder bei Außenleitungen durch Feuchtigkeit, ist unbedingt zu vermeiden. Nach dem Abstellen der Rohrleitung sind alle freien Entwässerungen und alle Entlüftungen offen zu halten. Sie sind erst dann wieder zu schließen, wenn nach dem erneuten Anstellen der Rohrleitung mit dem Vordringen der Strömung die Luft und das Kondenswasser durch den Druckanstieg abgeleitet sind. Druckluft und Unterdruck in Dampfleitungen bilden bei ihrem An- bzw. Abstellen eine Gefahr, weil dadurch entweder Wasserschlag (Kondensat) oder Ansaugen von Kondenswasser aus Ableitungen, deren Auslauf unter einem Flüssigkeitsspiegel liegt, eintreten kann, wie bereits im Abschn. 12 erwähnt wurde.

Etwa 6 Wochen nach der ersten Inbetriebsetzung der Anlage sollten alle Armaturen gereinigt werden. Schieber und Ventile, die nicht dichten, sind auszutauschen. Eingeschweißte Armaturen mit nicht auswechselbaren Gehäusedichtungsringen können maschinell am Ort instandgesetzt werden, wenn sich die Ringe verzogen

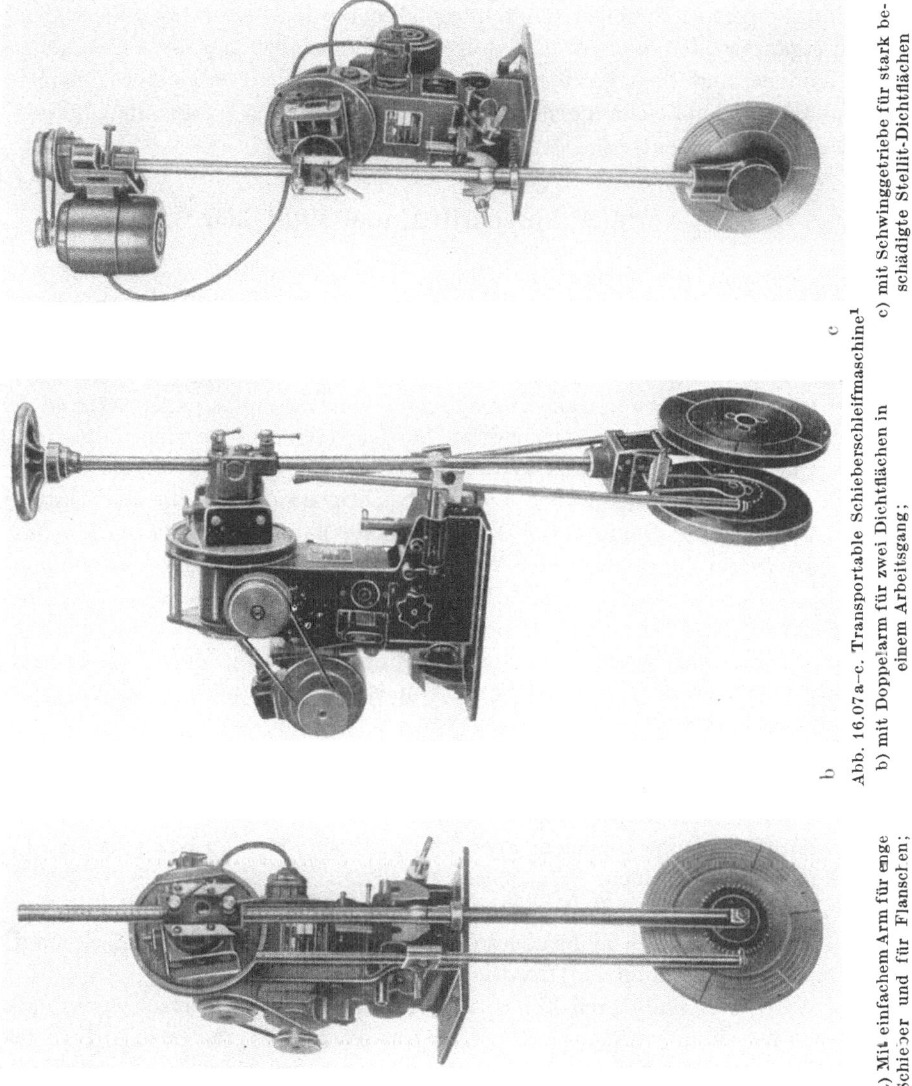

Abb. 16.07 a–c. Transportable Schieberschleifmaschine[1]

a) Mit einfachem Arm für enge Schieber und für Flanschen;

b) mit Doppelarm für zwei Dichtflächen in einem Arbeitsgang;

c) mit Schwinggetriebe für stark beschädigte Stellit-Dichtflächen

haben sollten und nachgeschliffen werden müssen. Hierfür eignet sich das Gerät nach Abb. 16.07. Der Doppelarm eignet sich für Rundschieber zum Bearbeiten der beiden Dichtflächen im Schiebergehäuse in einem Arbeitsgang. Der Doppelarm

---

[1] Werkphotos: A. Hauerwas, Maschinenbau, Düren/Rhl.

hat Kugelgelenke mit Sperrzahnscheiben und Schaltarme mit Sperrklinken. Durch
das Drehen des Handrades wird ein Keil zwischen den Blattfedern verschoben und
somit der erforderliche Anpreßdruck erzielt. Durch Einsetzen von Verlängerungs-
gliedern in den Sperrzahnscheiben können Dichtflächen mit weitem Abstand bearbeitet werden. Die Bewegung ist eine Sperrzahnlinie um einen Kreis. Exzenter-
einstellung mindestens 8 mm = 16 mm Schwingungsweite.

Nach Übernahme der Rohrleitungsanlage durch den Bauherrn sind die Rohrpläne und die perspektivischen Darstellungen einer jeden Leitung zu berichtigen
bzw. zu ergänzen oder zu ersetzen, damit sie als Revisionspläne zur Abrechnung
dienen können und dem Kraftwerkpersonal die Einarbeit erleichtern. Es ist
zweckmäßig, auf den Zeichnungen Rohrstrecken aus legierten Werkstoffen mit der
Stahlmarke einzutragen.

17. Normen, Vorschriften und Sinnbilder

Die Planung und die Fertigung der Einzelteile wird durch Vorliegen einer Reihe
von DIN-Blätter erleichtert. Für höhere Drücke und Temperaturen sind zu beachten die „Richtlinien für den Bau und die Herstellung von Heißdampfrohrleitungen", herausgegeben von der VGB in Essen, letzte Ausgabe 1957. Für Teile, die
ohne Zwischenschaltung von Absperrorganen mit dem Dampferzeuger verbunden
sind, und das trifft bei Blockschaltungen zu, bei denen die Turbine unmittelbar mit
dem Dampferzeuger gekuppelt ist, gelten die „Werkstoff- und Bauvorschriften für
Dampfkessel", letzte Ausgabe 1955. Zu berücksichtigen sind auch die Merkblätter
des DDA (Deutscher Dampfkessel- und Druckgefäßausschuß), der die Festig-
keitskennwerte für die verarbeiteten Werkstoffe enthält. Die VDEW (Vereinigung
Deutscher Elektrizitätswerke) hat „Regeln für Temperaturmessungen", „Ein-
stufungen von Betriebsgruppen (Druck und Temperatur)" und „Richtlinien für
den Bau von Fernwärmenetzen" herausgegeben. Diese verschiedenen Vorschriften
und Richtlinien muß der Kraftwerkplaner kennen, besonders auch für die Planung
von Heizkraftwerken.

Eine Reihe von Tabellen und Kurvenblättern, herausgegeben vom VDI-Verlag,
die in einer Mappe zusammengefaßt sind, leisten Hilfestellung bei dem Entwurf
und der Planung von Rohrleitungsanlagen.

Abschn. 18 gibt eine Übersicht über die wichtigsten für den Kraftwerkbau in
Frage kommenden Normen.

Sinnbilder ermöglichen die Anfertigung von übersichtlichen Schaltbildern. Hierfür ist die Normung noch nicht abgeschlossen; sie beschränkt sich zunächst auf
die in Abschn. 18 angeführten DIN-Blätter.

Alle Werkstoffe sind durch Ziffern und Buchstaben so zu kennzeichnen, daß
ihre Zusammensetzung erkennbar ist. Auch aus der Stahlmarke ist ihre Qualität
und ihr Verwendungszweck zu ersehen.

Durch Kennfarben an den Werkstoffen sollen Werkstoffverwechselungen ver-
mieden werden. Ferner soll durch farbige Streifen und Ringe an den verlegten
Rohrleitungen ihr Zweck und Inhalt kenntlich gemacht werden. Pfeile geben die
Richtung der Strömung in den Rohrleitungen an.

Bau- und Betriebsanweisungen finden eine aufmerksamere Beachtung bei Verwendung von Bildzeichen. Dies gilt auch für die Sicherheitsbestimmungen.

18. DIN-Blätter für den Rohrleitungsbau [1]

DIN 2400 Rohrleitungen, Übersicht.
DIN 2401 Druckstufen, Nenndruck, Betriebsdruck, Probedruck.
DIN 2402 Nennweiten.
DIN 2403–2404 Kennfarben für Rohrleitungen.
DIN 2410 Rohre, Übersicht.
DIN 2411 Graugußrohre.
DIN 2412 Stahlgußrohre.
DIN 2413 Stahlrohre, Berechnung der Wanddicke gegen Innendruck.
DIN 2448 Nahtlose Flußstahlrohre, Übersicht (neu nach ISO als Entwurf Aug. 1960).
DIN 2440U Gewöhnliche Gewinderohre (Gasrohre).
DIN 2441 Verstärkte Gewinderohre (Dampfrohre).
DIN 2442 Nahtlose Flußstahl-Gewinderohre mit Gütevorschrift.
DIN 2449 Nahtlose Flußstahlrohre, handelsüblich, wird neu bearbeitet.
DIN 2450 Nahtlose Flußstahlrohre St 35.29, wird neu bearbeitet.
DIN 2451 Nahtlose Flußstahlrohre St 45.29, wird neu bearbeitet.
DIN 1629 Technische Lieferungsbedingungen für nahtlose Flußstahlrohre.
DIN 17 175 Nahtlose Stahlrohre mit gewährleisteten Warmfestigkeitseigenschaften.
DIN 50 118 Prüfung metallischer Werkstoffe, Zeitstandversuch.
DIN 2460 Nahtlose Stahlmuffenrohre u. techn. Lieferbedingungen, wird neu bearbeitet.
DIN 9871 Nahtlose Stahlrohre für hydraulische Hochdruckanlagen.
DIN 20001 Flußstahlrohre, Druckluftleitungen.
DIN 2458 Schmelzgeschweißte Stahlrohre, Übersicht (neu nach ISO, als Entwurf, Aug. 1960).
DIN 2461 Sondergeschweißte Stahlmuffenrohre, wird neu bearbeitet.
DIN 2470 Richtlinien für Gasrohrleitungen mit geschweißten Verbindungen von mehr als 200 mm Durchmesser und mehr als 1 kg/cm² Betriebsdruck.
DIN 2471 Richtlinien für die Prüfung von Rohrschweißern.
DIN 2429 Sinnbilder für Rohrleitungen, Blatt 1–4.
DIN 2430 Formstücke für Rohrleitungen, Übersicht und Sinnbilder, Blatt 1–4.
DIN 2500 Flansche, Übersicht.
DIN 2566 Gewindeflansche mit Ansatz ND 10 und ND 16.
DIN 2567 Gewindeflansche mit Ansatz ND 25 und ND 40.
DIN 2605 Rohrleitungen, Stahlrohrschweißbogen, wird neu bearbeitet.
DIN 2632 Vorschweißflansche ND 10.
DIN 2634 Vorschweißflansche ND 25
DIN 2635 Vorschweißflansche ND 40.
DIN 2636 Vorschweißflansche ND 64.
DIN 2637 Vorschweißflansche ND 100.
DIN 2638 Vorschweißflansche ND 160.
DIN 2628 Vorschweißflansche ND 250.
DIN 2629 Vorschweißflansche ND 320.
DIN 2645 Lose Flansche mit Bund ND 160 bzw. DIN 2667.
DIN 2646 Lose Flansche mit Bund ND 250 bzw. DIN 2668.
DIN 2647 Lose Flansche mit Bund ND 320 bzw. DIN 2669.
DIN 2543–2547 Stahlgußflansche für ND 16 bis ND 100.
DIN 2548–2551 Stahlgußflansche für ND 160 bis ND 400.
DIN 2512 Flansche, Nut und Feder.
DIN 2513 Flansche, Vor- und Rücksprung.
DIN 2514 Flanscheneindrehung für Runddichtung.
DIN 2690 Flachdichtungen für Flansche mit ebener Dichtungsfläche.
DIN 2691–2692 Flachdichtungen für Flansche mit Nut und Feder bzw. Vor- und Rücksprung DIN 2512 bzw. DIN 2513.

---

[1] Auszüge aus DIN-Normen in diesem Buch wurden mit Genehmigung des Deutschen Normenausschußes wiedergegeben. Maßgebend ist die jeweils neueste Ausgabe des Normblattes im Normformat A 4, das bei der Beuth-Vertrieb GmbH, Berlin W 15 und Köln erhältlich ist.

DIN 2693   Rundgummidichtungen für Flansche mit Eindrehung DIN 2514.
DIN 2695   Membran-Schweißdichtungen.
DIN 2696   Linsendichtungen.
DIN 2697   Kammprofilierte Dichtungen.
DIN   931   Blanke Sechskantschrauben.
DIN   934   Blanke Sechskantmuttern.
DIN 2507   Schrauben für Rohrleitungen.
DIN 2509   Schraubenbolzen und Sechskantmuttern für höhere Beanspruchungen und Temperaturen bis 450 °C.
DIN 2510   Schraubenbolzen und Sechskantmuttern aus legiertem Material für Temperaturen über 450 °C.
DIN 17240   Warmfeste Stähle für Schrauben und Muttern (Entwurf nach Stahleisen-Werkstoffblatt 630-56).
DIN 2559   Schweißfugen für Stumpfstoßverbindungen an Rohrleitungen, Formen.
DIN 1910   Schweißen, Begriffe, Schweißverfahren.
DIN 1912   Schmelzschweißen, Schweißnähte.
DIN 1913   Kennzeichnung der Schweißdrähte.
DIN 8551   Richtlinien für Schweißnahtformen (Entwurf).
DIN 17245   Warmfester Stahlguß.
DIN 2829   Grauguß-Formstücke, Übersicht.
DIN 2830–2851 Grauguß-Formstücke mit Muffen und Flanschenanschluß, Einzelheiten.
DIN 2842–2844 Stahlguß-Formstücke, T-Stücke ND 160 bis ND 320.
DIN 2852–2854 Stahlguß-Formstücke, Krümmer 90°C ND 160 bis ND 320.
DIN 2605   Stahlrohr-Schweißbogen.
            Muffenverbindung für Grauguß-Muffendruckrohre und Formstücke 2435 U.
            Graugußmuffen für Rohre und Formstücke 2437.
            Rohre und Formstücke aus Grauguß, Schraubmuffen, Schraubringe 2855.
DIN 3280   Verschraubungen (Übersicht).
DIN 3300   Absperr- und Rückschlagventile ND 6 bis ND 320.
DIN 3332   Stahl-Aufsatzventile ND 25 bis ND 320.
DIN 3231–3232 Rückschlagklappen aus Grauguß und Stahlguß, Verwendungsbereich.
DIN 3230 E Groß- und Dampfarmaturen, Technische Lieferbedingungen.
DIN 3201–3204 Keil- und Plattenschieber aus Grauguß und Stahlguß ND 6 bis ND 400.
DIN 3225   Keilovalschieber aus Grauguß, ND 10.
DIN 3229   Keilovalschieber aus Stahlguß, ND 16.
DIN 3226   Keil-Rundschieber aus Gußeisen, ND 10.
DIN 3229   Keil-Rundschieber aus Stahlguß, ND 16.
DIN 3461, 3462, 3465, 3470–3472 Hähne.
DIN 3400   Kennzeichen für Armaturen.
DIN 16255   Betriebsmanometer, Begriffe, Anbringung, Behandlung, Bedienung.
DIN 16260   Manometerhähne und -Ventile, ferner DIN 16261–16263, 16270–16271, 16274.
DIN 1952   VDI-Durchflußmeßregeln.
DIN 19201–19204 Durchflußmeßtechnik.
DIN   267   Schrauben und Muttern, technische Lieferbedingungen.
DIN   11   Whitworth-Gewinde, mit Beiblättern.
DIN   13   Gewinde mit metrischem Profil, mit Beiblättern 13 und 14.
DIN   259   Whitworth-Rohrgewinde.
DIN 3340   Dehnungsstopfbüchsen ND 10 bis ND 40.
DIN 17014   Wärmebehandlung von Eisen und Stahl, Fachausdrücke, Begriffsbestimmung.
DIN 1951   Richtlinien zur Bemessung von Wärme- und Kälteschutzanlagen.
DIN 50049   Bescheinigung über Werkstoffe.
DIN 50112   Bestimmung der Streckgrenze bei höheren Temperaturen (Warmstreckgrenze).
DIN 50115   Kerbschlagbiegeversuch.
DIN 50117   Bestimmung der DVM-Kriechgrenze.
DIN 7090   Zerstörungsfreie Prüfverfahren, Übersicht.
DIN 54110   Richtlinien für die technische Röntgen- und Gammadurchstrahlung metallischer Werkstoffe.

DIN 54 121   Magnetpulverprüfung.
DIN 50 120   Zugversuch an schmelzgeschweißten Stumpfnähten.
DIN 50 121   Mechanische Prüfung von Schweißverbindungen.
DIN   1345   Technische Thermodynamik, Größen, Formelzeichen, Einheiten, Juli 1959.

19. Schrifttum für das Studium von Einzelfragen

Auf das Schrifttum [1] — [93] wurde im Buchtext hingewiesen

[1] SCHRÖDER, K.: Neuzeitliche Dampfkraftwerke. Werbeschrift der Siemens-Schuckertwerke, Erlangen, SSW 500. 133/1.

[2] GRASSL, H., W. KUHN u. M. RECKNAGEL: Kraftwerke für die Papierindustrie. AEG-Mitt. 1959 H. 1.

[3] LENZ, W.: Die Gewinnung elektrischer Energie aus Atomenergie. BWK 6 (1954) Nr. 3.

[4] QUEISSER, H.: Betrachtungen zu DIN 2481 „Sinnbilder und Schaltpläne für Wärmekraftanlagen". BWK 6 (1954) Nr. 9.

[5] KRISE, S.: Beitrag zur Frage des Verwendungsbereiches von Röhrenstählen für Frischdampfleitungen in Dampfkraftwerken. AEG-Mitt. 1959 H. 1.

[6] HAFERKAMP, H.: Die Bemessung von Heißdampfrohrleitungen aus ferritischem Stahl für hohe Drücke und Temperaturen. BWK 8 (1956) Nr. 7.

[7] SARUKHANIAN: Neue Zustandsgleichung und Tabellen für Wasserdampf bis 1000 ata und 1000 °C. BWK 10 (1958) Nr. 7.

[8] VGB-Merkblatt Nr. 3, 1950: Wanddickenberechnung von Hochdruckrohrleitungen.

[9] AD-Merkblatt B 11. Berlin: Beuth-Vertrieb.

[10] NICOLAUS, H. O.: Rostfreie Stähle mit verbesserten Hochtemperatureigenschaften. VDI-Z. 98 (1956) Nr. 19.

[11] Mannesmann A.G., Werbeschrift: Mannesmann Erzeugnisse aus warmfesten Stählen mit Werkstofftabellen und Schaubildern für die Wanddickenberechnung, Ausgabe 3471/2.

[12] HAFERKAMP, H.: Die Wahl des Frischdampfzustandes für Dampfkraftanlagen mit Rohren aus ferritischem Stahl. BWK 9 (1957) Nr. 8.

[13] EULER, H.: Über Stoßverluste und Widerstandsbeiwerte in Rohrleitungen und Kanälen. Arch. Eisenhüttenw. 7 (1934) H. 11.

[14] Mannesmann A.G., Werbeschrift: Mannesmannrohre für Gas und Wasser mit Tabellen für die Berechnung der Rohrweiten, Druckverluste usw. (1960).

[15] HERNING, F.: Die Rohrreibungszahl. BWK 4 (1952) Nr. 12.

[16] RICHTER, H.: Wahrscheinliche Werte für die Zähigkeit von Wasserdampf. BWK 3 (1951) Nr. 4.

[17] HAHN, W.: Die Auswirkung der Zähigkeit des Hochdruckdampfes auf den Druckverlust in Rohrleitungen. Arch. Wärmew. 25 (1944) H. 3.

[18] RICHTER, H.: Rohrhydraulik, 2. Aufl., Berlin/Göttingen/Heidelberg: Springer 1954, S. 236/237, 212, 263, 308.

[19] CAMMERER, J. S.: Der Wärme- und Kälteschutz, 3. Aufl., Berlin/Göttingen/Heidelberg: Springer 1951.

[20] CAMMERER, J. S.: Erläuterungen zu den VDI-Richtlinien für Wärme- und Kälteschutz. BWK 10 (1958) Nr. 3.

[21] Spez. Wärme c_p des Wasserdampfes bis 700 ata und 700 °C (nach Versuchen von WUKALOWITSCH, SCHEINDLIN und RASSKASOFF). BWK 10 (1958) Nr. 12.

[22] BOLTE, W.: Die wirtschaftlichste Auslegung von Dampfleitungen. BWK 6 (1954) Nr. 3.

[23] ZIMMERMANN, E.: Der Druckabfall in 90° Stahlrohrbogen. Arch. Wärmew. 19 (1938) S. 265.

[24] ZIMMERMANN, E.: Neue Ergebnisse der Druckabfallberechnung gerader Stahlrohrleitungen. Arch. Wärmew. 21 (1940) S. 133.

[25] WELLMANN, W.: Städteheizung. Z. VDI 79 (1935) Nr. 25.

[26] FRANKE, P.: Die zusätzlichen Verluste bei der Vereinigung von zwei Wasserströmen in einem gemeinsamen Steigstrang. VDI-Z. 97 (1955) Nr. 24.

[27] HAFERKAMP, H., u. W. SCHOCH: Druckverlustmessungen an Absperrschiebern mit eingezogenem Querschnitt. BWK 4 (1952) Nr. 6.

[28] HAFERKAMP, H.: Absperrschieber in Hochdruckrohrleitungen. Konstr. 3 (1951) H. 6.

[29] HAFERKAMP, H.: Der Druckverlust in Absperrschiebern mit eingeschnürtem Querschnitt. Energie 5 (1953) Nr. 1.

[30] BWK Arbeitsblatt 42: Widerstandszahlen für Schieber und Ventile. Beilage BWK 5 (1935) H. 12.

[31] HÄFELE, E. H.: Konstruktion von Absperrschiebern für hohe Drücke und Temperaturen. BWK 5 (1953) Nr. 12.

[32] FRISCH, B.: Die Gestaltung von Höchstdruckschiebern. Energie 7 (1955) Nr. 2.

[33] SCHOCH, W.: Untersuchungen über den Druckverlust an Absperrschiebern mit eingezogenem Querschnitt. BWK 5 (1953) Nr. 12.

[34] RICHTER, H.: Rohrhydraulik, 2. Aufl., Berlin/Göttingen/Heidelberg: Springer 1954, S. 161 (s. a. Schrifttumhinweis [18]).

[35] HERNING, F.: Beitrag zur Berechnung der Widerstandszahl eingeschnürter Absperrschieber. GWF 95 (1955) H. 1.

[36] WENTZELL, F.: Über Berechnung des Druckverlustes in Absperrschiebern. Arch. Wärmew. 25 (1944) H. 1.

[37] BWK Arbeitsblatt 30: Ermittlung des Durchflußes und Öffnungsdurchmessers von Normdüsen und Normblenden für Wasser und Dampf. Beilage BWK 4 (1952) H. 12.

[38] SORGATZ, G.: Verwendungsbereich handelsüblicher Meßgeräte für Dampfdurchflußmessungen. BWK 11 (1959) Nr. 1.

[39] BWK Arbeitsblatt 68: Richtlinien für die Anforderungen an Sicherheitsventile für Dampfkessel, November 1957. Beilage BWK 10 (1958) Nr. 3.

[40] Rohrleitungsverband (RV) Berlin, 1934: Beanspruchung von Rohrleitungen durch Temperaturänderungen.

[41] SCHWENK, E.: Festigkeitsberechnung von Hochdruckdampfleitungen. Arch. Wärmew. 17 (1936) H. 10.

[42] SCHWENK, E.: Festigkeitsberechnung von Heißdampf-Hochdruckrohrleitungen. Arch. Wärmew. 25 (1944) S. 5–9.

[43] SCHWENK, E.: Hochdruckrohrleitungen für Dampfkraftwerke, Halle/Saale: Knapp 1950, herausgegeben von der Ges. f. Hochdruckrohrleitungen mbH, Berlin.

[44] HEMMERLING, E.: Die mechanische Beanspruchung von Hochdruck-Heißdampfrohrleitungen. Konstr. 5 (1953) H. 1 u. 2.

[45] ENDRES, W.: Wärmespannungen in Rohrleitungen. Forsch. Ing.-Wes. 23 (1957).

[46] v. JÜRGENSONN, H.: Elastizität und Festigkeit im Rohrleitungsbau, 2. Aufl., Berlin/ Göttingen/Heidelberg: Springer 1953, S. 26, Abb. 9, Verhältnis der wirklichen tangentialen Randspannungen zur mittleren Umfangsspannung.

[47] Dubbels Taschenbuch für den Maschinenbau, 11. Aufl., Berlin/Göttingen/Heidelberg: Springer 1953, Bd. I: S. 143ff., 198ff., 275, 283, 288, 335, 347, 368, 711, 724, 728 und Bd. II: S. 409, 579, 581.

[48] SIEBEL, E., u. S. SCHWAIGERER: Die Beanspruchung glatter Rohrbogen. VGB, H. 92, Mai 1943.

[49] BERG, S.: Risse an Rohrbogen. BWK 4 (1952) Nr. 12.

[50] OCHS, H.: Betriebserfahrungen mit Rohrleitungen, Rohrbögen und Kompensatoren. BWK 9 (1957) Nr. 9.

[51] KONRAD, O.: Die Konstruktionselemente des Wickelkörpers und der Wickelhohlkörper als Konstruktionselement. VDI-Z. 96 (1954) Nr. 36.

[52] VGB, Essen: Richtlinien für den Bau und die Bestellung von Heißdampfrohrleitungen, 1957, fünfte Ausgabe.

[53] SIEBEL, E.: Systematische Kennzeichnung der metallischen Werkstoffe. Z. VDI 88 (1944) Nr. 19/20.

[54] KREITZ, K.: Werkstoffprobleme in Wärmekraftanlagen. BWK 10 (1958) Nr. 4.

[55] DÖRRSCHEIDT, W.: Berechnung von Kesselteilen für Temperaturen über 500 °C. BWK 6 (1954) Nr. 3.

[56] PETERS, H.: Die Beurteilung der Sicherheit von Bauteilen für hohe Dampftemperaturen. BWK 9 (1957) Nr. 2.

[57] PEUKERT, H.: Kunststoffe als Konstruktionswerkstoffe. Konstr. 5 (1953) H. 2.

[58] STESKAL, G.: Die Verwendung von Kunststoffen als Säureschutz. VDI-Z. 98 (1956) Nr. 9.

[59] HUMMITZSCH, W.: Zur Charakterisierung umhüllter Schweißelektroden. Schweißtechnik (1952) Nr. 5.

[60] Hütte, Maschinenbau, Teil A, S. 1214, Abb. 39.

[61] SCHWAIGERER, S.: Vorschlag zur richtigen Bewertung des Werkstoffs und der Betriebstemperatur in den Rohrleitungs- und Flanschnormen. BWK 3 (1951) Nr. 1.

[62] VGB-Merkblatt Nr. 4, 1951: Die Berechnung von Flanschverbindungen für Heißdampfrohrleitungen.

[63] SCHWAIGERER, S., u. W. SEUFERT: Untersuchungen über das Dichtvermögen von Dichtungsleisten. BWK 3 (1951) Nr. 5.

[64] SCHWAIGERER, S., u. E. KRÄGELOH: Prüfung von Weichdichtungen. BWK 4 (1952) Nr. 12.

[65] SCHMIDT, O., u. S. SCHWAIGERER: Die Berechnung von Schrauben und Verschraubungen. Z. TÜV München 1953, H. 1 u. 3.

[66] SCHWAIGERER, S.: Die Berechnung der Flanschverbindungen im Behälter und Rohrleitungsbau. VDI-Z. 96 (1954) Nr. 1.

[67] HÄFELE, C. H.: Schweißringdichtung für Flanschverbindungen. BWK 1950, H. 9.

[68] MUTH, O.: Der Kraftschlüssel als modernes Werkzeug und Kontrollgerät. Werkst. u. Betr. 82 (1949) H. 8.

[69] HEINE, H., u. O. MUTH: Die Ermittlung von Schrauben-Anzugshöchstwerten und ihre Messung mit neuen Drehmomentschlüsseln. Werkst. u. Betr. 84 (1951) H. 1.

[70] HAFERKAMP, H.: Klammerverbindungen an Stelle von Flanschverbindungen in Heißdampfrohrleitungen. VGB 1955, H. 33.

[71] WIETHÜCHTER, W.: Elastische Stahlbälge als Dehnungselemente in Rohrleitungen. BWK 4 (1952) Nr. 12.

[72] HÄFELE, C. H.: Einschweißen von Kleinventilen und Hochdruckschiebern. BWK 1950, H. 9.

[73] DÄHNDEL, R.: Neuzeitliche Armaturen für Höchstdruckkraftwerke. BWK 5 (1953) H. 12.

[74] KREKELER, K.: Weitere Fortschritte in der Armaturenfertigung durch Schmieden, Schweißen und spanabhebende Formgebung. BWK 5 (1953) Nr. 12.

[75] HAFERKAMP, H.: Rohrleitungen und Armaturen. BWK 10 (1958) Nr. 4.

[76] WIESE, FR. F.: Rohrleitungen und Armaturen. BWK 11 (1959) Nr. 4.

[77] KRAMER, O.: Armaturen. BWK 9 (1957) Nr. 4.

[78] HÜBNER, M.: Betriebserfahrungen mit einem kombinierten Kühl- und Reduzierventil. VGB 1954, H. 27.

[79] HUFNAGEL, S.: Untersuchung der Vorgänge in einem Umformerventil. BWK 9 (1957) Nr. 5.

[80] HÜBNER, M.: Betriebserfahrungen mit Düsenregelschiebern zur Speisewasserregelung. VGB 1956, H. 41.

[81] WECKESSER, A.: Versuche mit Hochdruck-Vollhub-Sicherheitsventilen. VGB 1953, H. 22.

[82] KREUZ, A.: Die Entwicklung von Sicherheitsventilen und ihrer Vorschriften. BWK 5 (1953) H. 12.

[83] TRENKLER, H.: Untersuchung eines hilfsgesteuerten Sicherheitsventils für Dampfkessel. BWK 5 (1953) H. 12.

[84] LENZ, W.: Beitrag zur Berechnung der Wanddicke von Rohrleitungen mit Abzweigstutzen. VGB 1954, H. 27.

[85] HEUVERS, A., u. H. ZEUNER: Konstruktionsmerkmale und Werkstoffe für Stahlguß. VDI-Z. 98 (1956) Nr. 31.

[86] RINDSLAND, K.-H.: Entwässerung von Dampfleitungen. BWK 9 (1957) Nr. 12.

[87] SCHWEN, W.: Schwimmergesteuerte Kondenswasserableiter. BWK 5 (1953) Nr. 12.

[88] GRASME, P.: Sicherung von Blockkraftwerken mit Zwischenüberhitzung bei besonderen Betriebsvorfällen und beim Anfahren. AEG-Mitt. 1959, H. 1.

[*89*] PREIN, M.: Nomogramm für die Durchflußmessung mittels Düsen und Blenden. VDI-Z. 97 (1955) Nr. 35.

[*90*] VAUPEL, O.: Zerstörungsfreie Werkstoffprüfung. BWK 11 (1959) Nr. 4.

[*91*] DOMBROWSKI, A.: Neuartige Arbeitsgeräte für Radio-Isotope zur zerstörungsfreien Prüfung von Schweißnähten. BWK 10 (1958) Nr. 9.

[*92*] DOMBROWSKI, A., u. M. WANDELT: Erfahrungen bei der zerstörungsfreien Prüfung von Rundschweißnähten an dickwandigen Rohren. BWK 10 (1958) Nr. 10.

[*93*] MÖRSCH, E.: Der durchlaufende Träger, Stuttgart: Wittwer.

Weiteres Schrifttum

[*94*] SPIEGLER, A.: Schaubilder für den Druckabfall in Rohrleitungen. Arch. Wärmew. 24 (1943) H. 8.

[*95*] SCHWENK, E.: Festigkeitsberechnung von Flanschverbindungen. Arch. Wärmew. 24 (1943) H. 3/4.

[*96*] DÜMMERLING, R.: Die Wirkungsweise der hydraulischen Entlastungsvorrichtung. Arch. Wärmew. 25 (1944) H. 9.

[*97*] RICHTER, H.: Richtlinien für den Einbau von Kondenswasser-Ableitern. Arch. Wärmew. 25 (1944) H. 3.

[*98*] SIEBEL, E.: Untersuchungen über das Festigkeitsverhalten ausgehalster Abzweigstücke. VRB, Düsseldorf 1949.

[*99*] HAFERKAMP, H.: Zur Gestaltung von Flanschverbindungen. Konstr. 2 (1950) H. 11.

[*100*] v. JÜRGENSONN, H.: Die Montagevorspannung der Rohrsysteme durch Flanschverbindungen in Hochdruckdampfleitungen. BWK 2 (1950) Nr. 6.

[*101*] SIEBEL, E., u. S. SCHWAIGERER: Die Festigkeit von Rohren unter Innendruck bei sehr hohen Temperaturen. BWK 3 (1951) H. 5.

[*102*] SCHLAG, A.: Neue internationale Vereinbarungen über Durchflußmessungen. BWK 3 (1951) Nr. 5.

[*103*] HAFERKAMP, H.: Entwicklung einer Hochdruckflanschverbindung. BWK 3 (1951) H. 1.

[*104*] Stahl-Eisen-Werkstoffblatt 620-51, Ausg. Sept. 1951: Flansche und Vorschweißbunde mit gewährleisteten Warmfestigkeitseigenschaften. Düsseldorf: Verlag Stahleisen.

[*105*] SCHWEDLER u. v. JÜRGENSONN: Handbuch der Rohrleitungen, 4. Aufl., Neudruck, Berlin/Göttingen/Heidelberg: Springer 1952.

[*106*] ULRICH, E.: Untersuchungen an Flanschverbindungen mit Membran-Schweißdichtungen. BWK 4 (1952) Nr. 12.

[*107*] SCHRÖTER, K., u. E. SCHWENK: Praktische Erfahrungen bei Ferndampfleitungen nach langer Betriebszeit. Elektrizitätswirtschaft 52 (1953) H. 4.

[*108*] AMEDICK, E.: Dauerfestigkeitsverhalten von Schrauben. Konstr. 5 (1953) H. 4.

[*109*] NASS, R.: Dehnungsmessungen und Festigkeitsuntersuchungen an ausgehalsten und eingeschweißten Rohrverbindungen. Energie 5 (1953) Nr. 18.

[*110*] HAFERKAMP, H.: Rohrleitungen und Armaturen. BWK 6 (1954) Nr. 4.

[*111*] Kröners Taschenbuch der Maschinentechnik, Kröner-Verlag 1954, Abschn.: 2.551, 6.212, 8.5, 8.9, 12, 13.3, 13.7, 13.5.

[*112*] Isotopen, Helfer der Technik. BWK 6 (1954) Nr. 3.

[*113*] SIEBEL, E.: Untersuchungen über das Festigkeitsverhalten ausgehalster Abzweigstücke, mit Ergänzungen. VRB, Düsseldorf 1954.

[*114*] CLASS, JAMM u. WEBER: Berechnung der Wanddicke von innendruckbeanspruchten Stahlrohren. Neufassung des DIN-Blattes 2413. VDI-Z. 97 (1955) Nr. 6.

[*115*] Wasserdampftafeln bis 400 ata, 800 °C. VGB 1955, H. 37.

[*116*] BWK-Arbeitsblatt 54: Rückdruckkräfte an L-Bogenrohren (Winkelrohren). Beilage BWK 7 (1955) H. 8.

[*117*] BWK-Arbeitsblatt 55: Rückdruckkräfte an unsymmetrischen Z-Bogenrohren. Beilage BWK 7 (1955) H. 9.

[*118*] SCHMIDT, E.: Die neuen VDI-Wasserdampftafeln bis 800 °C. VDI-Z. 98 (1956) Nr. 36.

[*119*] SCHADE, H.: Beitrag zur Berechnung zylindrischer Schraubenfedern. VDI-Z. 98 (1956) Nr. 4 und Nr. 35.

[*120*] PAHL: Zulässige Last- und Temperaturänderungen bei Dampfturbinen. BWK 9 (1957) Nr. 1.

[*121*] HAFERKAMP, H.: Feste und lösbare Verbindungen in Hochdruckrohrleitungen. Techn. Mitt. 50 (1957) H. 5.

[*122*] SSIROTA: Spezifische Wärme und Enthalpie des Wasserdampfes bei unterkritischen Drücken. BWK 10 (1958) Nr. 12.

[*123*] RASSKASOFF u. SCHEINDLIN: Spezifische Wärme c_p von Wasser und Wasserdampf im überkritischen Gebiet. BWK 10 (1958) Nr. 7.

[*124*] BWK-Arbeitsblatt 67 a: Ausladung von U-Bogen-Ausgleichern. Beilage BWK 10 (1958) H. 1.

[*125*] KAUFMAN, W. J.: Das Vorwärmen von Dampfleitungen. BWK 10 (1958) H. 9.

[*126*] KRISCHKE u. LINNECKEN: Erfahrungen beim An- und Abfahren einer Hochdruckturbine. BWK 10 (1958) Nr. 1.

[*127*] ENDRES, W.: Wärmespannungen beim Aufheizen dickwandiger Hohlzylinder. Brown Boveri Mitt. 45 (1958) Nr. 1.

[*128*] HUTAREW, H.: Durchfluß und Verlusthöhe in Absperrorganen und Regelorganen. Regelungstechnik 7 (1959) Nr. 6, S. 193–196.

[*129*] HAEDER, W.: Das kp in den Berechnungen des Ingenieurs, Berlin 1959.

[*130*] HAHNEMANN, W.: Die Umstellung auf das Internationale Einheitssystem in Mechanik und Wärmetechnik, Düsseldorf: VDI-Verlag 1959.

[*131*] KUHN, H.: Messung der Wärmeverluste isolierter Dampffernleitungen. BWK 11 (1959) S. 336–341.

[*132*] Bericht: Schweißtechnik im Rohrleitungsbau. VDI-Wärmetagung 1959. BWK 11 (1959) Nr. 7, S. 481/482.

[*133*] STEINECKE, V.: Zur Bestimmung des Mittelwerts der Geschwindigkeit im Kreisrohr. BWK 12 (1960) Nr. 3, S. 118–121.

[*134*] KREITZ, K.: Stähle für Energieanlagen. BWK 12 (1960) Nr. 4, S. 142–144.

[*135*] HAFERKAMP, H.: Rohrleitungen und Armaturen. BWK 12 (1960) Nr. 4, S. 158–159.

[*136*] HAUSTEIN, H.: Sinnbilder für Rohrleitungsanlagen. DIN-Mitt. 38 (1959) Nr. 10, S. 489 bis 496.

[*137*] LENZ, W.: Werkstoff- und Konstruktionsgrundlagen für das Kraftwerk Eddystone. Rohrleitungen. BWK 12 (1960) Nr. 5, S. 223–225.

[*138*] HOPPE, J.: Zur Elastizitätsberechnung von räumlichen Rohrleitungssystemen die an ihren geflanschten Enden vorgespannt werden. BWK (1960) Nr. 1, S. 15–21.

[*139*] WEIEN, G., u. G. VIEBECK: Elastizitätsberechnungen von Rohrleitungssystemen mit Rechenautomaten. BWK 12 (1960) Nr. 9, S. 398/399.

AD-Merkblätter:

B 1   Zylinder und Kugeln bei innerem Überdruck.
B 7   Schrauben, Berechnungsgrundlagen bei üblichen Betriebsverhältnissen.
B 9   Ausschnitte in Zylindern, Kegeln und Kugeln unter Innendruck.
B 10   Dickwandige Hohlzylinder unter innerem Überdruck.
B 11   Rohre unter innerem und äußerem Überdruck [*9*].
W 2   Austenitische Stähle.
W 5   Stahlguß.
W 7   Bolzen, Schrauben und Muttern für Druckbehälter.
W 12 Nahtlose Hohlkörper aus Walz- und Schmiedestahl.

Sachverzeichnis

Berichtigung

S. 18, Zeile 11 u. 12 v. u.:

$$\text{Statt } s_0 = s/1{,}118 = 20/1{,}18 = 17\,\text{mm} \quad \textbf{lies } s_0 = s/1{,}18 = 20/1{,}18 = 17\,\text{mm}$$

S. 26, Zeile 20 v. u.:

$$\text{Statt } F_1 v_1 = F_2 v_2 \quad \textbf{lies } F_1 w_1 = F_2 w_2$$

S. 49, Zeile 15 v. o., die Gleichung muß lauten:

$$\varDelta p = 10 \left\lceil 1 - \sqrt{1 - 0{,}255\,(1 - 0{,}0072)}\,\right\rceil = 10\left\lceil 1 - \sqrt{0{,}747}\,\right\rceil = 10\,(1 - 0{,}86)\,,$$

S. 52, in Abb. 5.02:

Statt $d\,i$ **lies** $d\,l$ (kleines Rohrstück).

Unterschrift zu Abb. 5.02 ergänzen durch:
Das Glied *3* rückt praktisch infolge Dehnung der Glieder *1* und *2* bei der Erwärmung des Rohrsystems nach rechts. Es ist jedoch teilweise gleichlaufend
gezeichnet, die ausgezogene und die gestrichelte Linie für die Darstellung der
Wirkung von P_x und P_y in Verbindung mit M_0 an der gelösten Einspannstelle.

S. 118, Gl. (194) muß lauten:

$$\sigma_b = P_s\,a_D/(\pi/4)\,[(d_1 - d_i - 2\,d_L)\,h_F^2 + (d_i + s_1)\,(s_1^2 - s_0^2/4)] \quad \text{in kg/mm}^2,$$

S. 119, Gl. (196), 1. und 2. Zeile müssen lauten:

$$\sigma_B = P_R\,a_B/(\pi/4)\,[(d_B - d_i)\,h_B^2 + (d_i + s_B)\,(s_B^2 - s_0^2/4)] \quad \text{in kg/mm}^2$$

$$\sigma_{BV} = 74\,000 \cdot 47/0{,}785\,[(395 - 244)\cdot 59^2 + (244 + 55{,}5)\cdot(55{,}5^2 - 37^2/4)]\,,$$

S. 119, Gl. (197), 1. u. 2. Zeile müssen lauten:

$$\sigma_B' = P_R\,a_{B_1}/(\pi/4)\,[(d_B - d_i)\,h_B^2 + (d_i + s_B)\,h_{B_1}^2] \quad \text{in kg/mm}^2,$$

$$\sigma_{BV}' = 74\,000 \cdot 20/0{,}785\,[(395 - 244)\cdot 59^2 + (244 + 55{,}5)\cdot 62^2]$$